普通高等教育"十一五"国家级规划教材

U0288772

化学工程基础

第三版

● 李德华 编著

化学工业出版社

·北京·

《化学工程基础》（第三版）根据高等学校理科化学、应用化学专业"化学工程基础"教学基本要求编写。为适应工科少学时环境工程、生物工程、制药工程等专业的需要做了相应修订。主要论述化学工程中典型单元操作及化学反应工程——典型反应器基本原理及其应用。内容包括化学工业与化学工程、流体流动过程、沉降与过滤、传热、蒸发、吸收、精馏、萃取、新型分离技术、干燥和化学反应工程学——反应器基本原理。

　　《化学工程基础》（第三版）可作为高等学校理科化学、应用化学以及工科少学时环境、生物、制药工程等专业的基础课程教材，亦可供从事化学应用研究人员和上述专业从事设计、开发、运行的工程技术人员参考。

图书在版编目（CIP）数据

化学工程基础/李德华编著 . —3 版 . —北京：
化学工业出版社，2017.8 （2025.2重印）
普通高等教育"十一五"国家级规划教材
ISBN 978-7-122-29874-4

Ⅰ.①化…　Ⅱ.①李…　Ⅲ.①化学工程-高
等学校-教材　Ⅳ.①TQ02

中国版本图书馆 CIP 数据核字（2017）第 128310 号

责任编辑：刘俊之　　　　　　　　　　装帧设计：韩　飞
责任校对：王　静

出版发行：化学工业出版社（北京市东城区青年湖南街 13 号　邮政编码 100011）
印　　装：河北延风印务有限公司
787mm×1092mm　1/16　印张 22　字数 571 千字　2025 年 2 月北京第 3 版第 8 次印刷

购书咨询：010-64518888　　　　　　售后服务：010-64518899
网　　址：http://www.cip.com.cn
凡购买本书，如有缺损质量问题，本社销售中心负责调换。

定　　价：59.00 元

前言

《化学工程基础》为教育部普通高等教育"十一五"国家级规划教材。自《化学工程基础》（第二版）2007年问世以来，使用了近十年，教材几乎年年重印，这次修订是作者在听取了广大同行和学生意见和建议的基础上进行的。

本次修订的指导思想是：教材必须以提高学生的科学素养为宗旨，以培养学生创新精神和实践能力为重点，为促使学生变被动式接收学习为主动探究式学习为突破口，不断加强基础，拓宽学生知识面，培养其创新能力，坚持"以生为本"，注重阐述重要概念和规律的形成背景、问题提出和解决的过程，重思路的编写思想和安排，力求使新版教材更有利于培养理工科院校学生的思维方法和创新能力。既保持原有特色，又与时俱进，力求使其成为一本真正有用的、受广大读者喜爱的好教材。

《化学工程基础》（第三版）根据应用型本科办学的定位，以更好地适应化学、应用化学、环境工程、生物工程及制药工程等专业的专业基础课程教学需要。

第三版教材删减少学时教学过程较少使用的内容，修改个别繁复内容。通过修订，力求做到概念准确、表述正确、数字精确。增补沉降和过滤等单元操作内容。这样既便于理工科院校师生选择教材，又能达到科学性、先进性和适用性的统一。在系统介绍单元操作知识的基础上，加强单元操作共性与特殊性的综合分析，介绍过程或典型设备的强化、优化途径，以利于拓宽理工科院校学生分析和解决工程实际问题的思路，增强工程观念和创新意识。

《化学工程基础》（第三版）各章除开篇教学基本要求予以保留外，在每章结束处增加图示小结，并在相关章节安排适量工程背景的实例和习题。此外，与本书配套的《化学工程基础全程导学与习题详解》、《化学工程基础实验》等教材均早已出版。

在第三版教材修订编写过程中，华中师范大学化学学院领导和同行给予了大力支持和关注，在此深表感谢。再次对本书引用的文献资料的作者和单位表示衷心感谢。

诚望广大读者不吝赐教，并提出宝贵的意见和建议。

李德华
2017 年 4 月

第二版前言

本书于 2000 年由化学工业出版社出版以后，在国内一些高等院校经过近八年的使用，得到了广大读者及同行的充分肯定，并获得许多有益的建议和支持。值此本书被列为教育部"普通高等教育'十一五'国家级规划教材"之际，作者仍将按照教育部化学类专业教学指导委员会制定的普通高等学校本科化学和应用化学专业化学工程基础教学基本要求，修订和进一步完善教材内容。

在高等院校理科化学和应用化学专业教学大纲、教学计划的指导下，为突出教材内容的规范性、适用性和创新性，从教与学两个方面考虑，在教材编写体例上着手：各章前安排教学基本要求；正文通过内容创新，以体现教材的应用性；例题尽可能解析详实、针对性强，以利于学生逐步突破难点；各章习题给出参考答案，从而做到既可满足"教"本，又能满足"学"与"练"之本。

为满足化学和应用化学专业的教学需要，方便教师选择教学内容，作者首先在《化学工程基础》教材"三传一反"的内容上增加了蒸发和干燥两个单元操作，从而进一步充实"三传"过程，形成以流体流动过程为基础的动量传递过程，以传热和蒸发操作为基础的热量传递过程，以吸收、精馏、萃取和新型分离技术为基础的质量传递过程，以及以干燥操作为基础的热、质同时传递过程，以丰富和强化"一反"——化学反应工程学的概念和方法。并在化学反应工程学一章，尽量反映其利用理论推演、结合工程实践、研究化学反应在工业上实现时所必须克服的传递和流动等因素对化学反应结果的影响，建立数学模型应用于反应器的设计放大和操作控制。以期为培养学生的工程方法论、工程能力、技术经济观念及将实验室科研成果开发放大和技术创新打下良好基础。与本书配套使用的实验课程教材也即将出版。

本书此次修订仍贯彻以下初衷：文字叙述力求严谨、清晰、突出重点，以利于教学和不同层次读者自学。对第一版中的不妥之处予以修正；部分章节和习题作了适当增删；对于以算术平均值代替对数平均值的问题，结合数学推导和形势的发展，提出了不必再做替代的看法，使教材内容尽可能做到与时俱进。然而，作者虽尽力修订本书，但难免挂一漏万，书中疏漏之处，敬祈读者不吝赐教。

本书得到华中师范大学教务处和化学学院领导的支持，在此表达诚挚的谢意。对书中引用文献资料的作者和单位，谨表衷心感谢。

欢迎使用本书的同行及广大读者批评指正。

李德华

2007 年 4 月

目　　录

第一章　化学工业与化学工程

教学基本要求

1. 了解化学工业及化学工程基础课程的发展、性质、地位和作用；
2. 了解化工生产过程的构成，单元操作的内容、分类以及研究内容；
3. 了解实验室研究与化工生产之间的差别，以及化工过程开发的基本步骤；
4. 理解化学工程学常用的几个基本概念，掌握化工过程的物料衡算与能量衡算的基本计算步骤；
5. 掌握量纲与量纲一致性、单位与单位一致性以及相互换算。

化学工业是以天然物质或其他物质为原材料，利用这些物质的性质或形态变化，或以这些物质组合，加工成对国计民生有价值的化学产品的一种工业。在这种工业中，以化学反应过程为核心。化学专业学生在学习了无机化学、有机化学、物理化学等课程以后，进一步学习生产和加工化学产品的应用技术知识，则必须了解化学工业生产基本知识，以及化学工程学科的基础理论和技术对化学工业发展所起的重要促进作用。

第一节　化学工业概述

一、化学工业的重要性及其发展

化学工业是国民经济重要的基础工业，是工业经济中最具活力，有待开发且竞争力极强的一个部门。其特点是产品品种多、服务面广、配套性强。其重要性可以大致归纳为如下几个方面：

(1) 为农业提供化肥、农药、塑料薄膜等农用生产资料；
(2) 为轻纺、建材、冶金、国防、军工及其他工业提供各种配套原材料；
(3) 为微电子、信息、生物工程、航天技术等为代表的高技术产业提供新型化工材料和新产品；
(4) 为人们的衣、食、住、行提供各种化工产品。

化学工业和其他工业有着广泛的联系，它既对外提供化工产品或原料，又从其他工业和化学工业本身获得原料或中间体，因此，化学工业的发展对相关产业的供需稳定有很大的影响，它们之间相互依存、相互促进的关系特别明显。

当前，化学工业在世界范围内正发生日新月异的变化，其发展的速度和规模都相当大，且产品已渗入国民经济的各个领域。就我国化学工业而言，已经发展成为具有化学肥料、塑料、合成纤维、合成橡胶、酸、碱、染料、油漆、农药和无机盐类等行业比较完整的化学工业体系。许多化工产品增长速度非常迅速，如化肥、农药、塑料、纯碱等。

二、化学工业的分类及其特点

化学产品的原材料及供应市场所涉及的范围是相当广泛的，很难对化学工业做出简单明确的分类。按照美国标准工业分类手册（standard industrial classification，SIC）确定的分类法，化学及有关产业的工业是较大的一类。它包括生产基本化工产品的企业和以化学方法为主进行产品加工的企业，以及与石油炼制有关的企业。它们一般生产三类产品：基本化工产品；进一步加工用产品以及供最终消费的化工产品。而在我国，目前大致分为：基本化学工业、化肥工业、石油化学工业和其他化学工业，即所谓"大化工"。主要化工行业及其相关产品如表1-1所示。

表 1-1 主要化工行业及其相关产品

化工行业	主 要 产 品 或 用 途
化学矿山	磷矿、硫矿、硼矿、矾矿和石灰石矿等
酸、碱	硫酸、烧碱、纯碱
无机盐	磷酸、碳酸钾、小苏打、无水硫酸钠、氰化钠、硫酸铝、硝酸钠、氯化锌、轻质碳酸钙、过氧化氢、沉淀硫酸钡等
化肥	氮肥(硫酸铵、硝酸铵、尿素、氯化铵、碳酸氢铵、氨水、石灰氮等)、磷肥(普通过磷酸钙、钙镁磷肥等)、钾肥
化学农药	敌百虫、乐果、甲胺磷、杀虫双、草甘膦、多菌灵等
电石	可作为生产聚氯乙烯、聚乙烯醇、氯丁橡胶、乙酸、乙醛、乙炔黑、双氰胺、硫脲等工业的原料
热固性塑料和工程塑料	酚醛塑料、氨基塑料、环氧树脂、不饱和聚酯树脂等，聚碳酸酯、聚甲醛、ABS树脂、尼龙1010、尼龙6、尼龙66、聚砜等
合成橡胶	顺丁橡胶、丁苯橡胶、氯丁橡胶、丁腈橡胶等
染料	硫化染料、直接染料、酸性染料、活性染料、碱性染料、还原染料、分散染料、冰染染料、阳离子染料等
涂料	天然树脂漆、酚醛树脂漆、醇酸树脂漆、氨基树脂漆、过氯乙烯漆、聚酯漆、聚氨酯漆、硝基漆、有机硅漆等
增塑剂	邻苯二甲酸酯、对苯二甲酸二辛酯、己二酸二辛酯、烷基磺酸苯酯、氯化石蜡、磷酸酯等
橡胶加工助剂	防老剂、促进剂
工业表面活性剂	阳离子型、阴离子型、非离子型、两性型等
造纸化学品	脱墨剂、助留剂、助滤剂、表面处理剂、浆内施胶剂、纸张增强剂、涂布胶黏剂、分散剂等
感光材料	电影胶片、照相胶片、特种胶片、彩色相纸等
磁性记录材料	磁带、磁盘等
橡胶加工	轮胎、运输带、胶管、胶鞋、炭黑等

与化工行业相关的部门包括：石油化工、塑料制品、化学纤维、炼焦化学、日用化工、皮革化工业以及医药等。

随着社会生产力和人们生活水平的不断提高，化工新技术开发的进度不断加快，化工产品的结构日趋合理，产品质量也在不断提高，已适应和满足了不同消费的需求。近年来，我国十分重视精细化工的发展，把精细化工，特别是新领域的精细化工作为化学工业发展的战略重点之一和新材料的重要组成部分，列入多项国家计划中，从政策和资金上给予重点支持。目前，伴随精细化工产品产值在化学工业产值中的比重逐年上升，精细化工产品工业已经成为我国化学工业中一个重要的独立分支和新的经济效益增长点。依据精细化工产品的功能和结构特征，其大致可分类如下：

①医药和兽药；②农药；③黏合剂；④涂料；⑤染料和颜料；⑥表面活性剂和合成洗涤剂；⑦塑料、合成纤维和橡胶用助剂；⑧香料；⑨感光材料；⑩试剂和高纯物；⑪食品和饲料添加剂；⑫石油用化学品；⑬造纸用化学品；⑭功能高分子材料；⑮化妆品；⑯催化剂；⑰生化酶；⑱无机精细化学品。

从上述如此繁多门类的化学工业在国内外发展状况来看，化学工业有如下特点：

(1) 增长速度快；

(2) 化工科研和新产品开发费用高；

(3) 化工产品、工艺路线、技术创造性上竞争激烈；

(4) 大规模连续化生产和技术的复杂性促使化学工业投资加大；

(5) 新工艺的投入、生产规模的扩大以及设备的腐蚀，致使化学工业的工厂寿命缩短、报废快；

  (6) 在资金足够的条件下，化工产品进入市场的自由度大；

  (7) 市场需求在产品过剩与短缺之间循环变化；

  (8) 运输便利、均相及价值高的化工产品贸易具有国际性；

  (9) 化学工业与整个工业相辅相成，在经济发展中起着支柱作用。

三、化工产品的市场及其前景

  对化工产品的需求依赖于产品用途的开拓和市场消费的程度。其中，化学工业本身就是化工产品的最大消费市场，因为在对化工产品的深加工过程中，它需要依赖本工业生产的约一半的初级产品。从这种意义上来说，化学工业发展容易受其相关产业左右，如合成纤维、塑料、农药、合成洗涤剂、包装材料和建筑材料等。正因如此，对于化工产品市场的调查和预测也就显得非常重要。因为市场需求是化工企业生产发展和经营开拓的依据，是企业赖以生存的前提条件。通过市场调查和预测了解和认识市场对产品的需求，分析和研究产品生产的生命周期；以此制定新产品开发、改造或淘汰老产品的规划；确定产品在其生命周期中各阶段的市场策略；制定产品生产销售计划；以保持企业在市场竞争中的优势。只有在产品营销过程中不断进行调查，掌握市场动向和发展趋势，及时反馈信息、储存信息，企业才能获得长足的进步和发展。

  值得注意的是，化学工业中有些应用领域已经在数量和质量方面达到饱和，在这些领域内今后不可能会有很大发展，因此，发展化学工业的关键，应为满足人们现有需要的同时，开拓新用途并开发与新的需要相适应的产品。近年来，我国精细化工已发展成包含约 25 个门类，近 3 万个品种的产品，应用于国民经济的各个领域。精细化工已成为我国化学工业中一个重要的独立分支和新的经济效益增长点。

  2009 年版《石油和化工产业振兴支撑技术指导意见》指出，我国精细化工领域科技创新的主要任务是以绿色化、高性能化、专用化和高附加值化为目标，以解决催化技术、过程强化技术、精细加工技术、生物化工技术等制约我国精细化工行业发展的关键技术为突破口，大力开发新农药创制技术、再生纤维造纸专用化学品制备技术、功能有机硅橡胶产业化技术、含氟精细化学品生产技术等，推动相关产业的发展。

  "十二五"期间，我国精细化工行业发展较为迅速，经济由资源消耗型转变为节约型，由高污染型转变为清洁型。在此期间，精细化工行业迎来了很大发展。按照中国石油和化学工业规划院的初步规划，"十三五"期间是石化行业的产业转型期——大部分传统化工产品面临调整，化工行业洗牌难免，精细化工产品将是石化行业下一阶段发展的重点和热点。该期间我国精细化工行业产值将达 1.6 万亿元，比 2008 年增长一倍以上，精细化工自给率达到 80% 以上，进入世界精细化工大国与强国之列。

  展望 21 世纪，化学工业将会由传统工业过渡到以新材料、精细化学品和专用化学品、生物技术为主体的技术密集型产业。正如有人所说，精细化、个性化、绿色化将是知识经济时代化学工业、化学工艺及化学工程的大趋势。

第二节　化学工程的发展趋势

  化学工程作为一门工程技术学科，迄今已有近百年历史了。它以物理学、化学和数学为基础，并结合工业经济基本法则，主要研究化学工业中的物理变化和化学变化过程及其有关机理和设备的共性规律，并把这些规律应用到化工装置的开发、设计、操作、控制、管理、强化以及自动化等过程中，在化工工艺与化工设备之间起着承上启下的桥梁和纽带作用。

一、化学工程的兴起与发展

化学工程是随着大规模化学工业的发展而形成和发展起来的。早在 1887 年，戴维斯（G. E. Davis）就在英国曼彻斯特工学院做了一系列化学工程问题的讲演，但由于当时还缺乏数据和对过程开发的全面认识，戴维斯并未能对化工操作做出定量的处理。1888 年美国麻省理工学院（MIT）以诺顿（L. M. Norton）为首，设置了关于应用化学工程教育问题研究委员会，并于同年 12 月做出设置化学工程课程的决定，世界上第一次讲授"化学工程"这门课程。1915 年利特尔（A. D. Little）提出了"单元操作"（unit operation）的概念，沃尔克（W. H. Walker）则通过"单元操作"重新组织了麻省理工学院化学工程的讲授，并进一步改造了化学工程的指导方针和实验室建设。"单元操作"这个概念至今仍是化学工程之表征。1923 年，麻省理工学院的沃尔克、刘易斯（W. K. Lewis）和麦克亚当斯（W. H. McAdams）合著了化学工程第一本教科书——《化工原理》（principles of chemical engineering）。书中包括了流体流动、过滤、传热、蒸发、蒸馏、干燥、粉碎等单元操作，并对它们从理论上做了很好的总结和阐述，形成了一个体系，即以单元操作为中心，紧密结合应用化学，并明确指出在化学工程教学中不应忽视的化学与物理化学的作用。

20 世纪 40 年代以来，以合成纤维、合成橡胶、合成塑料三大合成材料为代表的石油化工的迅速发展，促使化学工程从经验向科学演变。经过对各种单元操作分析、综合，发现所有的单元操作均有着共同的基本规律，亦即动量、热量和质量传递等三种传递过程是化学工程的本质问题。

20 世纪 50 年代，美国威斯康星大学的伯德（R. B. Bird）等开始从"三传"的角度研究化学工业中的物理变化。由于高速电子计算机的出现，解决了过去人们不能解决的复杂工程计算问题。这也就有了把化学反应规律与生产规模装置中的传递过程规律综合起来进行分析和处理的可能。于是，1957 年在荷兰阿姆斯特丹举行的第一次欧洲化学反应工程会议上，正式提出了"化学反应工程"（chemical reaction engineering）的概念。围绕着返混与停留时间分布、反应体系内和相间的传热与传质、反应器的稳定性、微观混合效应等观点的引入，为化学反应工程奠定了基础。至此，"三传一反"（mass transfer, heat transfer, momentum transfer and reaction engineering）就形成了化学工程的主要内容。这一时期内，原子能工业的诞生，环境科学被提到重要位置，气体扩散、气体离心分离、热扩散、超滤、反渗透、泡沫分离等技术相继问世，进一步促进了化学工程的发展。

20 世纪 60 年代后期，随着传递过程原理和化学反应工程的开拓，计算机用于化学工程以解决过程的最优规划、最优设计、最优控制及最优操作，又促成了"化工系统工程"的诞生，为化学工程的决策及方法论提供了有力的依据。

20 世纪 70 年代以来，随着电子计算机的进一步发展，同时由于化学工程基础理论的成熟和数学模型化方法的普遍应用，化工系统工程又有了较大发展。目前，这门学科在化工过程的开发、设计，现有工厂技术改造方面发挥着越来越大的作用，取得了良好的效果。

1983 年在美国化学工程师学会（AIChE）第 75 周年年会上，人们把化学工程定义为"经济地开发利用物质和能量的方法为人类造福的工学"，从而展现了化学工程及其广阔的领域和应用前景。

面对环境、能源等可持续发展挑战，化学工程的发展特征也在逐渐演变，1987 年美国国家研究理事会出版了《化学工程研究调查：前沿及机遇》的报告，为人们展示了不同年代化学工程特征的演变（见表 1-2），并向业内人士呼吁：化学工程要与化学及"对其他所有工程科目都适用的物理和数学"加深交融，凸现其具有的"最广阔知识基础之工程科目"的特质。

表 1-2 化学工程特征的演变

20 世纪 60 年代	20 世纪 90 年代	20 世纪 60 年代	20 世纪 90 年代
均相材料	组合及结构性材料	价格竞争	质量竞争
低价格、低功能	高价值、高功能	效率高	快捷的创新及商业化
大宗化学品	特殊产品、生化产品	加强资本	加强信息
合成	设计生产	国家性	全球性
宏观	微观	生产	服务及生产
大规模加工	小规模且具灵活性	短期回报	长期投资
连续过程	间歇且灵活/连续且灵活	学科内	跨学科
注重过程	注重产品和过程	宏观理解	微、亚、介观的理解

1996 年 5 月，在美国圣地亚哥召开的第五届世界化学工程年会上，法国化学工程学家维莱莫克斯（J. Villemaux）从世界经济、技术全球化发展的新形势出发，考虑到化学工程所面临的机遇和挑战，指出"化学工程学在总体变化的世纪中，其自身需要重新定义"。由于持续发展的本质要求环境、经济和社会决策的总体化，化学工程师必须开发一种多尺度、多目标的途径，瞄准化工生产过程的总体优化，即"用尽量少的资源和消耗，能更好、更便宜、更快地完成特定的生产，并对环境和生态是友好的"，这就是新的化学工程学。

随着时间的推延，化学工程学在发展过程中还在不断地向科学技术新领域渗透和拓展，其应用对象涵盖了所有物质的化学、物理转化过程。同时，它也正被化学工业、石油炼制、合成材料、能源工业、冶金工业、核能工业、建材工业，以及农业、军事、航空、宇航、环境、资源、生物、医药、食品饮料、纸浆造纸等过程工业的研究和开发人员用于各种过程，因此，使得化学工程学事实上已经发展成为了"过程工程学"（process engineering）。

综上所述，学科要继续保持旺盛的活力，求得更大的发展，只有不断地适应社会层出不穷的新需要，不断加强自身的理论建设。图 1-1 示意化学工程的发展过程，从中可以看出它已经建立起了一套完整的理论体系。

二、化学工程的前沿研究领域

从 20 世纪 80 年代开始，科学技术发展速度惊人。一场以高技术为中心的新技术革命正蓬勃发展起来。许多工业发达国家都以信息技术为先导、以新材料技术为基础、以

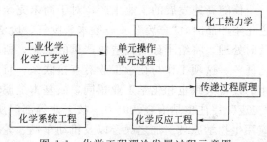

图 1-1 化学工程理论发展过程示意图

新能源技术为支柱，沿微观尺度向生物技术开拓，沿宏观尺度向空间和海洋扩展。他们以这六大高技术领域为其发展战略，从而导致了许多学科发生了巨大的变化。这场新技术革命无疑为化学工程提供了新的发展机会，其范围已经不局限于传统的化工领域。化学工程已经面临处理更多边缘目标，并将成为更为通用和广泛范围的学科。

1. 材料化学工程

随着高技术的发展，迫切需要开发具有高强度特殊性能的新型材料。在新材料领域，研究高聚物、陶瓷材料、复合材料等微结构材料的分子结构与性质之间的关系；研究原料选用及材料加工与所生成的微结构之间的关系；研究材料表面及界面上的物理化学现象；用化学方法而非机械方法制造部分复杂材料等，都需要进行化学工程方面的研究。而研制得到的新材料应力求达到：结构与功能相结合，具有智能，环境污染小，可回收再生，且能耗要低。

2. 能源与资源化学工程

化学工业是一个高能耗工业，它利用各种形式的能量来合成和生产人们所需要的各种化

工产品，因此，开发新能源，充分利用现有能源，回收化工生产过程排放的废热，这就形成了化学工程与能源技术相结合的新的研究领域——"能源与资源化学工程"，在该领域中，煤炭资源的开发利用很值得研究。由于煤的结构特征是氢碳比较低，故欲使煤转化为气体或液体产品，必须采用加氢转化工艺。在煤的气化方面，目前世界上已经工业化或即将工业化的方法有：固定床、流化床、熔融热载体和等离子气体等。

煤的直接液化有溶剂热解抽提、溶剂加氢抽提、高压催化加氢、干馏液化、H_2O-CO液化、无溶剂液化、地下液化以及生物酶对煤的催化转化等；掌握由合成气（H_2、CO）直接制取基础有机化学品，如醋酸、乙二醇、烯烃等新技术；开发石油炼制新原料；研究核能、氢能（制氢与贮氢合金的研制）、太阳能、地热能、生物质能及城市废物能源；研究各种高效节能新技术，如热泵、热管、高效强化传热表面等，仍是化学工程界 21 世纪研究的热点。

3. 环境化学工程

与当代社会发展相伴的还有环境问题。化学工业是造成环境污染的"根源"之一。如何控制污染并使之减小到最低程度，清洁生产，保护环境，以"创造一个干净安全的世界"，是全人类共同关心的大事，是可持续发展面对的重大课题。

目前，大多数工厂需要消耗大量燃料，并使之转化为热能、电能或机械能，然而，人们利用的只是燃料的能量，而没有利用其中的物质，这些物质以 CO_2 的形式排放于大气之中，造成大气中 CO_2 浓度激增，产生全球性温室效应，影响生态平衡。从保护环境与碳源出发，诞生了一门新兴学科，即"二氧化碳化学"，专门研究处理和利用 CO_2，设法大规模人工固碳，以使不断消失的有机碳源回归生态环境系统中来。实验表明，用 CO_2 可以合成出目前利用石油为原料的各种产品。

此外，在全球范围内禁止使用氯氟烃，并开发其替代物以保护臭氧层。

伴随高速发展的工业生产，对于尚未完全按照"原子经济性"原则设计、开发和生产绿色化学产品时，"三废"——废水、废气、废渣等问题仍严重地威胁着人类的生存。如果不及时处理，将给子孙后代造成严重的隐患，所以，根治"三废"、"变废为宝"已是刻不容缓的任务。这项工作与化学工业有直接联系，且大部分工作将应用到化学工程的基本原理，使用的设备大致也和化学工业相同，故基本上属于化学工程的范畴。然而，应当引起重视的是"三废"往往也是冶金、电力、核工业等部门所共有的问题，交叉关系比较复杂，有时还需应用生物学原理。加之噪音以及机动车辆、轮船、飞机等所产生的"三废"治理，因此，一门与化学工程密切相关的新兴工程学科——"环境化学工程"也就应运而生。

4. 生物化学工程

目前在许多国家的发展战略中，在高技术竞争方面都把发展生物技术放到特别重要的地位。有人曾说：20 世纪是近代物理学和化学的世纪，而 21 世纪则是现代生物技术的世纪。

化学工程与生物化学、生物学（含微生物）的结合已经形成了化学工程的新方向——"生物化工"，其技术实质是以具有生物活性的酶为催化剂替代传统化学工业使用的一般催化剂。由于酶催化反应具有反应条件温和、能耗低、效率高、选择性强、三废少、可利用再生资源及能合成复杂有机化合物等优点，故生物化工正成为化工领域战略转移的目标。

为了更好地说明生物技术（生物工程）的综合性，可用图 1-2 表示生物技术和几个基础学科的关系。生物工程在化工生产上的应用主要借助酶和微生物合成有机化合物（遗传工程用于医药方面，发酵工程用于医药及传统农林化学品）或处理工业废水。生物方法制成的化学品范围极广，它不仅能生产化学结构简单的小分子化合物（如柠檬酸、乳酸、抗环血酸、氨基酸、丙烯酰胺及生物色素等），而且还能制造出用传统方法极难合成的复杂结构的化合物（如酶制剂、微生物多糖、聚 β 羟基丁酸酯及生物农药等）。

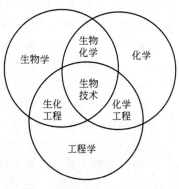

图 1-2 生物技术与各学科的关系

除以上所述的几点之外，像化工系统工程、临界或超临界条件下的化学工程也都属于化学工程研究的范畴。

随着高新技术革命向深度和广度进展，信息、知识的"爆炸"与更新，各种新兴科学，如可靠性技术、管理科学技术、新能源技术等进入化工领域，且相互渗透与结合，已产生了一些更新的边缘技术学科，例如，医学化学工程、电化学工程、地热化学工程、表面界面工程等。预计为更好地适应高技术的发展，化学工程还将向更广的领域延伸。这不仅会推动化工产业日趋高技术化，而且对化学化工高等教育的发展与改革亦将产生重大影响。许多化工高技术专业与学科的建立，高校教学内容的更新，化学化工人才的知识结构必将转向"智能型"的轨道，以更好地适应 21 世纪科学技术发展和竞争的需要。

第三节　化工过程与单元操作

一、化工过程简介

所谓化工过程，是指将原料进行若干化学和物理过程加工、处理，生产出预期产品或中间产品，并获得一定附加值的生产过程。虽然化学工业门类繁多，产品各异，但是任何化工过程都可以用图 1-3 所示加以概括。

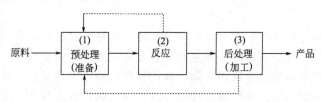

图 1-3 基本化工生产过程

（1）原料在反应前经过若干工序的预处理，其主要由机械加工、净制提纯和加热、冷却等过程组成，使原料达到符合化学反应所要求的工艺条件。

（2）进行化学反应，伴随着热量的释放和吸收过程。

（3）反应后的产物经过均相或非均相分离，以及过滤、筛析、干燥等若干工序的后处理，最终获得产品。

化工生产过程的核心是化学反应，并且要涉及特定的化学反应器。上述生产过程除了化学反应外，大多数是物理过程。它又可以分为各种基本过程，通常称为化工单元操作，因此，化工生产过程又可认为是由化学反应过程和化工单元操作所组成。

二、化工单元操作

1915 年，利特尔在为 MIT 校长准备的报告中首先提出了单元操作这一名词，并认为任何化工生产过程无论规模如何，都可以分成一系列基本操作，例如，流体流动、加热、混合、冷却、分离等。单元操作就是使物料发生所要求的物理变化的这些基本操作的总称。由此可以看出，单元操作有其自身独特的界定范围，它与工业化学、应用化学以及机械工程区分明显。工业化学研究的重点是产品；应用化学则注重生产线上的单一反应；机械工程的主要焦点是机器，而单元操作则是对所有产品、反应和机器等都适用的概念。只有将种类繁多的化工过程分解为单元操作来加以研究，才能揭示其共性规律。

根据单元操作所依据的理论，可以将它们归纳为以下三类过程。

（1）流体流动过程——流体输送、搅拌、沉降、过滤、离心分离、固体流态化等。

（2）热量传递过程——传导、对流和辐射传热、热交换（加热、冷却、冷凝）、蒸发等。

（3）质量传递过程——吸收、蒸馏、吸附、萃取、结晶、干燥、膜分离等。

单元操作内容包括"过程"和"设备"两个方面，故单元操作又称化工过程和设备。同一单元操作在不同的化工生产中虽然遵循相同的过程规律，但在操作条件及设备类型（或结构）方面会有很大差别。对于同样的工程目的，可采用不同的单元操作来实现。例如对于一种均一液相混合物，既可以采用精馏方法，又可采用萃取方法，还可用结晶或膜分离方法将其加以分离。究竟哪一种单元操作最适宜，则需要根据工艺特点、物系的特性，通过综合技术经济分析做出选择。

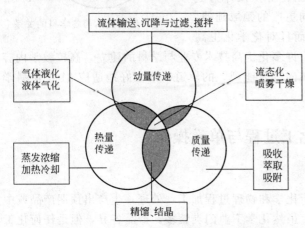

图 1-4 以"三传"为物理内核的单元操作

传递过程理论不仅阐明了并且从方法论上把单元操作统一到了"三传"的物理内核。各种具体的单元操作则是这三种基本过程的不同形式的组合。如图 1-4 所示。

流体在流动时，由于内部产生动量传递，故流体的流动过程也称之为"动量传递过程"。

对于有关单元操作的研究，都可以对应于一种或几种传递过程综合。

在对化工过程的研究中，由于实际生产过程复杂，涉及的变量较多，致使大多数化工单元操作不可能像物理学那样建立反映实际过程的简单的数学方程式。多数情况下只能采用实验研究方法，通过实验数据制成经验曲线图，或整理得到经验方程式。近代所采用的数学模型法，虽将过程经过一定理论分析，获得一些反映过程规律的数学方程，但仍须通过实验验证后方能使用。用理论分析和科学实验相结合得到的描述过程规律的数学方程，一般称为半理论、半经验方程式。

二、常用基本概念

从事化学工程研究、化工过程开发以及化工设备的设计、操作时，不可避免地要用到以下几个基本概念，即物料衡算、能量衡算、平衡关系、过程速率及经济核算等，它们是分析和进行化工计算的出发点，并将贯穿本课程的始终。

1. 物料衡算

物料衡算的依据是质量守恒定律，故也称为质量衡算。它反映一个过程中的原料、产物和副产物等之间的关系，即进入与离开某一过程的物料质量之差，等于该过程中累积的物料量

$$输入的物料质量－输出的物料质量＝过程累积的质量$$

对于连续定态操作的过程，各物理量不随时间改变，过程中不应有物料的积累，则

$$输入的物料质量＝输出的物料质量$$

利用物料衡算关系可由过程的已知量求出未知量。物料衡算可按以下步骤进行。

（1）确定衡算系统　它可以是一个设备或者其中的一部分，也可以包括几个处理阶段的全流程。然后，画出各物流的流程示意图，其中物料的流向用箭头表示，并标上已知数据与待求量。

（2）确定计算基准　一般选用单位进料量或排料量、时间及设备的单位体积等作为计算的基准，列出衡算式，求解未知量。

2. 能量衡算

能量衡算的依据是能量守恒定律。能量衡算包括与该过程有关的各种形式的能，如热能、机械能、电能、化学能等，机械能衡算将在流体流动与输送中予以说明；然而在许多化工生产中所涉及的能量仅为热能，热量衡算将在传热、精馏、干燥等具体单元操作中加以说明。热量衡算的步骤与物料衡算基本相同。

3. 平衡关系

任何一个物理或化学变化过程，都会在一定的条件下沿着一定的方向进行。当过程达到了变化的极限，即达到了平衡状态。例如，当空间两处流体的温度不同，热量就会从高温处向低温处流动，直至两处流体的温度相等，热量传递过程就达到了平衡。同样，对于某一反应而言，达到平衡的标志是反应物和产物的浓度不再改变，但这只是相对和暂时的现象，平衡总是要向不平衡过渡，因此，平衡的建立和保持是有条件的。当反应在一定条件下处于平衡状态时，尽管反应物和产物的浓度保持恒定，但此时正、逆两个方向的反应仍在不停地进行，反应并没有停止，而是处于一种动态平衡。一旦条件改变，暂时的平衡状态就会破坏。由于平衡的这种相对性和暂时性，人们便可利用这种暂时存在的平衡状态衡量某一物理或化学反应过程在一定条件下所能达到的最大限度，同时也可以利用某一物理或化学反应过程的特定状态与平衡状态之间的差距来衡量其转化的能力。从而使之朝着有利于提高产品的质量、产量、节能和环保的方向进行。

4. 过程速率

过程速率是物理或化学变化过程进行快慢程度的标志，即单位时间过程的变化量。例如用单位时间传递的热量，或单位时间、单位面积上传递的热量表示传热过程速率；用单位时间、单位面积上传递的质量表示传质过程速率等。过程速率较之平衡关系更为重要，因为，过程速率决定装置和设备的生产能力。其通式可表示为

$$过程速率 = \frac{过程推动力}{过程阻力}$$

过程速率与过程推动力成正比，与过程阻力成反比，此关系类似于电学中欧姆定律。过程推动力是过程在瞬间偏离平衡的差值。例如，流体流动过程的推动力是位能差；传热过程的推动力是温度差；传质过程的推动力是实际浓度与平衡浓度差；化学反应过程的推动力是浓度差等。过程的阻力与过程的推动力相对应，它与过程的操作条件及物性有关。

从过程速率表达式可知，任何增大推动力或减小阻力的措施都能增大过程速率，但是，对于一个具体的生产过程，其速率的控制应当综合分析技术、经济等方面的因素。

5. 经济核算

在设计或选用具有一定生产能力的设备时，根据设备的型式和材料的不同，可以有若干不同的设计方案。对于同一台设备，所选用的操作参数不同，则设备费和操作费也有差别，因此，采用经济核算确定最经济的方案，以达到技术和经济的优化。

本课程的主要任务是介绍化学工程学的基本原理、基本方法和几个常用单元操作的典型设备和基本反应器的原理、结构、选型，以及与操作有关的计算方法；通过对实际过程进行

研究，经过综合、归纳、合理简化，提出满足工程要求的近似处理，以培养学生运用基础理论知识分析和解决化工生产过程中一些实际问题的能力。

第四节 化工过程开发简介

一、化工过程开发的基本要求

研究化工新产品、新技术和新工艺，开辟新原料来源，以及对原有产品生产方法和工艺过程改造等，在它们未实现工业化之前，大都是从实验室研究开始，并以实验室研究成果的形式出现的，但是，这种形式只能在原理上说明该成果具有初步的可行性，最终只能完成一种新产品、新技术或新工艺的设想，并不具备用来建立一套生产装置且使之工业化的全部条件。若要把实验室的研究成果转变为生产力，不仅要考虑到产品生产的原料路线和技术路线，还要考虑产品质量及市场销售；副产物的回收及综合利用；能源供应及消耗定额；"三废"治理及环境保护等许多技术经济问题，所以，在获得实验室研究成果以后，必须对该成果做进一步研究和反复论证，深入考察在实验室条件下无法考察的各种工程技术问题（可能属于化学方面或物理方面，或两者兼而有之），并对研究取得的结果反复进行技术经济评价，从技术、经济、生态和生产安全等方面考察技术方案的可行性。只有获得该项目在技术上可靠、经济上可行、生产上安全、对环境不造成危害的结论后，才能建立生产装置并投入工业生产。

化工过程开发就是指从实验室研究过渡到建立第一套生产装置的全过程。

在工业生产反应器选型和确定经济规模的决策过程中，可以清楚地看到化学工程和基础学科间的交叉影响。为了使反应器达到最佳生产水平，不仅要选择合适的工程方法，而且要考虑物理过程和化学过程互相影响的速率。以此为基础，选择或设计出符合化学动力学要求的反应器类型和结构。反应器设计过程如图1-5所示。

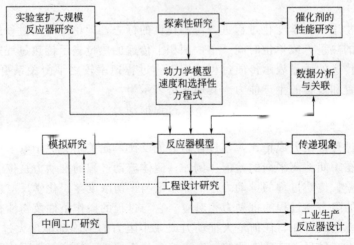

图1-5 反应器设计过程示意图

欲完成一条最佳开发路线，既不能直接依赖理论分析，也不能单纯依赖于经验，而应是理论分析和实践经验相结合，才能获得实验室成果开发放大的可靠信息。

二、化学实验与化工生产过程的联系与区别

化学实验可用以让人们确认过去所获得的化学知识或者探求新知。通过化学实验研究所得到的成果只有最终推向工业生产，变为现实的生产力才能造福于人类。然而，实践证明，

实验室成果与化学工业生产过程尽管化学反应一致，但是却不能直接将实验室成果直接应用于大规模的化工生产过程，因为两者之间有着许多不同之处。仅以反应装置的体积为例，某沸腾床反应器在实验室用体积为 $V_1 = \frac{\pi}{4}d^2l$，现若扩大反应，将反应器直径和长度均扩大 10 倍，则反应器体积 $V_2 = \frac{\pi}{4}(10d)^2(10l) = 1000\left(\frac{\pi}{4}d^2l\right)$，即放大后的反应器体积比实验室反应器体积增大 1000 倍，而反应器表面积仅仅扩大 100 倍，即 $A_2/A_1 = \pi(10d)(10l)/\pi dl = 100$，因此，化学反应过程中必然会造成放热量与散热量的不均。若不采用其他措施，放大后的反应结果必然会与实验室反应结果不同。此外，像物料用量、反应条件控制、设备材质等，二者之间也均存在很大差异，表 1-3 列出它们之间的简单比较。

表 1-3　化学实验与化工生产过程比较

项　目	化　学　实　验	化　工　生　产
原料	数量少、纯度高、配比严格、易贮存、无需预处理	量大，因来源不同、价格不一、纯度不同，故使用前需预处理
工艺	操作简单、变更容易、可以精密控制反应条件，无物料返回利用问题	操作复杂，不易随意变更，因传热、传质的影响，单元操作控制难度大。物料需循环，易造成杂质积累，中间检测多
设备	以玻璃材质器皿为主，防腐、易清洗、价格低、通用性好	要求设备强度高、耐腐蚀。为满足"三传"需要，设备结构复杂，清洗、操作较难，设备专用性较强，固定投资大
产品	量少、易采集、通常无需分离、精制，纯度较高	量大，需设专门的分离与精制过程。其分析、包装、贮存、销售等，需设立专门机构
公用工程	简单易行，无需专门设施	需设置供水、供汽、供电、动力、安全、运输等设施
环境保护	废水、废气、废渣排放量较少，且易于处理，无需复杂的专用设施	"三废"排放量大，必须通过专门设施予以治理，因此，相应的综合利用设备、管理、机构及制度必须建立、健全

　　通过上述简单比较可以看出，化学实验与化工生产过程之间存在着较大差异，化工生产过程既不是化学实验的简单再现，也不是化学反应的直接放大，因此，为了使实验室研究成果能顺利地开发放大，必须了解工业规模化学反应的特点，了解实验室研究与工业化生产之间的联系和差别。

三、化工过程开发步骤

　　就化工过程开发而言，针对过程开发所进行的实验室研究，不仅要考虑化学反应的特征以及影响反应过程的诸多因素，而且还要考虑生产过程各个工艺步骤的组合与优化。特别是当该研究进入按照工艺流程而建立小型工业模拟试验时，其考察的内容和范围相当广泛，既要探索工程因素对于过程的影响，查找产生放大效应的原因，又要定量测取各种技术经济指标以作为放大设计的依据。

　　许多事例说明，如果把化学工程学的基本观点和方法在化工过程开发的实验室研究阶段就引入研究工作中，对于加速技术开发项目的工业化进程极为有利。如图 1-6 所示的连续氯化法制氯化钡的实验室模拟工业化流程，虽然和生产工艺装置在规模和操作条件方面有很大差距，但是，工艺方法和工艺步骤相同。从模拟研究中可以获得许多工艺方面甚至工程的重要信息。

　　从实验室研究到工业生产的开发过程，往往被人们单纯地理解成参加反应的物料和产品数量的扩大，而忽略了量变带来的质变。其实，每一步放大都伴随着技术质量上的差别。在大型设备上采取的技术措施，不可能和实验过程完全相符。要想使放大前后获得相同的结果，必须掌握过程进行的规律，对一些操作参数做适当的调整，因此，放大技术是以深刻的科学理论和实践经验为基础的，是质和量结合的工程学科。

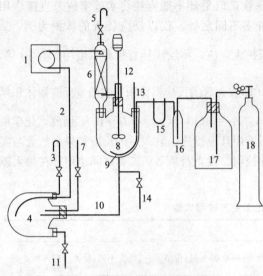

图 1-6　连续氯化反应实验装置

1—胶管计量泵；2，10—循环管路；3—放空管；4—循环池；
5—尾气放空管；6—吸收管；7—Bas进料管；8—CSTR；
9—气体分布器；11—副产物料浆出口；
12—电动搅拌器；13—温度计；14—氯化钡液出料口；
15—毛细管流量计，16—洗气瓶；17—缓冲瓶；
18—氯气钢瓶

一般来说，由实验室研究到实现工业化的开发过程，应把实验取得的技术数据和技术理论联系起来进行分析，从中提出工业化初步方案，这是化工过程开发中实验室研究的目的。

化工过程开发步骤及其相应的研究内容如图 1-7 所示。

成功地建设一座化工生产厂，必须达到社会、经济、技术、生态环境和时间等方面要求的一些目标。由于它涉及的问题十分复杂，因此从项目开发的开始，应经过实验室研究→概念设计→技术经济评价→模型试验→中间工厂试验→基础设计→技术经济评价→工程设计等若干步骤。很难设想从构思即可直接进入正式工厂设计。

通常，整个开发工作的实验研究部分可以分为三个阶段，即探索性研究、过程研究（小试）和开发研究（模拟和中试），但它们之间没有明显的分界，在化工过程开发的整体工作中很难截然划分。

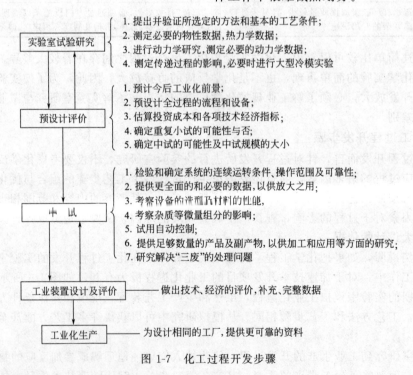

图 1-7　化工过程开发步骤

1. 探索性研究

应源于开发计划的构思，是对过程开发的粗略想法；初步建立该项目值得进行开发的概念。要达到这一目的，需要收集一些数据论证设想的可行性。如有关技术经济评价资料，包括某些基本数据，并在对收集的数据进行时效预测和分类整理的基础上，有针对性地探索过程开发的技术路线，因此，这一阶段属于探索性研究。根据研究结果，可以对开发项目的可行性做出最初评价。

2. 过程研究

初步评价如果得出可行的肯定结论，则可以继续开展实验研究。如果是新产品开发，实验室研究侧重于工艺条件实验、催化剂研究，以及考察杂质对过程及产品质量的影响。在此基础上可进一步对研究对象进行模型构想，并提出初级模型。如果过程研究的目的仅仅是为了给大规模的模拟试验打基础，则在实验室条件下亦可进行小规模工艺模拟试验，研究某些过程特征。此时获得的数据不仅可作为模拟放大的依据，而且也是对过程开发进行中间评价的依据。

3. 开发研究

在这一阶段，主要进行模拟试验和中间试验工厂的实验研究。目的是证明整个工艺的合理性和考察工程因素对过程的影响，以及确定技术经济指标。在此必须确定合适的工艺规范。如果采用数模放大，则应证明开发的模型能与实际过程等效，并确定模型参数。至于控制产品质量的参数值，以及杂质对过程和产品质量影响的定量关系，也是这一阶段考察的重要内容。通过放大研究取得的一切实验结果，均将用作确定工业生产装置设计和操作的各种参数。

应当注意，建立起生产装置虽然表明化工开发的任务已经结束，然而要把实验室成果转变为生产力却非易事。化工过程开发如同其他新产品、新工艺开发一样，实验室成果转移到生产部门，不可能在工业上获得100%的成功。联合国亚太地区技术转让中心（RCTT）科技政策顾问瑞特纳姆博士（Dr. C. V. S. Ratnam）等曾指出，像美、英、日、法等发达国家获工业化成功的比例大概是5%～10%，发展中国家如印度这个百分比达到25%。科技成果向企业转移成功与否的条件和因素如图1-8所示，其实质也就是转移过程中所遇到的问题和障碍。

四、化工过程开发最优化概念

化学工业的迅速发展推动了化工过程开发工作的现代化。新产品、新技术、新型催化剂和新工艺不断涌现，促进了设计工作的不断更新，也带动了装置大型化和工厂整体化，以及生产系统最优化和控制自动化。

随着化学工程学科研究的不断深入和系统工程方法及计算机技术在化工生产中的广泛应用，化工过程设计的技术水平也在不断提高，因此，化工模拟系统、化工系统最优化、装置最优化等软件的不断开

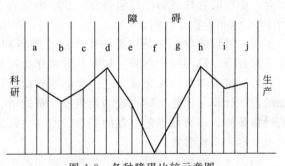

图 1-8　各种障碍比较示意图

a—新颖性；b—现实性；c—研究工作的水平；d—中间试验工厂的性质和能力；e—生产部门转移技术的条件和能力；f—工厂里的设备质量水平；g—投资的水平和投资的规模；h—市场供求情况；i—物质刺激；j—与进口货竞争

发并渐趋成熟，从而促进了设计工作的标准化和定型化，这些进步均标志着化工设计技术已进入了新的、更高层次的现代化。

所谓最优化就是如何以最小的代价获得最大的效果。效果的大小与被优化系统范围的大小成正比，但随着系统范围的扩大，则优化就会更困难一些。

化工过程开发的最优化必然会涉及最优实验方案、研究方案的确定；化工过程最优参数的确定；化工系统的可行性分析、技术经济分析和决策最优化等问题。这些优化问题的求解

方法，一般是根据有无约束条件而划分为无约束优化问题和有约束优化问题。有约束优化问题又分为两类：线性规划和非线性规划。当目标函数及约束条件都是线性时，称为线性规划；而目标函数及约束条件至少有一个为非线性时，则称为非线性规划。线性规划是应用十分广泛而又成熟的最优化方法，通常采用美国乔治·丹茨格（George Dantzlg）创立的单纯形法求解线性规划问题。非线性规划问题的优化可归纳为两种：即间接优化法（解析法）和直接优化法（数值法）。前者按照目标函数极值点的条件用数学分析法求解，再按照充分条件或问题的物理意义，间接地确定最优解是极大还是极小；而后者是利用函数在某一局部区域的性质或在一些已知点的数值，确定下一步的计算点，这样一步步搜索、逼近，最后达到最优点。

最优化问题的求解步骤、具体应用，可参阅有关专著，这里不再赘述。

第五节　化工数据

一、化工数据的分类

在化工过程开发研究、工艺计算和工程设计中，不可避免地要涉及各种数据。其中常用的数据类型大致有以下几类。

（1）基础数据　在化工工艺设计中，首先应对工艺过程做物料平衡和能量平衡计算。此时必然要涉及物料本身的物理化学性质及有关状态数据，如相对密度、比热容、黏度等；同时也必须做平衡常数、焓、熵等大量物性推算工作。这类数据也属于物性数据，通常可从手册上查取或在计算机上从化工物性数据库中检索。

化工物性数据库主要存放纯化合物的物性数据，其中一类是不随温度变化的基本物性常数，例如，相对分子质量、正常凝固点、正常沸点、临界温度、临界压力、临界比体积、临界压缩系数、偏心因子等。另一类物性是温度的函数，常用关联式系数从标准温度下的数值来推算。这类物性数据有焓、熵、比体积、生成热、自由能、蒸发潜热、密度、黏度、热导率等。小型的物性数据库约包括 60～200 种化合物；中型的约 300～800 种化合物；大型的约 1000～5000 种化合物。

（2）过程参数　这是一类与生产过程进行和操作条件有关的数据，如温度、压力、流速、流量等，称为操作参数。这些参数常作为控制生产过程的主要指标。

（3）结构参数　在完成工艺过程的物料衡算和热量衡算以后，还要对工艺设备进行较详细的设计计算，才能正确决定如换热器、蒸馏塔、反应器等主要装置各部分的几何尺寸和工艺操作条件，以满足工艺过程的要求。上述表征设备结构特征参数如直径、高度等设备的几何尺寸称为结构参数。

（4）无量纲量　这是一类由各种变量和参数组合而成的无量纲的纯数值数群。其中，量纲是指一些被测量之量的种类，例如，对于长度而言，无论用"米"或"厘米"来量度，这个量的种类总是长度，其量纲以 [L] 表示。同理，对时间、质量来讲，其量纲分别以 [T] 和 [M] 表示。利用量纲的概念按照量纲分析法可以导得特征数。如根据实验、分析和研究，可将影响管内流体流动类型的诸因素组合成一个数群 $\frac{du\rho}{\mu}$，称为雷诺（Reynolds）数，以 Re 表示。雷诺数的量纲为

$$Re = \frac{du\rho}{\mu} = \frac{L\dfrac{L}{T}\dfrac{M}{L^3}}{\dfrac{M}{LT}} = L^0 M^0 T^0$$

所有量纲指数都等于零的量，称为无量纲量，如 Re，其量纲积或量纲为 $L^0 M^0 T^0 = 1$。可见 Re 无论采用哪一单位制，其数值均相同。

二、单位与单位制

化工计算中所涉及的各种物理量，其大小都是用数与单位表示的。由于历史原因，在自然科学和工程界曾使用过各种不同的单位制。有厘米·克·秒（cgs）制单位，称为绝对制或物理制；米·千克·秒（mks）制单位——米制；米·千克力·秒（mkfs）制单位——重力制（工程制），还有英制单位等。

目前，我国法定计量单位是以国际单位制——SI（Le Système International d′Unités）单位为基础，根据我国具体情况，由国家选定了一些非国际单位制构成的。SI 有两大优点：首先是具有通用性。所有物理量的单位都可以由七个基本单位——米（m）、千克（kg）、秒（s）、开（K）、摩（mol）、安（A）、坎（cd）导出；其次是它的一贯性。任何一个导出单位都可以由上述七个基本单位相乘或相除而导出。SI 中，每种物理量只有一个单位，如热、功、能三者的单位都采用了焦耳，转换时无需因数。本书采用我国的法定计量单位。

三、单位换算

化工计算中所用到的公式一般分为两类：一类是根据物理规律建立的理论公式，反映过程所涉及的各物理量之间的关系，称为物理量方程。另一类是根据实验数据整理得到的经验公式，它只反映有关物理量的数值之间的关系，而数值的大小都是与一定单位相对应的，故在使用经验公式时，各物理量必须采用指定的单位。

由于目前数据来源不同，单位很不统一，特别是以往的手册、文献资料和书籍等仍然保留着非国际单位制，所以在进行化工计算时，经常会遇到单位的换算。在单位换算过程中，应当把单位和数值同时纳入换算，此时，必须将有关单位换算因数找出，然后相应地代入原单位中。本书附录一中，已收编了常用物理量的单位换算因数。

第二章　流体流动过程

教学基本要求

1. 理解流体静压力、等压面、绝对压强、表压强、真空度等概念；
2. 理解流体流动形态和流体流动边界层的基本概念；
3. 掌握流体流动的物料衡算、能量衡算原理及计算方法；
4. 掌握简单化工管道阻力计算方法；
5. 了解管路中流速和流量的测量，测速管、孔板流量计和转子流量计的工作原理、基本结构、性能和计算；
6. 了解离心泵的基本结构特征、操作原理，以及鼓风机、真空泵的工作原理及选用；
7. 掌握离心泵的扬程、功率及效率的计算。

第一节　概　　述

化学工业中，大部分化学工艺流程都是伴随着化学反应、热量、质量传递的流动过程。化工厂内各种设备间纵横交叉连接着的许多管道，其目的就是为了完成流体输送任务。这种输送一般借助于流体输送机械、位差或压力差的作用，从而构成流体流动过程。石油工业也是这样，如油、水、气的抽吸和运输，以及石油中多种产品的提炼和分离等，也均在流体流动情况下进行，因此，研究流体流动的基本规律，研究流体流过某管道或设备时的速度分布、压力分布、能量损耗及其同固体壁之间的相互作用等，就是本章需要讨论的内容。学习和掌握这些内容就可以进行管路设计、流体输送机械的所需功率的计算和选择；同时，今后对热量传递和质量传递过程的研究亦离不开流体流动基本原理。

液体和气体统称流体。从力学特征来讲，流体是一种受到任何微小剪切力都能连续变形（流动）的物质，只要这种力作用，流体就会流动。研究流体流动时，通常将流体视为无数流体微团组成的连续介质。这些流体微团包含有足够的分子，能够用统计平均法求其宏观属性（例如温度、密度、黏度、速度、压力、剪应力等），从而可以使人们通过观察这些参数的变化情况，即从宏观的角度去研究流体的流动规律，而摆脱对单个分子做随机的、混乱的复杂运动的考察。

流体的压缩性是流体的基本属性，任何流体都是可以压缩的，只是可压缩的程度不同而已。通常，为简化工程计算，把液体视为不可压缩流体，即忽略在一般工程中没有多大影响的微小体积变化，而把它的密度视为常数。气体比液体有较大的压缩性，故称为可压缩流体。特别是在流速较高，压力变化较大的场合，其体积的变化较大，必须视其密度为变量，但一般在常温常压条件下，气体通常也可以当作不可压缩流体处理。

第二节　流体静力学基本方程式

流体静力学研究流体的平衡规律及其在工程实际中的应用。

一、流体的热力学属性

流体的密度 ρ、质量体积（比体积）v、压力 p、温度 T、热力学能 U、焓 H、熵 S、

比定压热容 c_p、黏度 μ、热导率 λ 等均属热力学属性。而 T，U，H，S 和 c_p 等热力学属性，已经在物理化学课程中讨论功、热及能量平衡的问题时介绍过了，故此处不再赘述。控制流体摩擦效应和热传导效应的两个传输属性 μ 和 λ，则将分别在管内流体流动和传热过程中叙述。

1. 密度

单位体积内流体所具有的质量，称为流体的密度。以符号 ρ 表示密度，m 表示质量，V 表示体积，则其表达式为

$$\rho = \frac{m}{V} \tag{2-1}$$

密度的单位是 $kg \cdot m^{-3}$。

不同的流体密度是不同的，对一定的流体，密度是压力和温度的函数，即 $\rho = f(p, T)$。除极高压力情况外，液体的密度随压力变化甚小，但其随温度稍有改变，故从手册或本书附录中查阅液体的密度数据时，要注意其所对应的温度。

化工生产中，所处理的物料多是含若干组分的混合物。对液体混合物而言，若混合前后体积不变，则可由下式求混合液的平均密度。

$$\frac{1}{\overline{\rho}} = \frac{w_1}{\rho_1} + \frac{w_2}{\rho_2} + \cdots + \frac{w_n}{\rho_n} \tag{2-2}$$

式中　　w_1，w_2，$\cdots$，w_n——液体混合物中各组分的质量分数；

　　　　ρ_1，ρ_2，$\cdots$，ρ_n——液体混合物中各组分的密度，$kg \cdot m^{-3}$。

气体的密度随压力和温度的变化较大，当压力不太高、温度不太低时，气体的密度可近似地按理想气体状态方程式计算，即

$$\rho = \frac{pM}{RT} \tag{2-3}$$

式中　　p——气体的压力，$kN \cdot m^{-2}$ 或 kPa；

　　　　M——气体分子的千摩尔质量，$kg \cdot kmol^{-1}$；

　　　　R——气体常数，$8.314 kg \cdot kmol^{-1} \cdot K^{-1}$；

　　　　T——气体的热力学温度，K。

生产中，当气体混合物的压力、温度接近理想气体时，仍可用式(2-3)计算气体的密度，但式中气体分子的千摩尔质量 M 应以混合气体的平均千摩尔质量 $\overline{M}$ 代替，即

$$\overline{M} = M_1 y_1 + M_2 y_2 + \cdots + M_n y_n \tag{2-4}$$

式中　　M_1，M_2，$\cdots$，M_n——气体混合物中各组分的千摩尔质量，$kg \cdot kmol^{-1}$；

　　　　y_1，y_2，$\cdots$，y_n——气体混合物中各组分的摩尔分数（或体积分数）。

通常，气体混合物的平均密度也可按下式进行计算

$$\overline{\rho} = \rho_1 y_1 + \rho_2 y_2 + \cdots + \rho_n y_n \tag{2-5}$$

2. 比体积

单位质量流体的体积，称为流体的比体积。用符号 v 表示，单位是 $m^3 \cdot kg^{-1}$，则

$$v = \frac{V}{m} = \frac{1}{\rho} \tag{2-6}$$

亦即流体的比体积为其密度的倒数。

3. 压力

单位面积上所受的流体垂直作用力，称为流体的压强，简称压强。工程技术上习惯称之

为压力。设 ΔA 为流体中任意小的面积，ΔF 为与 ΔA 相邻的流体微团作用在该微元面积上的力，当 ΔA 无限缩小并趋近于一点时，其上的压力为

$$p = \lim_{\Delta A \to 0} \frac{\Delta F}{\Delta A} \tag{2-7}$$

在静止流体中，从各个方向作用于某一点的压力大小均相等，而作用于整个面积上的力称为总压力。

压力的单位为帕斯卡（Pascal），即 $N \cdot m^{-2}$，以 Pa 表示。其 10^5 倍为巴（bar），即 $1bar = 10^5 Pa$［以前，工程上多采用大气压（atm）作为计量单位，$1atm = 1.013 \times 10^5 Pa$］。

压力值的表达方式可以有不同的计量基准，如以零压力（绝对真空）为基准的绝对压力，还有相对于当地大气压力的相对值。若压力比大气压力高，则其差称为表压，可以下式表示

$$表压 = 绝对压力 - 大气压力$$

若比大气压低，其差值则称为真空度，即

$$真空度 = 大气压力 - 绝对压力$$
$$真空度 = -表压$$

注意，此时绝对压力是指在负压操作情况下设备内剩余的压力，亦称余压。

绝对压力、表压和真空度的关系，如图 2-1 所示。

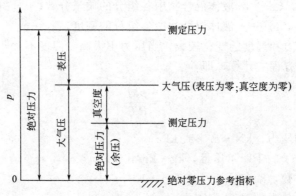

图 2-1 绝对压力、表压与真空度的关系

二、流体静力学基本方程式

流体静力学基本方程式是用丁描述静止流体内部的压力随位置高低而变化的数学表达式。

如图 2-2 所示，容器中盛有密度为 ρ 的静止液体。现以刚化法从液体内部任意划出一底面积为 A 的垂直液柱。若以容器底部为基准水平面，液柱的上、下底面与基准水平面垂直距离分别 z_1 和 z_2，以 p_1 和 p_2 分别表示高度为 z_1 和 z_2 处的压力，液面上方的压力为 p_0。则在垂直方向上作用于此液柱的力有：

（1）向上作用于液柱下底的总压力 $p_2 A$；

（2）向下作用于液柱上底的总压力 $p_1 A$；

（3）向下作用的液柱之重力 $G = \rho g A(z_1 - z_2)$。

以向上作用的力为正，向下作用的力为负。静止液体中的三力之合力应为零，故

$$p_2 A - p_1 A - \rho g A(z_1 - z_2) = 0$$

简化得

$$p_2 = p_1 + \rho g(z_1 - z_2) \qquad (2\text{-}8a)$$

或
$$\frac{p_2 - p_1}{\rho g} = z_1 - z_2 \qquad (2\text{-}8b)$$

若液柱上表面取在液面上，液柱高度 $z_1 - z_2 = h$ ，则上式可写成
$$p_2 = p_0 + \rho g h \qquad (2\text{-}8c)$$
$$\frac{p_2 - p_0}{\rho g} = h \qquad (2\text{-}8d)$$

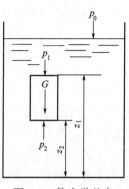

图 2-2　静力学基本
方程的推导

以上诸式，均称为流体静力学基本方程式。它说明了在重力作用下，静止液体内部压力的变化规律。

三、流体静力学基本方程式的讨论

由式(2-8c)可得出如下结论。

(1) 当容器液面上方的压力 p_0 一定时，静止液体内任一点压力的大小，与液体本身的密度 ρ 和该点距液面的深度 h 有关，因此，在静止的、连通的同一种液体内，处于同一水平面上的各点的压力都相等。此压力相等的水平面，称为等压面。

(2) 当 p_0 改变时，液体内部各点的压力也将发生同样大小的改变。

(3) 由式(2-8d)可知，压力或压力差的大小可用液柱高度来表示。由此引申出压力的大小也可以用一定高度的液柱来表示；这就是压力可以用 mmHg，mH_2O 等单位计量的依据。

(4) 为说明静力学基本方程式中各项意义，将式(2-8a)两边同除以 ρg 并加以整理可得
$$z_1 + \frac{p_1}{\rho g} = z_2 + \frac{p_2}{\rho g} \qquad (2\text{-}9)$$

或
$$z + \frac{p}{\rho g} = 常数$$

四、流体静力学基本方程式的应用

1. 压力测量

(1) U形管压差计　U形管压差计（亦称压力计、压强计等）的结构如图2-3所示。它是在一根U形玻璃管中放入某种液体作指示液。指示液必须与被测流体不互溶，不起化学反应，视所测系统压力的大小和分辨率的要求，指示液可选择水、酒精、四氯化碳或水银等。测量时，将U形管的两端与管道中的两截面相接，若作用于压差计两端的压力 $p_1 > p_2$（图2-3），则指示液就会出现高度差。利用此压差计的读数 R 的值，再根据流体静力学基本方程式，就可以算出两截面的压力差（$p_1 - p_2$）的大小。

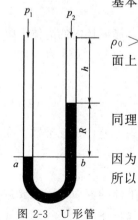

图 2-3　U形管
压差计

在图2-3中，U形管内盛有密度为 ρ_0 的指示液，被测流体密度为 ρ，$\rho_0 > \rho$。图中 a，b 两点处在连通的同一种静止流体内，并且在同一水平面上，所以这两点的静压力相等，即 $p_a = p_b$。

根据流体静力学基本方程，U形管左侧
$$p_a = p_1 + (h + R)\rho g$$

同理，U形管右侧
$$p_b = p_2 + h\rho g + R\rho_0 g$$

因为
$$p_a = p_b$$

所以
$$p_1 + (h + R)\rho g = p_2 + h\rho g + R\rho_0 g$$

根据增量定义，$\Delta p = p_2 - p_1$，故压降
$$-\Delta p = p_1 - p_2 = (\rho_0 - \rho)gR \qquad (2\text{-}10a)$$

若被测量流体是气体，由于气体密度 ρ 比指示液密度 ρ_0 小得多，故

$\rho_0 - \rho \approx \rho_0$，则此种情况下，上式可写成

$$-\Delta p = p_1 - p_2 = \rho_0 g R \qquad (2\text{-}10b)$$

U 形管压差计不仅可以用上述连接方式测量两截面之间的压差，而且还可以一侧通待测压力，另一侧通大气，这样就可以测得该点与大气压之差，即该点的表压或真空度。

使用 U 形管压差计时，读数必须同时读管两侧的液面高度。

（2）"Ⅱ"式压差计　这是一种用于测量液体压差的压差计，它是一个倒置的 U 形管压差计，其顶部装有充气阀，如图 2-4 所示。测量时，将所测液体作为指示液，在压差计的液面上方还可以加一定大小压力的空气，使两测压管的液面都位于压差计的刻度范围内。由于两测压管受到的初始压力相同，且空气密度比被测液体密度小很多，故压力差 $p_1 - p_2$ 可根据液柱高度差 R 进行计算，即

$$p_1 - p_2 = \rho g R \qquad (2\text{-}10c)$$

测量压力时，应特别注意将传压管和压差计玻璃管中液柱内的气泡排除干净，以免影响测量精度。

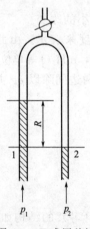

图 2-4　Ⅱ式压差计

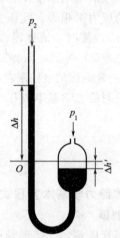

图 2-5　单管压差计

（3）单管压差计　为了克服 U 形管压差计在测量时需要同时读取玻璃管两侧读数的麻烦，以及由此而带来较大的读数误差，在 U 形管原理的基础上又发展了一种单管式压差计，即把 U 形管的另一侧用一只储液杯来代替，而储液杯的截面积 A 要比玻璃管的截面积 a 大得多（见图 2-5）。

在测量压差时，将储液杯接通较大的压力，由于在压差的作用下，储液杯内的液体下降了 $\Delta h'$，测压管内液面上升了 Δh，因此，实际的液面高度差为 $\Delta h + \Delta h'$。又因为液体是不可压缩的，因此，$\Delta h' A = \Delta h a$，于是

$$p_1 - p_2 = \rho g (\Delta h' + \Delta h) = \rho g \Delta h \left(\frac{\Delta h'}{\Delta h} + 1 \right) = \rho g \Delta h \left(\frac{a}{A} + 1 \right) \qquad (2\text{-}11)$$

如果压差计的几何参数已定，则 $1 + a/A$ 是一个常数，此常数称为压差计校正常数。在一般情况下 $a/A \ll 1$，故 $1 + a/A$ 是一个稍大于 1 的常数。

2. 液位的测量

化工生产过程中，需要经常了解容器内液体的贮量或控制设备内液体的液面，因此要进行液位的测量。而大多数液位计的作用原理是遵循静止液体内压力变化规律的。

最原始的液位计是在容器底及液面上方器壁处各开一个小孔，用一根玻璃管将两孔连

通，根据流体静力学基本方程式，玻璃管内所示的液面高度即为容器内的液位高度。

3. 确定液封高度

化工厂中各种气液分离器后面，气体洗涤塔的下边以及气柜等处，为控制设备内气体压力不超过规定值，以防气体泄漏，都要用到液封装置。如图 2-6 所示的安全液封装置，其作用是当设备内压力超过规定值时，气体就从液封管中排出，以确保设备安全。

若工艺要求设备内压力不超过 p（表压），根据静力学基本原理，液封高度 h 应符合如下条件

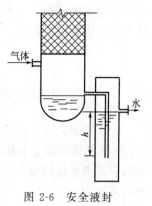

图 2-6　安全液封

$$p = \rho_{H_2O} g h$$

$$h = \frac{p}{\rho_{H_2O} g} \tag{2-12}$$

通常，液封中溢出的水中溶有部分气体，或气体为水所夹带，而使 ρ_{H_2O} 较手册所查数据有所降低，故实际安装时，为安全起见，管子插入液体的深度 h 应略大于由式（2-12）得到的计算值。

第三节　流体流动的基本方程式

化工生产实际中，除了呈静止状态的流体之外，更多的是经过流体输送机械把流体从低处送到高处，或由高处流向低处的呈运动状态的流体。对于流体沿密闭管道流动时，其流量、流速应当怎样测量或计算？输送流体过程中，应该选择多大直径的管道？高位槽及设备的安装高度如何确定等，都是流体输送过程中经常遇到的问题，因此，研究管内流体流动规律是十分必要的。本节将讨论流体运动的一些基本概念，再应用物理学中的质量守恒定律、牛顿第二定律等，推导出理想流动过程中的连续性方程和伯努利方程式，并举例说明它们的应用。

一、流体的流动属性

对于一给定的流动状况，可以从实验或理论来决定流体的属性，并将之表述成位置与时间的函数。

1 流量

单位时间内流经某一规定表面（管道截面）的流体量称为经过该表面的流量。流量可以用体积或质量来计量，因此，流量又分为体积流量（$m^3 \cdot s^{-1}$）和质量流量（$kg \cdot s^{-1}$）。流体体积 V，流体质量 m，流动时间 t，则体积流量 q_V 与质量流量 q_m 计算公式分别为

$$q_V = \frac{V}{t} \tag{2-13}$$

$$q_m = \frac{m}{t} \tag{2-14}$$

二者之间的关系为

$$q_m = \rho \, q_V \tag{2-15}$$

2. 流速

（1）平均流速　单位时间内流体在流动方向上所流经的距离称为流速，以 u 表示，其单位为 $m \cdot s^{-1}$。

实践证明，流体流经管道任一截面上各点的流速是不相同的，在管截面中心处最大，靠

近管壁处流速较小。工程上为计算简便起见，一般以流体体积流量与管道截面积之比表示流体在管道中的平均流速，简称流速。故流量与流速的关系为

$$u = \frac{q_V}{A} \tag{2-16}$$

式中　A ——与流动方向垂直的管道截面积，m^2。

则

$$q_m = \rho q_V = \rho A u \tag{2-17}$$

（2）质量流速　因为气体的体积与压力和温度有关，$V = f(p, T)$，当压力、温度变化时，气体的体积流量必将随之而变，但其质量不变。此时采用单位时间内流体流经管道截面积的质量表示比较方便，即质量流速，以 W 表示，单位是 $kg \cdot m^{-2} \cdot s^{-1}$。它与流速及流量的关系为

$$W = \frac{q_m}{A} = \frac{\rho A u}{A} = \rho u \tag{2-18}$$

（3）管径的估算　输送流体管路的直径是根据流量和流速计算的。流量取决于生产的需要，合理的流速则需要根据具体情况在操作费用与基建费用之间通过经济权衡决定。通常，车间内部工艺管道较短，管内流速可选用经验数据，某些流体的经济流速的大致范围如表 2-1 所示。

表 2-1　某些流体在管道内常用流速范围

流体的类别及情况	流速范围/m·s⁻¹	流体的类别及情况	流速范围/m·s⁻¹
自来水（3atm 左右）	1～1.5	过热蒸汽	30～50
水及低黏度液体（1～10atm）	1.5～3.0	蛇管，螺旋管内的冷却水	<1.0
高黏度液体	0.5～1.0	低压空气	12～15
工业供水（8atm 以下）	1.5～3.0	高压空气	15～25
锅炉供水（8atm 以下）	>3.0	一般气体（常压）	10～20
饱和蒸汽	20～40	真空操作下气体流速	<10

若以 d 表示管道内径，则式（2-16）可写成

$$u = \frac{q_V}{A} = \frac{q_V}{\frac{\pi}{4}d^2} = \frac{q_V}{0.785d^2}$$

于是

$$d = \sqrt{\frac{q_V}{0.785u}} \tag{2-19}$$

管子都有一定规格，故根据选择的流速，按式（2-19）求出管径后，还需查阅管子的规格（见附录中的六），以确定确切的管径。

二、流体的运动状态

1. 定态流动

流体在管道中流动时，在空间任一点上的流速、压力等有关物理量都不随时间而改变的流动称为定态流动。

2. 非定态流动

若流体流动时，其在管道内部流速的大小和方向随时间而变化，这种流动参量随时间而变化的流动称为非定态流动。

化工生产过程中，流体的流动情况多为定态流动。

三、连续性方程式

在解决流体流动问题时，首先需要将质量衡算应用到整个管路系统或其中的某一部分，即确定衡算的范围。这种范围称为划定体积或称这一特定范围为控制体积。流体流过导管的简单控制体积如图 2-7 所示。

根据质量守恒定律，单位时间内流进和流出控制体积的质量之差应等于单位时间控制体积内物质的累积量。流体做定态流动时，其控制体积内的累积量为零，故

$$u_1 A_1 \rho_1 = u_2 A_2 \rho_2 \qquad (2\text{-}20)$$

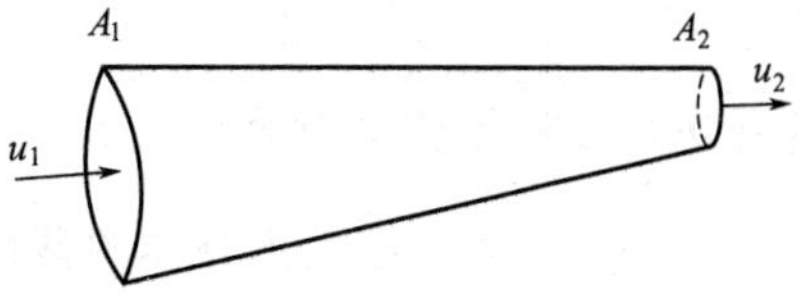

式(2-20)称为流体在管道中做定态流动时的连续性方程式。

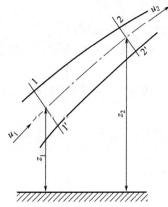

图 2-7　简单控制体积中的质量守恒

对不可压缩的流体，ρ 为常数

$$u_1 A_1 = u_2 A_2$$

或

$$\frac{u_1}{u_2} = \frac{A_2}{A_1} \qquad (2\text{-}21)$$

即流速与导管截面积成反比。对于圆形导管

$$\frac{u_1}{u_2} = \frac{d_2^2}{d_1^2} \qquad (2\text{-}22)$$

四、伯努利方程式

伯努利方程式（Bernoulli's equation）既可以对运动微分方程积分得到，也可以通过机械能衡算导出。其实质是能量守恒定律在流体力学上的一种表达式。

1. 流体流动过程的能量衡算

物质具有能量的形式是多种多样的，在流体做定态流动的系统中，其主要表现形式为热力学能和机械能。其他形式的能量或不存在、或忽略不计。而流体的热力学能是随流体的温度和比体积的改变而变化的，由于液体受热几乎是不膨胀的，其热力学能不能转化为机械能，对液体输送不起作用，故对液体运动进行能量衡算时，热力学能一项不列入。这样不可压缩的流体中只考虑各种形式机械能的转换，因此，其能量衡算也只是机械能的衡算。

流体流动过程中，将输入物料带入的能量和输出物料带出的能量进行清理、计算，若无能量损耗，则

输入能量＝输出能量

如图 2-8，流体流经此控制体积的能量有如下几项。

（1）位能　处于重力场中的流体，因其距基准面有一定的高度而具有的能量，称为位能。它表示质量为 m kg 的流体从位置为 z 的高度落下时所做的功，即

位能 $= mgz$ 　　　　(2-23)

由图 2-8 可知，m kg 的流体在截面 1-1' 处和截面 2-2' 处所具有的位能分别为 mgz_1 和 mgz_2。

（2）静压能　与静止流体一样，流动流体的内部也有静压强存在，因此，系统的任一截面上都具有压力。流体要通过某一截面进入系统，则必须对流体做功，以克服该截面上的压力，才能把流体压入系统中。这样通过该截面的流体便带着与此功相当的能量进入系统，流体所具有的这种能量称为静压能。

图 2-8　控制体积的能量衡算

设 m kg 的流体流经管道，其所占有体积为 V m³，管道截面为 A m²，则流体通过该截面所走过的距离为 $L = V/A$。流体通过该截面时受到上游的压力为 $F = pA$，故，将质量为 m kg 的流体压过该截面的功为

$$FL = pA \frac{V}{A} = pV \qquad (2\text{-}24)$$

这种功是在流体流动时才出现的，故亦称为流动功。

由图 2-8 知，进出控制体两截面的静压能分别为 $p_1V = \frac{mp_1}{\rho}$ 和 $p_2V = \frac{mp_2}{\rho}$。

（3）动能　流体由于运动而具有的能量称为动能。它等于将质量为 m kg 的流体从静止加速到流速为 u 时所需的功。其大小取决于流体的质量及运动速度，它与二者成正比，即运动速度和质量愈大，其动能亦愈大。

$$动能 = \frac{1}{2}mu^2 \qquad (2\text{-}25)$$

故流体流经 1-1′和 2-2′截面时的动能分别为 $\frac{1}{2}mu_1^2$ 和 $\frac{1}{2}mu_2^2$。

根据质量守恒定律，对简单控制体而言，输入的总能量等于输出的总能量，故

$$mgz_1 + \frac{mp_1}{\rho} + \frac{mu_1^2}{2} = mgz_2 + \frac{mp_2}{\rho} + \frac{mu_2^2}{2} \qquad (2\text{-}26)$$

对于单位质量（$m = 1$kg）流体而言，得

$$gz_1 + \frac{p_1}{\rho} + \frac{u_1^2}{2} = gz_2 + \frac{p_2}{\rho} + \frac{u_2^2}{2} \qquad (2\text{-}27)$$

对于单位重量（1N）流体而言，式(2-27) 两边同除以重力加速度 g，得

$$z_1 + \frac{p_1}{\rho g} + \frac{u_1^2}{2g} = z_2 + \frac{p_2}{\rho g} + \frac{u_2^2}{2g} \qquad (2\text{-}28)$$

以上三式均表示流体在定态流动情况下的能量守恒与转化关系。由于没有考虑其他方面的影响，无摩擦、不可压缩、无其他损失，故称为理想流体定态流动时的能量衡算式，也称为理想流体的伯努利方程式。

实际流体流动时，总是有一部分能量消耗在摩擦阻力上，并且有外界能量的供给，才能达到预期的输送目的。

（4）能量消耗　质量为 m kg 的流体通过控制体积时所消耗的能量为 mW_f。

（5）外功输入　若管路上安装了流体输送设备向流体做功，便有能量自外界输入到控制体积内。质量为 m kg 的流体所接受的外功为 mW_e。

因此，由于外界能量的加入和流体输送过程能量消耗，结合式(2-26)，实际流体通过控制体积的总能量衡算式为

$$mgz_1 + \frac{mp_1}{\rho} + \frac{mu_1^2}{2} + mW_e = mgz_2 + \frac{mp_2}{\rho} + \frac{mu_2^2}{2} + mW_f \qquad (2\text{-}29a)$$

对于单位质量（$m = 1$kg）流体，得

$$gz_1 + \frac{p_1}{\rho} + \frac{u_1^2}{2} + W_e = gz_2 + \frac{p_2}{\rho} + \frac{u_2^2}{2} + W_f \qquad (2\text{-}29b)$$

对于单位重量（1N）流体而言，结合式(2-29a) 有

$$z_1 + \frac{p_1}{\rho g} + \frac{u_1^2}{2g} + H_e = z_2 + \frac{p_2}{\rho g} + \frac{u_2^2}{2g} + \sum h_f \qquad (2\text{-}30)$$

式中

$$H_e = \frac{mW_e}{mg}, \qquad \sum h_f = \frac{mW_f}{mg}$$

此式具有长度量纲 $[L]$，说明伯努利方程式中各项能量均可用流体柱的高度来表示。

通常将 z 称为位压头；$\frac{p}{\rho g}$ 为静压头；$\frac{u^2}{2g}$ 为动压头（或速度头）；H_e 称为外加压头（也称扬

程）；$\sum h_f$ 称为压头损失。

式(2-30)为实际流体的伯努利方程式。它将各种机械能的互变形象地表示为压头的互变，是解决流体输送问题不可缺少的关系式。

2. 伯努利方程式的应用

伯努利方程式在化工生产过程中应用非常广泛。例如在化工管路计算中，可用来求得流量、压强和能量的损耗等。应当指出，将伯努利方程式和连续性方程以及流动阻力关系式（见第五节）相结合，即可解决流体流动中的绝大部分问题。

（1）计算管路中流体流动的流量和流速

【例 2-1】 如图所示，贮水槽液面距水管出口的垂直距离为 6.5m，且液面维持不变，输水管为 $\phi 114\text{mm} \times 4\text{mm}$ 的钢管。若流经全部管路的阻力损失为 59J·kg^{-1}，试求管中水的流量为多少 $\text{m}^3 \cdot \text{h}^{-1}$（水的密度 $\rho = 1000\text{kg} \cdot \text{m}^3$）。

解： 在两截面间列伯努利方程

$$gz_1 + \frac{p_1}{\rho} + \frac{u_1^2}{2} + W_e = gz_2 + \frac{p_2}{\rho} + \frac{u_2^2}{2} + W_f$$

因系统中无外功引入，$W_e = 0$。

$z_1 = 6.5\text{m}$，$z_2 = 0$（基准面），$u_1 = 0$，$p_1 = p_2 = 0$（按表压计），$W_f = 59\text{J} \cdot \text{kg}^{-1}$，代入伯努利方程

$$gz_1 = \frac{u_2^2}{2} + W_f$$

$$9.81\text{m} \cdot \text{s}^{-2} \times 6.5\text{m} = \frac{u_2^2}{2} + 59.0\text{J} \cdot \text{kg}^{-1}$$

$$u_2 = 3.09\text{m} \cdot \text{s}^{-1}, \quad d_{内} = 0.114\text{m} - 2 \times 0.004\text{m} = 0.106\text{m}$$

$$q_V = \frac{\pi}{4} d^2 u = \frac{\pi}{4}(0.106\text{m})^2 \times 3.09\text{m} \cdot \text{s}^{-1} = 0.0273\text{m}^3 \cdot \text{s}^{-1} = 98.28\text{m}^3 \cdot \text{h}^{-1}$$

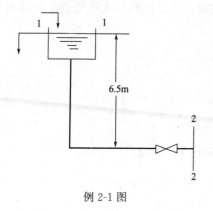

例 2-1 图

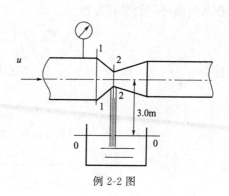

例 2-2 图

（2）判断管路中流体的流向

【例 2-2】 如图所示，在直径 $d = 40\text{mm}$ 的管路中接一文丘里管，已知文丘里管上游的压力表读数为 $1.38 \times 10^5 \text{Pa}$（忽略压力表轴心与管路中心的垂直距离），管内水的流量为 $1.4 \times 10^{-3} \text{m}^3 \cdot \text{s}^{-1}$。管路下方有一贮水池，贮水池水面与管中心的垂直距离为 3m，文丘里管喉部直径为 10mm，若在文丘里管喉部接一细管，细管另一端插入水池中，忽略此管的阻力损失，问池水能否被吸入管中？

解： 假设垂直细管中水为静止状态，在图中 1-1 与 2-2 截面间列伯努利方程，以水平管的中心线为基准面。

$$z_1+\frac{u_1^2}{2g}+\frac{p_1}{\rho g}=z_2+\frac{u_2^2}{2g}+\frac{p_2}{\rho g}$$

$$z_1=z_2=0,\quad p_1=1.38\times10^5\,\text{Pa}$$

$$u_1=\frac{q_V}{\frac{\pi}{4}(d_1)}=\frac{1.4\times10^{-3}\,\text{m}^3\cdot\text{s}^{-1}}{\frac{\pi}{4}(0.04\text{m})^2}=1.11\,\text{m}\cdot\text{s}^{-1}$$

$$u_2=u_1\left(\frac{d_1}{d_2}\right)^2=1.11\left(\frac{0.04\text{m}}{0.01\text{m}}\right)^2=17.8\,\text{m}\cdot\text{s}^{-1}$$

$$\frac{p_2}{\rho g}=\frac{u_1^2-u_2^2}{2g}+\frac{p_1}{\rho g}=\frac{(1.11\text{m}\cdot\text{s}^{-1})^2-(17.8\text{m}\cdot\text{s}^{-1})^2}{2\times9.81\text{m}\cdot\text{s}^{-2}}+\frac{1.38\times10^5\,\text{Pa}}{1000\text{kg}\cdot\text{m}^{-3}\times9.81\text{m}\cdot\text{s}^{-2}}$$
$$=-2.02\text{m}$$

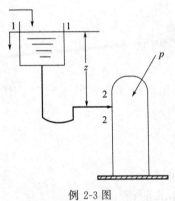

例 2-3 图

计算结果表明：文丘里管喉部总能量 E_2 小于水池液面处总能量 E_0，因此，贮水池中的水应当被吸进细管之中，但因 2-2 截面处表压强为水柱，说明该处真空度为 $2.02\text{mH}_2\text{O}$，而 2-2 与 0-0 截面间垂直距离却为 3m，所以，水池中的水又不能进入水平管路之中。

（3）确定容器间的相对位置

【例 2-3】 将密度为 $850\text{kg}\cdot\text{m}^{-3}$ 的原料液送入如图所示的精馏塔中。高位槽液面维持恒定，塔内表压强 p 为 $9.81\times10^3\text{Pa}$，进料量为 $5\text{m}^3\cdot\text{h}^{-1}$，连接管为 $\phi38\text{mm}\times2.5\text{mm}$ 的钢管。料液在管内流动时的能量损失为 3.05m 液柱，问高位槽的液面应比精馏塔的进料口高出多少米方可使原料液顺利输入精馏塔中？

解：以高位槽液面为 1-1 截面，进料口为 2-2 截面，并以进料口水平管的中心线为基准面，在两截面间列伯努利方程

$$z_1+\frac{p_1}{\rho g}+\frac{u_1^2}{2g}=z_2+\frac{p_2}{\rho g}+\frac{u_2^2}{2g}+\sum h_f$$

因为 $p_1=0$（表压），$u_1=0$，$z_2=0$；所以

$$z_1=\frac{p_2}{\rho g}+\frac{u_2^2}{2g}+\sum h_f$$

$$d=0.038\text{m}-2\times0.0025\text{m}=0.033\text{m}$$

$$u_2=\frac{q_V}{A}=\frac{5\text{m}^3\cdot\text{h}^{-1}}{3600\text{s}\cdot\text{h}^{-1}\times\frac{\pi}{4}(0.033\text{m})^2}=1.62\,\text{m}\cdot\text{s}^{-1}$$

$$z_1=\frac{(1.62\text{m}\cdot\text{s}^{-1})^2}{2\times9.81\text{m}\cdot\text{s}^{-2}}+\frac{9810\text{Pa}}{850\text{kg}\cdot\text{m}^{-3}\times9.81\text{m}\cdot\text{s}^{-2}}+3.05\text{m}=4.36\text{m}$$

（4）确定输送设备的有效功率

实际流体伯努利方程式中，W_e 是输送设备对单位质量流体所做的有效功。单位时间输送设备对流体所做的有效功，称为有效功率，用 P_e 表示，其计算将在第八节介绍。

应用伯努利方程时，需要注意如下事项。

（1）绘图 为使计算过程清晰且有助于解题，通常在计算之前根据题意画出示意图，并标出流动方向和主要数据。

（2）选取截面　应明确所考虑的是流体输送系统在连续、定态的范围内，截面应与流动方向垂直且拥有已知条件最多，并将待求未知数包括在所选截面构成的流动系统中。

（3）确定基准面　基准面是用以衡量位能大小的基准。通常取所选定的截面之中较低的一个水平面为基准面，这样有一个 z 值便为零。若所选截面与基准水平面不平行，则 z 值可取该截面中心点到基准水平面的垂直距离。

（4）注意采用一致的单位　计算时，方程式中的各项单位必须一致，并均以 SI 制表示。两截面上的压力只能同时使用表压或绝对压力，不能混合使用。

第四节　管内流体流动现象

在前面讨论流体流动问题时，对伯努利方程中有关能量损失（或压头损失 $\sum h_{\mathrm{f}}$）一项，一般情况下是忽略不计或假定一个数值。其原因是至今只限于对流体流动做宏观分析，并不考虑控制体积内流体的变化细节。流体在流动过程中所消耗的部分或全部能量是用来克服流动阻力的，因此，流动阻力的计算很重要。本节将讨论产生能量损失的原因及管内速度分布等，以便为计算能量损失提供必要的基础。

一、牛顿黏性定律与流体的黏度

1. 流体的黏性

在圆形管道内流动的流体，实际上可以将之视为被分割为无数极薄的、一层套着一层、各层以不同速度向前运动的圆筒层——流体层。贴近管壁一层的流速为零，而沿半径方向向中心逐渐增加、管中心速度最大。由于各层流速不同，层与层之间发生了相对运动，中心速度大的流体对靠外层的流体起推动作用，反之，外层流体对中心层流体起拖曳作用。流体内部相邻两流体层之间的相互作用力，称为流体的内摩擦力。流体在运动时呈现内摩擦力的特性，称为流体的黏性。

流体在运动时，需克服内摩擦力做功，消耗的机械能转化为热能在运动过程中散失。这种散失的热能，不能用来做其他功，称为压头损失，故黏性是流体运动时产生压头损失的根源。

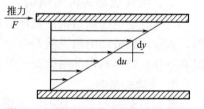

图 2-9　平板间流体速度变化示意图

2. 牛顿黏性定律

黏度是用以衡量流体黏性大小的物理量。为了对黏度建立一个定量的概念，假设有两块面积很大、相距很近、其间充满着静止黏稠液体的木板，如图 2-9 所示。若令一板固定不动，而以一个恒定的外力 F 推动上板，此力即通过平板而成为在界面处作用于液体上的剪应力。紧贴上板的液体，因其附着在板面上，因而具有与平板相同的速度 u；而紧贴下板的液体，也因下板静止不动而速度为零；于是，两板间的液体就分成了无数薄层而运动。

实验证明，对于一定的液体，内摩擦力 F' 与两流体层间的速度差 $\mathrm{d}u$ 及两层之间的接触面积 A' 成正比，与两层之间的垂直距离 $\mathrm{d}y$ 成反比，即

$$F' \propto A' \frac{\mathrm{d}u}{\mathrm{d}y}$$

若引入比例系数 μ，则

$$F' = \mu A' \frac{\mathrm{d}u}{\mathrm{d}y} \tag{2-31}$$

若定义单位面积上的内摩擦力为剪应力 τ，则有

$$\tau = \frac{F'}{A'} = \mu \frac{\mathrm{d}u}{\mathrm{d}y} \qquad (2\text{-}32)$$

式中　$\dfrac{\mathrm{d}u}{\mathrm{d}y}$——速度梯度，即在与流动方向相垂直的 y 方向上流体速度的变化率；

μ——比例系数，又称黏性系数，简称黏度。

式(2-32)称为牛顿黏性定律。所有气体和大部分液体在运动时均服从此定律，故称为牛顿型流体。稠厚液体和悬浮液在运动过程中不符合牛顿黏性定律，则称其为非牛顿型流体。

3. 流体的黏度

由式(2-32)，得

$$\mu = \tau / \frac{\mathrm{d}u}{\mathrm{d}y} \qquad (2\text{-}33)$$

由此可见，若 $\mathrm{d}u/\mathrm{d}y = 1$，则 $\mu = \tau$，所以，黏度的物理意义是：促使流体流动产生单位速度梯度的剪应力。

黏度是流体的物理性质之一，其值由实验测定。黏度与压强关系不大，但受温度变化的影响较大，液体的黏度随温度升高而减小；气体的黏度随温度升高而增大。常用流体的黏度可以从有关手册中查到。

在 SI 单位制中，黏度的单位为

$$[\mu] = \left[\tau / \frac{\mathrm{d}u}{\mathrm{d}y}\right] = \mathrm{N} \cdot \mathrm{m}^{-2} / \frac{\mathrm{m} \cdot \mathrm{s}^{-1}}{\mathrm{m}} = \frac{\mathrm{N} \cdot \mathrm{s}}{\mathrm{m}^2} = \mathrm{Pa} \cdot \mathrm{s}$$

应当注意，混合物的黏度数据不能按其组分叠加计算，而应当从化学工程手册中选用适当的经验公式进行估算。

液体的黏性还可以用运动黏度 ν 来表示。它包含了液体的黏度 μ 和密度 ρ 之间的关系，$\nu = \mu/\rho$，其单位为 $\mathrm{m}^2 \cdot \mathrm{s}^{-1}$。

二、流体流动的内部结构

流体流动的内部结构是流体流动规律的重要内容之一，许多化工过程与之密切相关。例如，实际流体流动的阻力就与流动结构有关。此外，流体的传热和传质过程也都涉及流动状况和条件。流体的内部结构是十分复杂的问题，且涉及面广，这里仅对之做定性描述。

1. 流动的型态

流体流动的型态，首先由雷诺（Reynolds）于 1883 年用实验进行了观察，并揭示出流体流动的两种截然不同的型态——层流和湍流。

图 2-10 即雷诺实验装置的示意图。如图 2-10 所示的定态流动装置下部为一入口呈喇叭状的水平玻璃管，出口有一调节水流量的阀门，容器（mariotte vessel）上方置一盛有与水的密度相近的着色液体的分液漏斗。实验时，着色液从漏斗中流出，经喇叭口中心处的针状细管流入玻璃管内，从着色液的流动情况可以观察到管内水流中质点运动情况。

当水流量较小时，玻璃管中出现一条沿轴线方向轮廓分明的着色细直线，平稳地流过玻璃管；随着阀门的开启，水流速度逐渐增大，当达到一定数值时，着色细线开始抖动，形成波浪细线，且不规则地波动；继续开大出水阀门，细线波动加剧，继而断裂，四周散开，最后完全与水流主体混为一体，玻璃管中水流呈现均匀的颜色，显然，此时流体的流动状况已经发生了显著变化。

实验表明：流体在管道中的流动状态可分为两种类型。

当管中流动的流体质点始终沿管轴平行方向做直线运动，质点之间互不混合。故充满整管的流体如一层一层的同心圆筒在平行地流动，层次分明，这种流动状态称为层流或滞流。

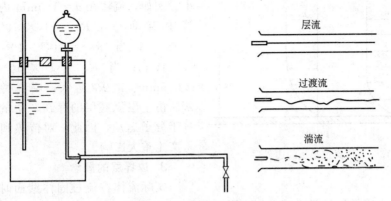

图 2-10　雷诺实验装置

若着色液与水在管中流动时迅速混合，流体各质点除了按流体主流流动方向平行流动外，还在径向上做随机脉动，故质点间彼此碰撞并互相混合，这种流动状态称为湍流或紊流。

经大量实验研究发现，对管流而言，除了流体的流速 u 以外，流动的几何尺寸（管径 d）、流体的性质（密度 ρ 和黏度 μ）对流型的转变均有影响。雷诺将这些影响因素归纳成一个量纲为 1 的数群作为流型的判据，此数被称为雷诺数，以 Re 表示。

$$Re = \frac{du\rho}{\mu} \tag{2-34}$$

雷诺指出：$Re < 2000$，为层流区；$Re > 4000$，为湍流区；$2000 < Re < 4000$ 为过渡区。

应当注意，上述以 Re 为判据将流体的流动划分为三个区域，但是，流体的流动型态仍然只有两种。过渡区并非表示一种过渡的流型，而只是表示此区内可能出现层流也可能出现湍流，究竟会出现哪种流型，则取决于环境对系统扰动的影响。

2. 管内层流与湍流的比较

流体在圆管内流动时，管截面上的轴向速度沿半径而变。由于层流与湍流是本质完全不同的两种流动类型，故两者的速度分布规律不同。

当管内流体做层流流动时，由实验测得的速度分布如图 2-11 上的曲线所示。曲线呈抛物线形，管中心处速度最大 $u_{\max}$，平均速度 u 是最大速度的 0.5 倍。

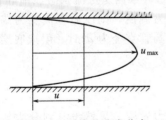

图 2-11　层流的速度分布

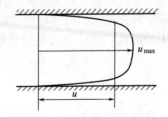

图 2-12　湍流的速度分布

湍流时，流体质点的运动虽不规则，但从整体上看，流体在整个管截面上的平均速度仍然是固定的，某一截面上各点的速度按一定的规律分布。通过实验测得的速度分布曲线如图 2-12 所示。从图上可以看出，此曲线前缘比较平坦，靠近管壁处比较陡峭，并不是一条严格的抛物线，$u = 0.8u_{\max}$。

必须指出，即使管内流动的流体是湍流，且无论湍动程度如何剧烈，但在靠近管壁处总是有一层做层流流动的流体薄层，称为层流底层（或滞流底层）。其厚度 δ_b 随 Re 增大而减

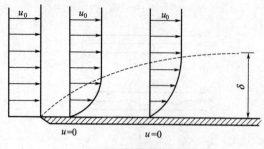

图 2-13　流体流过平板的边界层

小。例如，流体在 $d=100mm$ 内径的光滑导管中流动，当 $Re=1\times10^4$ 时，$\delta_b=1.96mm$；当 $Re=1\times10^5$ 时，$\delta_b=0.261mm$；当 $Re=1\times10^6$ 时，$\delta_b=0.035mm$。故 Re 愈大，层流底层厚度就愈薄。由于层流底层的存在，动量传递只能依赖于分子运动，因此，对传热和传质过程也将产生重大影响。

3. 边界层的概念

实际流体在流过固体壁面时，由于壁面的阻滞作用而使流体与壁面接触部分的速度为零，而黏性的存在，又使得临近壁面的流体也将相继受阻而降速。随着流体沿壁面向前流动，从壁面到流体主体流速从零开始逐渐增加，流速受影响的区域也逐渐扩大。通常定义，速度从零到速度等于主体流速 u_0 的 99% 的区域为边界层。如图 2-13 所示，将流体流过平板分成三个区域：①流体以均匀一致的速度 u_0 流近平板，一接触平板即受其影响；②流体流近平板后，由于受到平板的拖曳作用，贴近平板的流速下降，在垂直于流动方向上产生了速度梯度；③靠近平板的速度分布，随着距离流体前沿的远近而不同。边界层的厚度也随距流体前沿的距离的增加而增加（如图中虚线所示）。

流体速度 $u=0.99u_0$，虚线与平板之间的区域即为边界层。在边界层以内，存在着显著的速度梯度 du/dy，黏性处于主导地位，因此，必须考虑黏度的影响；而在边界层以外，$du/dy\approx0$，则无需考虑黏性的影响，此处的流体可视为理想流体。这样，当研究实际流体沿固体壁面流动的问题时，只要注意边界层内的流动即可。

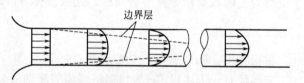

图 2-14　圆管内边界层的形成示意图

按流体的流型考虑，边界层中仍有层流边界层和湍流边界层之分。值得注意的是，在湍流边界层内，靠近固体壁面处仍有一薄层流体呈层流流动，即层流底层。

对于流体在圆形管道内流动而言，则在入口处开始形成边界层，随流经距离的增加而变厚，如图 2-14 所示。开始阶段边界层只占据管道截面外周的环形区域，当边界层的厚度等于管道半径时，边界层扩大到管中心。在汇合时，若边界层内呈层流状态，则以后的管内流动为层流。若在汇合点之前边界层内的流动已发展成为湍流，则以后管流变为湍流。然而，不管是层流还是湍流，其层流边界层总是存在的。当圆管直径为 d 时，层流底层厚度 δ_b 可由下式求得

$$\delta_b=\frac{64d}{Re^{7/8}}\tag{2-35}$$

流体在顺直的导管中流动时，整个管截面都属于边界层，显然没有划分边界层的必要，但是，当流体流过曲面（球体或圆柱体表面等）时，流体边界层将会与固体壁面脱离，形成旋涡，加剧流体质点间的相互碰撞、损耗流体的能量。这种边界层与壁面脱离的现象，称为边界层分离。

边界层分离现象还常发生在流体所经过的流道有突然扩大或缩小，流动方向突然改变或绕过物体流动。这时，因为会造成大量的能量损耗，故在流体输送过程中应当设法避免或减轻之。

第五节 管内流体流动的阻力

流体在包括有直管和阀门、弯头、三通等管件组成的化工管路中流动时，由于流体层分子之间的分子动量传递而产生的内摩擦阻力，或由于流体之间的湍流动量传递而引起的摩擦阻力，使一部分机械能转化为热能而造成能量损失。流体通过直管时能量损失称为直管阻力损失（或沿程阻力损失）h_f；通过阀门、管件及进、出口时，由于受到局部障碍所产生的能量损失称为局部阻力损失 h_1。故化工管路中流体流动阻力为直管阻力和局部阻力之和，即

$$\sum h_f = h_f + h_1 \tag{2-36}$$

此为式(2-30) 中的总能量损失。

一、流体在直管中的流动阻力

当流体流经水平、等直径的圆管时，若控制体积内无外界能量加入，则流体的能量损失为

$$h_f = z_1 - z_2 + \frac{p_1 - p_2}{\rho g} + \frac{u_1^2 - u_2^2}{2g}$$

因

$$z_1 = z_2, \quad u_1 = u_2$$

故

$$h_f = \frac{p_1 - p_2}{\rho g} \tag{2-37}$$

引起压力降的因素，实际上是管壁对流体流动的阻力 F'。若要导出压力降的表达式，则应当确定它与管道壁面处剪应力 τ 的关系。

图 2-15 表示一直径为 d，长度为 l 的水平直管，流体以速度 u 流过此管。其上、下游截面压力分别为 p_1 和 p_2，F'作用于流体柱周围的壁面。在定态流动情况下，三力达到平衡，故

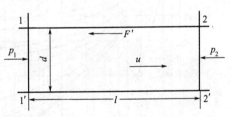

图 2-15 管内流体流动时压力与阻力的平衡

$$p_1 A - p_2 A - F' = 0$$

因为

$$\tau = F'/A'$$

所以

$$F' = A'\tau$$

对于流体柱

$$A' = \pi d l, \qquad F' = \pi d l \tau$$

通过管道截面推动流体前进的力 F 为

$$F = (p_1 - p_2)A$$

同样，根据增量定义，$\Delta p = p_2 - p_1$，故压力降一般写成 $-\Delta p$，则

$$F = -\Delta p A = -\Delta p \frac{\pi}{4}d^2$$

由

$$F = F', \qquad -\Delta p \frac{\pi}{4}d^2 = \pi d l \tau$$

则

$$-\Delta p = 4 \frac{l}{d}\tau \tag{2-38}$$

上式可以改写成

$$-\Delta p = 8\left(\frac{\tau}{\rho u^2}\right)\frac{l}{d}\frac{\rho u^2}{2} \tag{2-39}$$

令

$$\lambda = \frac{8\tau}{\rho u^2}$$

则

$$-\Delta p = \lambda \frac{l}{d} \frac{\rho u^2}{2} \tag{2-40}$$

结合式(2-37)，得

$$h_f = \frac{-\Delta p}{\rho g} = \lambda \frac{l}{d} \frac{u^2}{2g} \tag{2-41}$$

式(2-41) 称为达西-威斯巴赫（Darcy-Weisbach）公式。从该式可以看出，流体在直管内流动的阻力或压头损失是与 λ、管道长度 l、流速 u 及管道截面直径 d 密切相关的。λ 称为摩擦系数[1]，又称为摩迪（Moody）摩擦系数（量纲为1）。λ 与 Re 及管壁粗糙度有关，其数值由实验测定。管壁粗糙面凸出部分的平均高度，称为绝对粗糙度，以 ε 表示。绝对粗糙度 ε 与管内径 d 的比值 ε/d，称为相对粗糙度，它反映管壁的几何特性对流动阻力的影响。

通常，化工生产过程中把使用到的玻璃管、塑料管、铜管以及铅管称为光滑管；把钢管和铸铁管称为粗糙管。

根据实验测定，λ 与 Re 及 ε/d 的关系如图 2-16 所示。对光滑管及无严重腐蚀的工业管道，该图误差范围约为 $\pm 10\%$。摩擦系数 λ 的计算可以分层流和湍流两种情况加以讨论。

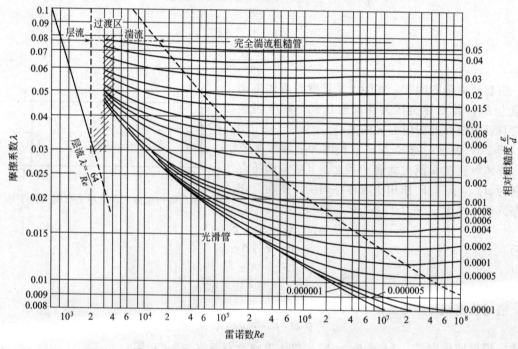

图 2-16　摩擦系数 λ 与雷诺数及相对粗糙度的关系

1. 层流时的摩擦系数

流体在管内流动，当 $Re < 2000$ 时，流体质点运动非常平稳，层流边界层很厚，粗糙的管壁浸没在边界层中，因而使得摩擦系数 λ 与管壁粗糙度无关，仅为 Re 的函数，即

$$\lambda = \frac{64}{Re} \tag{2-42}$$

图 2-16 中左上角的直线即代表层流的式(2-42)。图中，λ 随直线下降并不意味着阻力损失随流速的增大而减小，而是表明层流时阻力损失 h_f 与速度 u 的一次方成正比。

---

[1]　式(2-41) 中的 λ，有的书用 $\lambda = 4f$，f 称为范宁摩擦因子。

2. 湍流时的摩擦系数

当流动进入湍流区，$Re > 4000$ 时，一方面流体质点间的相互碰撞，另一方面，湍动引起的层流底层减薄，使得粗糙管壁的凸出部分暴露于湍流主体中，使流体质点受阻而损失能量。故摩擦系数 λ 既与 Re 有关，又与管壁相对粗糙度 ε/d 有关。从图 2-16 可以看出，λ 随 Re 的增大而减小，至足够大的 Re 后（图中虚线以上的区域），λ 值与 Re 无关，λ-Re 曲线趋近于水平线。此时，阻力损失按式（2-41）与速度的平方成正比。

对于光滑管道，当 $Re = 3 \times 10^3 \sim 1 \times 10^5$ 时，λ 值可根据柏拉修斯（H. Blasius）归纳的公式计算

$$\lambda = \frac{0.3164}{Re^{0.25}} \tag{2-43}$$

当流体进入过渡区时，管内流型因环境而异，此时湍流流动可按考莱布鲁克（C. F. Colebrook）公式计算

$$\frac{1}{\sqrt{\lambda}} = 1.74 - 2\lg\left(2\frac{\varepsilon}{d} + \frac{18.7}{Re\sqrt{\lambda}}\right) \tag{2-44}$$

皮勾（R. J. S. Pigott）推荐过渡区和完全湍流粗糙管区之间的分界线（虚线）的雷诺数为

$$Re_b = \frac{3500}{\varepsilon/d}$$

完全湍流粗糙管区的 λ 可按尼古拉兹（J. Nikuradse）归纳的公式计算

$$\lambda = \left(1.74 + 2\lg\frac{d}{2\varepsilon}\right)^{-2} \tag{2-45}$$

实践经验表明，生产条件下管内流动的 λ 值变化范围并不太大，通常在 0.02 左右。

二、流体在非圆形管内的流动阻力

化工生产过程中不可避免地会遇到非圆形管道，对于其中的湍流流动，可以采用如下定义的当量直径 d_e，以表示非圆形管相当于直径为多少米的圆管。

$$d_e = 4 \times \text{水力半径} = 4\frac{\text{流通截面积 } A}{\text{润湿周边长度 } \Pi}$$

水力半径（以 R_h 表示）和一般圆截面半径是完全不同的概念，不能混淆。如半径为 r 的圆管内充满流体，其水力半径

$$R_h = \frac{\pi r^2}{2\pi r} = \frac{r}{2}$$

若外管内径为 D，内管外径为 d 的环形通道，其当量直径为

$$d_e = 4\frac{\frac{\pi}{4}(D^2 - d^2)}{\pi(D + d)} = D - d \tag{2-46a}$$

对于边长分别为 a 和 b 的矩形通道，则

$$d_e = 4\frac{ab}{2(a + b)} = \frac{2ab}{a + b} \tag{2-46b}$$

有些研究结果表明，当量直径适用于湍流，且矩形通道截面长∶宽<3∶1 才比较可靠。管截面为环形时可靠性较差。对层流的阻力计算中用当量直径计算是不可靠的，因此，必要时，应将求层流 λ 值的式（2-42）进行修正，即 $\lambda = C/Re$。表 2-2 列出某些非圆形管道的常数 C 值。

表 2-2　某些非圆形管道的常数 C 值

非圆形管道截面形状	正方形	等边三角形	环形	矩　　形	
				长：宽＝2：1	长：宽＝4：1
常数 C	57	53	96	62	73

三、局部阻力

当流体通过输送管路上的阀门、三通、弯头等管件时，由于流体速度的大小与方向突然发生变化，因而使流体质点产生扰动或涡流，使内摩擦力增加，形成局部阻力。

局部阻力的计算通常有两种方法，即阻力系数法和当量长度法。

1. 阻力系数法

此法近似地认为克服局部阻力所引起的能量损失可以表示成速度头的倍数，即

$$h_1 = \zeta \frac{u^2}{2g} \tag{2-47a}$$

式中　ζ——局部阻力系数。

局部阻力系数 ζ 值由实验测定。

2. 当量长度法

此法是将流体流过阀门、管件所产生的局部阻力，近似地折算成流体流过相当于长度为 l_e 的同一直管时所产生的阻力损失。这个直管长度，称为当量长度 l_e。

$$h_1 = \lambda \frac{l_e}{d} \frac{u^2}{2g} \tag{2-47b}$$

在管路系统设计计算中，常按损失能量相等的观点把管件和局部阻力损失换算成等值长度的沿程损失，以 l_e 表示等值长度。令式（2-47a）与式（2-47b）相等，即可得到

$$l_e = \frac{\zeta}{\lambda} d \tag{2-48}$$

表 2-3 列出了常见的阀门和管件的局部阻力系数和当量长度数据。

表 2-3　阀门与管件局部阻力系数与当量长度数据

名　　称	阻力系数 ζ	当量长度与管径之比 l_e/d	名　　称	阻力系数 ζ	当量长度与管径之比 l_e/d
弯头，45°	0.35	17	闸阀		
弯头，90°	0.75	35	全开	0.17	9
三通	1	50	半开	4.5	225
回弯头	1.5	75	截止阀		
管接头	0.04	2	全开	6.0	300
活接头	0.04	2	半开	9.5	475

由于阀门和管件的构造细节和加工程度差别较大，故 ζ 和 l_e 会有很大变动。表中所列数据只是粗略值，局部阻力计算也只是粗略估计。

流体流经管道的总阻力可采用阻力系数法或当量长度法，故将式（2-41）和式（2-47a）、式（2-47b）合并计算为

$$\sum h_f = \left(\lambda \frac{l}{d} + \sum \zeta\right) \frac{u^2}{2g} \tag{2-49a}$$

$$\sum h_f = \lambda \left(\frac{l + \sum l_e}{d} \right) \frac{u^2}{2g} \qquad (2\text{-}49\mathrm{b})$$

第六节　管　路　计　算

通常化工过程计算分为两种类型——设计型和核算型（又称操作型）。设计型计算的特点是：已知待处理的物料及所需处理的能力，有关的工艺要求，而计算的内容是确定设备的材料、类型和大小等。在管路设计中主要是确定管子尺寸、管路布置及附属设备的材料、规格及数量等。操作型计算的特点是：对一定的过程设备，计算其可以达到的最大生产能力或所需的最少能耗。一般情况下，前一类计算过程比较清晰，且往往考虑计算结果的优化；而后一类计算过程比较繁杂，且大多要进行试差计算。

化工生产中，管路的组合是多种多样的，除了串联管路、并联管路和分支管路外，还有比较复杂的网络管路。网络管路实际上是前述三种管路的几何组合。从化工单元操作的实际应用来看，以串联管路和并联管路应用最广。

一、简单管路

直径相同且无分支的管路称为简单管路。其操作型计算是在管路给定的条件下，要求核算管路的输送能力或某项技术指标。这类问题的一般命题如下。

① 已知条件：管路直径 d，管长 l，管路局部阻力损失（以当量长度 $\sum l_e$ 表示），管壁绝对粗糙度 ε，供液处的高度 z_1 和压强 p_1，需液处的高度 z_2 和压强 p_2，流体的密度 ρ 和黏度 μ 等。要求计算输送量 q_V。

② 已知条件：d，l，$\sum l_e$，ε，z_2，p_2，ρ，μ，q_V 等，要求计算 z_1 和 p_1。

在如图 2-17 所示的简单管路中，管

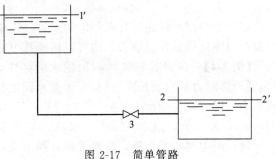

图 2-17　简单管路

路各参数之间的关系需要涉及流量计算式、伯努利方程和摩擦系数计算式(2-44)，即

$$q_V = \frac{\pi}{4} d^2 u \qquad (\mathrm{a})$$

$$z_1 + \frac{p_1}{\rho g} = z_2 + \frac{p_2}{\rho g} + \lambda \left(\frac{l + \sum l_e}{d} \right) \frac{u^2}{2g} \qquad (\mathrm{b})$$

$$\frac{1}{\sqrt{\lambda}} = 1.74 - 2\lg \left(2\,\frac{\varepsilon}{d} + \frac{18.7}{Re\sqrt{\lambda}} \right) \qquad (\mathrm{c})$$

计算方法是解上述联立方程组，但是，式(c) 是一个复杂的非线性函数（见图 2-16），因此，求解过程需要进行试差计算。

为了避免人为的经验判断，便于计算机迭代计算，可将式(b) 进行变换。因贮槽 1，2 均通大气，故以表压计时，p_1，p_2 均为零，则由式(b) 可得

$$\lambda u^2 = \frac{2dg\ (z_1 - z_2)}{l + \sum l_e}$$

令

$$T^2 = \lambda u^2$$

则

$$u = \frac{T}{\sqrt{\lambda}} \qquad (\mathrm{d})$$

$$T = \sqrt{\frac{2dg\,(z_1 - z_2)}{l + \sum l_e}} \tag{e}$$

将式(d) 代入 $Re = \dfrac{du\rho}{\mu}$ 中，得

$$Re = \frac{dT\rho}{\mu\sqrt{\lambda}}$$

再把该式代入式(c) 中，以消去等式右侧中的摩擦系数 λ 项，而得到

$$\lambda = \frac{1}{\left[1.74 - 2\lg\left(2\dfrac{\varepsilon}{d} + \dfrac{18.7\mu}{dT\rho}\right)\right]^2}$$

令

$$R = 1.74 - 2\lg\left(2\frac{\varepsilon}{d} + \frac{18.7\mu}{dT\rho}\right) \tag{f}$$

则

$$\lambda = \frac{1}{R^2} \tag{g}$$

由式(d)、(g) 可得

$$u = TR \tag{h}$$

故式(a) 可写成

$$q_V = \frac{\pi}{4}d^2 TR \tag{i}$$

在操作型简单管路计算命题①的求算过程中，只需据式(e)、(f) 和 (i) 编程，将已知数据在程序运行过程中输入，便可以迅速算出输水量 q_V 来。

【例 2-4】 在如图 2-17 所示的输水管路中，高位贮槽液面 1-1' 至截面 3 之间全长 30m（包括局部阻力的当量长度）。截面 3 至地面贮槽间有一全开的闸门阀（$l_e/d = 9$）。其间直管阻力可以忽略。液面 1-1' 至 2-2' 的垂直距离 10m。若出口突然扩大 $l_e/d = 41.5$，输水管为 $\phi 60\text{mm} \times 3.5\text{mm}$，$\varepsilon/d = 0.004$，水温 20℃，求此时管路输水量 q_V。

解：因为对此类计算，已将求解方程组 (a)、(b) 和 (c) 转换成了据 (e)、(f) 和 (i) 直接计算，而无需试差。故根据题设条件

$$d = (60 - 3.5 \times 2) \times 10^{-3} = 0.053\text{m}, \qquad z_1 - z_2 = 10\text{m}$$

$$l = 30\text{m}, \sum l_e = l_{e1} + l_{e2} = 0.053 \times 9 + 0.053 \times 41.5 = 0.5 + 2.2 = 2.7\text{m}$$

则由式(e)得

$$T = \sqrt{\frac{2dg(z_1 - z_2)}{l + \sum l_e}} = \sqrt{\frac{2 \times 0.053\text{m} \times 9.81\text{m} \cdot \text{s}^{-2} \times 10\text{m}}{30\text{m} + 2.7\text{m}}} = 0.564\text{m} \cdot \text{s}^{-1}$$

再根据 20℃水温查得 $\rho = 998.2\text{kg} \cdot \text{m}^{-3}$，$\mu = 1 \times 10^{-3}\text{Pa} \cdot \text{s}$，故由式(f) 得

$$R = 1.74 - 2\lg\left(2\frac{\varepsilon}{d} + \frac{18.7\mu}{dT\rho}\right)$$

$$= 1.74 - 2\lg\left(2 \times 0.004 + \frac{18.7 \times 1 \times 10^{-3}\text{Pa} \cdot \text{s}}{0.053\text{m} \times 0.564\text{m} \cdot \text{s}^{-1} \times 998.2\text{kg} \cdot \text{m}^{-3}}\right)$$

$$= 5.868$$

因此，由式(i) 得

$$q_V = \frac{\pi}{4}d^2 TR = 0.785 \times (0.053\text{m})^2 \times 0.564\text{m} \cdot \text{s}^{-1} \times 5.868 = 7.3 \times 10^{-3}\text{m}^3 \cdot \text{s}^{-1}$$

对于命题②的求解，可将式(i) 变为

$$T = 4q_V / (\pi d^2 R)$$

然后代入到式(f)，得

$$R = 1.74 - 2\lg\left(2\frac{\varepsilon}{d} + \frac{18.7\pi\mu dR}{4\rho q_V}\right) = F(R)$$

（1）根据计算方法，则求解 R 的迭代式为

$$R_{i+1} = F(R_i) = 1.74 - 2\lg\left(2\frac{\varepsilon}{d} + \frac{18.7\pi\mu dR}{4\rho q_V}\right) \tag{j}$$

一般 $|F'(R)| < 1$，近似初值也就选在这个邻域内，即

$$R_0 = 1.74 - 2\lg\left(2\frac{\varepsilon}{d}\right) \tag{k}$$

迭代过程收敛。

设迭代过程的误差容限为 ε_1，若

$$|R_{i+1} - R_i| < \varepsilon_1, \tag{l}$$

则迭代过程结束，R_{i+1} 可以作为所求 R 的解。

（2）根据已知条件：d，q_V 和已求得的 R，由式(i) 可知

$$T = \frac{4q_V}{\pi d^2 R}$$

联系式(e)，则

$$\frac{4q_V}{\pi d^2 R} = \sqrt{\frac{2dg(z_1 - z_2)}{l + \sum l_e}}$$

故

$$z_1 = z_2 + \frac{8q_V^2(l + \sum l_e)}{\pi^2 R^2 d^5 g} \tag{m}$$

（3）再按题设已知条件，即可据式（m）求得 z_1(或 z_2)。

【例 2-5】 本例条件和数据与例 2-4 完全相同，但已知在阀门全开时的输水量 $q_V = 7.3 \times 10^{-3}\,\text{m}^3 \cdot \text{s}^{-1}$，$z_2 = 5\text{m}$，求 z_1 为多少？

解：手算解答时，可按如下步骤进行：

（1）根据式(k) 确定迭代初值 R_0，并按计算精度要求，定下误差容限 ε_1（如 1×10^{-3}）；

（2）用迭代式(j) 确定 R，$i = 1, 2, 3, \cdots$；

（3）由式（m）确定出 z_1(或 z_2)。

二、复杂管路

复杂管路包括串联管路、并联管路和分支管路。这种管路的计算要比简单管路复杂得多。

1. 串联管路

串联管路是由不同直径或不同粗糙度的若干段管子连接在一起所构成。其特点有二：

（1）通过串联管路各管段的流量相等；

（2）管路系统的总阻力损失等于各管段阻力损失之和。

通常在已知管道尺寸、粗糙度和流体性质的条件下，串联管路的计算有两类：

（1）已知流过串联管路的流量，计算所需的位差 Δz；

（2）已知位差 Δz，计算通过串联管路的流量 q_V。

如图 2-18 所示，设备 A，B 经两根不同直径的管子联在一起，组成串联管路，液体经此管路从设备 A 流至设备 B。现对 A，B 两截面列伯努利方程式，并把各项损失考虑进去，得

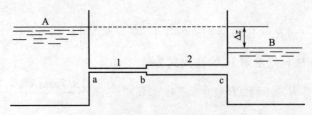

图 2-18　串联管路

$$z_A + \frac{p_A}{\rho g} + \frac{u_A^2}{2g} = z_B + \frac{p_B}{\rho g} + \frac{u_B^2}{2g} + \sum h_f \qquad (a)$$

式中，$\sum h_f$ 包括 a 处管道入口的能量损失；直管段 1 的阻力损失；b 处管道截面突然扩大的能量损失；直管段 2 的阻力损失和 c 处管道出口的能量损失，故

$$\sum h_f = \zeta_a \frac{u_1^2}{2g} + \lambda_1 \frac{l_1}{d_1} \frac{u_1^2}{2g} + \frac{(u_1 - u_2)^2}{2g} + \lambda_2 \frac{l_2}{d_2} \frac{u_2^2}{2g} + \zeta_c \frac{u_2^2}{2g} \qquad (b)$$

由于截面 A，B 通大气，以表压计，则 $p_A = p_B = 0$。截面 A 和 B 下降和上升的速度相对于串联管道内流体的速度而言，$u_A \approx 0$，$u_B \approx 0$，则，式（a）可写成

$$\Delta z = z_A - z_B = \sum h_f$$

即

$$\Delta z = \zeta_a \frac{u_1^2}{2g} + \lambda_1 \frac{l_1}{d_1} \frac{u_1^2}{2g} + \frac{(u_1 - u_2)^2}{2g} + \lambda_2 \frac{l_2}{d_2} \frac{u_2^2}{2g} + \zeta_c \frac{u_2^2}{2g} \qquad (c)$$

根据连续性方程式(2-22)，有

$$u_1 d_1^2 = u_2 d_2^2 \qquad (d)$$

代入式(c) 消去 u_2，得

$$\Delta z = \frac{u_1^2}{2g} \left\{ \zeta_a + \lambda_1 \frac{l_1}{d_1} + \left[1 - \left(\frac{d_1}{d_2} \right)^2 \right]^2 + \lambda_2 \frac{l_2}{d_2} \left(\frac{d_1}{d_2} \right)^4 + \zeta_c \left(\frac{d_1}{d_2} \right)^4 \right\} \qquad (e)$$

通常，管道尺寸、表面粗糙度和局部阻力系数已知，于是，上式可表示为

$$\Delta z = k_1 + k_2 \lambda_1 + k_3 \lambda_2 \qquad (f)$$

式中，k_1，k_2，k_3 是由管道尺寸、局部阻力系数等确定的已知数。

对于第一类问题的求算，流量已知，则由流量计算式，管内的平均流速很易求出；又由流体性质已知，则雷诺数 Re 便能很快计算出来。再参照管壁粗糙度便可从图 2-16 中查到对应的摩擦系数 λ 值，代入式（e）中，即可求出所需的位差 Δz。

对于串联管路的第二类问题，即位差 Δz 已知，而式（e）中的 u_1，λ_1，λ_2 均是未知数。对于这类问题就需要首先假设 λ_1 和 λ_2 值，代入式（e）中求出 u_1，再用 u_1 和流体性质条件求出对应的雷诺数 Re，从而在图 2-16 上查到新的 λ_1 和 λ_2。然后，用所查得的 λ_1 和 λ_2 的值重复上述计算，直到最后求出的和最近假设的摩擦系数的差别在允许的误差范围之内为止。此时的 u_1 便是所要求的管道 1 中的流速，继而就可计算出流量 q_V。由于沿程阻力系数随 Re 的变化较小，试算的解可以较快地收敛到最后得到的结果。

【例 2-6】　在图 2-18 所示的串联管路中，已知局部阻力系数 ζ_a 和 ζ_c 分别为 0.5 和 1；$l_1 = 300m$，$d_1 = 0.6m$，$\varepsilon_1 = 1.5 \times 10^{-3} m$；$l_2 = 240m$，$d_2 = 0.9m$，$\varepsilon_2 = 3 \times 10^{-4} m$；水的密度 $\rho = 1000 kg \cdot m^{-3}$，黏度 $\mu = 1 \times 10^{-3} Pa \cdot s$，位差 $\Delta z = 6m$，求通过此串联管路水的流量。

解：将题设已知条件代入式（e）中，得

$$6 = \left\{ 0.5 + \lambda_1 \left(\frac{300}{0.6} \right) + \left[1 - \left(\frac{0.6}{0.9} \right)^2 \right]^2 + \lambda_2 \left(\frac{240}{0.9} \right) \left(\frac{0.6}{0.9} \right)^4 + 1 \times \left(\frac{0.6}{0.9} \right)^4 \right\} \frac{u_1^2}{2g}$$

或
$$6 = (1.01 + 500\lambda_1 + 52.67\lambda_2) \frac{u_1^2}{2g}$$

又因为相对粗糙度 $\dfrac{\varepsilon_1}{d_1} = \dfrac{1.5 \times 10^{-3}}{0.6} = 0.0025$，$\qquad \dfrac{\varepsilon_2}{d_2} = \dfrac{3 \times 10^{-4}}{0.9} = 0.00033$，参照图 2-16，假设取 $\lambda_1 = 0.025$，$\lambda_2 = 0.015$，代入上式，可求得

$$6 = (1.01 + 500 \times 0.025 + 52.67 \times 0.015) \frac{u_1^2}{19.62}$$

$$u_1 = 2.87 \text{m} \cdot \text{s}^{-1}$$

则
$$Re_1 = \frac{d_1 u_1 \rho}{\mu} = \frac{0.6 \times 2.87 \times 1000}{1 \times 10^{-3}} = 1.72 \times 10^6$$

由 Re_1 和 ε_1/d_1 的值，在图 2-16 中可查得

$$\lambda_1 = 0.025$$

再根据连续性方程，得

$$u_2 = u_1 \left(\frac{d_1}{d_2} \right)^2 = 2.87 \text{m} \cdot \text{s}^{-1} \times \left(\frac{0.6 \text{m}}{0.9 \text{m}} \right)^2 = 1.28 \text{m} \cdot \text{s}^{-1}$$

所以
$$Re_2 = \frac{d_2 u_2 \rho}{\mu} = \frac{0.6 \times 1.28 \times 1000}{1 \times 10^{-3}} = 1.15 \times 10^6$$

由 Re_2 和 ε_2/d_2 的值，在图 2-16 中查得

$$\lambda_2 = 0.016$$

因为通过计算后查出的 λ 值和原假设之值相差甚微，故将它们代入前者，即可求得

$$u_1 = 2.86 \text{m} \cdot \text{s}^{-1}$$

则
$$q_V = \frac{\pi}{4} d_1^2 u_1 = 0.785 \times (0.6 \text{m})^2 \times 2.86 \text{m} \cdot \text{s}^{-1} = 0.81 \text{m}^3 \cdot \text{s}^{-1}$$

2. 并联管路

并联管路是在主管某处分成几支，然后在下游某处又汇合为一主管的复杂管路，如图 2-19 所示。此类管路的特点是：

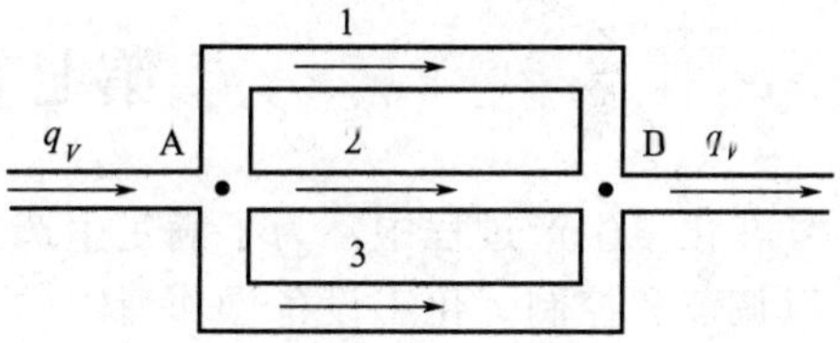

① 并联管路的阻力损失与各分管道的阻力损失相等，即

图 2-19 并联管路

$$h_{f,1} = h_{f,2} = h_{f,3} = h_{f,AB}$$

② 并联管路的总流量等于各分管道流量之和，即

$$q_V = q_{V,1} + q_{V,2} + q_{V,3}$$

在分析并联管路问题时，通常把局部损失按式(2-48)换算成沿程损失的等值长度，加到它所在的分管道上。在已知管道尺寸、粗糙度和流体性质的条件下，并联管路计算问题亦可分为以下两类：

(1) 已知 A，B 点的势能 $\left(gz + \dfrac{p}{\rho} \right)$，求总流量 q_V；

（2）已知总流量 q_V，求各分管道的流量和能量损失。

事实上，并联管路的第一类问题就相当于简单管路的第一类问题。因为知道了 A，B 点间的能量损失，便可按照简单管道的第一类问题去求各分管道内的流量，进而可求得总流量。

对于并联管路的第二类问题，由于只知道总流量 q_V，而各分管道的流量及阻力损失均是未知，因此计算较为复杂。其计算步骤大致如下：

① 根据管道尺寸和管壁粗糙度，假设通过分管道 1 的流量为 $q'_{V,1}$；

② 由 $q'_{V,1}$ 求出管 1 的阻力损失 $h'_{f,1}$；

③ 根据并联管路的特点①，由 $h'_{f,1}$，求通过管 2、管 3 的流量 $q'_{V,2}$ 和 $q'_{V,3}$；

④ 假设总流量 q_V 按照 $q'_{V,1}$，$q'_{V,2}$ 和 $q'_{V,3}$ 的比例分配给各分管道，则各分管道的计算流量应为

$$q_{V,1} = \frac{q'_{V,1}}{\sum q'_V} q_V$$

$$q_{V,2} = \frac{q'_{V,2}}{\sum q'_V} q_V$$

$$q_{V,3} = \frac{q'_{V,3}}{\sum q'_V} q_V$$

⑤ 用计算的流量值 $q_{V,1}$，$q_{V,2}$ 和 $q_{V,3}$，由流量计算式求出各分管的流速 u_1，u_2 和 u_3，再由式（2-41）求得 $h_{f,1}$，$h_{f,2}$ 和 $h_{f,3}$；

⑥ 根据并联管路特点①，假若 $h_{f,1}$，$h_{f,2}$ 和 $h_{f,3}$ 之差别在误差范围之内，则上述流量 $q_{V,1}$，$q_{V,2}$ 和 $q_{V,3}$ 分配合理；假若由⑤求得的各分管道的阻力损失差别超过允许的误差范围，则应以 $q_{V,1}$ 为新的假设流量，从第②步开始，重复上述计算直到符合规定的精度要求为止。

工程计算过程中，若管道很长，则由局部阻力换算成的等值长度与管长相比很小，故可以忽略不计。

对于分支管路的计算，在实际工程问题中常常是先用总管输送，然后再用几根支管把物料输送到不同的地点，如果欲使整个系统的输送功率最小，则当各支管段的阻力损失相等时，各支管管径的选择最为经济。

第七节　流量的测量

在化工生产过程中，为了满足生产工艺的要求，确保制得合格产品，必须要对操作条件加以调节和控制。化工设备操作所需的重要操作参数之一，就是流体流量的测量。

在测量流量过程中，流体的温度、压力常常会发生变化，因而影响到流体的密度 ρ 和黏度 μ 也做相应的变化。如果被测的流体是液体，由于常压下液体具有不可压缩性，故压力变化引起密度变化很小。若是气体，由于其具有可压缩性，则 ρ，μ 均会受压力及温度的影响，故必须对此影响加以考虑并修正。

测量流量的仪器通称为流量计。不同类型的流量计是根据不同的计量原理工作的，通常可分为容积式或推理式两种。

容积式流量计是以单位时间内自测量腔室内所排出流体的固定容积数量作为测量依据的。例如，湿式流量计、盘式流量计及椭圆齿轮流量计等。推理式流量计是利用流体流动过程中的物理现象或物理特性与流速、流量间的关系而工作的。例如，节流式或差压式流量

计、面积式流量计等。其中，节流式流量计构造简单、安装方便，根据节流元件的几何尺寸可直接求得流量，所以，广泛用于各种液体和气体的测量，属于这种流量计的有孔板和文丘里流量计等。属于面积式流量计的有转子流量计。

以下仅限于以流体力学原理而操作的孔板流量计、文丘里流量计和转子流量计为例加以介绍。

一、变压头流量计

该类流量计是将流体的动压头变化以静压头变化的形式表示，读数指示由压差换算得出。

1. 孔板流量计

孔板流量计示意图见图 2-20。它是由一安置于管道中的中央开有圆孔的金属薄板和安装在孔板前后的 U 形管压差计构成。

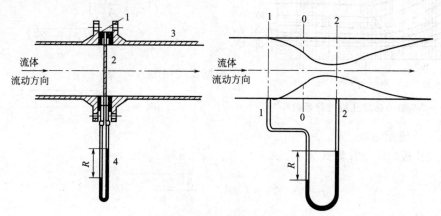

图 2-20 标准孔板流量计

1—测压环；2—孔板；3—导管；4—压差计

当流体通过孔板时，由于流道截面积突然缩小，因而流速增大，使流体动能增加，静压能相应减小。流体流过孔板后，由于惯性，实际流道将继续缩小至截面 2-2（缩脉）为止。缩脉离孔口的距离与流体流动的 Re 有关，还和孔口与管道截面的比值有关。

设不可压缩流体在水平管内流动，取孔板上游流动截面尚未收缩处为截面 1-1，下游截面取在缩脉处 2-2，以便测得最大压差读数。暂时不计阻力损失，在两截面间利用伯努利方程式和连续性方程式推导流量计算式，得

$$\frac{p_1}{\rho} + \frac{u_1^2}{2} = \frac{p_2}{\rho} + \frac{u_2^2}{2}$$

$$\frac{u_2^2 - u_1^2}{2} = \frac{p_1 - p_2}{\rho} \tag{2-50}$$

根据连续性方程式有

$$u_1 = u_2 \frac{A_2}{A_1}$$

将上式代入式(2-50) 经整理后可得

$$u_2 = \frac{1}{\sqrt{1 - \left(\frac{A_2}{A_1}\right)^2}} \sqrt{\frac{2(p_1 - p_2)}{\rho}} \tag{2-51}$$

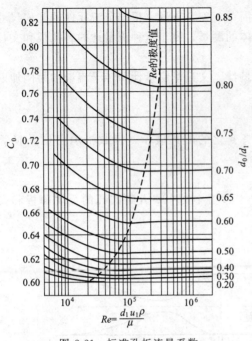

图 2-21　标准孔板流量系数

式中，缩脉处的流体截面积 A_2 是难以确定的，为便于使用，可用孔口截面积 A_0 代替 A_2。同时，实际流体通过孔口时有阻力损失，且实际所测的势能差不会刚好是 $(p_1 - p_2)/\rho$，加之缩脉位置将随流动状况而改变。由于这些原因，故引入一校正系数 C，于是

$$A_2 = CA_0$$

由连续性方程　$u_2 A_2 = u_0 A_0$

$$u_0 = u_2 \frac{A_2}{A_0} = u_2 \frac{CA_0}{A_0} = Cu_2$$

故　　$u_0 = \dfrac{C}{\sqrt{1 - \left(\dfrac{CA_0}{A_1}\right)^2}} \sqrt{\dfrac{2(p_1 - p_2)}{\rho}}$

或　　$u_0 = C_0 \sqrt{\dfrac{2(p_1 - p_2)}{\rho}}$ 　　(2-52)

根据式(2-10a)　$p_1 - p_2 = (\rho_0 - \rho)gR$

$$u_0 = C_0 \sqrt{\frac{2gR(\rho_0 - \rho)}{\rho}}$$ 　　(2-53)

式中　C_0——流量系数。

于是，通过孔板的流量计算式为

$$q_V = u_0 A_0 = C_0 A_0 \sqrt{\frac{2gR(\rho_0 - \rho)}{\rho}}$$ 　　(2-54)

流量系数 C_0 的数值只能通过实验求得。C_0 主要取决于管道流动的 Re_d 和面积 A_0/A_1、测压方式、孔口形状、加工光洁度、孔板厚度和管壁粗糙度等。对于测压方式、结构尺寸、加工状况等均已规定的标准孔板，流量系数 C_0 可以表示成

$$C_0 = f(Re_d, A_0/A_1)$$

式中，Re_d 是以管径 d 计算的雷诺数，即 $Re_d = \dfrac{du_1\rho}{\mu}$。实验所得的 C_0 列于图 2-21。

由图中可见，当 Re 增大到一定值后，C_0 不再随 Re 而变，成为一个仅取决于 A_0/A_1 的常数。孔板流量计的设计和使用最好在 C_0 为定值的范围之内。通常 C_0 取 0.6～0.7 的范围。

孔板流量计结构简单，制造方便，易于安装。当流量有较大变化时，为了调整测量条件，更换孔板也很方便。其主要缺点是流体流过孔板后能量损失较大，并随 A_0/A_1 的减小而加大。

2. 文丘里流量计

为了降低孔板流量计测量流量过程中因突然缩小和突然扩大而造成的能量损失，因此设法将测量管段加工制成如图 2-22 所示的结构。

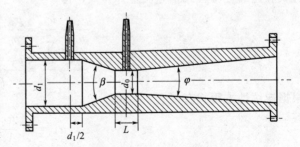

图 2-22　文丘里流量计结构图

它是一个先收缩后扩张的管道，称为文丘里管，用于测量流量时，称为文丘里流量计。

其上游进口截面的直径为 d_1，截面积为 A_1，接着是一个收缩段，收缩角 β 一般为 $15°\sim$ $25°$。中间有一段平直的喉道，直径为 d_0，截面积为 A_0，喉道平直段长度 L 等于 d_0。最后一段为扩张管，扩张角 φ 为 $5°\sim7°$，使流量计的管道逐渐过渡到与原来管道截面一样大小。

流体流经收缩段时被加速，使喉道处的静压强小于上游进口截面处的静压强，流速愈大，则该两处间的压差愈大。压差反映了管道内流量的大小。在进口段规定位置取静压强为 p_1，在喉道中间取静压强为 p_2，为了取得管道截面上的平均压力，应沿测试截面的圆周方向均匀地开若干个小孔，把这几点的压力并联在一起接到压差计上。此时流量也用式(2-54)计算，但以 C_V 代替 C_0，以 A_V（以文丘里流量计喉道直径 d_0 计算的截面积）代替 A_0。文丘里管的流量系数 C_V 约为 $0.98\sim0.99$。

二、变截面流量计

这类流量计主要是转子流量计。流体通过流量计时压力降是固定的，流体流量变化时，流道的截面积发生变化，以保持不同流速下通过流量计的压力降相同。

转子流量计结构如图 2-23 所示。它是一种常用的流量计量器具，其外壳系一锥角为 $4°$ 左右的带有刻度的玻璃管，内装一转子（或称浮子），可视流量大小用不同材料制成不同形状，但其密度须大于被测流体的密度。管中无流体通过时，转子将沉于管底部。当被测流体以一定流量通过转子流量计时，在转子的上、下端面形成一个压差，该压差造成升力。当升力足够大时，能使转子向上浮起，随着转子的上浮，玻璃管内壁与转子上端外缘形成的环隙面积增大，环隙中流速减小，转子两端面的压差也随之减小，因此，当转子上升到某一高度，转子所受的升力正好等于其净重力时，转子便悬浮在此高度上，转子的这一平衡悬浮高度随转子两端面的压差，亦即流量的大小而变化。

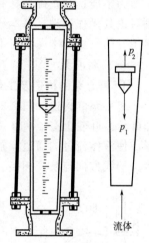

图 2-23　转子流量计

设 V_f 为转子体积，A_f 为转子最大部分的截面积，ρ_f 为转子材料的密度，ρ 为被测流体的密度。若转子上、下方静压强分别为 p_2 和 p_1，则流体流经环隙截面所产生的压力差为 p_1-p_2。当转子在流体中处于平衡状态时，即

转子承受的静压力 ＝转子所受的重力 －流体对转子的浮力

于是

$$p_1-p_2 A_f = V_f \rho_f g - V_f \rho g$$

所以

$$p_1-p_2 = \frac{V_f g (\rho_f - \rho)}{A_f} \tag{2-55}$$

从上式可以看出，当用固定的转子流量计测量某流体流量时，式中的 V_f、A_f、ρ_f、ρ 均为定值，故 p_1-p_2 亦恒定，与流量无关。

当转子停留在某固定位置时，转子与玻璃管之间的环隙面积就是某固定值。此时流体流经该环隙截面的流量和压差的关系与流体通过孔板流量计的情况类似，因此，可以仿照孔板流量计的流量公式直接表示为

$$q_V = C_R A_R \sqrt{\frac{2(p_1-p_2)}{\rho}} \tag{2-56}$$

将式(2-55)代入上式，得

$$q_V = C_R A_R \sqrt{\frac{2g V_f (\rho_f - \rho)}{A_f \rho}} \tag{2-57}$$

式中　A_R——环隙截面积，m^2；

　　　C_R——转子流量计的流量系数，量纲为 1，与 Re 值及转子形状有关，由实验测定或

从手册中查取。

转子流量计结构简单，读数方便，能量损失小，测量范围宽，能用于腐蚀性流体的测量，应用很普遍。但因测量管多为玻璃材质，故不能经受高温、高压。

转子流量计必须垂直安装，且应安装支路以便于检修。

通常，转子流量计在出厂前已分别用293K的水和293K，101.3kPa的空气标定过刻度。由式(2-57)可知，被测流体的流量与该流体的密度有关，故当用它测量其他流体时，需要对原有的刻度加以校正。

第八节　流体输送机械

化工管道内的流体在输送过程中，从低处升至高处，或者经过各种设备或反应装置，其间需要能量。为了达到生产预期目标，必须对流体提供机械能，以克服流体阻力并补充输送所不足的能量。可以向流体做功并提高其机械能的装置称为流体输送机械。用于输送液体的机械称为泵，通常，用丁输送气体的机械称为风机和压缩机。

为了能达到正确选择和使用流体输送机械的目的，本节拟就离心泵和压缩机为代表，分别讨论其操作原理、基本结构和性能，并计算其功率消耗。至于其具体结构和详细设计，则属于专门领域，本课程将不涉及。

一、离心泵

1. 离心泵的构造及工作原理

离心泵的构造如图2-24所示。它有一蜗形外壳——泵壳，有一安装在旋转泵轴上的工作叶轮。叶轮上有4～12片稍微向后弯曲的叶片（叶轮分为敞式、蔽式和半蔽式），叶片间形成使液体流过的通道。泵壳中央的轴心处有一液体吸入口与吸入管连接，压出口从泵壳侧旁按切线方向与泵壳相接。

泵壳与泵轴之间有密封装置——轴封，以防止泵轴旋转时产生泄漏现象。IS型单级单吸离心泵的泵轴与电动机通过弹性联轴器相接。

离心泵在启动之前，应在泵壳内充满待输送的液体。启动时，电动机的转动，使得泵轴带动叶轮旋转，充满叶轮间的液体在离心力的作用下，沿着叶片间的通道从叶轮中心进口处被甩到叶轮外围，以很高的速度流入泵壳，获得了较大的动能。液体流进蜗形通道后，由于截面积逐渐扩大，大部分动能转变为静压能。于是液体以较高的压力从出口进入压出管路。与此同时，随着叶轮中心液体被甩出以后，吸入口处就形成负压区，外界大气压力便迫使液体经底阀、吸入管进入泵内，充填了液体排出后的空间。因此，只要叶轮正常旋转不停，液体就会源源不断地吸入、排出，以满足液体输送的需要。

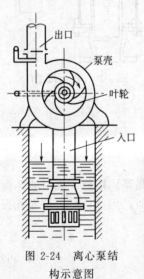

图 2-24　离心泵结构示意图

离心泵借助离心力的作用输送液体。离心力的大小除了与叶轮的转速、叶轮尺寸有关外，还与流体密度有关。流体密度愈大，产生的离心力就愈大。故当离心泵启动前，泵壳内未充满液体，即存在有空气时，由于空气密度很小，所产生的离心力亦很小，此时，叶轮中心难以形成足够的负压。虽然被启动的离心泵叶轮在高速旋转，但不能输送液体，这种现象称为"气缚"。为防止这种现象发生，启动泵前须向泵壳内注满被输送的液体。通常，为避免泵体内的液体漏失，常在吸入管底部安装带吸滤网的底阀（止逆阀），滤网是防止固体杂质进入泵内，损坏叶片或妨碍泵的正常操作。

2. 离心泵的主要性能参数

为了正确选择和使用离心泵，需要了解离心泵的性能。离心泵的主要性能参数为流量、扬程、功率和效率。

（1）流量　泵的流量是指单位时间内泵所输送液体的体积，亦称送液能力。用符号 q_V 表示，其常用单位为 $m^3 \cdot s^{-1}$ 或 $m^3 \cdot h^{-1}$。

（2）扬程　泵的扬程是指单位重量（1N）的流体经泵后所获得的能量，又称泵的压头，用符号 H_e 表示，单位为 m 液柱。

测量泵的扬程时，通常在泵的进出口处分别安装真空表和压力表。在两表之间列伯努利方程式，即

$$0 + \frac{p_1}{\rho g} + \frac{u_1^2}{2g} + H_e = h_0 + \frac{p_2}{\rho g} + \frac{u_2^2}{2g} + \sum h_f$$

或
$$H_e = h_0 + \frac{p_2 - p_1}{\rho g} + \frac{u_2^2 - u_1^2}{2g} + \sum h_f \tag{2-58}$$

式中　p_1——真空表读出的真空度，$N \cdot m^{-2}$；

$\quad\quad p_2$——压力表读出的压力（表压），$N \cdot m^{-2}$；

u_1，u_2——吸入管、压出管中液体的流速，$m \cdot s^{-1}$；

$\quad\quad h_0$——两表位置的高度差，m；

$\sum h_f$——两截面间的压头损失，m。

由于两截面间的距离很近，其压头损失 $\sum h_f$ 可以忽略不计。若以 H_1 和 H_2 分别表示真空表和压力表上的读数，以 m 液柱（表压）计，则式(2-58)可写成

$$H_e = h_0 + H_2 + H_1 + \frac{u_2^2 - u_1^2}{2g} \tag{2-59}$$

在工程上，液体被视为不可压缩的流体，泵的进出口管径相差不大时，则 $u_1 \approx u_2$。此外，两表位置相距很近，尤其对高压水泵，可以近似地用下式表示泵的扬程，即

$$H_e = H_1 + H_2 \tag{2-60}$$

因此，只要在泵的进出口安装有真空表和压力表，就可以直接测得泵的扬程。

（3）功率与效率　单位时间内，液体流经泵后实际得到的功为泵的有效功率 P_e。

已知泵的扬程 H_e，当水的流量为 q_V（$m^3 \cdot s^{-1}$），被输送液的密度为 ρ（$kg \cdot m^{-3}$）时，泵的有效功率 P_e（kW）为

$$P_e = \frac{H_e q_V \rho g}{1000} \tag{2-61}$$

由于泵轴所做的实际功不可能全部转变为液体的机械能，其中一部分还要消耗于泵内各种能量损失，如泵内液体泄漏而造成的容积损失；液体流经叶轮、泵壳时，因流速大小和方向的改变，且发生冲击而产生的水力损失，以及泵轴与轴承和轴封之间的机械摩擦而引起的机械损失等。这些能量损失所反映出的泵的轴功率与有效功率的差别，以泵的总效率 η 来表示。则泵的轴功率 P、有效功率 P_e 和泵的总效率 η 之间的关系为

$$P = \frac{P_e}{\eta} \tag{2-62}$$

亦即，泵的轴功率 P 要大于液体实际得到的有效功率 P_e。对离心泵来说，其总效率 η 一般为 0.6～0.85 左右。

选配电动机时，要根据泵的轴功率进行，但要考虑机械的联接方式和泵可能发生超负荷

运转，即要考虑传动效率 η_t、电动机效率 η_m 和安全系数 β，因此，泵所配电动机的功率要比其轴功率大。当电动机和泵采用联轴器相联时（$\eta_t \approx 1$，$\eta_m = 0.95$），则电动机的容量安全系数 β 如表 2-4 所示。

表 2-4　电动机的安全系数

P/kW	1.5～3.75	3.75～37.5	>37.5
β	1.2	1.15	1.1

【例 2-7】　用耐腐蚀泵将 20℃混酸（以硫酸为主）自常压贮槽输送到表压为 196.2kPa 的设备内，出口管（$\phi 57\mathrm{mm} \times 3.5\mathrm{mm}$）距贮槽液面的距离为 6m，要求最大输送量为 10m³·h⁻¹。

已知：20℃混酸 $\rho = 1600\mathrm{kg \cdot m^{-3}}$，$\mu = 2.2 \times 10^{-2}\mathrm{Pa \cdot s}$，输液管道长 10m，管道上有 90°标准弯头 2 个 $\left(\dfrac{l_e}{d} = 35\right)$，单向阀门 1 个 $\left(\dfrac{l_e}{d} = 80\right)$，球心阀 2 个 $\left(\dfrac{l_e}{d} = 300\right)$。转子流量计 1 个 $\left(\dfrac{l_e}{d} = 400\right)$。

若泵的效率 $\eta = 0.65$，电动机由联轴器联接带动，电机效率 $\eta_m = 0.95$，求所选配电动机的功率。

解： 泵应提供的压头由下式计算

$$H_e = (z_2 - z_1) + \frac{p_2 - p_1}{\rho g} + \frac{u_2^2 - u_1^2}{2g} + \sum h_f$$

式中

$$z_2 - z_1 = 6\mathrm{m}$$

$$\frac{p_2 - p_1}{\rho g} = \frac{(196.2 - 0)\mathrm{kPa} \times 10^3}{1600\mathrm{kg \cdot m^{-3}} \times 9.81\mathrm{m \cdot s^{-2}}} = 12.5\mathrm{m}$$

因为

$$u_1 = 0, \quad q_V = 10\mathrm{m^3 \cdot h^{-1}}/3600 = 0.003\mathrm{m^3 \cdot s^{-1}}$$

$$d = 57\mathrm{mm} - 3.5\mathrm{mm} \times 2 = 50\mathrm{mm} = 0.05\mathrm{m}$$

$$u_2 = \frac{q_V}{\frac{\pi}{4}d^2} = \frac{0.003\mathrm{m^3 \cdot s^{-1}}}{0.785 \times (0.05\mathrm{m})^2} = 1.53\mathrm{m \cdot s^{-1}}$$

所以

$$\frac{u_2^2 - u_1^2}{2g} = \frac{(1.53\mathrm{m \cdot s^{-1}})^2 - 0}{2 \times 9.81\mathrm{m \cdot s^{-2}}} = 0.12\mathrm{m}$$

$\phi 57\mathrm{mm} \times 3.5\mathrm{mm}$ 钢管的阻力

$$Re = \frac{du\rho}{\mu} = \frac{0.05 \times 1.53 \times 1600}{2.2 \times 10^{-2}} = 5564$$

由式 (2-43)

$$\lambda = \frac{0.3164}{Re^{0.25}} = \frac{0.3164}{5564^{0.25}} = 0.037$$

$$\sum l_e = (35 \times 2 + 80 \times 1 + 300 \times 2 + 400 \times 1) \times 0.05 = 57.5\mathrm{m}$$

$$\sum h_f = \lambda \frac{l + \sum l_e}{d} \frac{u^2}{2g} = 0.037 \times \frac{10\mathrm{m} + 57.5\mathrm{m}}{0.05\mathrm{m}} \times \frac{(1.53\mathrm{m \cdot s^{-1}})^2}{2 \times 9.81\mathrm{m \cdot s^{-2}}} = 5.96\mathrm{m}$$

$$H_e = 6\mathrm{m} + 12.5\mathrm{m} + 0.12\mathrm{m} + 5.96\mathrm{m} = 24.58\mathrm{m}$$

$$P_e = \frac{H_e q_V \rho g}{1000} = \frac{24.58\mathrm{m} \times 0.003\mathrm{m^3 \cdot s^{-1}} \times 1600\mathrm{kg \cdot m^{-3}} \times 9.81\mathrm{m \cdot s^{-2}}}{1000} = 1.16\mathrm{kW}$$

$$P = \frac{P_e}{\eta} = \frac{1.16\text{kW}}{0.65} = 1.78\text{kW}$$

电动机的功率

$$P_m = \frac{P}{\eta_t \eta_m} = \frac{1.78\text{kW}}{0.95} = 1.87\text{kW}$$

需选配电动机的功率

$$P_0 = \beta P_m = 1.2 \times 1.87\text{kW} = 2.24\text{kW}$$

注意，在机电产品样本中所列出的泵的轴功率 P，除特殊说明外，通常均指输送清水时的数值。

3. 离心泵的特性曲线

离心泵的特点是构造简单，可以用各种材料制造。它具有很大的操作机动性，能在相当广泛的流量范围内操作，其流量可用排出管路上的阀门控制。由前述离心泵的主要性能参数可知，它们之间是相互联系相互制约的。当流量变化时，扬程和功率也相应地随之变化。其间的关系，可以通过实验测定。测定是在固定转速下，将离心泵的基本性能参数用曲线表示出来，称为离心泵的特性曲线。它是分析和选用泵的重要依据。

图 2-25 所示为离心泵特性曲线，此曲线由泵的制造厂家提供，附在泵样本或说明书中，供使用者选泵和操作时参考。

通常，离心泵特性曲线在转速为 $n = 2900\text{r/min}$ 时测得。它由以下三条曲线组成。

（1）$H_e\text{-}q_V$ 曲线　表示泵的扬程与流量的关系。离心泵的扬程随流量的增大而下降。这是离心泵的一个重要特性。

（2）$P\text{-}q_V$ 曲线　表示泵的轴功率与流量的关系。P 随 q_V 的增大而上升，流量为零时，轴功率最小。故在启动离心泵时须将出口阀门关闭。以降低启动功率，保护电机。

（3）$\eta\text{-}q_V$ 曲线　表示泵的效率与流量的关系。从图 2-25 上可看出，当 $q_V = 0$ 时，$\eta = 0$；随着流量的增大，泵的效率随

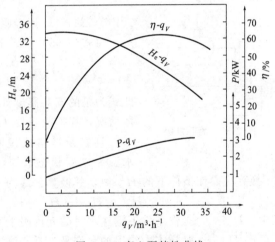

图 2-25　离心泵特性曲线

之上升并达到一个最大值；过峰值后，流量增大泵的效率反而下降，此峰值即为泵在该转速下的最高效率点。泵在与最高效率点相对应的流量及扬程下工作最为经济，所以，与最高效率点对应的 q_V、H_e 和 P 值称为最佳工况参数。离心泵铭牌上标注的数值即指该泵在最高效率点上的性能。因此，根据生产任务选用离心泵时，应使所选的泵能在此点附近操作。通常将最高效率的 92% 左右的这段范围称为最高效率区。

各种型号的泵均有各自的特性曲线，形状基本相同。

4. 离心泵的汽蚀现象和安装高度

离心泵叶轮的进口附近通常都出现最低压强，一旦此压强低到小于被输送液体在操作温度下的饱和蒸气压，就会引起液体的部分汽化，形成许多小气泡，体积突然膨胀。当含有大量气泡的液体由泵中心的低压区流进叶轮的高压区时，气泡受压而重新凝结，形成局部真空，周围液体以极大速度冲向原气泡所占据的空间。此时，质点互相撞击，产生很高的局部

压力。如果这些气泡在叶轮表面附近破裂而凝结，则液体质点就像无数小弹头一样，连续冲击在叶轮表面上。在压力很大频率很高的质点连续冲击下，叶轮表面逐渐因疲劳而损坏，这种现象叫做汽蚀现象。汽蚀会降低泵的性能，使流量、扬程和效率大大下降。若离心泵在严重汽蚀状态下运转，则发生汽蚀的部位很快被破坏成蜂窝或海绵状，使泵的寿命大大缩短，以至于不能正常工作。为避免发生汽蚀现象，应根据泵的性能确定泵的吸入极限，即安装高度。

在我国离心泵规格中，采用两种指标对泵的安装高度加以限制，以免发生汽蚀。其一是允许吸上真空高度，它是随泵的使用地点的大气压强、吸入管路的流量和流动阻力以及被输送液体的性质和温度而变化的。另一种是汽蚀余量，以之作为抗汽蚀参数较为方便和精确。

（1）允许吸上真空高度　允许吸上真空高度 H_s 是指泵入口处压力 p_1 可允许达到的最高真空度，设大气压为 p_a，ρ 为被输送液体的密度，其表达式为

$$H_s = \frac{p_a - p_1}{\rho g} \tag{2-63}$$

利用图 2-26 吸液装置，列出贮槽液面 $O\text{-}O'$ 与泵入口 $1\text{-}1'$ 截面的伯努利方程式，以确定允许吸上真空高度与安装高度 H_g 之间的关系。则

$$H_g = \frac{p_a - p_1}{\rho g} - \frac{u_1^2}{2g} - \sum h_f \tag{2-64}$$

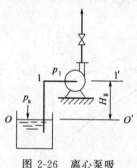

图 2-26　离心泵吸液示意图

式中　$\sum h_f$——流经吸入管路的压头损失，m。

将式（2-63）代入上式，得

$$H_g = H_s - \frac{u_1^2}{2g} - \sum h_f \tag{2-65}$$

此式为泵的安装高度计算式。式中的 $u_1^2/2g$ 和 $\sum h_f$ 可根据管路具体情况计算，故只要 H_s 已知，便可由此式求出泵的安装高度。

现在泵样本或说明书中给出的 H_s，是在压力为 101.3kPa，水温为 20℃ 状态下的数值。因此，在不同条件下使用泵时，应将 H_s 换算成操作条件下的 H_s' 值，其换算公式为

$$H_s' = H_s + (H_a - 10.33) - (H_v - 0.24) \tag{2-66}$$

式中　H_s'——操作条件下输送水时的允许吸上真空高度，m 水柱；

H_s——泵样本中给出的允许吸上真空高度，m 水柱；

H_a——泵工作处的大气压，m 水柱；

H_v——操作温度下水的饱和蒸气压，m 水柱；

0.24——20℃水的饱和蒸气压，m 水柱。

大气压随海拔高度而变化。泵安装地点的海拔越高，大气压力就越低，允许吸上真空高度就越小。若被输送液体的温度越高，所对应的饱和蒸气压也越高，泵的允许吸上真空高度就越小。

（2）汽蚀余量　汽蚀余量是指将液体从贮槽经吸入管路到泵入口处，液体总压头比汽化压头（即饱和蒸汽压头）高出的部分，以保证不发生汽蚀，故也称为有效汽蚀余量，以 Δh_a 表示。由此可知，输送一定温度下的液体时，Δh_a 仅与管路条件及流量有关，而与泵的结构无关。

根据定义，有效汽蚀余量可写为

$$\Delta h_a = \frac{p_1}{\rho g} + \frac{u_1^2}{2g} - \frac{p_v}{\rho g} \tag{2-67}$$

式中　Δh_a——有效汽蚀余量，m；

　　　p_1——泵入口处压力，Pa；

　　　p_v——操作温度下液体的饱和蒸气压，Pa；

　　　u_1——泵入口处液体流速，$m \cdot s^{-1}$。

当离心泵的叶轮入口处的压力减小到与操作温度下的液体饱和蒸气压相等时，泵内即开始发生汽蚀，相应泵入口处压力 p_1 为最小值 $p_{1,min}$。该条件下汽蚀余量为临界汽蚀余量，以 Δh_c 表示。Δh_c 实际上反映了泵入口到叶轮入口之间的压头损失，其值与泵的结构尺寸及流量有关。

$$\Delta h_c = \frac{p_{1,min}}{\rho g} + \frac{u_1^2}{2g} - \frac{p_v}{\rho g} \qquad (2\text{-}68)$$

通常，Δh_c 由离心泵生产厂测定泵内刚发生汽蚀时的 $p_{1,min}$，再由式(2-68)计算得到。

为方便安装和使用离心泵，离心泵生产厂将 Δh_c 加上一定的安全量后，以 Δh_r 表示，称为必需汽蚀余量，并将之作为泵的性能列入泵产品样本中。

（3）安装高度　将式(2-67)与式(2-64)合并，可导出有效汽蚀余量 Δh_a 与安装高度 H_g 之间的关系为

$$H_g = \frac{p_a - p_v}{\rho g} - \Delta h_a - \sum h_f \qquad (2\text{-}69)$$

随着离心泵安装高度 H_g 的增加，Δh_a 将减少，当 $\Delta h_a = \Delta h_r$，离心泵的运行接近不正常，此时的离心泵安装高度即为离心泵的允许安装高度 $H_{g,允许}$，因此，根据离心泵样本中提供的必需汽蚀余量 Δh_r 即可确定离心泵的允许安装高度。

$$H_{g,允许} = \frac{p_a - p_v}{\rho g} - \Delta h_r - \sum h_f \qquad (2\text{-}70)$$

式中，p_a 是敞口贮槽液面上的大气压力。若为密闭容器则应取其液面上方之压力，以 p_0 表示。

为安全起见，通常是将允许安装高度 $H_{g,允许}$ 值再减去 0.5m 作为安装高度的上限。此外，也可以将现场实际安装高度与允许安装高度进行比较，若 $H_{g,实际} < H_{g,允许}$，说明安装合适，不会发生汽蚀，否则，应当重新调整安装高度。

5. 离心泵的工作点与流量调节

化工生产过程中，离心泵总是安装在一定的管路系统中，所以，泵实际操作时的扬程与流量，不仅与离心泵本身的特性有关，而且还与管路的工作特性有关。

当装有离心泵管路系统在输送液体时，要求泵提供的压头 H_e 可以通过伯努利方程求得，即

$$H_e = \Delta z + \frac{\Delta p}{\rho g} + \frac{\Delta u^2}{2g} + \sum h_f$$

式中 $\Delta z + \dfrac{\Delta p}{\rho g}$ 与管路中液体流量无关，在输液高度和压力不变时为一常数，故令 $\Delta z + \dfrac{\Delta p}{\rho g} = A$。若两计算截面积都很大，其流速与管路相比可以忽略，$\dfrac{\Delta u^2}{2g} \approx 0$，此时 $H_e = A + \sum h_f$。其中

$$\sum h_f = \lambda \frac{l + \sum l_e}{d} \frac{u^2}{2g} = \lambda \frac{l + \sum l_e}{d} \frac{1}{2g} \left(\frac{q_V}{\frac{\pi}{4}d^2} \right)^2 = \lambda \frac{8}{\pi^2 g} \frac{l + \sum l_e}{d^5} q_V^2$$

对于特定的管路系统，l，l_e，d 都是定值，且湍流时 λ 的变化很小，故令 $\lambda \dfrac{8}{\pi^2 g} \dfrac{l + \sum l_e}{d^5} = B$，则

$$H_e = A + Bq_V^2 \tag{2-71}$$

式(2-71) 称为管路特性曲线方程。它是描述在特定的管路统中，输送一定量的流体与其所要求泵提供的扬程（或压头）之间的对应关系。

将式(2-71) 标绘在 H_e-q_V 坐标图上，即得管路特性曲线，如图 2-27(a) 所示。此线的形状与管路布置及操作条件有关，而与泵的性能无关。

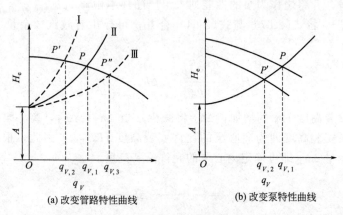

(a) 改变管路特性曲线　　　　　(b) 改变泵特性曲线

图 2-27　H_e-q_V 特性曲线

管路特性曲线与泵的特性曲线的交点 P，即为泵的工作点。对应此点的流量、扬程、轴功率和效率就是泵在此管路系统的实际流量、扬程、轴功率和效率。离心泵在该点工作，管路中的流量才能稳定。

生产操作过程中，需要经常调节液体流量。从泵的工作点可知，调节流量实质上就是改变离心泵的特性曲线和管路特性曲线，从而改变离心泵的工作点，而调节流量最方便的方法是调节管路中离心泵出口阀门的开度，调节阀门的开度即改变管路阻力系数［式(2-71) 中的 B 值］，使管路特性曲线与工作点发生改变，以达到调节流量的目的。如图 2-27(a) 所示的关小阀门，阻力增大，管路特性曲线变陡，流量由 $q_{V,1}$ 降为 $q_{V,2}$，管路特性曲线为Ⅰ，工作点由 P 移至 P'。反之，则为曲线Ⅲ，流量为 $q_{V,3}$，工作点为 P''。此外，若调节幅度较大，时间又长时，若能改变泵的叶轮直径或转速，即改变泵的特性曲线，也可以使工作点变动，以调节流量，如图 2-27(b) 所示，离心泵原来的转速为 n 时，工作点为 P。当将泵的转速降为 n' 时，流量由 $q_{V,1}$ 降为 $q_{V,2}$，泵的特性曲线下移，工作点由 P 点变为 P' 点。

采用调节离心泵出口阀门开度大小改变流量固然简便、灵活，但是，关小阀门时容易增大管路阻力，经济上不合理；采用切削叶轮直径为一次性调节，适应性较差；而改变离心泵叶轮转速的方法，虽不会额外增加阻力，能量利用率高，但却需要增加调速器或选用可调速的原动机等，应用起来各有利弊。然而，随着电子与变频技术的发展和广泛使用，目前，化工用泵的变频调速已经摒弃上述弊端，成为了一种调节方便、节能适用的流量调节方式。

6. 离心泵的组合操作

在实际操作中，当采用一台离心泵不能达到输送要求时，可将几台泵组合使用。通常组合方式有并联和串联两种。

（1）并联操作　并联是指两台或两台以上的离心泵同时向同一管路输送液体的工作方式。通常在下列情况时采用并联操作：

① 管路系统需要的流量大，但输送大流量的泵价格较高或不易获得；

② 为避免单台泵操作中发生故障，但又要保证正常生产，而必需的应急措施；

③ 为使泵能在高效区内工作，并适应外界负荷的变化，而引起流量波动。

设有两台性能相同的离心泵并联操作，而且各自吸入管路相同，将液体通过同一排出管输送到目的地，则两台泵的流量和扬程相同，因此，在相同扬程下，并联泵的流量是单台泵的两倍。如图 2-28 所示。

曲线 I 为单泵的特性曲线，曲线 II 是在同样扬程下，将曲线 I 的流量坐标加倍，而得到的两泵合成特性曲线。图中，单泵工作点为 E，扬程为 $H_{e,E}$，流量为 $q_{V,E}$；两台泵并联时工作点为 D，扬程为 $H_{e,D}$，相应的流量为 $q_{V,D}$，而此时每台单泵的流量为 $q_{V,C}$。

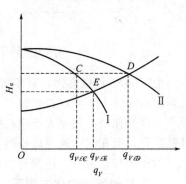

图 2-28　泵的并联操作

$$q_{V,C} < q_{V,E} < q_{V,D}$$

而

$$H_{e,D} = H_{e,C} \qquad q_{V,D} = 2q_{V,C}$$

显然

$$H_{e,D} > H_{e,E} \qquad q_{V,D} < 2q_{V,E}$$

由此可知，两台同性能泵并联工作时的流量并不是每台泵在同一管路中单独使用时的两倍，并联的台数愈多，流量增加率愈小，故并联泵的台数一般少于三台。

（2）串联操作　串联操作是指一台泵向另一台与之性能相同泵的吸入口输入液体的工作方式。通常在如下情况时宜用：

① 高压泵不易制造或得到；

② 由于输送系统改变，管路阻力增大，因而需要提高扬程和流量。

两台性能相同的泵串联操作时，每台泵的流量和扬程也是相同的，因此，在相同流量下，串联泵的扬程是单台泵的两倍，将单台泵的特性曲线 I 的扬程坐标加倍，可得串联泵的合成特性曲线 II，如图 2-29 所示。

由图中可知，单泵工作点为 E，相应的扬程为 $H_{e,E}$ 流量为 $q_{V,E}$；串联泵的工作点移至 D，相应的扬程为 $H_{e,D}$，流量为 $q_{V,D}$；串联时每台泵的扬程为 $H_{e,C}$，流量为 $q_{V,C}$（$= q_{V,D}$），故

$$H_{e,C} < H_{e,E} < H_{e,E}$$

而

$$H_{e,D} = 2H_{e,C}$$

显然

$$H_{e,D} < 2H_{e,E} \text{ 及 } q_{V,D}(=q_{V,C}) > q_{V,E}$$

即，性能相同的两台泵在串联操作时的扬程并不等于单泵在同一管路中单独使用时的两倍，串联的台数愈多，扬程增加率愈小。此外，串联后的流量比单泵操作时要大。

（3）组合方式的选择　若管路两端的势能差 $\left(\Delta z + \dfrac{\Delta p}{\rho g}\right)$ 大于单台泵的最大扬程，则只能采用串联操作。但是，在多数情况下，单泵可用以输液，只是流量达不到指定的要求，因此，可以针对管路的特性选择适当的组合方式，以增大流量。

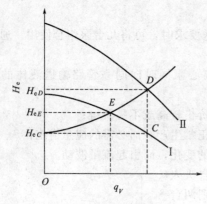

图 2-29 泵的串联操作

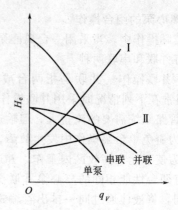

图 2-30 组合方式选择

由图 2-30 可以看出，对于特性曲线较陡的管路（Ⅰ），即流动阻力较大的输送管路串联操作时的流量大于并联操作；对于特性曲线较平坦的管路（Ⅱ），即流动阻力较小的输送管路，并联操作时的流量大于串联操作，因此，对于流动阻力较大的输送管路，串联操作优于并联操作，而在流动阻力较小的输送管路，并联操作优于串联操作。

对于扬程，也有上述两种类似情况。

二、其他类型的化工用泵

1. 往复泵

往复泵是利用活塞的往复运动将能量传递给液体，以完成对液体的输送。这种泵在输送流体时，其流量只与活塞的位移有关，而与管路的情况无关，但其压头只与管路情况有关。这种特性称作正位移特性，具有这种特性的泵称为正位移泵。

按照往复泵的动力来源可将它分为电动往复泵和汽动往复泵。前者是由电动机驱动，电动机通过减速箱和曲柄连杆机构与泵相连，将旋转运动变为往复运动。而后者直接由蒸汽机驱动。泵的活塞和蒸汽机的活塞共同连在一根活塞杆上，构成一个总的机组。

按照作用方式可将往复泵分为：

单动往复泵［图 2-31(a)］，活塞往复一次，则吸、排液各一次；

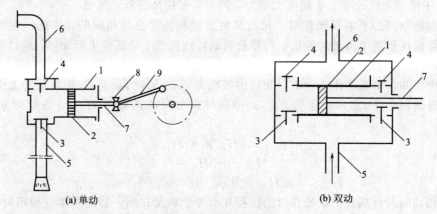

(a) 单动 (b) 双动

图 2-31 往复泵示意图

1—泵缸；2—活塞；3—吸入阀；4—排出阀；5—吸入管；
6—排出管；7—活塞杆；8—十字头滑块；9—连杆

双动往复泵［图 2-31(b)］，活塞两边都在工作，每个往复既吸液，又排液。

往复泵的特点是活塞直接对液体做功，能量直接以静压的方式传给液体。采用往复泵可使液体获得较高的压强。

往复泵中活塞运动的距离称为冲程。活塞运动使被输送液体的吸入和排出组成一个工作循环。单动往复泵的排液量是不均匀的，仅在活塞压出行程时排出液体，而在吸入时无液体排出。加之活塞的往复运动系由曲柄连杆机构的机械运动所造成，故活塞的往复运动是不等速的，相应地其排液量就有波动，其流量曲线如图 2-32(a) 所示。为消除排液的不均匀性，可以用多个泵缸联动，各泵缸的工作循环各相差一定时间或各泵缸的运动周期各差一定角度而使排液均匀。图 2-32(b)、(c) 分别表示单缸双动和三缸联动往复泵的流量曲线。

往复泵在化工生产中用于压头大而排液量较小的场合。由于它为正位移泵，送液量的调节需要将排出液用旁路部分循环返回泵入口的方法。

往复泵的效率虽可达到 70%～90%，但设备笨重，部件要求精度高，在不少场合已逐步为其他形式的泵所取代。

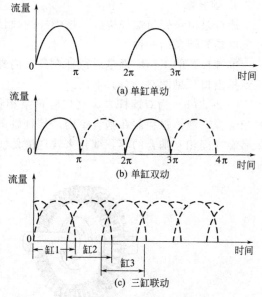

图 2-32　往复泵的排液量与时间的关系

2. 计量泵

在化工生产中，有时要求精确、定量地输送液体，或将几种不同的液体按比例输送。为了完成这类液体的输送任务，常采用计量泵或比例泵。计量泵的基本构造和往复泵相同，但设有一套可以准确而方便地调节活塞行程的机构，即通过调节偏心轮的偏心距离，改变活塞的冲程从而改变流量。

常见的有柱塞式计量泵和隔膜式计量泵。

3. 齿轮泵

齿轮泵的基本构造如图 2-33 所示。根据其结构特点划分，它属于旋转泵。

泵壳呈椭圆形，内有两个齿轮。一个为主动轮，由电动机联轴转动，另一个被啮合着作为从动轮朝相反方向旋转。当齿轮转动时，因两齿轮的齿相互分开，使吸入腔内形成低压而吸进液体。被吸入的液体被齿嵌住，沿壳壁随齿轮转动而进入排出腔，而被排出腔内两齿轮的齿相互合拢形成的高压将其排出。通常，出口压力在几个到十几个大气压。

齿轮泵压头高、流量小，适于输送黏度大的液体乃至膏状物料。

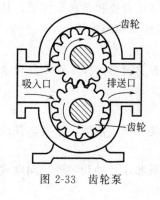

图 2-33　齿轮泵

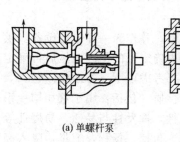

(a) 单螺杆泵

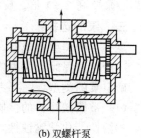

(b) 双螺杆泵

图 2-34　螺杆泵

4. 螺杆泵

螺杆泵由泵壳与螺杆构成。按螺杆的数目可分为单螺杆泵、双螺杆泵、三螺杆泵等。螺杆泵也是旋转泵的一种。

单螺杆泵的工作原理是靠螺杆在具有内螺纹的泵壳中偏心转动，把液体沿轴向推进，挤压到排出口［见图 2-34(a)］。

图 2-34(b) 为双螺杆泵，它与齿轮泵相像，一个螺杆转动时，带动另一根螺杆，螺纹互相啮合，液体被拦截在啮合室内沿螺杆轴前进，从螺杆两端被挤向中央排出。多螺杆泵则依靠螺杆间相互啮合的容积变化来输送液体。

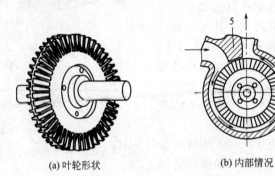

(a) 叶轮形状　　　　(b) 内部情况

图 2-35　旋涡泵示意图

1—叶轮；2—叶片；3—泵壳；4—流体通道；
5—吸入口和排出口的间壁

螺杆泵效率较齿轮泵高，运转时无噪声、无振动、流量均匀，适用于在高压下输送高黏度液体（如橡胶液，化学纤维的粘胶液等），壳室内衬有硬橡胶的单螺杆泵，可以用来输送带颗粒的悬浮液。

5. 旋涡泵

旋涡泵的构造如图 2-35 所示。圆形泵壳内有一个四周铣出辐射状凹槽的圆盘形叶轮，如图 2-35(a) 所示。泵内部情况如图 2-35(b) 所示，叶轮 1 上有叶片 2，叶轮在泵壳 3 内转动，其间有环形通道 4，位于泵顶的吸入口和排出口之间有隔板 5 隔开。

泵体内充满液体后，当叶轮高速旋转时，产生离心力，将叶片凹槽内的液体甩向流道，在截面积较宽的流道内，引起一部分动能转变为静压能。与此同时，在凹槽近轴的一方形成低压，使流道内的高压液体又一次进入凹槽，再度受离心力作用继续增大压力，这样，液体由吸入口吸入，多次通过叶片凹槽和流道间的反复旋涡状运动。因为多次进行动能和静压能的转换，所以获得了较高的压头。

旋涡泵流量小、压头高、体积小、结构简单。在相同的叶轮直径和转速条件下，其压头比离心泵要高 2～4 倍。旋涡泵适于输送黏度不高，且不含固体颗粒的液体。

三、泵的选择

泵有多种类型和规格，并作为一种定型设备，供人们从有关设备的样本和产品目录中选择。一般在选择时，应先确定泵的类型，然后再确定其规格。

确定泵的类型，需要考虑以下三方面的问题。

(1) 被输送物料的性质　包括：属于液相均一系还是非均一系，温度，密度，黏度，毒性，相溶性，化学腐蚀性，挥发性与易燃、易爆性等。

(2) 生产过程要求　包括：扬程，流量，吸入高度，流量和压头的均匀性，间歇或连续操作，操作时间长短等。

（3）安置泵的客观条件　包括：动力种类与来源（包括水、电、汽、压缩空气等），厂房空间大小及其防火防爆等级等。

实际工作中在选择泵的类型时，可从上述三方面入手做一简单分析，例如，凡输送均一液相，任何泵都可以；悬浮液只能用隔膜式往复泵或离心泵输送；输送高黏度的液体（如合成橡胶、树脂、纤维的聚合液）以及胶体溶液、膏状物或糊状物时可用齿轮泵或螺杆泵；输送化学腐蚀性物质可用耐腐蚀离心泵、塑料离心泵、隔膜式往复泵；输送易燃易爆液体时，可采用蒸汽往复泵、用防爆型电动机驱动的离心泵。

凡属间歇操作，对流量均匀与否不做要求，则采用任何泵都可以；若连续操作，流量均匀，则最好采用离心泵或旋转泵；离心泵适于流量大、扬程小的场合，而往复泵正相反；若流量很小（$0.56 \text{L} \cdot \text{s}^{-1}$ 以下）时，虽液体黏度不大，但要求连续均匀，则可选用齿轮泵。

若有电源供给，则可采用电动往复泵、旋转泵或离心泵；若有蒸汽供应，则可采用蒸汽往复泵；凡厂房面积小，则安装立式往复泵或离心泵或其他类型泵，而不选卧式往复泵；凡属甲级防爆车间，若采用往复泵，则以蒸汽往复泵为宜。如用离心泵，则驱动电机需要采用防爆型。

此外，各种泵都有一定的使用温度范围，如硬聚氯乙烯塑料泵使用范围为 0～35℃，酚醛胶布塑料泵的使用温度范围为 0～80℃，故选用泵时，还必须注意物料温度。

泵的类型确定后，再根据输送系统的具体要求计算流量、扬程，然后从泵类产品样本中选定泵的具体规格。需要注意的是，若没有合适的型号，则应选定泵的扬程和流量都稍大的型号；若同时有几个型号适合，则应列表比较选定。然后按所选定型号，进一步查其详细性能数据。当泵的规格、型号选定后，应按工作液体与水的密度之比核算泵的轴功率，并根据操作条件的变化范围及必备的生产潜力考虑合适安全系数，最后再选配合适的电机。

四、气体输送机械

化工生产中的气体输送机械的结构和原理与液体输送机械大致相同，但是，由于气体本身的可压缩性，故当输送过程中压力的变化，必将导致其体积和温度随之变化。这些变化又将影响到气体输送机械的结构和形状，因此，气体输送机械的分类，除了根据其结构和作用原理外，还可按终压（出口压力）或压缩比（气体排出与吸入压力的比值）的大小划分，以利于选择。若按终压和压缩比大小可将之分为四类：

① 通风机　终压不大于 15kPa（表压），压缩比为 1～1.15；
② 鼓风机　终压为 14.7～294.3kPa（表压），压缩比小于 4；
③ 压缩机　终压大于 294kPa（表压），压缩比大于 4；
④ 真空泵　用于减压，终压为 101.3kPa（表压），其压缩比由真空度决定。

1. 通风机

化工生产中用的通风机有两种类型，即离心式和轴流式。由于轴流式通风机风压小，一般只作为冷却水塔和空冷器的通风换气之用。而离心式通风机则使用广泛。

离心式通风机结构简图如图 2-36 所示。和离心泵一样，在蜗形壳内装一高速旋转的叶轮，借叶轮旋转所生产的离心力，使气体的压头增大而排出。

按通风机产生的风压不同分为以下几种。
① 低压通风机：风压≤1kPa（表压）。
② 中压通风机：风压为 1～3kPa（表压）。

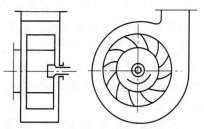

图 2-36　离心式通风机

③ 高压通风机：风压为 3～15kPa（表压）。

使用离心式通风机时，若压力要求不高，多采用中低压离心式通风机。此类风机叶片形状为前弯，以使结构紧凑，利于提高风速，但效率低，能量损失大，且易造成原动机过载，因此，所有高效风机都采用后弯叶片。

与离心泵类似，离心式通风机的主要性能参数也包括流量（风量——单位时间内从风机出口排出气体的体积，$m^3 \cdot h^{-1}$）、压头（风压——单位体积气体流过风机时所获得的能量，$J \cdot m^{-3} = N \cdot m^{-2}$）、功率和效率。

和离心泵一样，离心式通风机的操作性能亦可用特性曲线表示。需要说明的是，该曲线是在 20℃ 和 101.3kPa 条件下用空气（$\rho = 1.2 kg \cdot m^{-3}$）测定的。

2. 鼓风机

化工生产中常用的鼓风机有旋转式和离心式两种类型。

（1）罗茨鼓风机　罗茨鼓风机属旋转式风机，其结构如图 2-37 所示。在一个长圆形机壳内装有两个铸铁或铸钢的腰子形转子，转子端部与机壳、转子与转子间隙很小。当转子反

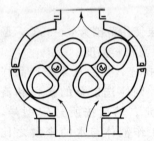

向旋转时，气体从一侧吸入而从另一侧排出。若改变转子旋转方向，可使吸入口与排出口互换。其排风量与转子转速成正比，可在 $120 \sim 30000 m^3 \cdot h^{-1}$ 之间变动。出口风压在 80kPa（表压）以内。若出口风压过高，会造成泄漏增加，效率降低。

罗茨鼓风机的出口应安装稳压罐与安全阀，流量用旁路调节。其操作温度应低于 85℃，否则转子受热膨胀，造成转子碰撞和卡住现象。

图 2-37　罗茨鼓风机

（2）离心鼓风机　离心鼓风机又称透平鼓风机或涡轮鼓风机，其基本结构、工作原理和离心通风机相仿。所不同的是，离心通风机内只一个叶轮，仅产生低于 15kPa（表压）的风压，而离心鼓风机常用多级结构，与多级离心泵类似。

离心鼓风机出口压力在 300kPa（表压）以内，因压缩比不大，故压缩过程中，气体不必经过中间冷却装置冷却，各级叶轮的尺寸也基本上相等。

3. 往复式压缩机

作为气体输送机械，往复式压缩机在化工产生过程中使用得较为广泛。其主要部件有气缸、活塞、单向吸气阀和排气阀，并由曲柄连轩机构带动活塞在气缸中往复运动。曲柄每转动一周，活塞就往复一次，将气体吸入、压缩和排出。

（1）往复压缩机的工作原理　往复压缩机在理想状态下的压缩过程可以用图 2-38 来说明。该图示意的单动往复压缩机气缸上的吸入活门 S 和排出活门 D 都在活塞一侧，吸气与排气分开进行。图中表示的是活塞在气缸的最右端，此时，气缸内气体的体积为 V_1，压力为 p_1，对应于 p-V 图（压缩机的理论示功图）上的 a 点。

当活塞开始向左推进时，位于气缸左端的两个活门都是关闭的，故气体的体积缩小而压力上升，直至压力升高到 p_2，活门 D 才被顶开。在此之前，气体处于压缩阶段，其变化状况在 p-V 图上以曲线 ab 表示。压缩阶段之末，气体状况为 b 点。

在气体压力为 p_2 时继续将活塞向左推进，缸内气体便经 D 压出。缸内压力维持在 p_2，气体体积逐渐减小，这一

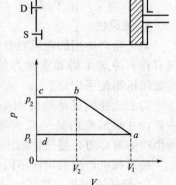

图 2-38　压缩机的理论示功图

阶段称为排出阶段。气体变化状况以水平线 bc 表示。及至排出阶段之末，气体全部排出，其体积降至零，气体状况如图中 c 点所示。活塞再转而向右移动，缸内压力下降，在 p-V 图上以 cd 表示，压力降至 p_1，气体状况为 d 点所示。此时，活门 D 关闭，S 打开，气体被吸入。气缸内压力维持在 p_1，而缸内气体体积逐渐增大，这个阶段为气体的吸入阶段，缸内气体状况沿水平线 da 而变，直至恢复到 a 点，于是，完成一个操作循环。

在图 2-38 的理论示功图中，四边形 $abcd$ 所围的面积，表示压缩气体时所消耗的功，亦即推动压缩机所必需的理论功，故图中面积愈小，则将气体压缩到所需压力时消耗的理论功就愈少。

实际上，为使压缩机的安装、操作、使用安全，避免活塞与气缸盖直接相撞，在二者之间必须留出少许空隙。排出阶段终了，活塞端面与气缸盖之间的空隙，即为余隙，其中的气体仍处于终压 p_2 之下。有余隙的压缩循环和理想压缩循环的区别，在于排气终了残留在余隙体积中的高压气体在活塞自左向右移动时，将再次膨胀。而吸入活门 S 的开启和吸气，则要待膨胀后的压力为初压 p_1 时方可。故实际循环中的排出与吸入阶段之间多了一个余隙气体膨胀阶段，并且每一循环中所吸入的气体量比理想循环要少。

由此可见，压缩机的一个工作循环是由膨胀、吸入、压缩、排出四个阶段组成的。

图 2-39 是压缩机气缸的实际示功图。从图中可以看出，由于气缸内有等于 V_0 的余隙体积存在，则吸入过程并不是从 d 点开始进行，而是在活塞反向走了一段距离，余隙气体膨胀到图中的 d' 点时，气缸中的压力才降至进气压力 p_1，吸气活门方打开吸气，因此，实际吸入气体体积 V_2，小于活塞行程所扫过的体积 V_3（即理论吸气体积），二者之比称为容积系数 λ，即

$$\lambda = \frac{V_2}{V_3} \tag{2-72}$$

余隙体积 V_0 与理论吸气体积 V_3 之比称为余隙系数，以符号 ε 表示，即

$$\varepsilon = \frac{V_0}{V_3} \tag{2-73}$$

每次循环中活塞在气缸内扫过的体积为 $V_3 + V_0$，它所能吸入气体的体积为

$$V_2 = V_3 + V_0 - V_1 \tag{2-74}$$

式中，V_1 为余隙所占的体积，它可以用比较固定的体积 V_0 表示，对于绝热系统而言，$V_1 = V_0 \ (p_2/p_1)^{1/m}$。

实际操作过程，气体被压缩时会产生大量的热，其原因是由于外力对气体做了功。压缩气体时，压缩机功耗的大小，与被压缩气体的温度变化有直接关系。一般说来，压缩气体的过程可分为绝热压缩过程、等温压缩过程和多变压缩过程。在图 2-39 中分别以 ab'、ab'' 和 ab 表示。绝热与等温过程只是两种极端情况，故在实际生产中很难办到。在压缩气体的过程中，既不完全等温，也不完全绝热的过程，称为多变过程，这种过程，介于等温与绝热过程之间。实际生产中的压缩气体，均属此种过程。

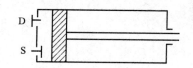

从图 2-39 可以看出，气体在绝热压缩时，图形 $ab'cd$ 的面积比在等温压缩时的面积 $ab''cd$ 要大，故等温压缩比绝热压缩时所消耗的功要小得多。为了节省压缩功，在实际工作中，总希望能进行较好的冷却，

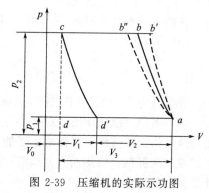

图 2-39　压缩机的实际示功图

使多变过程尽量接近于等温过程。

假若不考虑余隙的影响，则多变压缩后的气体温度和压缩功分别为

$$T_2 = T_1 \left(\frac{p_2}{p_1}\right)^{\frac{m-1}{m}} \tag{2-75}$$

等温过程
$$W = p_1 v_1 \ln \frac{p_2}{p_1} \tag{2-76}$$

绝热过程
$$W = \frac{m}{m-1} p_1 v_1 \left[\left(\frac{p_2}{p_1}\right)^{\frac{m-1}{m}} - 1\right] \tag{2-77}$$

式中　W——每一循环多变压缩的功，J；

p_1，p_2——进、排气压力，N·m^{-2}；

v_1——每一循环吸入气体的体积，m^3；

m——多变指数，为一实验常数；

T_1，T_2——进、出口温度，K。

在多变压缩情况下，由式(2-74)、式(2-72)和式(2-73)可以导出

$$\lambda = 1 - \varepsilon \left[\left(\frac{p_2}{p_1}\right)^{\frac{1}{m}} - 1\right] \tag{2-78}$$

由上式可知，容积系数 λ 除与余隙系数 ε 的大小有关外，还与气体的压缩比（p_2/p_1）的大小有关。余隙系数愈大，容积系数愈小；压缩比愈大，容积系数愈小。$\lambda = 0$ 时的压缩比 p_2/p_1 称为压缩极限。

【例 2-8】　有一压缩机，压缩比为 7，压缩过程多变指数为 1.25，余隙系数 $\varepsilon = 0.03$，试求：

（1）容积系数 λ；

（2）容积系数 $\lambda = 0$ 时的压缩极限；

（3）当气体进口温度为 25℃时，压缩机的温升。

解：（1）据式(2-78)

$$\lambda = 1 - \varepsilon \left[\left(\frac{p_2}{p_1}\right)^{\frac{1}{m}} - 1\right] = 1 - 0.03(7^{\frac{1}{1.25}} - 1) = 0.888$$

（2）当 $\lambda = 0$ 时，据式(2-78)

$$\lambda = 1 - 0.03 \left[\left(\frac{p_2}{p_1}\right)^{\frac{1}{1.25}} - 1\right] = 0$$

$$(p_2/p_1)^{\frac{1}{1.25}} = 34.3$$

故
$$p_2/p_1 = 83$$

因此，当入口压力 p_1 为 101.3kPa 时，排出压力 p_2 为 8408kPa。

（3）据式(2-75)

$$T_2 = T_1 \left(\frac{p_2}{p_1}\right)^{\frac{m-1}{m}} = 298.15\text{K} \times 7^{\frac{0.25}{1.25}} = 440\text{K}$$

故温升为　　$\Delta T = T_2 - T_1 = 440\text{K} - 298.15\text{K} = 141.85\text{K} = 141.85℃$

（2）多段（级）压缩　对于高压缩比（$p_2/p_1 > 5 \sim 7$）的压缩过程，考虑到减少功耗、提高压缩机的经济性；机件的承受能力，气缸容积的利用率及气体经压缩后温升过高，致使润滑油黏度降低、烧焦而失去润滑性，加快零件磨损，降低压缩机寿命等问题，一般将其设计成多段压缩。

所谓多段压缩，即根据所需压力，将压缩机的气缸分成若干压力等级（如低压段、中压段和高压段），如图 2-40 所示，在每段压缩后，设置中间冷却器和油水分离器，以冷却每段压缩后的高温气体并分离掉夹带的润滑油。这样使整个压缩过程接近于等温压缩过程，而气体的压力则分步提高到所需的指标。如六段往复式压缩机，可将气体由 0.1MPa 加压至 32MPa。

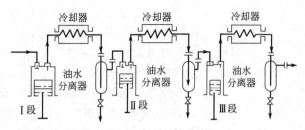

图 2-40　多段压缩机示意图

采用多段压缩可以降低压缩气体所消耗的功，现以三段压缩（图 2-41）进行分析。

从图中可以看出，当气体在 p_1 压力下进入一段气缸（低压气缸），并在缸中压缩到 p_2 时，由于气缸水夹套的冷却作用，便节省了面积 Aab 的功；当气体自一段排出，经过中间冷却器时，气体温度降低，体积由 b 点降至 c 点，但其压力仍保持为 p_2。这样，又使第二段压缩时，节省了面积为 $adec$ 的功。同样道理，由第二段到第三段所节省的功，可用面积 $dBgf$ 表示。如果分段愈多，则 A、b、c、e、f、g 各点的连线，就会愈靠近等温曲线 Ah，节省的功也就愈多。

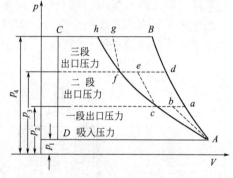

图 2-41　三段压缩机的示功图

综上所述，欲将气体压缩到高压，采用多段更为有利，且段数愈多，愈能使压缩过程趋近于等温过程，所消耗的功愈小，但是，气体经过的段数太多，则进、出活门和中间冷却器及油水分离器的次数也随之增多，阻力损失将随之增大，设备构造复杂，造价也更贵。若超过一定段数后，其所省的功还不能补偿制造费用的增加，因此，常用的多段压缩以不超过七段为限。每段的压缩比以不低于 4 为宜，且各段压缩比以平均分配为优。

往复压缩机的产品有多种，除空气压缩机外，还有氢气、氨气和石油气压缩机等，以适应各种特殊需要。其选用主要依据生产能力（以吸入常压空气，$m^3 \cdot min^{-1}$ 来测定）和排出压强（或压缩比）两个指标。在实际选用时，首选根据待输送气体的性质，决定压缩机的类型，然后再根据上述两个指标，从产品样本中选取合适的压缩机。

4. 真空泵

为使真空容器维持较高的真空度，从其中抽气（或蒸汽）并加压排向大气的压缩机称为真空泵。根据其结构来分，化工中常见的有往复式真空泵、水环式真空泵、旋转式真空泵和喷射泵等。用于真空蒸发、真空蒸馏、真空过滤等操作。

（1）往复真空泵　往复真空泵的结构和操作原理与往复压缩机基本相同。所不同的是真空泵是在低压下操作，气缸内外压差很小，故排出和吸入活门必须更加轻巧灵活；在系统所需真空度较高时，压缩比很大（如 95% 的真空度，压缩比约为 20），余隙中残留的气体对真空泵的抽气速率便影响很大，故真空泵的余隙容积必须很小。为了减小余隙的影响，在真空泵气缸两端之间设有一条平衡气道，在活塞排气终了时，让平衡气道连通一个短暂时间，余

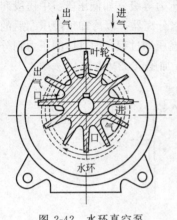

图 2-42 水环真空泵

隙中残余气体便从一侧流向另一侧，于是其压力降低。

（2）水环真空泵　水环真空泵的基本结构如图 2-42 所示。其外壳为圆形，壳内有一个偏心安装的叶轮。泵内装有一定量的水，当叶轮旋转时，水被甩向外缘而形成水环起液封作用。由于叶轮偏心安装而使叶片间形成许多大小不等的空室，叶轮旋转至右半部进气口时，空室体积扩大，气体便被吸入，在继续旋转至左半部，空气体积逐渐缩小而将气体压缩，最后从出气口被压出。

水环真空泵结构简单、紧凑，无需活门，最高真空度可达 85%，即形成 15kPa 的绝对压强。但是，使用过程中需不断向泵内充水，以维持泵内液封，并起到冷却泵体的作用。

（3）旋转真空泵　旋转真空泵为滑片真空泵，主要用于实验室中，如图 2-43 所示。其主要部件为泵壳内安装的一偏心轮（或称转子）和一个用弹簧压紧的可以滑动的滑片。滑片将泵壳与转子间空隙分成两个部分，随着转子转动，气体从滑片与泵壳所围的空隙扩大一侧吸入，于空隙逐渐减小的一侧排出。转子旋转一周，产生两次吸气、排气过程。

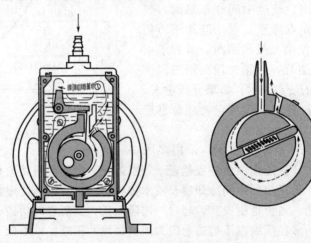

图 2-43　滑片真空泵

该泵的主要部件浸在真空泵油中，以密封各部件间隙，并对部件起到润滑和冷却作用。它适用于抽取干燥或含有少量可凝性蒸气的气体，产生的真空度取决于系统中的物料或真空泵油的蒸气压及部件的精密度。使用中应避免含尘和对润滑油起化学作用的气体进入泵内。

（4）喷射真空泵　喷射泵是利用流体（如高压蒸汽、高压水等）通过直径很小的喷嘴高速射流时，动能和静压能的相互转换所造成的真空，将流体吸入泵内，在混合室内经过碰撞、混合并被工作流体夹带一起排出泵外。化工生产中，喷射泵用于抽真空时，称为喷射真空泵。

图 2-44 所示是一单级喷射泵。其特点是构造简单、无活动部分、制造方便，可用各种耐腐蚀材料制造。其缺点是效率仅为 10%～25%，故喷射泵多用于抽真空，而很少用于输送目的。

单级蒸汽喷射泵仅能达到 90% 的真空，若要获得更高的真空度，则需要采用多级蒸汽喷射泵。

真空泵的主要性能参数有二：

① 剩余压力或极限真空度，即真空泵所能达到的最低压力；

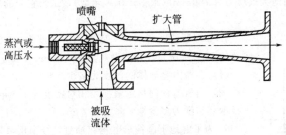

图 2-44 喷射泵

② 抽气速率，即单位时间内真空泵在剩余压力下所吸入气体的体积，也称为真空泵的生产能力，以 $m^3 \cdot h^{-1}$ 表示。

真空泵的选用即根据这两个指标。

小　　结

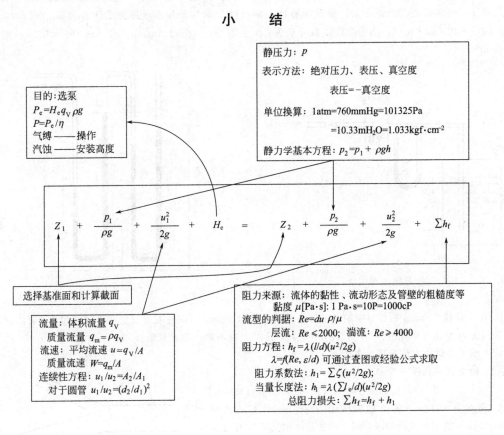

目的：选泵
$P_e = H_e q_V \rho g$
$P = P_e / \eta$
气缚——操作
汽蚀——安装高度

静压力：p
表示方法：绝对压力、表压、真空度
　　　　　表压=-真空度
单位换算：1atm=760mmHg=101325Pa
　　　　　=10.33mH$_2$O=1.033kgf·cm^{-2}
静力学基本方程：$p_2 = p_1 + \rho gh$

$$Z_1 + \frac{p_1}{\rho g} + \frac{u_1^2}{2g} + H_e = Z_2 + \frac{p_2}{\rho g} + \frac{u_2^2}{2g} + \sum h_f$$

选择基准面和计算截面

流量：体积流量 q_V
　　　质量流量 $q_m = \rho q_V$
流速：平均流速 $u = q_V / A$
　　　质量流速 $W = q_m / A$
连续性方程：$u_1 / u_2 = A_2 / A_1$
对于圆管 $u_1 / u_2 = (d_2 / d_1)^2$

阻力来源：流体的黏性、流动形态及管壁的粗糙度等
黏度 μ[Pa·s]：1 Pa·s=10P=1000cP
流型的判据：$Re = du \rho / \mu$
　　层流：$Re \leqslant 2000$；　湍流：$Re \geqslant 4000$
阻力方程：$h_f = \lambda (l/d)(u^2/2g)$
　　$\lambda = f(Re, \varepsilon/d)$ 可通过查图或经验公式求取
阻力系数法：$h_1 = \sum \zeta (u^2/2g)$;
当量长度法：$h_1 = \lambda (\sum l_e/d)(u^2/2g)$
总阻力损失：$\sum h_f = h_f + h_1$

习　　题

1. 试求温度为 25℃，压力为 490.3kPa（5kgf/cm^2）（表压）的密闭容器中的 CO$_2$ 的密度。

$$[10.5 \text{kg} \cdot \text{m}^{-3}]$$

2. 制造氯乙烯的原料气［可近似认为 HCl，51%，C$_2$H$_2$，49%（体积分数）］经混合脱水后，气体温度为 -15℃，压力为 0.1bar（表压）。若大气压为 1bar，试求该气体的密度。　　　$[1.6 \text{kg} \cdot \text{m}^{-3}]$

3. 已知 20℃时，甘油、乙醇和水的密度分别为 1261kg·m^{-3}、789kg·m^{-3} 和 998kg·m^{-3}，试计算：50%（质量）甘油水溶液的密度和 40%（质量）乙醇水溶液的密度。　　　$[1114 \text{kg} \cdot \text{m}^{-3}, 902.5 \text{kg} \cdot \text{m}^{-3}]$

4. 一台正在工作的离心泵，其进、出口压力表读数分别为 220mm（水银计压差示数）（真空度）及

1.7kgf/cm² （表压）。若当地大气压力为 760mm（水银计压差示数），试求它们的绝对压力各为多少 Pa？

$$[7.2\times10^4\,Pa,\ 2.68\times10^5\,Pa]$$

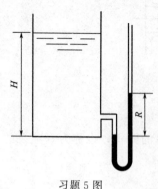

5. 如习题 5 图所示，一盛有相对密度为 1.25 液体的敞口容器，与其底部的 U 形管压差计指示液高度为 200mm（水银计压差示数），试求：

（1）容器内盛液体的深度为多少米？

（2）当压差计内指示液换用相对密度为 1.6 的 CCl_4 时，则此时压差计中指示液高度为多少米？ 　[（1）2.18m；（2）1.7m]

6. 为了解地下圆筒形贮槽存油量，今采用习题 6 图所示的装置。测量时以压缩空气缓缓地通过观察瓶，用调节阀调节至 U 形管压差计读数稳定，$R=130$mm（水银计压差示数）。若贮油槽直径 $d=2$m，通气管距槽底距离 $h=200$mm，槽内油品密度 $\rho=800$kg·m⁻³，试求贮槽内存油量为多少吨？ 　[6.05 吨]

习题 5 图

7. 采用一复式液柱压差计（见习题 7 图）测量气体系统的压强 p_A。当地大气压 $p_a=100$kPa（750mmHg），液柱压差计中的液体分别为汞和水，其密度分别为 $\rho_{Hg}=13600$kg·m⁻³，$\rho_{H_2O}=1000$kg·m⁻³。图中液柱读数分别为：$h_a=2.3$m，$h_b=1.4$m，$h_c=2.5$m，$h_d=1.2$m。则 p_A 为多少 kPa？

$$[383kPa]$$

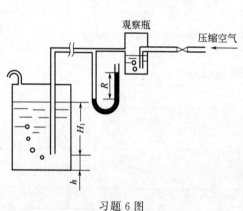

习题 6 图

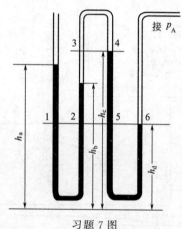

习题 7 图

8. 在一直径 200mm 的管道中输水。每小时输水量为 120m³，在进入支管后要求流速增大 50%，两支管中流量分别为 $q_{V,1}=40$m³·h⁻¹，$q_{V,2}=80$m³·h⁻¹，见习题 8 图，试求：

（1）输水主管中水流速度为多少 m·s⁻¹？

（2）两支管的直径各为多少 mm？

　[（1）1.06m·s⁻¹；（2）94.4mm，133mm]

9. 密度为 1830kg·m⁻³ 的硫酸流经 $\phi57$mm$\times3.5$mm 和 $\phi76$mm$\times4$mm 道组成的串联管路。已知其体积流量为 150L·min⁻¹，试分别计算硫酸在小管和大管中的质量流量、平均流速和质量流速各为多少？　[小管：4.58kg·s⁻¹，1.27m·s⁻¹，2324kg·m⁻²·s⁻¹，大管：4.58kg·s⁻¹，0.69m·s⁻¹，1263kg·m⁻²·s⁻¹]

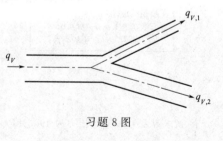

习题 8 图

10. 有一高位水槽距离地面 10m（习题 10 图），水从 $\phi108$mm$\times4$mm 的导管中流出。导管出水口距地面 2m，管路摩擦损失 $\sum h_f$ 可按 $12.3\dfrac{u_2^2}{2g}$ 计算，此处 u 为水在管道中的流速（m·s⁻¹），试求：

（1）管口水流速度为多少（m·s⁻¹）？（2）水的流量为多少（m³·min⁻¹）？

$$[（1）3.44m·s⁻¹；（2）1.62m³·min⁻¹]$$

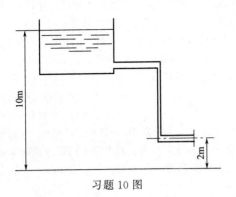

习题 10 图

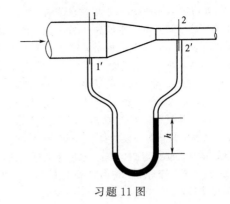

习题 11 图

11. 密度为 1.43kg·m^{-3} 的甲烷以 1700m^3·h^{-1} 的流量流过一 ϕ219mm×6mm 渐缩至 ϕ159mm×4.5mm 的水平导管。如习题 11 图所示，当 U 形管压差计内指示液为水，若不计管道摩擦阻力损失时，压力计读数 h 为多少毫米？ [37.8mm]

12. 实验室用玻璃喷射水泵的进水管内径为 20mm，喷嘴的内径为 3mm，当进水压强为 215.8kPa（2.2kgf/cm^2）（绝对压强），水的流量为 0.5m^3·h^{-1} 时，问喷嘴处理论上可产生多大的真空度？

[78.67kPa]

13. 一高位水槽（习题 13 图），下接一内径为 200mm 的钢管将水导出。出口以阀 A 控制流速，在导管水平部分的 B 点接一 U 形管压差计，当阀 A 全关闭时，R＝550mm（水银压差计示数），h＝200mm 水柱。试计算当阀 A 全打开时，R＝500mm（水银压差计示数），此时从贮槽液面到 B 点的 $\sum h_{\mathrm{f}}$＝0.476m 水柱，那么通过管道的流量是多少？ [212.4m^3·h^{-1}]

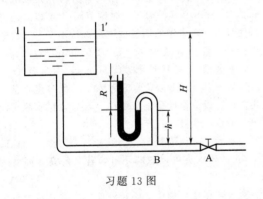

习题 13 图

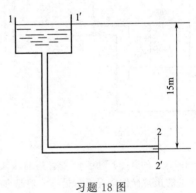

习题 18 图

14. 在一内管为 ϕ25mm×1.5mm，外管为 ϕ45mm×2mm 的套管式换热器中，以流量为 2.5t/h，密度为 1150kg·m^{-3}，黏度为 1.2×10^{-3}Pa·s 的盐水作冷却介质在环隙间流过，试判断此时盐水的流动类型。 [湍流]

15. 列管式换热器外壳内径为 625mm，内由 61 根 ϕ38mm×2.5mm 的管子所组成。试确定水在此换热器环隙内的流动状态。已知，水在管外的流量为 180m^3·h^{-1}，温度为 30℃。若将水改在管内流动，其他条件不变，试判断此时水的流动类型。 [湍流]

16. 10m^3·h^{-1} 的水呈湍流状态流过 100m 长的光滑导管。若摩擦阻力系数 λ＝0.02，管道两端的压头差为 10m 水柱，则此导管的直径为多少？ [41.8mm]

17. 用一台离心泵将用作冷冻盐水的温度为 −20℃，黏度为 9.5cP，密度为 1230kg·m^{-3} 的 25%CaCl$_2$ 送至距贮槽液面 16m 高的冷却装置。输送导管为 ϕ32mm×2.5mm 的钢管，长度为 80m，ε/d＝0.002，管路中有 6 个 90°弯头，4 个全开截止阀门。问要使流量达到 6m^3·h^{-1}，离心泵应当供给盐水多少米盐水柱的压头？ [局部阻力系数法：71.9m 盐水柱]

18. 如习题 18 图所示的水塔供水系统，管路总长为 200m（包括局部阻力损失的当量长度在内），若水塔液面高于出水口 15m，水温为 20℃，要求供水量为 120m³·h⁻¹，试计算输水管道的直径。　　　　[120mm]

19. 用 $\phi 114mm \times 4mm$ 的钢管输送 20℃ 的苯。管路上装有孔径为 53mm 的孔板，联接的 U 形管水银压差计读数为 80mm，若流量系数为 0.625，求该管道中苯的流量和流速。[23.65m³·h⁻¹，0.74m·s⁻¹]

20. 在 $\phi 160mm \times 5mm$ 的管路上装有喉部直径为 60mm 的文丘里流量计。管内流动的是空气，其压强为 101.325kPa（1atm）（绝对压强），温度为 20℃。流量为 1500kg·h⁻¹，试选择一种适当的液柱压强计指示液。已知：流量系数 $C_V = 0.98$，20℃ 时，$\rho_{空气} = 1.205kg·m^{-3}$。　　　[$CCl_4$：1594kg·m⁻³]

21. 经测定，某离心泵的排水量为 12m³·h⁻¹，其出口处压力表读数为 372.65kPa（3.8atm）（表压），泵入口处真空表读数为 200mm（水银压差计示数），轴功率为 2.3kW，压力表和真空表两测压点的垂直距离为 0.4m，吸入管与压出管内径分别为 68mm 和 41mm，大气压力为 101.325kPa（760mmHg），试求此泵的扬程及其效率。　　　　　　[41.38m，59%]

22. 用泵将 0℃、浓度为 98% 的浓硫酸（$\rho = 1830kg·m^{-3}$，$\mu = 50cP$）从贮酸槽吸起送至干燥塔塔顶，排出量为 5m³·h⁻¹。已知槽内、塔内均为常压，管路排出口高于贮槽液面 6.5m。吸入管内径为 53mm，直管总长度为 40m，管路中有全开闸阀 2 个，三通一个，90°弯头 4 个；排出管内径 41mm，直管总长 25m，管路中有球心阀，转子流量计各一个 $\left(\dfrac{l_e}{d} \text{分别为 300 和 200} \right)$，90°弯头 5 个，若效率 $\eta = 0.6$，试求泵的轴功率为多少？　　　　　　　　　　　　　　　　　　　　　　　　　　　　　　　　　　[0.43kW]

23. 在海拔 1000m 的高原上用一台离心泵吸水，已知该泵吸入管路中的全部摩擦阻力与速度头之和为 6m 水柱，当地大气压为 89.86kPa。今拟将该泵安装于水源液面之上 3m 处，问此泵能否正常操作？当时水温为 20℃。
　　　　　　　　　　　　　　　　　　　　　　　　　　　　　　　　　　[不能正常工作]

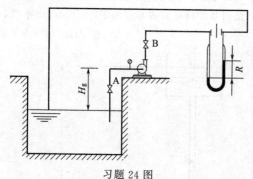
习题 24 图

24. 采用如习题 24 图所示的管路系统测定离心泵的汽蚀余量。离心泵吸入管内径为 84mm，压出管内径为 52mm，泵吸入口装有真空表，输出管路装有孔板流量计，孔径为 38mm。实验时，同时调节阀门 A 和 B 的开度，可使吸入管阻力增大而管内流量保持不变。实测数据如下：吸入管真空度为 73.3kPa（550mmHg），流量计 U 形管水银压差计读数为 750mm，大气压强为 101.325kPa（760mmHg），水温为 20℃，此时离心泵恰好发生汽蚀。设流量计孔流系数 $C_0 = 0.75$，试求测定流量下该泵的汽蚀余量 Δh。　[2.84m]

25. 一台往复泵装在当地大气压为 91.81kPa（688.66mmHg）的某工厂里。吸入管路的压头损失为 4.5m，动压头可以忽略不计，若泵的安装高度为 3.6m，求泵的正常操作情况下，最高水温是多少？　　　　　　　　　　　　　　　　　　　　　[50℃]

26. 在一管路系统中用一台离心泵将清水从地面水池输送到高位贮槽中，两端液面的位差及压力差分别为 10m 和 $9.81 \times 10^4 Pa$，输水量为 $1.0 \times 10^{-2} m^3·s^{-1}$。离心泵的特性曲线方程为 $H_e = 40 - 7.2 \times 10^4 q_V^2$。现若用此管路系统输送 $\rho' = 1200kg·m^{-3}$ 的碱液，阀门开度与液面两端条件均保持不变，试求碱液的流量和离心泵的有效功率（设清水与碱液在管内流动时均呈高度湍流状态，即 λ 与 Re 无关）。
　　　　　　　　　　　　　　　　　　　　　　　　　　[37.44m³·h⁻¹，3.93kW]

27. 采用两台性能相同的离心泵将地面水池的水输送到高位槽中，若单台泵的特性曲线方程为 $H_e = 50 - 1.1 q_V^2$，而管路特性将因管路中的阀门开度不同或高位槽液面上方压强不同而发生改变。试问在以下三种情况，是采用并联还是串联操作？

（1）阀门全开时，管路特性曲线方程式为 $H_e = 20 + 0.14 q_V^2$；

（2）阀门部分开启时，管路特性曲线方程式为 $H_e = 20 + 1.5 q_V^2$；

（3）阀门全开，高位槽液面上方的压强增大时，管路特性曲线方程式为 $H_e = 45 + 0.14 q_V^2$。

（上述各式中 H_e 单位为 m，q_V 单位为 L·s⁻¹）。　　　[（1）并联；（2）串联；（3）串联]

第三章　沉降与过滤

教学基本要求

1. 了解非均相物系分离的目的、依据、方法；
2. 理解离心沉降速度的特点、计算；
3. 理解过滤介质的种类，助滤剂的作用与选用；
4. 掌握沉降速度计算、应用及降尘室计算；
5. 掌握恒压过滤基本方程式、应用，过滤常数定义及计算。

第一节　概　　述

混合物依据各组分之间的分散度可划分为均相混合物和非均相混合物两大类。组成均相混合物的连续相和分散相之间没有相界面，分离较难，如气体、液体。组成非均相混合物内部有相界面，界面两侧物料性质截然不同。常见的非均相混合物有气固系统——空气中的尘埃；气液系统——气体中的液滴；液固系统——液体中的固体颗粒；液液系统——乳浊液中的微滴。非均相混合物中的分散相指处于分散状态的物质（分散质）如上述分散于流体中的尘埃、气泡、固体颗粒和微滴等；而连续相指包围着分散质且处于连续状态的流体（分散介质），如气态非均相混合物中的气体，液态非均相混合物中的连续液体等。

本章主要探讨非均相混合物的分离。

1. 非均相混合物分离的目的

（1）回收有用的分散相　例如收集蒸发设备出口气流中带出的药液雾滴；回收结晶器中晶浆中夹带的晶粒等。

（2）净化连续相　除去含尘气体中的尘粒以得到洁净气体；过滤掉发酵液中无用的混悬颗粒以得到澄清的发酵液。

（3）环境保护和安全生产　利用机械分离的方法处理工厂排出的废气、废液，使其浓度符合规定的排放标准，以保护环境；去除容易构成危险隐患的漂浮粉尘以保证安全生产。

2. 非均相混合物的分离依据

依据分散质和分散介质之间的物性差异，如密度、颗粒粒径等，采用机械操作将之加以分离。

3. 非均相混合物的分离方法

（1）沉降法　颗粒在重力场或离心力场内，借自身的重力（称为重力沉降）或离心力（称为离心沉降）得以分离。

（2）过滤法　使非均相混合物在外力作用下通过过滤介质，将颗粒截留在过滤介质上而得以分离。其外力可以是重力、压差或惯性离心力，因此过滤操作又分为重力过滤、加压过滤、真空过滤和离心过滤等。

第二节　沉　　降

沉降操作是使悬浮在气体或液体中的固体颗粒或互不相溶的液滴受重力或离心力的作用

而实现分离的操作过程，分为重力沉降和离心沉降两大类。依靠重力作用的分离过程称为重力沉降，借助于惯性离心力作用的分离过程称为离心沉降。

一、重力沉降

重力沉降是在地球引力（重力）场中，借连续相与分散相的密度差异而使两相分离的过程。

1. 自由沉降和沉降速度

若固体颗粒在沉降过程中，不因流体中其他颗粒的存在而受到干扰的沉降过程，称为自由沉降。

在静止流体中，表面光滑的球形颗粒沉降时，由于颗粒的密度 ρ_s 大于流体的密度 ρ，所以颗粒受重力作用向下沉降，即颗粒与流体产生相对运动。在沉降中，颗粒所受到的作用力有重力 F_g、浮力 F_b（由连续相引起）和阻力（或曳力）F_d，见图 3-1。当颗粒直径为 d_p 时，颗粒受到的三个力：

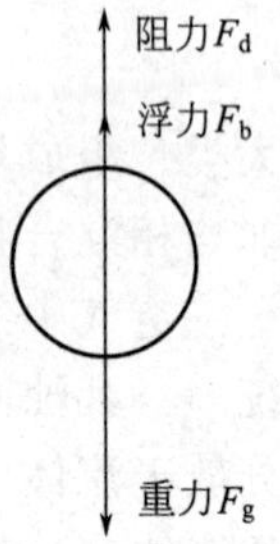

$$F_g = \rho_p g V_p = \frac{\pi}{6} d_p^3 \rho_p g \tag{3-1}$$

$$F_b = \rho_g V_p = \frac{\pi}{6} d_p^3 \rho g \tag{3-2}$$

$$F_d = A_p \zeta \frac{\rho u^2}{2} = \zeta \frac{\pi d_p^2}{4} \frac{\rho u^2}{2} \tag{3-3}$$

图 3-1 沉降颗粒的受力情况

式中　A_p——颗粒在运动方向上的最大投影面积，m^2；

u——颗粒相对于流体的沉降速度，$m \cdot s^{-1}$；

ζ——沉降阻力系数。

对于一定的颗粒和流体，重力 F_g，浮力 F_b 一定，但阻力（曳力）F_d 却随着颗粒运动速度而变化。当 u 等于某一数值后达到匀速运动，阻力的大小等于重力与浮力之差，即

$$\zeta \frac{\pi d_p^2}{4} \frac{\rho u^2}{2} = \frac{\pi}{6} d_p^3 \rho_p g - \frac{\pi}{6} d_p^3 \rho g \tag{3-4}$$

沉降开始时，颗粒为加速运动，随着颗粒沉降速度的增大，阻力也增大。当颗粒受力达平衡时，颗粒即开始作匀速沉降，对应的沉降速度为一定值，该速度称为沉降速度，以 u_t 表示。由于该速度是加速阶段终了时颗粒相对于流体的速度，故又称之为终端速度。其计算式为：

$$u_t = \sqrt{\frac{4 g d_p (\rho_p - \rho)}{3 \zeta \rho}} \tag{3-5}$$

对于微小的颗粒，由于沉降的加速阶段时间很短，可以忽略。故整个沉降过程可以视为加速度为零的匀速沉降过程。在这种情况下可直接将式（3-5）用于重力沉降速率的计算。

球形颗粒的阻力系数 ζ 是颗粒雷诺数 $Re_p = \dfrac{d_p u \rho}{\mu}$ 的函数，其确定比较复杂，因 ζ 值与雷诺数 Re_p 有关，故一般可通过经验关联式和实验数据确定。图 3-2 所示的 ζ 与 Re_p 的关系曲线是由球形颗粒经实验得出。

图中球形颗粒（球形度 $\phi_s = 1$）的曲线因雷诺数范围不同分为三个区域：

(1) 层流区（$Re_p < 2$），亦为斯托克斯（Stokes）定律区

$$\zeta = \frac{24}{Re_p} \tag{3-6}$$

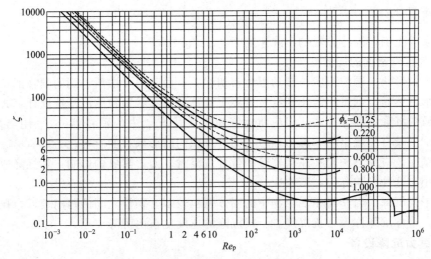

图 3-2 球形颗粒 ζ 与 Re_p 的关系曲线

当颗粒粒径较小且处于层流区时，将用沉降速度 u_t 表示的颗粒雷诺数 $Re_p = \dfrac{d_p u_t \rho}{\mu}$ 代入层流区沉降速度公式（3-5）中，结合式（3-6），得

$$u_t = \frac{d_p^2 (\rho_p - \rho) g}{18\mu} \tag{3-7}$$

（2）过渡区（$2 < Re_p < 500$），亦为阿仑（Allen）定律区

$$\zeta = \frac{18.5}{Re_p^{0.6}} \tag{3-8}$$

$$u_t = 0.27 \sqrt{\frac{d_p (\rho_p - \rho)}{\rho} Re_p^{0.6}} \tag{3-9}$$

（3）湍流区（$500 < Re_p < 2\times10^5$），亦为牛顿（Newton）定律区

$$\zeta = 0.44 \tag{3-10}$$

$$u_t = 1.74 \sqrt{\frac{d_p (\rho_p - \rho) g}{\rho}} \tag{3-11}$$

2. 沉降速度计算方法

因计算 u_t 需知 Re_p，而 $Re_p = d_p u_t \rho / \mu$ 值是未知量，则计算需采用试差法。

计算步骤：

① 假设某一流型，用相应公式计算 u_t；

② 计算 Re_p，检验 Re_p 是否属于该流型范围，若不相符，再重新假设流型计算，直至符合于所选计算式的流型范围为止。

【例 3-1】 已知固体颗粒的密度为 $2600\text{kg} \cdot \text{m}^{-3}$，球形颗粒粒径为 $40\mu\text{m}$。试求：当大气压强为 0.1MPa，温度为 30℃ 时，颗粒在大气中的自由沉降速度。

解： 因颗粒粒径较小，假设沉降属于层流，可应用斯托克斯公式计算。

查表知 30℃ 时，0.1MPa 下空气的密度 $\rho = 1.165\text{kg} \cdot \text{m}^{-3}$，黏度 $\mu = 1.86 \times 10^{-5} \text{Pa} \cdot \text{s}$，故由式（3-7）得：

$$u_t = \frac{d_p^2 (\rho_p - \rho) g}{18\mu} = \frac{(40\times10^{-6})^2 \times (2600 - 1.165) \times 9.81}{18 \times 1.86 \times 10^{-5}} = 0.122\text{m} \cdot \text{s}^{-1}$$

核算流型：$Re_p = \dfrac{d_p u_t \rho}{\mu} = \dfrac{40 \times 10^{-6} \times 0.122 \times 1.165}{1.86 \times 10^{-5}} = 0.31 < 2$

因此假设正确，固体颗粒的沉降速度为 $0.122\,\mathrm{m \cdot s^{-1}}$。

3. 影响沉降速度的因素

（1）颗粒形状　颗粒形状与流动阻力密切相关。由于生产中所遇到的颗粒形状各异，并非全为球形，然而，到目前为止还没有可用于计算各种形状颗粒的沉降速度计算式，故仍采用球形颗粒的沉降速度计算式，但应将沉降速度式及 Re_p 中的颗粒直径 d_p 用当量直径 d_e 代替。所谓当量直径就是将非球形颗粒视为等体积的球形颗粒的直径，$d_e = (6V_p/\pi)^{1/3}$。

（2）壁面效应　当颗粒在靠近器壁的位置沉降时，由于器壁的影响，其沉降速度较自由沉降速度小，这种影响称为器壁效应。

（3）干扰沉降　当非均相混合物中的固体颗粒较多，颗粒之间的距离较近，颗粒沉降时彼此影响，这种沉降称为干扰沉降。干扰沉降的速度比自由沉降要小。

二、重力沉降设备

1. 降尘室

降尘室是一种利用重力沉降作用从含尘气体中分离出尘粒的气-固相分离设备。图 3-3（a）为工业用沉降气体悬浮颗粒的设备，其结构简单、操作方便，但体积庞大，只适于用作预分离大于 $50\mu\mathrm{m}$ 粒径的颗粒。

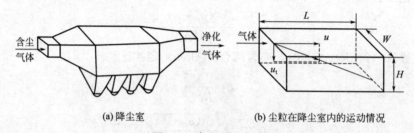

(a) 降尘室　　　　　　(b) 尘粒在降尘室内的运动情况

图 3-3　降尘室示意图

含尘气体进入降尘室后，如图 3-3（b）所示，颗粒随气流有一水平运动速度 u，同时，在重力作用下，以沉降速度 u_t 向下沉降。只要颗粒能够在气体通过沉降室的时间降至室底，便可以从气流中分离出来。

对于指定粒径的颗粒能够被分离出来的必要条件是气体中沉降室内的停留时间≥沉降时间（颗粒从设备上部降至底部所需的时间）。

设降尘室的长、宽、高分别为 L、W、H，气体在降尘室内的停留时间为 τ，则

$$\tau = L/u \tag{3-12}$$

而颗粒沉降所需时间为 τ'，则

$$\tau' = H/u_t \tag{3-13}$$

因此，颗粒在降尘室中能被沉降下来的条件：停留时间 $\tau \geqslant$ 沉降时间 τ'

即

$$L/u \geqslant H/u_t \tag{3-14}$$

（1）体积流量 q_V　通常，把降尘室所能处理最大含尘气体体积流量 q_V，称为降尘室的生产能力。$q_V = HWu$，则

$$u = \frac{q_V}{HW} \tag{3-15}$$

将式（3-14）代入式（3-15），得

$$u_t \geqslant \frac{q_V}{LW} \tag{3-16a}$$

则临界沉降速度：

$$u_{tc} = \frac{q_V}{LW} \tag{3-16b}$$

式（3-16b）表明能被 100% 沉降下来的最小粒径的速度。同时，上两式也说明，降尘室处理含尘气体的能力与底面积 LW 及颗粒的沉降速度 u_t 有关，与降尘室的高度无关。故降尘室一般多制作成扁平状，且气流速度 u 不宜过大。降尘室的高度 H 最低限制在 40～100mm，以避免已沉降下来的尘粒又被重新卷起带出。若在室内添加多层水平隔板，则形成多层降尘室，如图 3-4 所示，其生产能力为：

$$q_V = (n+1) LWu_t \tag{3-17}$$

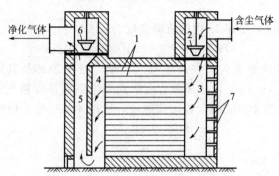

图 3-4　多层隔板降尘室

1—隔板；2,6—调节阀门；3—气体分配道；4—气体聚集道；5—气道；7—清灰口

多层降尘室可以分离 20μm 以上的较细小的颗粒，节省占地面积，但清灰比较麻烦。

（2）临界直径 d_{pc}　沉降过程中，由于主要考虑可能沉降的最小颗粒，若处于层流区（斯托克斯定律区），且颗粒在降尘室自由沉降，将式（3-16b）代入式（3-7），故当生产能力为 q_V 时，可以分离出的最小颗粒直径（临界直径）d_{pc} 为：

$$d_{pc} = \sqrt{\frac{18\mu}{(\rho_p - \rho) g} u_t} \tag{3-18}$$

与临界直径 d_{pc} 相对应的沉降速度称为临界沉降速度 u_{tc}。

（3）回收率 η　气体在通过降尘室时间内的颗粒沉降高度与降尘室高度之比，称为颗粒的回收百分率。

$$\eta = \frac{H'}{H} = \frac{\tau u_t}{H} \tag{3-19}$$

【例 3-2】　拟用降尘室回收常压炉气中的粉尘。若降尘室长 5m、宽 2m、高 2m，炉气的体积流量为 4m³·s⁻¹。操作条件下气体的密度为 0.75kg·m⁻³，黏度为 2.6×10⁻⁵ Pa·s，粉尘密度为 3000kg·m⁻³。试求：

（1）理论上能够完全沉降下来的最小粒径；

（2）粒径为 40μm 颗粒的回收百分率是多少？

解：（1）能够完全沉降下来的最小颗粒的沉降速度，由式（3-16b）

$$u_{tc} = \frac{q_V}{LW} = \frac{4}{5 \times 2} = 0.4 \text{m·s}^{-1}$$

设沉降在层流区进行，由式（3-18）可得能够除去的最小颗粒的直径为：

$$d_{pc} = \sqrt{\frac{18\mu}{(\rho_p - \rho) g} u_t} = \sqrt{\frac{18 \times 2.6 \times 10^{-5} \times 0.4}{(3000 - 0.75) \times 9.81}} = 8 \times 10^{-5} \text{m} = 80\mu\text{m}$$

核算流型

$$Re_p = \frac{d_p u_t \rho}{\mu} = \frac{8 \times 10^{-5} \times 0.4 \times 0.75}{2.6 \times 10^{-5}} = 0.923 < 2$$

故属于层流，假设正确。

（2）粒径为 $40\mu m$ 的颗粒在层流区沉降，其沉降速度为：

$$u_t = \frac{d_p^2 (\rho_p - \rho) g}{18\mu} = \frac{(40 \times 10^{-6})^2 \times (3000 - 0.75) \times 9.81}{18 \times 2.6 \times 10^{-5}} = 0.1006 \text{m} \cdot \text{s}^{-1}$$

气体通过降尘室的时间为：

$$\tau = \frac{V}{q_V} = \frac{LWH}{q_V} = \frac{5 \times 2 \times 2}{4} = 5\text{s}$$

则理论上，$40\mu m$ 的颗粒在 5s 内的沉降高度为：

$$H' = \tau u_t = 5 \times 0.1006 = 0.503 \text{m}$$

设降尘室入口炉气分布均匀，在降尘室入口端，处于顶部及其附近粒径为 $40\mu m$ 的颗粒，因其沉降速度 $< 0.4 \text{m} \cdot \text{s}^{-1}$，故还没有沉降到降尘室底部即被气流带出，而入口端处于距离室底 0.503m 以下的 $40\mu m$ 的尘粒均能除去，所以 $40\mu m$ 的尘粒的除尘效率为

$$\eta = \frac{H'}{H} = \frac{0.503}{2} = 25.15\%$$

2. 沉降槽

沉降槽是利用重力沉降来提高悬浮液的浓度，并同时得到澄清液体的设备，也称增稠器或澄清器。分间歇式、半连续式和连续式三种。在工业生产中常用连续操作的沉降槽如图 3-5 所示。

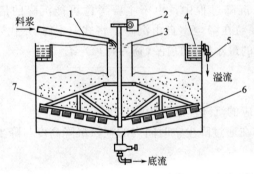

图 3-5　连续式沉降槽

1—进料槽道；2—转动机构；3—料井；4—溢流槽；5—溢流管；6—叶片；7—转耙

连续式沉降槽是一个带锥形底的圆池，悬浮液由位于中央的进料口加至液面以下，经一水平挡板折流后沿径向扩展，随着颗粒的沉降，清液经由槽顶端四周的溢流堰连续流出，称为溢流；颗粒则下沉至底部形成沉淀层，缓慢旋转的耙机（或刮板）将槽底的沉渣逐渐聚拢到底部中央的排渣口连续排出，排出的稠泥浆称为底流。耙机的缓慢转动是为了促进底流的压缩而又不至于一起搅动。料液连续加入，溢流及底流则连续排出。

连续沉降槽适用于处理量大而浓度不高，且颗粒不甚细微的悬浮料浆，常用于污水处理过程。经过这种设备处理后的沉渣中还含有约 50% 的液体。为了在给定尺寸的沉降槽内获得最大可能的生产能力，尽可能提高沉降速度，可向悬浮液中添加少量电解质或表面活性剂，使细粒发生"凝聚"或"絮凝"，或改变一些物理条件（如加热、冷冻或震动），使颗粒的粒度或相界面发生变化，以利于提高沉降速度。

间歇沉降槽的操作过程是将内置的料浆静止足够长时间后，上部清液使用虹吸管或泵抽

出，下部沉渣从低口排出。沉降槽有澄清液体和增稠悬浮液的双重作用功能，与降尘室类似，沉降槽的生产能力与高度无关只与底面积及颗粒的沉降速率有关，故沉降槽多制造成大截面、低高度形状，一般用于大流量、低浓度悬浮液的处理。沉降槽处理后的沉渣中还含有大约50％的液体，必要时再用过滤机等做进一步处理。

三、离心沉降及设备

离心沉降是依靠惯性离心力的作用而实现的沉降过程。对于两相密度差较小、颗粒粒度较细的非均相物系，在重力场中的沉降速率很低甚至完全不能分离，若改用离心沉降则可以大大提高颗粒的沉降速度，设备尺寸也可缩小很多。

1. 离心沉降速度和离心分离因数

（1）离心沉降速度　在离心沉降设备中，当流体带着颗粒（或液滴）作圆周运动时，便形成了惯性离心力场。在与旋转轴中心的距离为 r（旋转半径）、切线速度为 u_t 位置上，离心加速度为 $\dfrac{u_t^2}{r}$。可见，离心加速度不是常数，随位置及切线速度而变。其方向是沿着旋转半径从中心指向外周，而重力加速度 g 基本视为常数，方向指向地心。

如果颗粒的密度大于流体的密度，则在惯性离心力的作用下，颗粒沿回转半径方向向外运动而飞离中心。此时，颗粒在径向上受四个力的作用，即重力 F_g、惯性离心力 F_c、向心力 F_b 和阻力 F_d，如图 3-6 所示。与其他三种力相比，微小颗粒所受的重力影响小，可不予考虑。

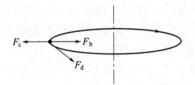

图 3-6　颗粒在离心场中的受力分析

① 惯性离心力

$$F_c = mr\omega^2 = \frac{\pi}{6} d_p^3 \rho_p \frac{u_t^2}{r} \tag{3-20}$$

式中　ω——颗粒与流体间的相对运动速度，$m \cdot s^{-1}$。

② 向心力（相当于重力场中的浮力，其方向为沿半径指向旋转中心）

$$F_b = \frac{\pi}{6} d_p^3 \rho r \frac{u_t^2}{r} \tag{3-21}$$

③ 流体对颗粒作绕流运动所产生的阻力（与颗粒的运动方向相反，其方向为沿半径指向中心）

$$F_d = \zeta \frac{\pi d_p^2}{4} \frac{\rho u_r^2}{2} \tag{3-22}$$

根据牛顿运动定律，当颗粒所受上述三力平衡时，$F_c - F_b - F_d = 0$，颗粒在径向上将保持匀速运动而沉降到器壁。在匀速沉降阶段的径向速度就是颗粒在此位置上的离心沉降速度 u_r。

$$u_r = \sqrt{\frac{4 d_p (\rho_p - \rho)}{3 \zeta \rho} \frac{u_t^2}{r}} \tag{3-23}$$

（2）离心分离因数　离心沉降时，若颗粒与流体的相对运动处于层流区，阻力系数可用

式（3-6）表示，于是可以得到

$$u_r = \frac{d_p^2 \, (\rho_p - \rho) u_t^2}{18\mu} \frac{u_t^2}{r}$$

(3-24)

比较式（3-24）与式（3-7）可知，离心沉降速度的计算式只是把重力沉降速度中的重力加速度用离心加速度 $\dfrac{u_t^2}{r}$ 代替而已，故同一颗粒在相同介质中的离心沉降速度与重力沉降速度的比值为：

$$\frac{u_r}{u_t} = \frac{u_t^2}{gr} = K_c$$

(3-25)

比值 K_c 就是颗粒所在位置上的惯性力场强度与重力场强度之比，称为离心分离因数。工程上，K_c 值的大小反映了离心沉降设备的效能为重力沉降设备的倍数，是离心分离设备的重要性能指标。K_c 值一般在 $10^2 \sim 10^5$ 之间，因此，同一颗粒在离心场中的沉降速度远远大于其在重力场中的沉降速度，即用离心沉降可以将更小的颗粒从流体中分离出来。

值得注意的是，重力沉降速度基本上为定值，而离心沉降速度为绝对速度在径向上的分量，它随颗粒在离心力场中的位置 r 而变化。

2. 离心沉降设备

离心沉降是依靠惯性离心力的作用而实现沉降的过程。适用于两相密度差较小或粒度较细的非均相混合物的分离。由于在离心场中颗粒可以获得比重力大得多的离心力，因此，对于气-固物系，采用旋风分离器；对于液-固物系，则采用旋液分离器或沉降离心机。

（1）旋风分离器　旋风分离器是利用惯性离心力的作用从气流中分离出尘粒的设备。其构造及操作原理如图 3-7 所示。图 3-7（a）表示一种类型的旋风分离器。其主要结构为筒体直径 D，其他尺寸以 D 为标准，图中：$B=D/4$，$h=D/2$，$D_1=D/2$，$D_2=D/4$，$S=D/8$，$H_1=2D$，$H_2=2D$。主体的上部为圆筒形，下部为圆锥形，中央有一升气管。图 3-7（b）示意含尘气体从圆筒侧面的矩形进气管切向进入，受器壁的约束在圆筒内自上而下作螺旋运动，在惯性力的作用下，颗粒在随气流旋转过程中被抛向器壁，并沿器壁落至锥底的排灰口而与气流分离。由于操作时旋风分离器底部处于密封状态，所以，被净化的气体到达底部后折返向上，沿中心轴旋转上升从顶部的中央排气管排出；下部粉尘定期（闸板阀）或连续（星形阀）从排灰口排出。

通常，把旋风分离器中下行的螺旋形气流称为外旋流，而上行的螺旋形气流称为内旋流（气芯），两者旋转方向相同。外旋流的上部主要是除尘区，上行的内旋流形成低压气芯，其压力低于出口压力。要求出口或集灰斗密封良好，以防止气体漏入而降低除尘效果。

旋风分离器结构简单紧凑、无运动部件，操作不受温度、压力的限制，价格低廉、性能稳定。入口气速在 $10 \sim 25 \mathrm{m \cdot s^{-1}}$，分离因数 K_c 约为 $5 \sim 2500$，一般可分离含尘粒径为 $5 \sim 75\mu m$ 的非纤维、非黏性干燥粉尘。可满足中等粉尘集捕要求，广泛应用于多种工业部门。

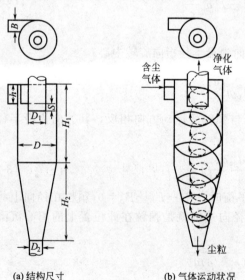

(a) 结构尺寸　　　(b) 气体运动状况

图 3-7　旋风分离器

（2）旋液分离器　旋液分离器又称水力旋流器，是利用离心沉降原理从悬浮液中分离固体颗粒的设备，类似于旋风分离器，如图 3-8 所示。设备主体也是由圆筒体和圆锥体两部分组成，悬浮液经入口管切向进入圆筒部分，并向下作螺旋运动。固体颗粒在惯性离心力作用下被甩向器壁，随下旋流降至锥底，由底部排出的稠浆称为底流；清液和含有微细颗粒的液体则形成上升的内旋流，从顶部中心管排出，称为溢流。内旋流中心有一个处于负压的气柱，其中的气体可能是由料浆中释放的，或是因溢流管口暴露于大气时将空气吸入器内的，然而气柱是有利于提高分离效果的。

由于液体黏度较气体黏度大 50 倍左右，液-固间的密度差又比气-固间的密度差小，在一定的切线进口速度（$2\sim10\mathrm{m\cdot s^{-1}}$）下，小直径的圆筒有利于增大惯性离心力，以提高沉降速度。同时，锥形部分加长可增大液流的行程，从而延长了悬浮液在器内的停留时间，有利于液-固分离。

旋液分离器不仅可用于悬浮液的增浓，在分级（通过调节底流量与溢流量比例，控制两流股中颗粒大小的差别）方面更有显著特点，而且还可用于不互溶液体的分离，气液分离以及传热、传质和雾化等操作中，因而广泛应用于多种工业领域中。

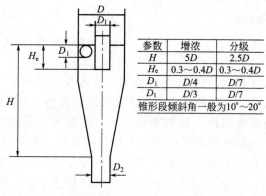

参数	增浓	分级
H	$5D$	$2.5D$
H_e	$0.3\sim0.4D$	$0.3\sim0.4D$
D_i	$D/4$	$D/7$
D_1	$D/3$	$D/7$
锥形段倾斜角一般为$10°\sim20°$		

图 3-8　旋液分离器示意图

根据增浓或分级用途的不同，旋液分离器的尺寸比例相应有所变化。在进行旋液分离器设计或选型时，应根据工艺的不同要求，对技术指标或经济指标加以综合权衡，以确定设备的最佳结构及尺寸比例，如图 3-8 所示表格。对于底流管直径 D_2 来说，通常底部出口装有阀门，因此 D_2 在操作中可以根据不同的分离目的发生改变。D_2 的变化对于分离效率和压降无显著影响，通常取 $D_2 = D/20\sim D/5$。

第三节　过　滤

过滤是根据两种相对多孔介质透过性有差异的物质，在外力（重力、压差或离心力）的作用下进行分离的操作。按照流体的性质可将过滤分为含尘气体的过滤操作和悬浮液的过滤操作。含尘气体的过滤操作是指通过含固体颗粒的气体与多孔性过滤介质的接触，固体颗粒被截留在过滤介质上，而气体透过介质，从而实现气-固分离的单元操作。主要用于产品精制、空气净化，采用设备如布袋式过滤器。悬浮液的过滤操作是使悬浮液与多孔性过滤介质接触，在外力（重力或压差）的作用下，而使得固体颗粒被截留在过滤介质表面或内部而实现固-液分离的单元操作。本节所讨论的主要是指悬浮液的过滤。

过滤与沉降分离相比，过滤可使悬浮液分离得更迅速、更彻底。

一、过滤的基本概念

1. 过滤及过滤推动力

过滤是在外力作用下，使悬浮液中的液体通过多孔介质的孔道，而使固体颗粒被介质截留，从而实现固-液分离的单元操作。其中，多孔介质称为过滤介质，所处理的悬浮液称为滤浆或料浆。滤浆中被过滤介质截留的固体颗粒称为滤渣或滤饼，滤浆中通过滤饼和过滤介质的液体称为滤液，图 3-9 所示为过滤操作示意图。

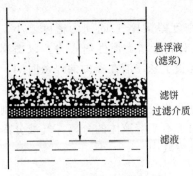

图 3-9　过滤操作示意图

促使液体透过过滤介质的推动力有真空抽吸力、压缩空气或滤浆泵产生的压力、离心力、机械压榨力以及滤浆自身的重力。用沉降法（重力、离心力）处理悬浮液，往往需要较长时间，而且沉渣中液体含量较多，而过滤操作可使悬浮液得到迅速的分离，滤渣中的液体含量也较低。当被处理的悬浮液含固体颗粒较少时，应先在增稠器中进行沉降，然后将沉渣送至过滤机。在某些场合过滤则是沉降的后续操作。

2. 过滤方式

工业上的过滤操作主要分为滤饼过滤和深层过滤。

（1）滤饼过滤　如图 3-10（a）所示。过滤开始阶段有少量小于介质孔径的颗粒穿过介质进入滤液中，故初滤液浑浊，但随后大于介质孔径的颗粒便在介质孔口形成"架桥现象"，使介质的孔径缩小形成有效的阻挡，见图 3-10（b）。被截留在介质表面的颗粒逐渐沉积形成滤渣层——滤饼。已形成的滤饼成了后来滤浆的过滤介质（有效过滤层），而原来的过滤介质仅起支承滤饼的作用，故称滤饼过滤。随着滤饼厚度的增加，滤液流动的阻力逐渐加大，过滤效率降低。因此，当滤饼厚度达到一定值时便停止加料，并将滤饼从过滤介质上排出。

浑浊的初滤液待滤饼形成后应返回滤浆槽重新过滤。该过滤方式适用于处理固体含量较高（固相体积分数＞1％）的悬浮液。采用设备如污泥脱水用的真空过滤机、板框式压滤机、给水处理中的慢滤池、袋式除尘器等。

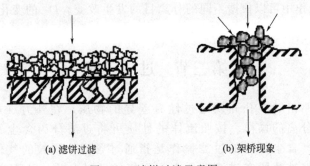

(a) 滤饼过滤　　　　　　(b) 架桥现象

图 3-10　滤饼过滤示意图

（2）深层过滤　如图 3-11 所示，过滤介质是很厚的颗粒状介质床层，过滤时，因悬浮液中的颗粒尺寸小于床层孔道尺寸，当颗粒随流体在床层内的曲折孔道流过时，在拦截、惯性碰撞、扩散、沉淀等的作用下，颗粒物最终附着在孔道壁面上，并不形成滤饼。随着过滤的进行，过滤介质的孔道会因截留颗粒的增多逐渐变窄和减少，所以，过滤介质必须定期更换或清洗再生。深层过滤适用于生产量大而悬浮颗粒粒径小、固含量低（固相体积分数＜0.1％）或黏软的絮状物的场合，如自来水厂的饮水净化（快滤池）、合成纤维纺丝液中除去固体物质、中药生产中药液的澄清过滤等。

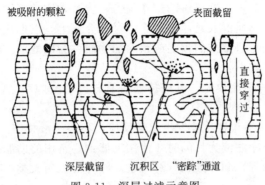

图 3-11 深层过滤示意图

3. 过滤介质

过滤过程所用的多孔性介质称为过滤介质。其主要作用是支撑滤饼或截留颗粒，使滤液通过。性能优良的过滤介质除了能够达到所需分离要求外，还应具有足够的机械强度，尽可能小的流动阻力，较高的耐腐蚀性和一定的耐热性，表面光滑，滤饼剥离容易。

工业常用过滤介质主要有织物介质、多孔性固体介质和微孔滤膜等。

（1）织物介质　织物介质亦称滤布，是由天然的棉、毛、丝、麻、尼龙、玻璃、塑料及金属丝等编织而成的筛网、滤布，适于滤饼过滤。织物介质在工业上应用最为广泛。表 3-1 为常用滤布物理化学性能的比较。

表 3-1　常用滤布物理化学性能的比较

抗拉强度	耐磨性	耐酸性	耐碱性	耐热性	吸湿性
玻璃纤维	尼龙	聚烯烃	尼龙	玻璃纤维	玻璃纤维
尼龙	聚氯乙烯	涤纶	聚烯烃	棉布	棉布
涤纶	涤纶	聚氯乙烯	聚氯乙烯	尼龙	聚氯乙烯
棉布	聚烯烃	玻璃纤维	玻璃纤维	涤纶	涤纶
聚烯烃	棉布	尼龙	棉布	聚烯烃	尼龙
聚氯乙烯	玻璃纤维	棉布	涤纶	聚氯乙烯	聚烯烃

注：从上到下性能依次下降。

（2）多孔性介质　具有很多细微孔道，如多孔陶瓷、多孔塑料、多孔金属制成的多孔性管、板等，适用于深层过滤。

（3）粒状介质　是由各种固体颗粒（砂石、木炭、石棉、硅藻土）或非编织纤维（玻璃棉等）堆积而成。适用于深层过滤。

（4）多孔膜　用于膜过滤的各种有机高分子膜和无机材料膜。广泛使用的是粗醋酸纤维素和芳香聚酰胺系两大类有机高分子膜。

4. 滤饼的压缩性和助滤剂

（1）滤饼的压缩性　若构成滤饼的颗粒是不易变形的坚硬固体颗粒（如硅藻土、碳酸钙等），则当滤饼两侧压力差增大时，颗粒形状和颗粒间空隙不发生明显变化，单位厚度床层的流动阻力视为恒定，这类滤饼称为不可压缩滤饼。相反，有些悬浮颗粒比较软（如胶体物质），所形成的滤饼受压容易变形，当滤饼两侧压力差增大时，颗粒的形状和颗粒间的空隙有明显改变，单位厚度床层的流动阻力随压差增大而增大，这类滤饼称为可压缩滤饼。滤饼的压缩性对过滤效率及滤材的可使用时间影响很大，是设计过滤工艺和选择过滤介质的依据。

（2）助滤剂　为了降低可压缩滤饼的过滤阻力，将某种质地坚硬而又能形成疏松饼层的另一种固体颗粒或纤维状物质混入悬浮液或涂于过滤介质上，以形成疏松饼层，使滤液得以顺畅流过。这种可以改变滤饼结构的预混或预涂的物质称为助滤剂。

对助滤剂的基本要求如下：

① 能形成多孔饼层的刚性颗粒，以保持滤饼有较高的空隙率，使滤饼有良好的透气性及较低的流动阻力；

② 具有化学稳定性，不与悬浮液发生化学反应，不溶于液相中。

一般只有在以获得洁净滤液为目的时才使用助滤剂。常用的助滤剂有粒状（硅藻土、活性炭、珍珠岩粉、石棉粉等）和纤维状（纤维素、石棉等）两大类。注意，如果滤饼是产品时一般不使用助滤剂。

二、过滤基本方程式

1. 滤液通过滤饼层的流动

滤液通过滤饼层流动的特点：过滤时，滤液通道细小而曲折，形成了不规则的网状结构；过滤过程中，随着过滤进行，滤饼的厚度不断增加，流动阻力则逐渐加大，因此，过滤是一个非定态流动；滤饼层是由许多细小颗粒堆积而成，这些颗粒层提供了很大的液、固接触面积，滤液在其中流动很慢，因此，滤液在滤饼层的流动为层流流动。

2. 过滤速度和过滤速率

（1）过滤速度　指单位时间、通过单位过滤面积上的滤液体积，单位为 $m \cdot s^{-1}$。

$$u = \frac{dV}{A d\tau} \tag{3-26}$$

为了定量地描述滤液在滤饼的毛细管中的流动速度，可借流体在圆形管道中作层流流动时的哈根-泊谡叶方程（Hagen-Poiseuille equation），即

$$u = \frac{d^2 \Delta p}{32\mu l} \tag{3-27}$$

式中　Δp——滤饼层毛细管道平均长度 l 上的压力降，Pa；

　　　μ——液体的黏度，$Pa \cdot s$；

　　　d——圆管内径，m。

则滤液在滤饼厚度 L（过滤床层）的毛细管中的流动速度

$$u_1 = \frac{d_e^2 \Delta p_c}{k' \mu L} \tag{3-28a}$$

式中　Δp_c——滤液通过滤饼层的压力降，Pa；

　　　d_e——滤饼层中毛细管的当量直径，m

　　　μ——滤液的黏度，$Pa \cdot s$；

　　　L——过滤床层的厚度，m；

　　　k'——无量纲比例系数。

当量直径 $d_e = 4$ 水力半径，即

$$d_e = \frac{4 \times 流通截面积}{浸润周边长度} = \frac{4 \times 空隙体积}{颗粒的全部表面积} = \frac{4 \times 滤饼层体积 \times 空隙率}{比表面积 \times 颗粒体积}$$

$$= \frac{4 \times 滤饼层体积 \times 空隙率}{比表面积 \times 滤饼层体积 \times (1 - 空隙率)}$$

故
$$d_e = \frac{4\varepsilon}{a(1-\varepsilon)} \qquad (3\text{-}28b)$$

式中　ε——空隙率，即单位体积床层中的空隙体积，$m^3 \cdot m^{-3}$；

　　　a——颗粒的比表面积，即单位体积中颗粒的比表面积，$m^2 \cdot m^{-3}$。

此外，床层空隙中的空隙滤液流速 u_1 与按照整个床层截面积计算的滤液平均流速 u 的关系为

$$\varepsilon = \frac{u}{u_1} \qquad (3\text{-}28c)$$

将式 (3-28b) 和式 (3-28c) 代入式 (3-28a)，则过滤速度

$$u = \frac{1}{k'} \frac{\varepsilon^3}{a^2(1-\varepsilon)^2} \frac{\Delta p_c}{\mu L} \qquad (3\text{-}29)$$

式 (3-29) 中的比例系数 k' 与滤饼的空隙率 ε、颗粒形状、排列及粒度范围等因素有关，对于颗粒床层内的层流流动，$k' = 5$（康采尼 Kozeny 常数）。故，任一瞬间的过滤速度公式可写成

$$u = \frac{dV}{A d\tau} = \frac{1}{5} \frac{\varepsilon^3}{a^2(1-\varepsilon)^2} \frac{\Delta p_c}{\mu L} \qquad (3\text{-}30)$$

对不可压缩性滤饼，空隙率 ε 为常数。式 (3-30) 中的 $\dfrac{\varepsilon^3}{5a^2(1-\varepsilon)^2}$ 视为组成滤饼的颗粒的一种性质，对于一定的物料应为一常数，故上式可写为

$$\frac{dV}{A d\tau} = \frac{\Delta p_c}{r\mu L} \qquad (3\text{-}31)$$

$r = \dfrac{5a^2(1-\varepsilon)^2}{\varepsilon^3}$，表示过滤阻力与颗粒大小间的关系，称为滤饼的比阻，由滤饼的特性决定，单位 m^{-2}。在数值上等于黏度为 $1Pa \cdot s$ 的滤液，以 $1 m \cdot s^{-1}$ 的平均流速通过厚度为 $1m$ 的滤饼层所产生的压力降。它表明了瞬时过滤速度与滤液通过滤饼层的压力降及黏度成正比，与滤饼层厚度成反比，r 值的大小反映了过滤操作的难易程度。

（2）过滤阻力　滤浆在过滤过程中，要受到滤饼和过滤介质两个串联的阻力层的阻力。

由式 (3-31)，可知在滤饼层

$$\frac{dV}{A d\tau} = \frac{\Delta p_c}{r\mu L} = \frac{\Delta p_c}{\mu R} \qquad (3\text{-}32)$$

① 滤饼阻力　　　　　　　　　$R = rL$ 　　　　　　　　　　 $(3\text{-}33)$

② 过滤介质阻力　过滤介质阻力与其材质、厚度等因素有关。通常把过滤介质的阻力视为常数，仿照滤液穿过滤饼层的速度方程，可以写出滤液穿过过滤介质的速度关系式。

$$\frac{dV}{A d\tau} = \frac{\Delta p_m}{\mu R_m} \qquad (3\text{-}34)$$

$$R_m = r_m L_e$$

式中　L_e——过滤介质的当量滤饼厚度，或称虚拟滤饼厚度，m。

在一定操作条件下，以一定的介质过滤一定的悬浮液时，L_e 为定值，但在同一介质的不同过滤操作中，L_e 值不同。

③ 过滤总阻力　由于过滤介质的阻力和最初形成的滤饼层阻力难以区分开来，故难以划分滤饼层与过滤介质的分界面，更难测定分界面处的压力，因此，在过虑计算中常将二者联合起来考虑。

过滤操作中，滤饼和滤布的面积相同，两层过滤速度相等，则

$$\frac{dV}{A d\tau} = \frac{\Delta p_c + \Delta p_m}{r\mu(L+L_e)} = \frac{\Delta p}{\mu(R+R_m)} \tag{3-35}$$

上式表明，可用滤液通过串联的滤饼与过滤介质的总压差来表示过滤推动力，用两层的阻力之和来表示总阻力。

（3）过滤速率 指单位时间内由过滤所获得的滤液体积，可表示为 $dV/d\tau$，单位为 $m^3 \cdot s^{-1}$。

过滤速度与过滤速率的概念不同，需注意。

3. 过滤基本方程式

悬浮液在过滤过程中，滤饼厚度难以直接测定，而滤液的体积则容易测量，故采用滤液的体积来计算过滤速率比较方便。

若每获得 $1m^3$ 滤液所形成的滤饼体积为 V，则任一瞬间的滤饼厚度 L 与当时已经得到的滤液体积之间的关系为：

$$L = \frac{\nu V}{A} \tag{3-36a}$$

式中 ν——滤饼体积与相应的滤液体积之比，量纲为 1。

同理，若生成厚度为 L_e 的滤饼所应获得的滤液体积用 V_e 表示，则

$$L_e = \frac{\nu V_e}{A} \tag{3-36b}$$

式中 V_e——过滤介质的当量滤液体积，或称虚拟滤液体积，m^3。

在一定操作条件下，以一定的介质过滤一定的悬浮液时，V_e 为定值，但在同一介质的不同过滤操作中，V_e 值不同。

（1）不可压缩滤饼的过滤基本方程 由式（3-35）、式（3-36a）、式（3-36b）可得

$$\frac{dV}{d\tau} = \frac{A^2 \Delta p}{r\mu\nu(V+V_e)} \tag{3-37}$$

上式为不可压缩滤饼的过滤速率关系式。

（2）可压缩滤饼的过滤基本方程 对可压缩滤饼，比阻在过滤过程中不再是常数，而是两侧压差的函数。通常用下面的经验公式来估算压差增大时比阻的变化，即

$$r = r'(\Delta p)^s \tag{3-38}$$

式中 r——滤饼的比阻，m^{-2}；

r'——单位压差下滤饼的比阻，m^{-2}；

Δp——过滤压差，Pa；

s——滤饼压缩性指数（由实验测定），无量纲，$s=0\sim1$，对不可压缩滤饼 $s=0$。

将式（3-38）代入式（3-37）中，得

$$\frac{dV}{d\tau} = \frac{A^2 \Delta p^{1-s}}{r'\mu\nu(V+V_e)} \tag{3-39}$$

几种典型物料的压缩性指数值见表 3-2。

表 3-2 典型物料的压缩性指数

物料	硅藻土	碳酸钠	钛白(絮凝)	高岭土	滑石	黏土	硫酸锌	氢氧化铝
s	0.01	0.19	0.27	0.33	0.51	0.56~0.6	0.69	0.9

三、恒压过滤与恒速过滤

1. 恒压过滤

恒压过滤的特点：过滤操作的总压力恒定，随着过滤时间的增长，滤饼层厚度增大，则

过滤阻力增加，过滤速率降低。

对于一定的悬浮液，若 r'，μ，ν 为常数，令

$$k = \frac{1}{r'\mu\nu} \tag{3-40}$$

式中 k——表征过滤物料特性的常数，$m^4 \cdot N^{-1} \cdot s^{-1}$。

则式（3-39）可写成

$$\frac{dV}{d\tau} = \frac{kA^2\Delta p^{1-s}}{V+V_e} \tag{3-41}$$

应用式（3-41）时，需针对具体操作方式对其积分。因 Δp 不变，k，A，s，V_e 亦均为常数。假定获得 V_e 体积的滤液所需时间为 τ_e（虚拟过滤时间），则二者的关系可经分离变量，寻找边界条件，积分得到。

过滤时间：$0 \rightarrow \tau_e$；$\tau_e \rightarrow \tau + \tau_e$

滤液体积：$0 \rightarrow V_e$；$V_e \rightarrow V + V_e$

$$\int_0^{V+V_e} (V+V_e)\,d(V+V_e) = kA^2\Delta p^{1-s}\int_0^{\tau+\tau_e} d(\tau+\tau_e)$$

令

$$K = 2k\Delta p^{1-s}$$

$$(V+V_e)^2 = KA^2(\tau+\tau_e) \tag{3-42}$$

当 $\tau = 0$，$V = 0$

$$V_e^2 = KA^2\tau_e \tag{3-43a}$$

由式（3-42）和式（3-43a），得

$$V^2 + 2VV_e = KA^2\tau \tag{3-43b}$$

令 $q = V/A$，单位面积上的滤液体积，$m^3 \cdot m^{-2}$；

$q_e = V_e/A$，单位面积上的滤液当量体积，$m^3 \cdot m^{-2}$。

则式（3-43a）、式（3-43b）的 $V \sim \tau$ 关系可写成 $q \sim \tau$ 关系

$$q_e^2 = K\tau_e \tag{3-44a}$$

$$q^2 + 2qq_e = K\tau \tag{3-44b}$$

将式（3-44a）和式（3-44b）相加，得

$$(q+q_e)^2 = K(\tau+\tau_e) \tag{3-45}$$

若过滤介质阻力可以忽略，则上两式可以简化为：

$$V^2 = KA^2\tau, \quad q^2 = K\tau$$

式（3-42）和式（3-45）为恒压过滤方程式。以上诸式中的 K 为过滤常数，单位是 $m^2 \cdot s^{-1}$。它与悬浮液的性质、温度、压差有关，只有在工业生产条件和实验条件一致时，才能直接使用。

【例 3-3】 在恒定压差为 $9.8 \times 10^4\,Pa$ 下，过滤某含水悬浮液。实验测得该不可压缩滤饼的比阻为 $1.3 \times 10^{11}\,m^{-2}$，水的黏度为 $1.0 \times 10^{-3}\,Pa \cdot s$。已知当每平方米过滤面积上获得 $1m^3$ 滤液时，滤饼的厚度为 $0.33m$。假设忽略过滤介质的阻力，试求每平方米过滤面积上

获得 $1.5m^3$ 滤液所需的时间为多少。

解： 由于忽略过滤介质的阻力，则恒压过滤方程可写成：$V^2 = KA^2\tau$ 或 $q^2 = K\tau$

据题意，单位过滤面积上的滤液量 $q = 1.5 m^3 \cdot m^{-2}$。

由 $K = \dfrac{2\Delta p^{1-s}}{r'\mu\nu}$，已知：恒定压差 $\Delta p = 9.8 \times 10^4 Pa$，滤饼比阻 $r' = 1.3 \times 10^{11} m^{-2}$，水的黏度 $\mu = 1.0 \times 10^{-3} Pa \cdot s$。对不可压缩滤饼，滤饼压缩性指数 $s = 0$。

$\nu =$ 滤饼体积/滤液体积 $= 0.33/1 = 0.33$

故 $$K = \frac{2\Delta p^{1-s}}{r'\mu\nu} = \frac{2 \times 9.8 \times 10^4}{1.3 \times 10^{11} \times 1.0 \times 10^{-3} \times 0.33} = 4.57 \times 10^{-3} m^2 \cdot s^{-1}$$

由 $$q^2 = K\tau, \quad \tau = \frac{q^2}{K} = \frac{1.5}{4.57 \times 10^{-3}} = 492s$$

恒压过滤方程式给出了恒压条件下滤液体积和过滤时间的关系，这一关系为抛物线，如图 3-12 所示。值得注意的是，图中曲线 OA 段表示实际过滤时间 τ 与实际过滤体积 V 之间的关系，而曲线 $O'O$ 段则表示与过滤介质阻力相对应的虚拟（当量）过滤体积 V_e 与虚拟时间 τ_e 之间的关系。

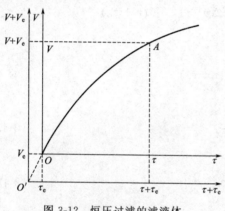

图 3-12 恒压过滤的滤液体积与过滤时间的关系曲线

应用恒压过滤方程式计算时，过滤常数 K 和 q_e 可以通过实验进行测定。

2. 恒速过滤

过滤速率维持恒定状况的过滤操作，称之为恒速过滤。其特点是恒速率，变压差。即：

$\dfrac{dV}{d\tau} = \dfrac{V}{\tau} = u_R =$ 常数。因为 $\tau \uparrow$，滤饼 $L \uparrow$，过滤阻力 $\uparrow$，$\Delta p \uparrow$，故 $\dfrac{V}{\tau} = \dfrac{K}{2(V+V_e)}$，即

$$q^2 + qq_e = \frac{K}{2}\tau \tag{3-46}$$

或

$$V^2 + VV_e = \frac{K}{2}A^2\tau \tag{3-47}$$

为了维持过滤速率恒定，必须相应地不断增大压差，以克服由于滤饼增厚而上升的阻力，则过滤压差随时间的延长呈线性增长。因压差不断变化，恒速过滤难以控制，故生产中一般采用恒压过滤。有时为避免过滤初期因压差过高而引起滤布堵塞和破损，也可以采用先恒速、再恒压的操作方式。过滤开始后，压差由较小值缓慢增大，过滤速率基本维持不变，当压差增大至系统允许的最大值后，维持压差不变，进行恒压过滤。

四、过滤常数的测定

工业设计时，过滤常数一般均在恒压条件下由实验测定。

1. K、q_e 的测定

当实验在恒压条件下进行时，对恒压过滤方程式 (3-44b) 微分，得

$$2(q + q_e)dq = Kd\tau \tag{3-48}$$

经整理

$$\frac{d\tau}{dq} = \frac{2q}{K} + \frac{2q_e}{K} \tag{3-49a}$$

将式 (3-49a) 左侧的微分以增量形式表示，则成为

$$\frac{\Delta \tau}{\Delta q} = \frac{2q}{K} + \frac{2q_e}{K} \tag{3-49b}$$

上式表明，在恒定过滤时 $\Delta \tau / \Delta q$ 与 q 之间具有线性关系，且该直线的斜率为 $2/K$，截距为 $2q_e/K$。将一系列的 $\Delta \tau$ 与其对应的累计滤液量 Δq 的数据进行换算，并以 q 为横坐标，以 τ/q 为纵坐标，在直角坐标上标绘得一直线，如图 3-13 所示。由直线斜率求取 K 值，由直线的截距及 K 值可求出 q_e。

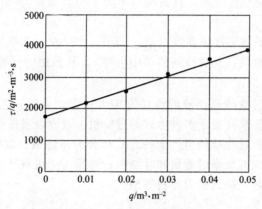

图 3-13 (τ/q)-q 关系曲线

【例 3-4】 20℃，恒定压差下过滤含质量分数 13.9 的 $CaCO_3$ 悬浮液，过滤面积为 $0.1m^2$。测试数据列于下表，试求过滤常数 K 和 q_e。

压差 Δp/Pa	滤液量 V/dm³	过滤时间 τ/s	压差 Δp/Pa	滤液量 V/dm³	过滤时间 τ/s
3.43×10^4	2.92	146	10.3×10^4	2.45	50
	7.80	888		9.80	660

解：(1) 当压差为 3.43×10^4 Pa 时：

$$q_1 = \frac{V}{A} = \frac{2.92/1000}{0.1} = 2.92 \times 10^{-2} \, m^3 \cdot m^{-2}$$

$$\frac{\tau_1}{q_1} = \frac{146}{2.92 \times 10^{-2}} = 5.0 \times 10^3 \, m^2 \cdot s \cdot m^{-3}$$

$$q_2 = \frac{V}{A} = \frac{7.80/1000}{0.1} = 7.80 \times 10^{-2} \, m^3 \cdot m^{-2}$$

$$\frac{\tau_2}{q_2} = \frac{888}{7.80 \times 10^{-2}} = 1.14 \times 10^4 \, m^2 \cdot s \cdot m^{-3}$$

由式 (3-49b)，得

$$5.0 \times 10^3 = \frac{2.92 \times 10^{-2}}{K} + \frac{2q_e}{K} \tag{a}$$

$$1.14 \times 10^4 = \frac{7.80 \times 10^{-2}}{K} + \frac{2q_e}{K} \tag{b}$$

联立求解式 (a)、式 (b)，得

$$K = 7.62 \times 10^{-6} \, m^2 \cdot s^{-1}, \quad q_e = 4.45 \times 10^{-3} \, m^3 \cdot m^{-2}$$

(2) 压差为 10.3×10^4 Pa 时，如同上法，得

$$K = 1.57 \times 10^{-5} \, m^2 \cdot s^{-1}, \quad q_e = 3.74 \times 10^{-3} \, m^3 \cdot m^{-2}$$

由此可见，采用不同的压差，测得的过滤速率常数 K 值是不同的。

2. 比阻 r' 与压缩指数式 s 的测定

由 $K = 2k\Delta p^{1-s}$ 和 $k = \dfrac{1}{r'\mu\nu}$，得 $K = \dfrac{2\Delta p^{1-s}}{r'\mu\nu}$。将其两边分别取对数，得

$$\lg K = (1-s)\lg\Delta p - \lg\left(\frac{2}{r'\mu\nu}\right) \tag{3-50}$$

可见 $\lg K$ 与 $\lg\Delta p$ 呈线性关系，且直线斜率为 $1-s$，截距为 $\lg\left(\dfrac{2}{r'\mu\nu}\right)$。

在不同的压差 Δp 下测定过滤常数 K 值，然后，以 $\lg\Delta p$ 为横坐标，以 $\lg K$ 为纵坐标，在直角坐标纸上得到一直线。从直线的斜率中可得 s，从截距中可解出 r'。

五、过滤设备

工业生产中，需要过滤的悬浮液的性质有很大差别，生产工艺对过滤的要求也各不相同，为适应各种不同的要求开发了多种形式的过滤机。过滤设备按照操作方式可分为间歇过滤机与连续过滤机；按照过滤推动力产生的方式可分为压滤机、真空过滤机和离心过滤机。工业上间歇压滤型过滤机有板框过滤机和叶滤机；连续过滤机有转筒真空过滤机；离心过滤机则有三足式及活塞推料、卧式刮刀卸料等型式。

1. 板框压滤机

板框压滤机是目前使用最为普遍的的一种间歇式压滤机。它是由若干块滤板和滤框间隔排列，靠滤板和滤框两侧的支耳架在机架的横梁上，用一端的压紧装置压紧组装而成，如图3-14 所示。

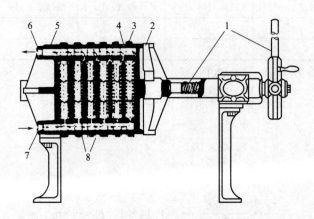

图 3-14　板框压滤机结构示意

1—压紧装置；2—可动头；3—滤框；4—滤板；5—固定头；6—滤液出口；7—滤浆出口；8—滤布

滤板和滤框（见图 3-15）是板框压滤机的主要部件，其个数在机座长度范围内可自行调节，一般为 10~60 块不等，过滤面积为 2~80m²。该机为间歇操作，每个操作周期由装合、过滤、洗涤、卸料、整理等五个阶段组成，所需的总时间为一个操作周期。

板和框左右上角开有小孔，待装合压紧后即构成供滤浆和洗涤水的通道。过滤板下方的一角装有小旋塞与板面两侧相通。框的两侧复以滤布，空滤框和滤布围成了可容纳滤浆及滤饼的空间。为此，滤板面被制成凸凹不平的纹路。凸起部分用以支撑滤布，凹下部分则形成滤液通道。滤板又分为洗涤板和非洗涤板两种。为使组装时便于识别，板及板框外侧常铸有小钮。通常，铸一个钮为非洗涤板，铸两个钮为滤框，铸三个钮为洗涤板。装合时，根据生

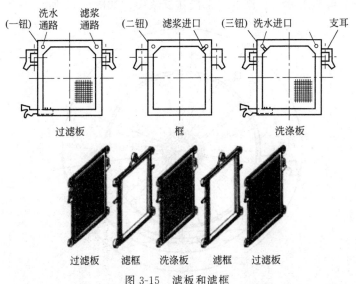

图 3-15　滤板和滤框

产能力和滤浆浓度等因素，按钮数，以 1-2-3-2-1-2-……的顺序排列板和框的数目。如图 3-16（a）所示，过滤时滤浆在指定的压力下经滤浆通道，由滤框角端的暗孔进入框内，滤液分别穿过两侧滤布，再经邻板板面流到滤液出口排走，滤渣则被截留于框内形成滤饼。当滤渣充满滤框后，即停止过滤。

如果滤饼需要洗涤，则在过滤终了后进行。如图 3-16（b）所示，同时关闭进料活门及洗涤板下的滤液排出活门，然后，在一定的压力下通入洗涤液。洗涤液从洗涤板进入，穿过滤布和滤框，沿着对面滤板边流至排出口排出。

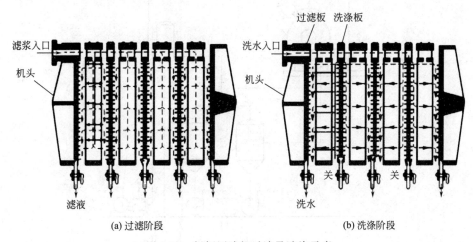

(a) 过滤阶段　　　　　　　　　　(b) 洗涤阶段

图 3-16　板框压滤机过滤及洗涤示意

板框压滤机优点是构造简单，制造方便、价格低，占地面积小，过滤面积大，可以根据需要增减滤板以调节过滤能力；推动力大，对物料的适应能力强，对颗粒细小而液体量较大的滤浆亦能适用。其缺点是间歇操作，生产效率低；设备笨重，卸渣、清洗和组装需要时间、人力，劳动强度大。

2. 转筒真空过滤机

转筒真空过滤机是一种连续操作的设备。其主体是一个可转动的水平圆筒，圆筒表面有一层金属网，网上再覆盖滤布。圆筒下部浸在滤浆中，如图 3-17 所示。

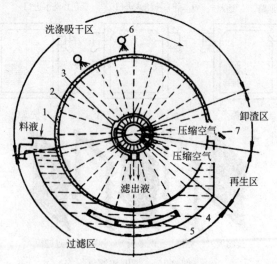

图 3-17 转筒结构及运转过程

1—转鼓；2—过滤室；3—分配阀；4—料液槽；5—摇摆式搅拌器；6—洗涤液喷嘴；7—刮刀

转鼓在旋转过程中，过滤面可依次浸入滤浆中。转筒的过滤面积一般为 5～40m²，浸没部分占总面积的 30%～40%，转速约为 0.1～3rpm。转鼓内部沿径向分隔成若干独立的扇形格，每格都有单独的孔道通至分配头上。转鼓转动时，借分配头的作用使这些孔道依次与真空管及压缩空气管相通，因而使得转鼓每旋转一周，每个扇形格便可依次完成过滤、洗涤、吸干、吹松、卸饼等操作循环。见图 3-18。

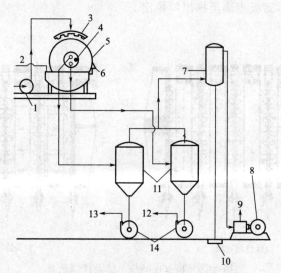

图 3-18 转筒真空过滤机操作流程示意

1—洗涤水泵；2—进料；3—洗涤水喷头；4—空气接管；5—转筒；6—滤饼；7—除沫器；
8—真空泵；9—空气出口；10—水封；11—真空受液罐；12—滤液；13—洗液；14—泵

转筒真空过滤机的优点是连续操作，生产能力大，易于管理，适于处理量大且易过滤的悬浮液。缺点是附属设备较多，过滤面积不大，投资费用高，滤饼含液量高（常达 30%）。由于它是真空操作，因此，过滤动力有限，不适于滤饼阻力较大的膏状悬浮液，料浆温度也不宜过高。

小　　结

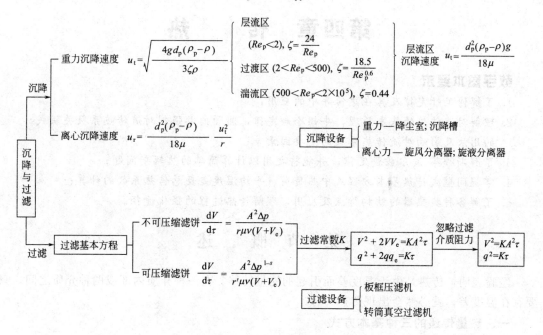

沉降与过滤

- 沉降
  - 重力沉降速度 $u_t = \sqrt{\dfrac{4gd_p(\rho_p-\rho)}{3\zeta\rho}}$
    - 层流区 $(Re_p<2)$，$\zeta=\dfrac{24}{Re_p}$ ｝ 层流区沉降速度 $u_t=\dfrac{d_p^2(\rho_p-\rho)g}{18\mu}$
    - 过渡区 $(2<Re_p<500)$，$\zeta=\dfrac{18.5}{Re_p^{0.6}}$
    - 湍流区 $(500<Re_p<2\times10^5)$，$\zeta=0.44$
  - 离心沉降速度 $u_r=\dfrac{d_p^2(\rho_p-\rho)}{18\mu}\dfrac{u_t^2}{r}$

  - 沉降设备
    - 重力—降尘室;沉降槽
    - 离心力—旋风分离器;旋液分离器

- 过滤
  - 过滤基本方程
    - 不可压缩滤饼 $\dfrac{dV}{d\tau}=\dfrac{A^2\Delta p}{r\mu v(V+V_e)}$
    - 可压缩滤饼 $\dfrac{dV}{d\tau}=\dfrac{A^2\Delta p^{1-s}}{r'\mu v(V+V_e)}$
  - 过滤常数 K：$V^2+2VV_e=KA^2\tau$；$q^2+2qq_e=K\tau$ ⟶ 忽略过滤介质阻力 ⟶ $V^2=KA^2\tau$；$q^2=K\tau$

  - 过滤设备
    - 板框压滤机
    - 转筒真空过滤机

习　　题

1. 试计算粒径 $30\mu m$，密度为 $2200kg\cdot m^{-3}$ 的尘粒

(1) 在常压、20℃的空气中的沉降速度是多少 $m\cdot s^{-1}$？

(2) 若将这种颗粒置于20℃的水中，其沉降速度又是多少 $m\cdot s^{-1}$？

(3) 从颗粒在这两种介质中沉降速度大小比较可以说明什么问题？

$$[（1）6\times10^{-2}\,m\cdot s^{-1}；（2）5.9\times10^{-4}\,m\cdot s^{-1}]$$

2. 计算在20℃空气中自由沉降的、密度为 $2500kg\cdot m^{-3}$ 的球形石英颗粒。它们分别在斯托克斯定律区和牛顿定律区沉降时的最小粒径为多少 μm？ 　　　　$[58.4\mu m；1542\mu m]$

3. 采用底面积 $10m^2$、高 1.6m 的降尘室，回收常压炉气中所含球形固体颗粒。操作条件下颗粒密度为 $3000kg\cdot m^{-3}$，气体的密度为 $0.5kg\cdot m^{-3}$，黏度为 $2.09\times10^{-5}Pa\cdot s$，体积流量为 $5m^3\cdot s^{-1}$。试求：

(1) 可完全回收的最小颗粒直径；

(2) 若将降尘室改为多层结构以完全回收 $20\mu m$ 的颗粒，则所需降尘室是层数及间距为多少？

$$[（1）80\mu m；（2）160m^2]$$

4. 采用板框压滤机恒压过滤某种悬浮液，已知过滤方程为

$$V^2+V=6\times10^{-5}A^2\tau$$

式中，τ 的单位为s。试求：

(1) 如果 30min 内获得 $5m^3$ 滤液，需要面积为 $0.4m^2$ 的滤框多少个？

(2) 过滤常数 K 和单位面积上的滤液当量体积 q_e 各为多少？ 　$[（1）21个；（2）6\times10^{-5}，0.03m^3\cdot m^{-2}]$

5. 用一板框式过滤机恒压下过滤某种悬浮液。表压为 101.325kPa 下，每平方米过滤面积上 20min 可得到 $0.197m^3$ 滤液，继续过滤 20min 又得到 $0.09m^3$ 滤液。试求：总共过滤 1h 可以得到多少 m^3 滤液？

$$[0.3563m^3]$$

第四章 传 热

教学基本要求

1. 了解傅里叶定律及其在热传导中的应用；
2. 理解对流传热的基本原理，牛顿冷却定律，圆管内做强制对流传热系数关联式的用法及影响对流传热系数的主要因素等；
3. 了解斯蒂芬-波尔兹曼定律，并能将之用以计算简单的热辐射问题；
4. 掌握间壁式传热基本方程式中热负荷、平均温度差及总传热系数的计算；
5. 了解各种换热器的结构特点及应用，理解传热过程的强化途径。

第一节 概 述

经验表明：传热是由于温度差而引起的能量转移。在一种介质内部或两种介质之间，只要存在温度差，就必然会出现传热过程。

一、热量传递的三种基本方式

如图 4-1 所示，我们把不同类型的传热过程称为不同的传热方式。

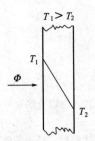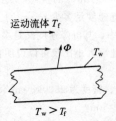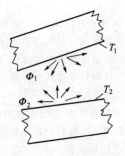

(a) 通过一个固体壁面或静止流体的热传导　(b) 由表面至运动流体的对流传热　(c) 两表面之间的静辐射传热

图 4-1　传导、对流和辐射传热方式

1. 热传导

热传导又称导热。当物体内部或两个紧密接触的物体之间存在温度差异时，能量就会由高温区向低温区转移。在流体中，由于分子之间经常不断地发生碰撞，故当相邻分子相撞时，能量大的分子就必然把能量传递给能量较小的分子，从而在沿温度降低的方向上产生热传导。固体中的热传导可以归之于体现为晶格振动形式的分子运动。一种现代观点认为：固体中的能量传递是由于原子运动引起的晶格振动。非导体完全靠这种晶格振动来传递能量；而在导体中，还有自由电子迁移引起的能量传递。热传导过程的特点是物体各部分之间不发生宏观的相对位移。

2. 对流

对流又称热对流或对流传热。工程上多指当流体与固体表面之间有相对运动时的热交换现象。对流传热是由两种机理构成，除了分子的随机运动（扩散）引起的能量交换外，还有流体整体运动，或称之为宏观运动引起的能量交换。而在任何时刻，这种宏观流体运动都与起支配作用的大量分子的集体运动或流体微团的运动相联系。

就引起流体运动的原因来看，化工厂中的流动现象可以分成两类：一类是由泵、风机或其他外部动力源的作用所引起的流动称为"强制对流"；另一类是由于冷热流体各部分的密度不同而引起的流动叫作"自然对流"。在自然对流情况下，热表面四周的流体不可能形成一个方向的整体运动，总是靠近表面的热流体向上运动，而远离表面的冷流体向下沉，这是自然对流区别于强制对流的地方。

3. 热辐射

热辐射是因为物体本身的温度而发射出的一种电磁辐射。其热能不依靠任何介质而以电磁波的形式在空间传播，当被另一种物体部分或全部接受后，又重新转变为热能。热辐射也是自然环境中所固有的组成部分。通常，在物体温度大于 400℃时，才有因热辐射而明显传递的热量，故热交换器器壁在一般情况下因辐射而损失的热量可以忽略不计。

实际的化工生产过程中，上述三种传热方式很少单独存在。只不过在不同情况下，常以一种或两种方式为主。在温度不太高的情况下，化工生产中的传热主要以热传导和对流两种方式进行。

二、传热过程在化工生产中的应用

化工生产中的很多过程和操作都需要进行加热或冷却，例如，几乎所有的化学反应过程都需要控制在一定的温度下进行。为此，可以用某种热流体在换热设备内进行加热；在另一些情况下，为将反应后的高温流体加以冷却，可以用某种冷流体与之换热以移走热量。此外，化工设备的保温、生产中热能的合理利用以及废热的回收等均会涉及传热问题。由此可见，几乎所有的化工生产过程都伴随着传热操作。

化工厂中的许多设备实质上都是两种流体进行热量交换的装置。工业上把这类将一种流体的热量传递给另一种流体的设备统称为换热器或热交换器。据统计，换热器占化工厂设备总重量的40%左右。在石化行业中，换热器约占建厂投资费用的 20%，占工艺设备总重量的 40%。

化工生产中对传热过程的要求通常有以下两种情况：一种是强化传热过程，提高各种换热设备的传热速率；另一种是削弱传热过程，对设备或管道保温（隔热），降低传热速率，减少热量损失。

传热过程也和流体流动过程一样，分为定态和非定态两种。通常，把换热器中传热面各点的温度仅随位置而变，并不随时间而改变的传热过程称为定态传热。其特点是单位时间通过单位传热面积传出的热量是个常数。假若换热器中传热面各点的温度既随位置而变又随时间而变，则称为非定态传热，间歇操作多属这种情况。

三、传热学与热力学的关系

传热学是研究具有不同温度的物体之间能量（热量）传播的一门学科。它不仅论述热能为什么能够传播，而且可以预示在具体条件下，热能将以多大的速率传播。而热力学虽然考虑热的相互作用，但是，热力学既不研究引起热交换的机理，也不研究计算热交换速率的方法。它只研究物质在排除温度梯度存在情况下的平衡状态。应用热力学可以预计体系由一种平衡状态过渡到另一种平衡状态需要多少能量，但是它并不着眼于传热的固有特征是一个非平衡过程。传热过程的发生必须要有温度梯度存在，所以传热必然是热力学上的不平衡过程。传热学这门学科目的在于分析研究热传播的速率，并以热不平衡的程度来表达之。利用以下推导的不同传热方式的传热速率方程即可表达这一点。

第二节　热　传　导

前已叙及，热传导是指在物体内部存在温度梯度时所进行的能量传递过程，其物理机理就是原子或分子的随机运动。化工生产中的加热与冷却，隔热与保温，均与固体壁的热传导有关，因此，本节首先讨论导热过程的基本定律，然后再具体讨论平壁与圆筒壁内定态导热过程的计算问题。

一、热传导方程

1. 傅里叶定律

在一个化学组成及物理状态相同的均匀物体内，热量以导热方式沿 x 方向通过，且 $T_1 > T_2$（如图 4-2 所示）。取热流方向微分长度为 dx，在 $d\tau$ 瞬间的传热量为 $d\Phi$。

实践证明，单位时间通过平板传导的热量与温度梯度及垂直于热流方向的导热面积成正比，即

$$d\Phi \propto - dA \frac{dT}{dx}$$

或写成

$$\Phi = -\lambda A \frac{dT}{dx} \tag{4-1a}$$

或

$$q = -\lambda \frac{dT}{dx} \tag{4-1b}$$

式中 Φ——热流量（导热速率），$J \cdot s^{-1}$ 或 W；

  q——热流密度，$J \cdot m^{-2} \cdot s^{-1}$ 或 $W \cdot m^{-2}$；

  A——导热面积，m^2；

  $\dfrac{dT}{dx}$——热流方向上的温度梯度，$K \cdot m^{-1}$。

式中的负号表示热传导服从热力学第二定律，即热流密度的方向与温度梯度方向相反，说明热能必须沿温度降低的方向传播。式（4-1a）表示导热的基本定律，亦称傅里叶（Joseph Fourier）定律。该数学表达式就是导热速率基本方程。

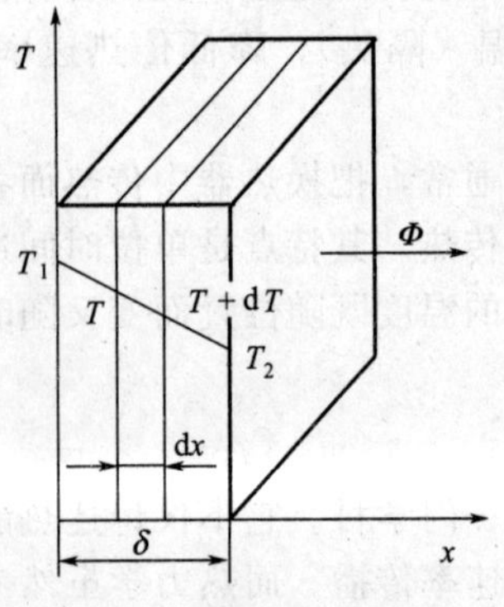

2. 热导率（导热系数）

由式（4-1a）可得

$$\lambda = - \frac{\Phi}{A \dfrac{dT}{dx}} \tag{4-2}$$

图 4-2　导热的基本关系

该式即为热导率的定义式。它表示，当温度梯度为 $1K \cdot m^{-1}$，单位时间内通过 $1 m^2$ 导热面积所传导的热量。热导率的大小表示物质导热能力的强弱，因此，它是物质的重要物理性质之一，其单位为 $W \cdot m^{-1} \cdot K^{-1}$。

通常，在式（4-2）的基础上可以用实验方法测定各种物质的热导率。

对于气体而言，其导热机理比较简单。可以认为温度代表了分子的动能，因而在高温区域的分子速度变化比低温区域为高。分子连续无规则地运动，被其他分子碰撞并交换能量和动量。当分子由高温区域向低温区域运动，分子就把动能传递到系统的低温部分，并通过碰撞将能量传递给能位较低的分子。对绝大多数气体而言，在中等压力范围内，热导率仅仅是温度的函数。

定性地看，液体的热传导机理与气体相似，但是，因为液体分子间距较小，分子力场对

分子碰撞过程中的能量交换影响很大，因此，情况要复杂得多。

固体以两种形式传导热能：晶格振动和自由电子迁移。对于良好的电导体，有相当大数量的自由电子在其晶格结构间运动，正如这些自由电子能传导电能一样，它们也可以将热能由高温区域传输到低温区域，这也和气体的情况类似。材料的晶格结构也能通过振动传递能量，通常通过晶格振动传递的能量不像电子传递的能量那么大，这就是良好的导电体往往都是良好的导热体的原因。

表 4-1 列出了常温常压下各类材料热导率的大致范围。更详尽的材料可从附录或化工手册中查阅。

表 4-1　各种材料热导率的大致范围

材　　料	热导率$(\lambda)/W \cdot m^{-1} \cdot K^{-1}$	材　　料	热导率$(\lambda)/W \cdot m^{-1} \cdot K^{-1}$
金属材料	5.00～420	液体	0.09～0.7
绝热材料	0.01～0.4	气体	0.007～0.17
建筑材料	0.5～2.00		

由表中数据可知，固体的热导率比液体的大，而液体的热导率又比气体的大。固体的热导率比气体的大好几个数量级，这一趋势是由于两者的分子间距差别非常大而造成的。

除了水以外，大多数物质的热导率随温度变化大致呈直线关系，因此，在某一温度范围内物质的热导率，可以按温度范围的算术平均值确定，不必考虑其温度的变化。这样处理对导热计算引起的误差不大。

二、传导传热计算

1. 单层平壁的热传导

在平壁内进行热传导，只考虑温度是 x 坐标的函数，并且传热只在这个方向上进行。如图 4-3(a) 所示，一面积为 A 的均匀材质的平壁，壁厚为 δ，热导率 λ 不随温度变化，视为常数。若平壁两侧的温度 T_1 和 T_2 恒定，则当 $x=0$ 时，$T=T_1$；$x=\delta$ 时，$T=T_2$。根据傅里叶定律

$$\Phi = -\lambda A \frac{\mathrm{d}T}{\mathrm{d}x}$$

分离变量后积分

$$\int_{T_1}^{T_2} \mathrm{d}T = -\frac{\Phi}{\lambda A} \int_0^\delta \mathrm{d}x$$

$$T_2 - T_1 = -\frac{\Phi}{\lambda A}\delta$$

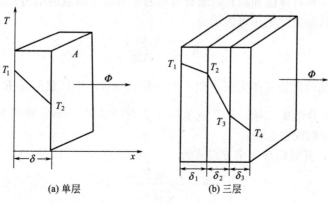

(a) 单层　　　　　　(b) 三层

图 4-3　平壁热传导

$$\Phi = \frac{\lambda}{\delta} A (T_1 - T_2) \tag{4-3}$$

上式也可以改写为如下形式

$$\Phi = \frac{T_1 - T_2}{\frac{\delta}{\lambda A}} = \frac{\Delta T}{R} \tag{4-4}$$

式中，$\frac{\delta}{\lambda A}$ 称为平壁的总面积热阻；$\frac{\delta}{\lambda}$ 称为平壁的单位面积热阻；$\Delta T = T_1 - T_2$ 为导热的推动力。

如果平壁是由几种材料构成，则可以组成多层平壁。

2. 多层平壁的热传导

图 4-3(b) 所示为三层平壁。假定各层的厚度分别为 δ_1、δ_2、δ_3，各层材质均匀。热导率分别为 λ_1、λ_2 和 λ_3，皆视为常数，层与层之间接触良好，相互接触的表面上温度相等。各等温面均为垂直于 x 轴的平行平面，面积为 A。在定态导热过程中，穿过各层的热流量必然相等。

$$\Phi = -\lambda_1 A \frac{T_2 - T_1}{\delta_1} = -\lambda_2 A \frac{T_3 - T_2}{\delta_2} = -\lambda_3 A \frac{T_4 - T_3}{\delta_3}$$

由上式可得

$$\Delta T_1 = T_1 - T_2 = \Phi \delta_1 / (\lambda_1 A) \tag{a}$$
$$\Delta T_2 = T_2 - T_3 = \Phi \delta_2 / (\lambda_2 A) \tag{b}$$
$$\Delta T_3 = T_3 - T_4 = \Phi \delta_3 / (\lambda_3 A) \tag{c}$$

将以上三式相加，并经整理，可得

$$\Phi = \frac{\Delta T_1 + \Delta T_2 + \Delta T_3}{\frac{\delta_1}{\lambda_1 A} + \frac{\delta_2}{\lambda_2 A} + \frac{\delta_3}{\lambda_3 A}} = \frac{T_1 - T_4}{\frac{\delta_1}{\lambda_1 A} + \frac{\delta_2}{\lambda_2 A} + \frac{\delta_3}{\lambda_3 A}} \tag{4-5}$$

式(4-5) 为三层平壁的热传导速率方程。

若采用热流密度或单位面积热阻，则式(4-5) 可写成

$$q = \frac{T_1 - T_4}{\frac{\delta_1}{\lambda_1} + \frac{\delta_2}{\lambda_2} + \frac{\delta_3}{\lambda_3}} \tag{4-6}$$

从上面的推导可知，关于傅里叶定律也可以从另一种不同的概念来研究：热流量可以看作流量；而热导率、材料厚度和面积的组合可以看作对应于流量的阻力；温差则是驱动热量流动的位势函数。故傅里叶定律可表示为

$$热流量 = \frac{热势差}{热阻}$$

这种关系与电路理论的欧姆定律完全相似。在方程式(4-4) 中，热阻是 $R = \frac{\delta}{\lambda A}$，而在方程式(4-5) 中，热阻是分母中三项之和。这实际上表明并排的三个平壁相当于串联的三个热阻。图 4-4 绘出了它的模拟电路。

对于 n 层平壁，其热传导速率方程式为

$$\Phi = \frac{T_1 - T_{n+1}}{\sum_{i=1}^{n} \frac{\delta_i}{\lambda_i A}} \tag{4-7}$$

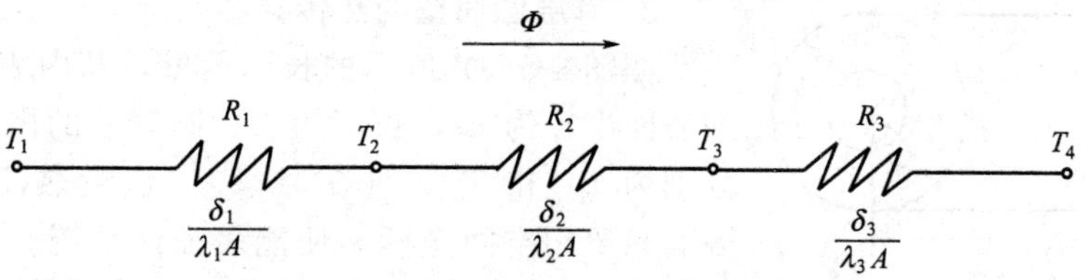

图 4-4　通过三层平壁的模拟电路

式中 $i=1,\ 2,\ 3,\ \cdots,\ n$，表示平壁的序号。

由式(4-5) 和式(4-7) 可以推导出，各层平壁的温度降与该层的热阻成正比，即

$$\Delta T_1 : \Delta T_2 : \Delta T_3 : \Delta T = \frac{\delta_1}{\lambda_1} : \frac{\delta_2}{\lambda_2} : \frac{\delta_3}{\lambda_3} : \sum \frac{\delta}{\lambda}$$

此式说明，在多层平壁导热过程中，哪层热阻大，那层温度差就大；反之，哪层的温度差大，则那层的热阻就必然大。这是一切定态串联过程的共同特性。

根据以上关系，也可以求得定态导热过程中，两层壁面交界处的温度。

【例 4-1】 一座由耐火砖、硅藻土焙烧板层和金属密封护板构成的炉墙，其热导率依次为 $\lambda_1=1.09\mathrm{W} \cdot \mathrm{m}^{-1} \cdot \mathrm{K}^{-1}$，$\lambda_2=0.116\mathrm{W} \cdot \mathrm{m}^{-1} \cdot \mathrm{K}^{-1}$ 和 $\lambda_3=45\mathrm{W} \cdot \mathrm{m}^{-1} \cdot \mathrm{K}^{-1}$。厚度 $\delta_1=115\mathrm{mm}$，$\delta_2=185\mathrm{mm}$ 和 $\delta_3=3\mathrm{mm}$。炉墙的内表面平均温度为 642℃，外表面平均温度为 54℃，试求每平方米炉墙的散热量和各层间的温度。

解：先求出各层材料的单位面积热阻。

耐火砖层　　　$\dfrac{\delta_1}{\lambda_1} = \dfrac{0.115\mathrm{m}}{1.09\mathrm{W} \cdot \mathrm{m}^{-1} \cdot \mathrm{K}^{-1}} = 0.11 \quad \mathrm{m}^2 \cdot \mathrm{K} \cdot \mathrm{W}^{-1}$

硅藻土层　　　$\dfrac{\delta_2}{\lambda_2} = \dfrac{0.185\mathrm{m}}{0.116\mathrm{W} \cdot \mathrm{m}^{-1} \cdot \mathrm{K}^{-1}} = 1.59 \quad \mathrm{m}^2 \cdot \mathrm{K} \cdot \mathrm{W}^{-1}$

金属层　　　　$\dfrac{\delta_3}{\lambda_3} = \dfrac{0.003\mathrm{m}}{45\mathrm{W} \cdot \mathrm{m}^{-1} \cdot \mathrm{K}^{-1}} = 6.67\times10^{-5} \quad \mathrm{m}^2 \cdot \mathrm{K} \cdot \mathrm{W}^{-1}$

从这三项热阻的数值来看，金属壁的热阻可以忽略不计，于是炉墙的总热阻为

$$R_{\mathrm{t}} = 0.11 + 1.59 = 1.7 \quad \mathrm{m}^2 \cdot \mathrm{K} \cdot \mathrm{W}^{-1}$$

按式(4-6) 每平方米炉墙的散热量为

$$q = \frac{T_1 - T_4}{R_{\mathrm{t}}} = \frac{642℃ - 54℃}{1.7\mathrm{m}^2 \cdot \mathrm{K} \cdot \mathrm{W}^{-1}} = 346\mathrm{W} \cdot \mathrm{m}^{-2}$$

一般情况下，每平方米炉墙散热量不大于 350W，否则应加厚保温层。

又耐火砖与硅藻土层交界处的温度可按式（a）计算，即

$$T_2 = T_1 - \frac{\Phi}{\lambda_1 A}\delta_1 = T_1 - q\frac{\delta_1}{\lambda_1}$$

$$= 642℃ - 346\mathrm{W} \cdot \mathrm{m}^{-2} \times \frac{0.115\mathrm{m}}{1.09\mathrm{W} \cdot \mathrm{m}^{-1} \cdot \mathrm{K}^{-1}} = 642℃ - 346 \times 0.11\mathrm{K}$$

$$= 604℃$$

这一数值可用来校核硅藻土材料是否在允许的最高温度以下工作。由手册上查得硅藻土的最高使用温度为 900℃，由此可见在本题条件下使用是不成问题的。

化工生产中，经常要对圆筒形设备、管道进行圆筒壁的热传导计算。它与平壁热传导有两点不同：①圆筒壁的传热面积不是常量，而是随半径而改变；②温度也随半径而改变。

3. 单层圆筒壁的热传导

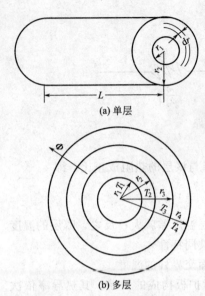

(a) 单层

(b) 多层

图 4-5 圆筒壁的热传导

如图 4-5(a) 所示的长圆筒壁，其内表面半径为 r_1，外表面半径为 r_2，长度为 L。圆筒壁的内、外表面温度分别为 T_1 和 T_2，且 $T_1 > T_2$。假设热流沿半径方向，因而只要用空间坐标 r 便能表征该系统。若沿半径方向取微分厚度为 dr 的薄壁圆筒，并使传热面积 $A = 2\pi r L$ 视为常量。再应用傅里叶定律，并将对应的面积关系引入该定律，则通过该薄层圆筒壁的热流量可以写成

$$\Phi = -\lambda A \frac{dT}{dr} = -\lambda (2\pi r L) \frac{dT}{dr} \qquad (4\text{-}8)$$

将上式分离变量，积分并整理得

$$\Phi = \frac{2\pi L \lambda (T_1 - T_2)}{\ln \dfrac{r_2}{r_1}} = \frac{2\pi L (T_1 - T_2)}{\dfrac{1}{\lambda} \ln \dfrac{r_2}{r_1}} \qquad (4\text{-}9)$$

在这种情况下，热阻是

$$R = \frac{\ln(r_2/r_1)}{2\pi L \lambda}$$

式(4-9) 表明，通过圆筒壁的导热量取决于内、外径之比而与圆筒壁厚度的绝对数值无关。该式也可以写成与平壁热传导速率方程类似的形式，即

$$\Phi = \frac{\lambda A_m (T_1 - T_2)}{\delta} = \frac{\lambda A_m (T_1 - T_2)}{r_2 - r_1} \qquad (4\text{-}10)$$

式中　A_m——圆筒壁内外表面的对数平均面积。

将式(4-10) 与式(4-9) 相比较，得对数平均面积为

$$A_m = \frac{2\pi L (r_2 - r_1)}{\ln \dfrac{r_2}{r_1}} = 2\pi r_m L$$

式中，r_m 为圆筒壁的对数平均半径，即

$$r_m = \frac{r_2 - r_1}{\ln \dfrac{r_2}{r_1}}$$

当 $r_2/r_1 \leqslant 2$ 时，$r_m = \dfrac{r_1 + r_2}{2}$；也可以把圆筒壁当作平壁一样来计算，其计算误差不超过 4%，在一般工程计算中是完全允许的，因此，对于各种管道和圆筒设备，只要其 $r_2/r_1 \leqslant 2$，都可以直接作为平壁来计算。在化工厂中绝大部分管材都可以这样处理，但对于管道的保温而言，r_2/r_1 往往大于 2，此时就必须按式(4-9) 或式(4-10) 来计算。

同平壁一样，式(4-9)、式(4-10) 既可以用来求取 Φ，也可以在已知 Φ 的情况下用以求取其他未知参量。

4. 多层圆筒壁的热传导

像多层平壁一样，也可以将热阻的概念应用于多层圆筒壁。对于图 4-5(b) 所示的三层圆筒壁，假设各层接触良好，各层热导率分别为 λ_1、λ_2 和 λ_3；各层厚度分别为 $\delta_1 = r_2 - r_1$，$\delta_2 = r_3 - r_2$，$\delta_3 = r_4 - r_3$。则根据串联热阻叠加的原则，参阅式(4-9)，其导热速率方程式为

$$\Phi = \frac{2\pi L(T_1 - T_4)}{\frac{1}{\lambda_1}\ln\frac{r_2}{r_1} + \frac{1}{\lambda_2}\ln\frac{r_3}{r_2} + \frac{1}{\lambda_3}\ln\frac{r_4}{r_3}} \tag{4-11}$$

则每米管长热损失为

$$\Phi' = \frac{T_1 - T_4}{\frac{1}{2\pi\lambda_1}\ln\frac{r_2}{r_1} + \frac{1}{2\pi\lambda_2}\ln\frac{r_3}{r_2} + \frac{1}{2\pi\lambda_3}\ln\frac{r_4}{r_3}} \tag{4-12}$$

电模拟线路图如图 4-6 所示。

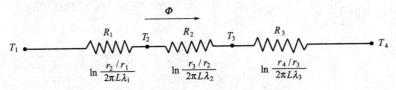

图 4-6　通过三层圆筒壁的模拟电路

对于 n 层圆筒壁，则

$$\Phi = \frac{2\pi L \Delta T}{\sum\limits_{i=1}^{n} \frac{1}{\lambda_i}\ln\frac{r_{i+1}}{r_i}} \tag{4-13}$$

式中，i 为 n 层圆筒壁的壁层序号；$\Delta T = T_1 - T_{n+1}$。

【例 4-2】　管外径 $d_1 = 273\text{mm}$ 的蒸汽管道中输送着 540℃ 的蒸汽。管外包有水泥蛭石保温层，最外层又有 15mm 厚的保护层。按照规定保护层外侧的温度 $T_3 = 48$℃，热损失为 442W·m^{-1}，求保温层厚度 δ。已知：水泥蛭石的热导率为 $\lambda_1 = 0.105\text{W·m}^{-1}\text{·K}^{-1}$，保护层的热导率为 $\lambda_2 = 0.192\text{W·m}^{-1}\text{·K}^{-1}$。

解：保温内表的温度可认为与蒸汽温度相等，即等于 540℃。实际上此处的温度要比 540℃略低一些，因此按 540℃ 计算的结果稍偏安全。

$$\Phi' = \frac{T_1 - T_3}{\frac{1}{2\pi\lambda_1}\ln\frac{r_2}{r_1} + \frac{1}{2\pi\lambda_2}\ln\frac{r_3}{r_2}}$$

$$442 = \frac{540 - 48}{\frac{1}{2\pi \times 0.105}\ln\frac{136.5 + \delta}{136.5} + \frac{1}{2\pi \times 0.192}\ln\frac{151.5 + \delta}{136.5 + \delta}}$$

即

$$442 = \frac{492}{1.52\ln\dfrac{136.5 + \delta}{136.5} + 0.829\ln\dfrac{151.5 + \delta}{136.5 + \delta}} \tag{a}$$

现在的任务是从方程式(a)中求出 δ，因为式中出现了自然对数，难以按一般解代数方程的方法求解，故可采用试差法，具体步骤如下。

(1) 假定 $\delta = 200\text{mm}$，代入式(a)的右边，得

$$\frac{492}{1.52\ln\dfrac{336.5}{136.5} + 0.829\ln\dfrac{351.5}{336.5}} = \frac{492}{1.52\ln2.465 + 0.829\ln1.045}$$

$$= \frac{492}{1.52 \times 0.902 + 0.829 \times 0.044}$$

$$= \frac{492}{1.407} = 350 \text{W} \cdot \text{m}^{-1}$$

（2）$350 \text{W} \cdot \text{m}^{-1}$ 比规定的热损失 $442 \text{W} \cdot \text{m}^{-1}$ 要小，说明原假定的 δ 值偏大。再重新假定一个 δ 值，重复上述计算，直至所得的结果与 $442 \text{W} \cdot \text{m}^{-1}$ 基本相符为止。

（3）经几次试差计算后，假定 $\delta = 140 \text{mm}$，代入式(a)右边，得

$$\frac{492}{1.52\ln\frac{276.5}{136.5} + 0.829\ln\frac{291.5}{276.5}} = \frac{492}{1.52\ln 2.026 + 0.829\ln 1.054}$$

$$= \frac{492}{1.52 \times 0.706 + 0.829 \times 0.053}$$

$$= \frac{492}{1.117} = 440 \text{W} \cdot \text{m}^{-1}$$

此结果与规定的热损失基本相符，于是保温层的厚度应为 140mm。

第三节　对　流　传　热

在处理对流传热问题时，有两个主要目标，除了要理解对流传热所依据的物理机理外，还要导出进行对流传热的基本方法。本节的讨论主要是定性的分析，并且只涉及强制对流的流动系统。

一、对流传热分析

对流传热是在流体流动过程中发生的热量传递现象。工业生产当中遇到的对流传热，常指间壁式换热器中两侧流体与固体壁面进行的热交换，即热流体将热量传给固体壁面，再由固体壁面将热量传给冷流体，这种传热亦常称为给热。因为它是依靠流体质点的移动进行热量传递的，故对流传热与流体流动状况密切相关。

当流体做层流流动时，各层流体平行流动，层与层之间的流体无相对位移，因此在垂直于流体流动方向上的热量传递，主要依靠热传导方式进行。当流体做湍流流动时，无论主流流体的湍动程度多大，然而在紧靠壁面仍有一薄层做层流流动的"膜"，即层流底层。在层流底层，热量传递仅仅依靠分子扩散运动而以传导方式进行。由于多数流体是热导率较小的不良导体，故热阻主要集中在层流底层中，以致造成很大的温度降。在层流底层与湍流主体之间存在着一个过渡区，此区内的流体由于受漩涡运动而造成流体质点产生相对位移，因此，热量传递除以传导方式外，还以对流方式存在，故温度梯度逐渐变小。而在湍流主体中，由于流体质点的剧烈碰撞与混合，热量传递以对流方式为主，可以认为无传热阻力，即温度梯度已经消失，主流流体各处的温度基本相同。

综上所述，对流传热是以层流底层的导热和层流底层以外的以流体质点做相对位移与混合为主的传热的总称。为了处理问题方便，一般将有温度梯度存在的区域，即层流底层和过渡区称作传热边界层，传热的热阻主要集中在层流底层。图 4-7 表示对流传热的温度分布情况。

二、壁面和流体间的对流传热速率

1. 对流传热速率方程

由上述分析可知，对流传热是一个复杂的传热过程，影响对流传热的因素很多，因此，

对流传热的纯理论计算是比较困难的。目前，工程上仍是采用一种简化的、半经验的处理方法，即将流体全部温度差都集中在厚度为 δ_t 的有效膜内。然而，此 δ_t 是难以测定的，完全是为了处理问题的方便而假设的，所以，在按照传热边界层的概念，将对流传热进行数学处理时，若分别考虑热流体向壁面传热和壁面向冷流体传热时，则传热速率方程式为

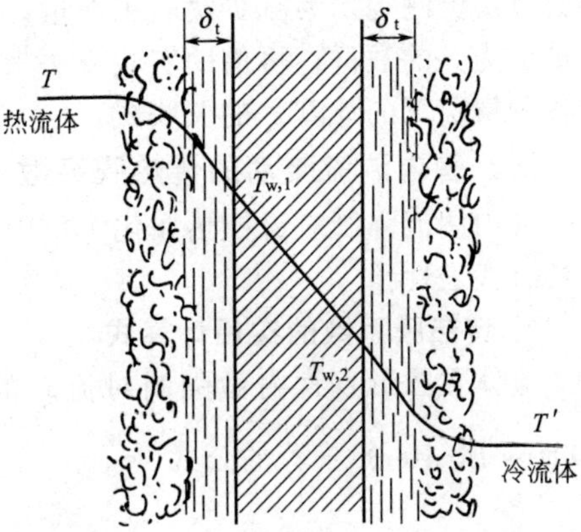

$$\Phi = \frac{\lambda}{\delta_t} A (T - T_{w,1})$$

和

$$\Phi = \frac{\lambda}{\delta_t} A (T_{w,2} - T')$$

图 4-7　对流传热的温度分布情况

式中　T，T'——热流体、冷流体的温度，K；

$T_{w,1}$，$T_{w,2}$——热流体一侧和冷流体一侧的壁面温度，K。

然而，这两个方程是无法用于计算的。故以 $\alpha = \dfrac{\lambda}{\delta_t}$ 代入上式，则传热速率方程可以表示为

$$\Phi = \alpha_1 A (T - T_{w,1}) \tag{4-14a}$$

$$\Phi = \alpha_2 A (T_{w,2} - T') \tag{4-14b}$$

式(4-14a)和式(4-14b)为对流传热基本方程，又称牛顿（Newton）冷却定律。式中的比例系数 α 称为传热膜系数。

上述公式形式虽然简单，但并未减少计算的困难，只不过是将所有复杂的影响因素都归纳到传热膜系数 α 之中，要解决对流传热计算，必须首先确定 α 值。

2. 传热膜系数

传热膜系数的物理意义，可由牛顿冷却定律得到

$$\alpha = \frac{\Phi}{A (T - T_w)}$$

此式说明，传热膜系数 α 表示：当流体与传热壁面间的温度差为 1K 时，单位时间通过单位传热面积上所能传递的热量，其单位为 $W \cdot m^{-2} \cdot K^{-1}$，所以，它也是对流传热强度的标志。

实验表明，影响传热膜系数的主要因素有：

① 流体的状态　气体、液体在传热的过程中是否发生相变化；

② 流体的物理性质　主要有密度 ρ、黏度 μ、比定压热容 c_p 和热导率 λ 等；

③ 流体的运动状况　层流或湍流；

④ 流体的对流状况　自然对流、强制对流；

⑤ 传热表面的形状、位置及大小　如管束、管、板、管长、管子排列方式（直列、错列）垂直放置或水平放置等。

从上述分析可以看出，影响对流传热的因素很多，而且这些因素并不是孤立存在的。它还会产生综合影响，特别是流体在传热过程中发生相变时，影响更加复杂，因此，在一般情况下，目前尚无法从理论上提出一个普遍的公式用于各种情况下的传热膜系数的计算，而只

能通过实验测定。为减少实验工作量，实验前采用量纲分析方法将影响传热膜系数的因素组成量纲为 1 的数群，再借助实验方法来确定这些特征数在不同情况下相互之间的关系，即得到各种情况下的计算 α 的关联式。

三、管内湍流流动的传热膜系数

管内湍流强制对流换热在化工厂中是很常见的，在计算其传热膜系数时所应注意的问题也具有代表性。

1. 传热膜系数的实用计算式

流体在圆形直管内做强制对流时的传热膜系数特征数关联式一般采用迪图斯-贝尔特（Dittus-Boelter）推荐的公式

$$Nu = 0.023Re^{0.8}Pr^m \tag{4-15}$$

该公式中的物性都是按流体的整体温度来确定的，而指数 m 具有如下数值：

当流体被加热，$m = 0.4$；当流体被冷却，$m = 0.3$。

上述 m 取值不同的原因，主要是由于温度对靠近管壁层流底层流体黏度和导热系数的影响。当管内流体被加热时，靠近管壁处层流底层的温度高于流体主体温度；而流体被冷却时，情况正好相反。

对于液体，层流底层内其黏度随温度升高而降低，故此时层流底层减薄。大多数液体的热导率随温度升高也有所减少，但并不显著，总的结果是使得到的 α 增大。液体被加热时的 α 必大于其被冷却时的 α。大多数液体的 $Pr > 1$，即 $Pr^{0.4} > Pr^{0.3}$，因此，液体被加热时，m 取 0.4；被冷却时，m 取 0.3。

对于气体，其黏度随温度的升高而增大，气体被加热时层流底层增厚，气体的导热系数随温度升高也略有升高，总的结果是使 α 减小。气体被加热时的 α 必小于其被冷却时的 α。由于大多数气体的 $Pr < 1$，即 $Pr^{0.4} < Pr^{0.3}$，因此，同液体一样，气体被加热时 m 取 0.4，被冷却时 m 取 0.3。

式（4-15）中的 $Re = \dfrac{du\rho}{\mu}$，雷诺数（Reynolds number），表示流体的流动状态和湍动程度对对流传热的影响；$Pr = \dfrac{c_p\mu}{\lambda}$，普朗特数（Prandtl number），表示流体物性对对流传热的影响；$Nu = \dfrac{\alpha l}{\lambda}$，努塞尔数（Nusselt number），表示对流传热的强弱程度，包含待定的对流传热膜系数 α。故式（4-15）可写成

$$\alpha = 0.023 \frac{\lambda}{d} \left(\frac{du\rho}{\mu}\right)^{0.8} \left(\frac{c_p\mu}{\lambda}\right)^m \tag{4-16}$$

该式适用范围如下：

① $Re > 10^4$，即流动是充分湍流的；

② $Pr = 0.7 \sim 160$，包括气体、水、有机液体和部分油类皆可满足；

③ 流体是低黏度的（不大于水的黏度的 2 倍）；

④ $\dfrac{l}{d} \geqslant 50$，平均传热膜系数不再受入口段的影响，已经取得恒定值。

2. 使用关联式注意事项

（1）不能把公式任意地用于超出该式所依据的试验范围以外。所谓试验范围主要是指 Re，Pr 的范围，有时对温差及换热表面的几何参数也有限制。

（2）必须按规定方式选取定性温度。所谓定性温度，是指用以确定流体物性参数的温度。由于流体物性通用数值与温度有关，在换热过程中流体的温度一般是不断变化的，因而在利用特征数方程式计算传热膜系数时，就必须以某种温度为依据，以确定式中的物性参数值。通常以算术平均温度作为定性温度的选取方式易于计算，应用较广。式(4-16) 即采用这种方式，并且习惯上就取管道进、出口截面温度的算术平均值作为流体的平均温度。

（3）必须按规定方式选取特征尺寸。对于管内对流换热时，以内径 d 作为特征尺寸。

若将式(4-16) 整理，可得

$$\alpha = 0.023\lambda\left(\frac{\rho}{\mu}\right)^{0.8}\left(\frac{c_p\mu}{\lambda}\right)^m\left(\frac{u^{0.8}}{d^{0.2}}\right) \tag{4-17}$$

式中各项物性参数值在定性温度下皆为常数，若将其合并为常数项 A，则

$$\alpha = A\,\frac{u^{0.8}}{d^{0.2}}$$

即传热膜系数 α 与 $u^{0.8}$ 成正比，与 $d^{0.2}$ 成反比。故提高流速 u，则 α 增大，对强化传热有利。而当流量一定时，减少管径 d，则 u 增大，两者的影响结果均使传热膜系数 α 提高，但对 d 给 α 造成的影响应做具体分析。

式(4-16) 也适用于流体在非圆形管道内流动和在列管式换热器内管间流动（列管间无挡板）时 α 值的计算，此时，管内径应以当量直径表示，即

$$d'_e = 4 \times \frac{\text{流体流动截面积}}{\text{流体润湿的传热周边}}$$

以套管换热器环隙为例，若内管外径为 d_1、外管内径为 d_2，则传热当量直径为

$$d'_e = 4 \times \frac{\frac{\pi}{4}(d_2^2 - d_1^2)}{\pi d_1} = \frac{d_2^2 - d_1^2}{d_1}$$

传热计算中，应采用哪种当量直径，由关联式确定。如果关联式没有说明，为安全起见应采用 d'_e 计算 α。

【例 4-3】 有一由 38 根 $\phi25\text{mm} \times 2.5\text{mm}$ 的无缝钢管组成的列管式换热器，苯在管内流动，由 20℃ 被加热至 80℃，苯的流量为 $8.32\text{kg} \cdot \text{s}^{-1}$。外壳中通入水蒸气进行加热，试求：

（1）管壁对苯的传热膜系数；

（2）当苯的流量提高一倍，传热膜系数有何变化？

解：（1）可查得苯在定性温度

$$T_m = \frac{1}{2}(20 + 80) = 50℃$$

时的物性数据为：

密度 $\rho = 860\text{kg} \cdot \text{m}^{-3}$；比定压热容 $c_p = 1.80\text{kJ} \cdot \text{kg}^{-1} \cdot \text{K}^{-1}$；

黏度 $\mu = 0.45\text{cP}$；热导率 $\lambda = 0.14\text{W} \cdot \text{m}^{-1} \cdot \text{K}^{-1}$。

管内苯的流速为

$$u = \frac{q_V}{\frac{\pi}{4}d^2 n} = \frac{8.32/860}{0.785 \times 0.02^2 \times 38} = 0.81\text{m} \cdot \text{s}^{-1}$$

$$Re = \frac{du\rho}{\mu} = \frac{0.02 \times 0.81 \times 860}{0.45 \times 10^{-3}} = 30960$$

$$Pr = \frac{c_p\mu}{\lambda} = \frac{1.8 \times 10^3 \times 0.45 \times 10^{-3}}{0.14} = 5.79$$

以上计算表明本题流动情况符合式(4-6)的试验条件，故

$$\alpha = 0.023 \times \frac{\lambda}{d} \times Re^{0.8} \times Pr^{0.4} = 0.023 \times \frac{0.14}{0.02} \times 30960^{0.8} \times 5.79^{0.4}$$

$$= 1272 \text{W} \cdot \text{m}^{-2} \cdot \text{K}^{-1}$$

（2）由于 α 和 $u^{0.8}$ 成正比，当苯的流量增大一倍时，传热膜系数为 α'

$$\alpha' = \alpha \left(\frac{2u}{u} \right)^{0.8} = 1272 \times 2^{0.8} = 2215 \text{W} \cdot \text{m}^{-2} \cdot \text{K}^{-1}$$

由于流速增加，使传热膜系数增加了

$$\frac{2215 - 1272}{1272} \times 100\% = 74.14\%$$

对于有些特殊情况，若前述条件不能得到满足，则按式(4-16)计算的结果，须适当加以修正。

（1）对于高黏度液体，因固体表面与主体温度差带来的影响显著，使得近管壁处液体黏度与管道中心的黏度相差较大。此时利用指数 m 取不同值的方法，却不能关联得到满意的实验数据，需要另外引入一个量纲为 1 的黏度比，方能与实验结果相符。

$$\alpha = 0.027 \frac{\lambda}{d} Re^{0.8} Pr^{0.33} \left(\frac{\mu}{\mu_{\text{w}}} \right)^{0.14} \tag{4-18}$$

式中　μ_{w}——液体在壁温下的黏度。

其他物理参量的定性温度和特征尺寸均与式(4-16)相同。由于引入 μ_{w}，则必须知道壁温，这使计算过程复杂化，但对工程计算，在壁温未知情况下，取以下数值已可满足要求。

当液体被加热时：$\left(\frac{\mu}{\mu_{\text{w}}} \right)^{0.14} \doteq 1.05$

当液体被冷却时：$\left(\frac{\mu}{\mu_{\text{w}}} \right)^{0.14} \doteq 0.95$

对于气体，无论是加热还是冷却，均取 1。

式(4-18)适用于 $Re > 10^4$，$Pr = 0.5 \sim 100$ 的除液态金属以外的各种液体。

（2）对于 $l/d < 30 \sim 40$ 的短管，因管内流动尚未充分发展，层流底层较薄，热阻小，因此，此种情况下按式(4-16)计算的传热膜系数偏低，需乘以 1.02～1.07 的系数加以修正。

（3）流体在过渡流区范围内，即 $Re = 2000 \sim 10000$ 之间，由于湍流不充分，层流底层较厚，致使热阻大而 α 小。此时用式(4-16)计算出 α 后，需再乘以小于 1 的校正系数 f

$$f = 1 - \frac{6 \times 10^5}{Re^{1.8}} \tag{4-19}$$

（4）流体在弯曲管道内流动时的传热膜系数，因所处场合不同，会有一定影响，如流体在蛇管、肘管一类的弯曲管道内流动时，由于受离心力的影响，扰动加剧，使传热膜系数增加。如图 4-8 所示，管内径为 d，弯管的曲率半径为 R。实验结果表明，当直管的传热膜系数为 α 时，则弯管中的 α' 可按下式计算

图 4-8　弯管

$$\alpha' = \alpha \left(1 + 1.77 \frac{d}{R} \right)$$

$$\tag{4-20}$$

四、管外湍流流动的传热膜系数

化工厂换热装置中都包括有许多排管子，因此，管束的换热特性具有重要的实际意义。流体在圆管外垂直流过时，可以分为流体流过单管和横向流过管束两种情况。此处介绍后者。

流体横向流过管束时的对流传热很复杂，这主要是由于几何因素的影响结果，此种情况下的传热膜系数可以用下式计算

$$Nu = C\varepsilon Re^n Pr^{0.4} \tag{4-21}$$

式中，常数 C、排列系数 ε 和指数 n 均由实验确定，其值见表 4-2。

表 4-2　液体垂直于管束流动时的 C、ε 和 n 值

列数	直 排		错 排		C
	n	ε	n	ε	
1	0.6	0.171	0.6	0.171	$x_1/d = 1.2 \sim 3$ 时
2	0.65	0.157	0.6	0.228	$C = 1 + 0.1 x_1/d$
3	0.65	0.157	0.6	0.290	$x_1/d > 3$ 时
4	0.65	0.157	0.6	0.290	$C = 1.3$

管束的排列方式有直排和错排两种，如图 4-9 所示。直排（a）时从第二列起每排管子正对着流体流动方向的一面位于前列管子漩涡区的尾流内，受到正面流体冲刷情况要差一些，流动方向较稳定，所受管壁的干扰较小。错排（b）时，第二列管子所受到的冲刷情况要强一些，流体在管间流动的速度和方向经常变化，使湍动程度增强，故 ε 较大。由于流动情况的这种明显区别，故直排与错排的换热规律就不相同，错排的传热膜系数较大。

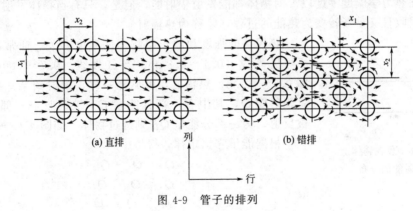

图 4-9　管子的排列

式（4-21）的适用范围是：$Re = 5 \times 10^3 \sim 7 \times 10^4$，$x_1/d = 1.2 \sim 5$，$x_2/d = 1.2 \sim 5$。特征尺寸 d 为管外径，定性温度为 $T_m = \dfrac{1}{2}(T_进 + T_出)$，流速取各排垂直于流动方向上最窄通道的流速。由于各列传热膜系数不同，故取其平均值，可按下式计算

$$\alpha_m = \frac{\alpha_1 A_1 + \alpha_2 A_2 + \alpha_3 A_3 + \cdots}{A_1 + A_2 + A_3 + \cdots} = \frac{\sum \alpha_i A_i}{\sum A_i}$$

式中 A_i 为各排传热管的外表面积。

五、大空间内自然对流的传热膜系数

在传热面附近流体的运动不受外界干扰时称为大空间自然对流。通常，管道或传热设备

表 4-3 式(4-22) 中的 C 和 n 值

$Gr \times Pr$	C	n
$1 \times 10^{-3} \sim 5 \times 10^2$	1.18	1/8
$5 \times 10^2 \sim 2 \times 10^7$	0.54	1/4
$2 \times 10^7 \sim 1 \times 10^{13}$	0.135	1/3

外表面与周围大气之间的对流传热就属于这种情况。

当流体自然对流时，传热膜系数 α 仅与反映自然对流的格拉晓夫数（Grashof number）Gr 有关，而与 Re 数无关，其特征数关联式可写成下式

$$Nu = C(Gr \cdot Pr)^n$$

或

$$\alpha = C \frac{\lambda}{L} \left(\frac{\beta g \Delta T L^3 \rho^2}{\mu^2} \cdot \frac{c_p \mu}{\lambda} \right)^n \tag{4-22}$$

式中，C、n 为常数，前者与加热表面形状及位置有关，后者取决于流动状态，其值由实验测得，列于表 4-3 中。

使用式(4-22) 时应注意以下几点。

① 应用范围：$Pr \geqslant 0.6$。

② 特征尺寸：对垂直管或垂直板取垂直高度；对水平管取外径。

③ 定性温度：壁面温度与流体温度的算术平均值。

式(4-22) 对于各种形状的传热面积，如横管、竖管、横板、竖板和球形等均能适用。这说明在自然对流传热中，α 主要受流体的物性、传热面尺寸以及壁面与流体的温差的影响，而传热面的形状对 α 影响不大。

第四节 辐 射 传 热

一、基本概念

辐射传热也称为热辐射，是当物体受热后又以电磁波的形式向四周发射辐射能的方式。凡是温度在热力学温度零度以上的物体都能发射辐射能，但是，只有当物体发射的辐射能被另一物体吸收且又重新转变为热能的过程，才称为热辐射。

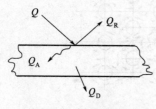

图 4-10 投在物体上辐射能的分布

热辐射的强度和波长与物体的温度有关。通常，其波长介于可见光线（$0.4 \sim 0.8 \mu m$）与红外线（$0.7 \sim 500 \mu m$）之间，即 $0.8 \sim 40 \mu m$。热辐射与可见光一样，投射到某一物体表面的总辐射能 Q，其中有一部分能量 Q_A 被吸收，一部分能量 Q_R 被反射，另一部分能量 Q_D 则透过物体，如图 4-10 所示。

根据能量守恒定律，得

$$Q_A + Q_R + Q_D = Q$$

故

$$\frac{Q_A}{Q} + \frac{Q_R}{Q} + \frac{Q_D}{Q} = 1$$

$A = \dfrac{Q_A}{Q}$，称为吸收率（absorptivity）；$R = \dfrac{Q_R}{Q}$，称为反射率（reflectivity）；$D = \dfrac{Q_D}{Q}$，称为透过率（transmissivity），则 $A + R + D = 1$。

物体的吸收率、反射率和透过率的大小，与该物体的性质、温度、表面状况及辐射线（对气体）的波长等因素有关。

能全部吸收辐射能的，即 $A = 1$ 的物体称为绝对黑体或黑体。实际上自然界中并不存在绝对黑体，但有些物体，如没有光泽的黑漆表面，$A = 0.96 \sim 0.98$，比较接近黑体，因此，黑体仅供在理论研究和热辐射计算中作为比较的标准。

能全部反射辐射能的，即 $R = 1$ 的物体称为绝对白体或镜体。实际上绝对白体也不存在。然而，有的物体，如磨光的金属铜，其表面反射率可达 0.97，接近白体。

能透过全部辐射能的，即 $D=1$ 的物体称为透热体。一般说来，单原子和由对称双原子构成的气体（如 He，H_2，N_2 和 O_2 等）可视为透热体。CO 以及三原子以上（如 H_2O，CO_2，SO_2 和 NH_3 等）包括碳氢化合物的气体，则吸收某些波长范围的辐射能，而让某些波长范围的透过，故称之为半透热体。

能够以相同的吸收率吸收所有波长范围辐射能的物体，称为灰体。工业上大多数工程材料对于红外线区段波长在 $0.76\sim20\mu m$ 范围内的辐射能，其吸收率随波长变化不大，因此，可以把它们视为灰体，从而使得一般的工程计算大为简化。

二、斯忒藩-玻耳兹曼定律

1. 黑体的辐射能力——斯忒藩-玻耳兹曼定律

理论研究证明，黑体的辐射能力 E_b，即单位时间、单位黑体表面向外界辐射的全部波长的总能量，服从下列斯忒藩-玻耳兹曼（Stefan-Boltzmann）定律

$$E_b = \sigma_0 T^4 \tag{4-23}$$

式中　E_b——黑体的辐射能力，$W \cdot m^{-2}$；

　　σ_0——黑体辐射常数或斯忒藩-玻耳兹曼常数，其值为 $5.67\times10^{-8} W \cdot m^{-2} \cdot K^{-4}$；

　　T——黑体表面的热力学温度，K。

为方便使用，通常将式(4-23)写成如下形式

$$E_b = C_0 \left(\frac{T}{100}\right)^4 \tag{4-24}$$

式中　C_0——黑体辐射系数，其值为 $5.67 W \cdot m^{-2} \cdot K^{-4}$。

斯忒藩-波耳兹曼定律有时也称为四次方定律，它表明热辐射对温度的敏感程度，通常在低温时忽略热辐射，而在高温时往往成为主要的传热方式。

2. 实际物体的辐射能力

对于实际物体（灰体），其辐射能力 E 也可表示为

$$E = C \left(\frac{T}{100}\right)^4 \tag{4-25}$$

式中　C——灰体的辐射系数，$W \cdot m^{-2} \cdot K^{-4}$。

不同的物体 C 值不同，其值大小取决于物体的性质、表面状况和温度，一般在 $0\sim5.67$ 范围内变化，故同一温度下，灰体辐射能力必小于黑体。

在辐射传热中，黑体是用以比较的标准，因此，把灰体与同温度下黑体的辐射能力之比表示物体的黑度 ε，即

$$\varepsilon = \frac{E}{E_b} = \frac{C}{C_0} \tag{4-26}$$

灰体的黑度可以表征其辐射能力的大小，说明实际物体接近黑体的程度，其值恒小于 1。由式(4-24)和式(4-26)，可将灰体的辐射能力表示为

$$E = \varepsilon E_b = \varepsilon C_0 \left(\frac{T}{100}\right)^4 \tag{4-27}$$

一些常见工业材料的黑度值列于表 4-4 中。

表 4-4　常见工业材料的黑度（ε）

材料	温度/℃	黑度 ε	材料	温度/℃	黑度 ε
红砖	20	0.93	铜（氧化的）	$200\sim600$	$0.57\sim0.87$
耐火砖	—	$0.8\sim0.9$	铜（磨光的）	—	0.03
钢板（氧化的）	$200\sim600$	0.8	铝（氧化的）	$200\sim600$	$0.11\sim0.19$
钢板（磨光的）	$940\sim1100$	$0.55\sim0.61$	铝（磨光的）	$225\sim575$	$0.039\sim0.057$
铸铁（氧化的）	$200\sim600$	$0.64\sim0.78$	银（磨光的）	$200\sim600$	$0.012\sim0.03$

由表 4-4 可以看出，金属表面的粗糙程度对黑度的影响很大，在选用金属材料的 ε 值

时，一定要注意材料表面的光洁情况。非金属材料的黑度值都较高，一般在 $0.85\sim0.95$ 之间，若资料缺乏，可将 ε 近似地取作 0.90。

三、克希霍夫定律

前已述及，灰体的辐射能力可以用黑度 ε 来表征，而其吸收能力则可以用吸收率 A 即灰体自身的特性来表征。为了讨论任意物体的辐射能力 E 与它的吸收率 A 之间的关系，假设有两块相距很近、面积很大的平行平板 1 和 2，板 1 为灰体，其辐射能力、吸收率和温度分别为 E、A 和 T；板 2 为黑体，其辐射能力、吸收率和温度分别为 E_b、$A=1$ 和 T_b。从一板发射的辐射能可全部投射到另一平板上，如图 4-11 所示。

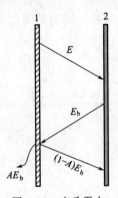

图 4-11 克希霍夫定律的推导

$T>T_b$，板间介质为透热体，系统与外界绝热。由于板 2 为黑体，则板 1 发射出的 E 被板 2 全部吸收。而板 2 发射出的 E_b 被板 1 吸收了 $A_1 E_b$，其余部分，即 $(1-A)E_b$ 又被反射回板 2，并被其全部吸收。

对板 1，辐射传热的结果为：$[E+(1-A)E_b]-E_b=E-AE_b$

辐射传热达到平衡，即 $T=T_b$ 时，$E-AE_b=0$，则 $E=AE_b$，

或

$$E_b=E/A \tag{4-28}$$

该式为克希霍夫定律的表达形式。它说明灰体在一定温度下的辐射能力与吸收能力之比，恒等于同一温度下黑体的辐射能力。

由式(4-28) 知 $A=E/E_b$，结合式(4-26) $\varepsilon=E/E_b$，可以得到吸收率与黑度的关系为

$$\varepsilon=A \tag{4-29}$$

克希霍夫（Kirchhoff）从理论证明，在同一温度下，同一灰体的吸收率与其黑度在数值上必然相等，因此，若知道物体的黑度，即可知其吸收率和辐射能力。

通过克希霍夫定律可以推知，物体的辐射能力愈大，其吸收能力亦愈大。同时还说明，近似为灰体的实际物体对任何投入辐射的吸收率，均可以用其黑度值，而黑度是可以通过实验测定得到的。

四、两固体间的相互辐射

工业上遇到的辐射传热，多为两固体间的相互辐射，而这类固体，在热辐射中均可视为灰体，故较复杂。当两固体间由于辐射而进行热交换时，则两物体的温度、物体间的相对位置、距离、物体的形状、物体的黑度等因素对辐射传热的速率有很大的影响。高温物体辐射出的能量只有一部分达到低温物体，其中一部分被吸收，另一部分被反射，反射部分又只有一部分达到高温物体，再被吸收和反射。同时，低温物体本身也发生辐射。这种过程反复不断地进行。一般将这种辐射传热关系简化，以下式表示。

$$\Phi_{1-2}=C_{1-2}\varphi S\left[\left(\frac{T_1}{100}\right)^4-\left(\frac{T_2}{100}\right)^4\right] \tag{4-30}$$

式中　Φ_{1-2}——辐射传热速率，W；

　　　　C_{1-2}——总辐射系数，$W\cdot m^{-2}\cdot K^{-4}$；

　　　　φ——几何因子或角系数，表示从一个表面辐射的总能量被另一表面所截留的分率；

　　　　S——辐射面积，m^2；

　　T_1，T_2——高温和低温物体温度，K。

工程中最常见和最简单的情况是一物体被另一物体完全包围下的辐射传热，如室内的散热体，加热炉中的被加热物体，同心圆球或无限长的同心圆筒之间的辐射等。此时，式(4-

30）中的角系数 $\varphi=1$，则总辐射系数为

$$C_{1-2}=\frac{C_0}{\dfrac{1}{\varepsilon_1}+\dfrac{S_1}{S_2}\left(\dfrac{1}{\varepsilon_2}-1\right)} \tag{4-31}$$

式中　C_0——黑体的辐射系数，其值为 $5.67\text{W}\cdot\text{m}^{-2}\cdot\text{K}^{-4}$；

　　ε_1，ε_2——被包围和外围物体的黑度；

　　S_1，S_2——被包围和外围物体的表面积，m^2。

当 $S_2\gg S_1$ 时

$$\varPhi=C_0\varepsilon_1 S_1\left[\left(\frac{T_1}{100}\right)^4-\left(\frac{T_2}{100}\right)^4\right] \tag{4-32}$$

该式实用意义较大，因为它不需要 S_2 和 ε_2 即可进行传热计算。比如大房间内高温管道的散热；气体管道内热电偶测温的辐射误差计算都属于这种情况。

【例 4-4】　用表面黑度 $\varepsilon_1=0.3$ 的裸露热电偶测得管道内高温气体的温度 $T_1=923\text{K}$。已知高温气体对热电偶表面的对流传热膜系数 $\alpha=50\text{W}\cdot\text{m}^{-2}\cdot\text{K}^{-1}$，管壁温度 $T_w=440℃$。试求管道内气体的真实温度 T_g 及热电偶的测温误差。如果采用如该例图所示的单层遮热罩抽气式热电偶，假设由于抽气原因而使气体对热电偶的对流传热膜系数增至 $90\text{W}\cdot\text{m}^{-2}\cdot\text{K}^{-1}$，遮热罩表面的黑度 $\varepsilon_2=0.3$，则此时热电偶指示的温度为多少？

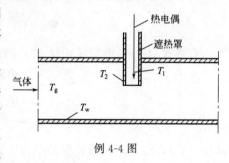

例 4-4 图

解：（1）因热电偶工作点表面积相对于管道壁面积而言，$S_1/S_2\approx 0$。故二者之间的辐射传热可按式(4-32) 计算。

在定态条件下，热电偶辐射散热和对流受热应相等，即

$$\varPhi=\alpha_1 S_1(T_g-T_1)=C_0\varepsilon_1 S_1\left[\left(\frac{T_1}{100}\right)^4-\left(\frac{T_w}{100}\right)^4\right]$$

则

$$T_g=T_1+\frac{\varepsilon_1 C_0}{\alpha_1}\left[\left(\frac{T_1}{100}\right)^4-\left(\frac{T_w}{100}\right)^4\right]=923+\frac{0.3\times 5.67}{50}\times\left[\left(\frac{923}{100}\right)^4-\left(\frac{440+273}{100}\right)^4\right]$$

$$=1082\text{K}$$

此时，测温的绝对误差为 $1082-923=159\text{K}$，而相对误差为 14.7%，超过了工程计算所允许的误差范围。

（2）采用遮热罩时，设遮罩表面温度为 T_2，气体对流方式传给遮热罩内、外表面的传热速率

$$\varPhi_1=2\alpha_2(T_g-T_2)=2\times 90\times(1082-T_2)$$

遮热罩对管壁的散热速率

$$\varPhi_2=0.3\times 5.67\times\left[\left(\frac{T_2}{100}\right)^4-\left(\frac{440+273}{100}\right)^4\right]$$

定态条件下，$\varPhi_1=\varPhi_2$，此时可用试差方法求得遮热罩表面温度，$T_2=1009\text{K}$。

气体对热电偶的对流传热速率

$$\varPhi_3=\alpha_2(T_g-T_1)=90\times(1082-T_1)$$

热电偶对遮热罩的辐射散热速率

$$\Phi_4 = 0.3 \times 5.67 \times \left[\left(\frac{T_1}{100} \right)^4 - \left(\frac{1009}{100} \right)^4 \right]$$

由 $\Phi_3 = \Phi_4$，由此而解得热电偶指示的温度 $T_1 = 1049K$。

此时测温的绝对误差为 33K，相对误差为 3%。可见为使读数精度提高，热电偶需采用遮热罩，以避免热电偶向管道内表面的热辐射。

五、设备热损失的计算

化工生产过程中，通常许多设备外壁的温度要高于周围环境的温度，因此，热量会以对流和辐射两种方式从壁面向外界散失，因此，只要分别计算出对流和辐射散失的热量即可求得总的散热量。

由于对流而散失的热量为

$$\Phi_c = \alpha_c A_w (t_w - t) \tag{4-33}$$

由于辐射而散失的热量为

$$\Phi_R = C_{1-2} \varphi A_w \left[\left(\frac{T_w}{100} \right)^4 - \left(\frac{T}{100} \right)^4 \right] \tag{4-34}$$

若将式(4-34)也写成式(4-33)的对流传热速率方程式的形式，令 $\varphi = 1$，则

$$\Phi_R = \alpha_R A_w (t_w - t) \tag{4-35}$$

$$\alpha_R = \frac{C_{1-2} \left[\left(\dfrac{T_w}{100} \right)^4 - \left(\dfrac{T}{100} \right)^4 \right]}{t_w - t} \tag{4-36}$$

式中 T_w, t_w——设备外壁的热力学温度（K）和摄氏温度（℃）；

　　　　T, t——周围环境的热力学温度（K）和摄氏温度（℃）；

　　　　A_w——设备外壁面积，即散热表面积，m^2。

壁面总的散热量为

$$\Phi_T = \Phi_c + \Phi_R = (\alpha_c + \alpha_R) A_w (t_w - t) = \alpha_T A_w (t_w - t) \tag{4-37}$$

式中 α_T——对流辐射联合传热膜系数，$W \cdot m^{-2} \cdot K^{-1}$。

对于有保温层的设备、管道等，其外壁对周围环境散热的联合传热系数 α_T，可以下列近似公式估算。

(1) 空气做自然对流时   在平壁保温层外

$$\alpha_T = 9.8 + 0.07(t_w - t) \tag{4-38}$$

在壁道或圆筒壁保温层外

$$\alpha_T = 9.4 + 0.052(t_w - t) \tag{4-39}$$

(2) 空气沿粗糙面做强制对流时   空气速度 $u < 5m \cdot s^{-1}$

$$\alpha_T = 6.2 + 4.2u \tag{4-40}$$

空气速度 $u > 5m \cdot s^{-1}$

$$\alpha_T = 7.8u^{0.78} \tag{4-41}$$

第五节 传热计算

化工生产中经常遇到物料通过管壁或容器器壁加热或冷却的传热过程。此时，热流体以对流方式把热量传给固体壁面，在固体壁面内部以导热方式把热量从一侧表面传给另一侧表面，然后再以对流方式把热量传给冷流体，这整个传热过程也称为热交换。以下以间壁式换热器中使用较广的一种——套管式换热器（图 4-12）为例，讨论间壁式换热器的传热过程

和传热计算的基本方法。

连续定态操作过程中，热流体在管内流动放出热量，温度由 T_1 降至 T_2；冷流体在管外流动吸收热量，温度由 T'_1 升至 T'_2。单位时间内通过换热器的热量 Φ 与传热面积 A 和冷、热流体之间的温度差 ΔT 成正比。由于温度沿着传热面不断变动，故将温度差取平均值 ΔT_m。则上述关系可用如下数学式表示为

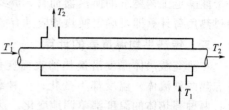

图 4-12　套管换热器示意图

$$\Phi = KA\Delta T_m \qquad (4\text{-}42)$$

式(4-42)称为传热速率方程式或传热基本方程式，其中，K 称为总传热系数。该式是换热器设计最重要的方程式。当所要求的传热速率、温度差和总传热系数已知时，可以利用式(4-42)计算所需要的传热面积。以下分别讨论 Φ，K 和 ΔT_m 的计算方法。

一、换热器的热负荷计算

工业生产中要求流体温度变化而吸收或放出的热量称为热负荷，以符号 Φ_L 表示。当冷、热流体在换热器中进行热交换时，若忽略热损失，热流体放出的热量 $\Phi_{放}$，必定等于冷流体吸收的热量 $\Phi_{吸}$，即 $\Phi_{放} = \Phi_{吸}$。此为热量衡算式。热量衡算式与传热速率方程式同为换热器传热计算的基础。

热负荷的计算，根据工艺特点，可分为两种情况。

1. 无相变时热负荷计算

(1) 比热容法　当两种流体进行热交换时，冷热流体均不发生相变，而只有温度变化引起相互交换的热量称为显热。在恒压条件下，单位质量的物质升高温度为 1℃ 所需的热量，称为质量定压热容或比定压热容 c_p，单位为 $kJ \cdot kg^{-1} \cdot K^{-1}$。

在换热器中，用冷流体使质量流量为 $q_{m,1}$ 的热流体由温度为 T_1 降至 T_2，其热负荷计算为

$$\Phi_{L,1} = q_{m,1} c_{p,1} (T_1 - T_2) \qquad (4\text{-}43a)$$

同时，质量流量为 $q_{m,2}$ 的冷流体的温度则由 T'_1 升至 T'_2，则热负荷

$$\Phi_{L,2} = q_{m,2} c_{p,2} (T'_2 - T'_1) \qquad (4\text{-}43b)$$

在无热量损失的情况下，$\Phi_{L,1} = \Phi_{L,2}$ 即

$$q_{m,1} c_{p,1} (T_1 - T_2) = q_{m,2} c_{p,2} (T'_2 - T'_1) \qquad (4\text{-}43c)$$

(2) 热焓法　由热力学可知，在恒压条件下，两流体交换的热量与流体的初态与终态的焓差有关，即

$$\Phi_L = q_m (H_1 - H_2) \qquad (4\text{-}44)$$

式中　H_1，H_2——流体初态、终态的焓，$kJ \cdot kg^{-1}$。

2. 有相变时热负荷计算

当两流体交换热量而发生相变化时，例如，饱和蒸气冷凝为同温度下的液体时放出的热量，或液体沸腾气化为同温度下的饱和蒸气时吸收的热量，可用下式计算

$$\Phi_L = q_m r \qquad (4\text{-}45)$$

式中，r 为蒸气冷凝（或液体气化）潜热，单位为 $kJ \cdot kg^{-1}$。在传热过程中，有时会遇到像升华与凝结，熔融与凝固等，则 r 取相应过程的相变潜热计算。

此外，在传热过程中还会遇到像有化学反应、吸收与解吸、溶解与结晶等有热效应的过程，在进行热负荷计算时则必须考虑到这部分热量。

应当注意，热负荷是由工艺条件决定的，是对换热器换热能力的要求；而传热速率是换

热器本身在一定操作条件下的换热能力，是换热器本身的特性，可见二者不同，但是，对于一个能满足工艺要求的换热器而言，$\Phi \geqslant \Phi_L$。而在实际设计换热器时，通常视 $\Phi = \Phi_L$，故通过热负荷计算即可确定换热器应具有的传热速率 Φ。

二、传热平均温度差的计算

在研究载热体温度沿换热器表面变化的特点时，可能存在下列情况：两种载热体（即冷、热两种流体）温度都不变化；一种载热体温度单调地变化，而另一种载热体温度不变化；两种载热体的温度都单调地变化。这些实际上可以归结为恒温传热和变温传热。

1. 恒温传热

换热器间壁两侧流体温度都为恒定，如蒸发器中，间壁一侧是饱和水蒸气在一定温度下冷凝，另一侧是液体在一定温度下沸腾。此时传热温度差的计算可采用热流体温度下 T 与冷流体温度 T' 之差，即

$$\Delta T_m = T - T' \tag{4-46}$$

2. 变温传热

如前所述，变温传热又可分为以下几种情况。

（1）间壁一侧流体变温，另一侧流体恒温，如用蒸汽加热另一流体，蒸汽冷凝放出潜热，冷凝温度 T 不变；另一侧流体被加热，温度由 T'_1 升至 T'_2，如图 4-13（a）所示。又如用热流体加热另一种在较低温度下进行沸腾的液体，液体的沸腾温度保持在 T'，如图 4-13（b）所示。

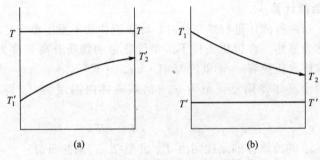

图 4-13　一侧流体变温时的温差变化

（2）间壁两侧流体都发生温度变化。在研究这种载热体温度连续变化的换热器时，可将其分为下列几种情况：

① 并流　在换热器内参与换热的冷、热两流体在传热面两侧平行同向流动，如图 4-14（a）所示。

② 逆流　参与换热的冷、热两流体在传热面两侧平行反向流动，如图 4-14（b）所示。

③ 错流　参与换热的冷、热两种流体相互垂直地流动，如图 4-14（c）所示。

④ 折流　除上述流体的简单运动方式外，实际上还存在着较为复杂的流动情况：并流和逆流同时交替存在 [如图 4-14（d）所示]，多次错流 [如图 4-14（e）所示] 等。

工业生产中，最常见的是并流和逆流，两种流向的流体沿传热面的变化情况如图 4-15所示。

3. 平均温度差及其计算方法

在图 4-12 所示的套管式换热器中，流体既可以做并流，也可以做逆流。图 4-16 给出了并流操作情况的温度分布。从该图中可以看出，热流体与冷流体间的温度差在入口和出口之间是变化着的。

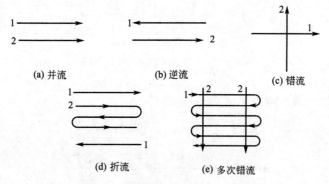

(a) 并流   (b) 逆流   (c) 错流

(d) 折流   (e) 多次错流

图 4-14   热换器内流体流向示意图

1—热流体；2—冷流体

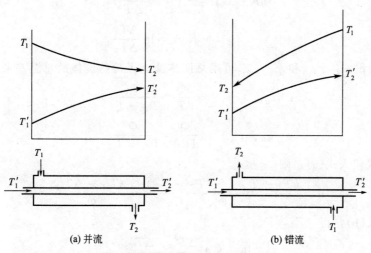

(a) 并流   (b) 错流

图 4-15   两侧流体变温下的温差变化

对于微元换热表面 dA，传热方程为

$$d\Phi = K\,dA(T - T') = K\,dA\,\Delta T \quad (4\text{-}47)$$

这时热流体温度降了 dT，而冷流体温度升高了 dT'。因此

$$d\Phi = -q_{m,\,h}c_{p,\,h}dT = q_{m,\,c}c_{p,\,c}dT' \quad (4\text{-}48)$$

式中 q_m——流体的质量流量；

     c_p——流体进、出口平均温度下的比定压热容；

下标 h 和 c——热流体和冷流体。

由式(4-48) 可得

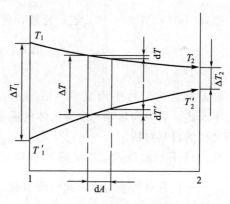

图 4-16   沿换热器表面载热体温差的变化

$$dT = -\frac{d\Phi}{q_{m,\,h}c_{p,\,h}} \quad \text{和} \quad dT' = \frac{d\Phi}{q_{m,\,c}c_{p,\,c}}$$

于是

$$dT - dT' = d(T - T') = -d\Phi\left(\frac{1}{q_{m,\,h}c_{p,\,h}} + \frac{1}{q_{m,\,c}c_{p,\,c}}\right) \quad (4\text{-}49)$$

令

$$n = \frac{1}{q_{m,\text{h}}c_{p,\text{h}}} + \frac{1}{q_{m,\text{c}}c_{p,\text{c}}} \tag{a}$$

则

$$\mathrm{d}(T - T') = -n\mathrm{d}\Phi$$

或

$$\mathrm{d}\Phi = \frac{-\mathrm{d}(T - T')}{n} \tag{4-50}$$

将传热方程式(4-47) 中的 $\mathrm{d}\Phi$ 代入式(4-50) 得

$$K(T - T')\mathrm{d}A = -\frac{\mathrm{d}(T - T')}{n}$$

$$nK\mathrm{d}A = -\frac{\mathrm{d}(T - T')}{T - T'} = -\frac{\mathrm{d}(\Delta T)}{\Delta T}$$

假定 n 和 K 都是常数，在图 4-16 所示的 1 和 2 状态间对上述微分方程进行积分

$$nK\int_0^A \mathrm{d}A = -\int_{\Delta T_1}^{\Delta T_2} \frac{\mathrm{d}(\Delta T)}{\Delta T}$$

$$n\,K\,A = \ln\frac{\Delta T_1}{\Delta T_2} \tag{b}$$

由式(4-48)，乘积 $q_{m,\text{h}}c_{p,\text{h}}$ 和 $q_{m,\text{c}}c_{p,\text{c}}$ 可用总换热量 Φ 及冷热流体的总温差来表示，即

$$q_{m,\text{h}}c_{p,\text{h}} = \frac{\mathrm{d}\Phi}{\mathrm{d}T} = \frac{\Phi}{T_1 - T_2}$$

$$q_{m,\text{c}}c_{p,\text{c}} = \frac{\mathrm{d}\Phi}{\mathrm{d}T'} = \frac{\Phi}{T_2' - T_1'}$$

将这两个关系式代入式(a)，则

$$n = \frac{(T_1 - T_1') - (T_2 - T_2')}{\Phi} = \frac{\Delta T_1' - \Delta T_2'}{\Phi} \tag{c}$$

将式(c) 代入式(b)，得

$$\Phi = KA\frac{\Delta T_1 - \Delta T_2}{\ln\dfrac{\Delta T_1}{\Delta T_2}} \tag{4-51}$$

把式(4-51) 与式(4-42) 进行比较，可以发现

$$\Delta T_\text{m} = \frac{\Delta T_1 - \Delta T_2}{\ln\dfrac{\Delta T_1}{\Delta T_2}} \tag{4-52}$$

这个温差称之为对数平均温差（logarithmic mean temperature difference，简称 LMTD）。以文字表述，则为换热器一端两流体的温度差减去另一端两流体的温度差，再除以这两个温度差之比的自然对数。

在传热平均温度差 ΔT_m 的计算中，当 $\Delta T_1/\Delta T_2 \leqslant 2$ 时，可用算术平均值 $\Delta T_\text{m} = \dfrac{\Delta T_1 + \Delta T_2}{2}$ 代替对数平均值，此时所引起的误差 $\dfrac{\Delta T_{\text{m,算术}} - \Delta T_{\text{m,对数}}}{\Delta T_{\text{m,对数}}} \times 100\% < 4\%$，在工程计算中已具有足够的准确性。

采用 $\Delta T_{\text{m,算术}}$ 代替 $\Delta T_{\text{m,对数}}$ 时，取 $\Delta T_1/\Delta T_2 \leqslant 2$ 及其误差小于 4% 的说明。

1. $\Delta T_{\text{m,算术}}$ 代替 $\Delta T_{\text{m,对数}}$，为什么将 $\Delta T_1/\Delta T_2$ 的比值定为 2

由式(4-33)

$$\Delta T_{\text{m,对数}} = \frac{\Delta T_1 - \Delta T_2}{\ln\dfrac{\Delta T_1}{\Delta T_2}} = \frac{\Delta T_2(\Delta T_1 - \Delta T_2)/\Delta T_2}{\ln\left(\dfrac{\Delta T_2}{\Delta T_2} + \dfrac{\Delta T_1}{\Delta T_2} - \dfrac{\Delta T_2}{\Delta T_2}\right)} = \Delta T_2\frac{(\Delta T_1 - \Delta T_2)/\Delta T_2}{\ln\left(1 + \dfrac{\Delta T_1 - \Delta T_2}{\Delta T_2}\right)}$$

当采用算术平均值时

$$\Delta T_{m,算术} = \frac{\Delta T_1 - \Delta T_2}{2} = \frac{\Delta T_1}{2} - \frac{\Delta T_2}{2} + \frac{\Delta T_2}{2} - \frac{\Delta T_2}{2}$$

$$= \Delta T_2 \left(\frac{1}{2} \frac{\Delta T_1}{\Delta T_2} + \frac{1}{2} + \frac{1}{2} - \frac{1}{2} \right) = \Delta T_2 \left(1 + \frac{1}{2} \frac{\Delta T_1}{\Delta T_2} - \frac{1}{2} \frac{\Delta T_2}{\Delta T_2} \right)$$

$$= \Delta T_2 \left[1 + \frac{1}{2} \left(\frac{\Delta T_1 - \Delta T_2}{\Delta T_2} \right) \right]$$

令 $x = \dfrac{\Delta T_1 - \Delta T_2}{\Delta T_2}$，故

$$\Delta T_{m,对数} = \Delta T_2 \frac{x}{\ln(1+x)} \tag{1}$$

$$\Delta T_{m,算术} = \Delta T_2 \left(1 + \frac{x}{2} \right) \tag{2}$$

式（1）中，$\ln(1+x)$ 的泰勒展开式为 $x - x^2/2 + x^3/3 - x^4/4 + \cdots$

所以

$$\Delta T_{m,对数} = \Delta T_2 \frac{x}{x - \frac{x^2}{2} + \frac{x^3}{3} - \frac{x^4}{4} + \cdots} = \Delta T_2 \frac{1}{1 - \frac{x}{2} + \frac{x^2}{3} - \frac{x^3}{4} + \cdots}$$

令 $y = x/2 + x^2/3 - x^3/4 + \cdots$ 则 $\Delta T_{m,对数} = \Delta T_2 \dfrac{1}{1-y}$

考虑函数项级数 $1 + y + y^2 + \cdots + y^n + \cdots$ 在区间 $(-\infty, +\infty)$ 有定义，当 $|y| < 1$ 时，该级数收敛；当 $|y| > 1$ 时，该级数发散，因此，该级数收敛域是开区间 $(-1, 1)$。若 y 在收敛域内，则

$$1 + y + y^2 + \cdots + y^n + \cdots = \frac{1}{1-y}$$

$$\Delta T_{m,对数} = \Delta T_2 (1 + y + y^2 + \cdots + y^n + \cdots)$$

$$= \Delta T_2 \left[1 + \left(\frac{x}{2} - \frac{x^2}{3} + \frac{x^3}{4} - \cdots \right) + \left(\frac{x}{2} - \frac{x^2}{3} + \frac{x^3}{4} - \cdots \right)^2 + \left(\frac{x}{2} - \frac{x^2}{3} + \frac{x^3}{4} - \cdots \right)^3 + \cdots \right]$$

$$= \Delta T_2 \left\{ 1 + \frac{x}{2} - \left[\left(\frac{x^2}{3} - \frac{x^3}{4} + \cdots \right) - \left(\frac{x}{2} - \frac{x^2}{3} + \frac{x^3}{4} - \cdots \right)^2 - \left(\frac{x}{2} - \frac{x^2}{3} + \frac{x^3}{4} - \cdots \right)^3 - \cdots \right] \right\}$$

$$= \Delta T_2 \left(1 + \frac{x}{2} \right) - \Delta T_2 \left\{ \left(\frac{x^2}{3} - \frac{x^3}{4} + \cdots \right) - \left[\left(\frac{x}{2} - \frac{x^2}{3} + \frac{x^3}{4} - \cdots \right)^2 + \left(\frac{x}{2} - \frac{x^2}{3} + \frac{x^3}{4} - \cdots \right)^3 + \cdots \right] \right\}$$

$$= \Delta T_{m,算术} - \Delta \tag{3}$$

$$\Delta = \Delta T_{m,算术} - \Delta T_{m,对数} \tag{4}$$

式（4）即为以算术平均温度差代替对数平均温度差时的绝对误差。

由上述可知，在无穷级数 Δ 中，x 的最低指数项为 2，故当 $x \leqslant 1$，$\Delta \ll 1$，又因

$$x = \frac{\Delta T_1 - \Delta T_2}{\Delta T_2}，\text{所以} \quad \frac{\Delta T_1 - \Delta T_2}{\Delta T_2} \leqslant 1$$

则

$$\frac{\Delta T_1}{\Delta T_2} \leqslant 2$$

即用作算术平均温度差代替对数平均温度差的依据。

对于实际问题而言，此时表示冷、热两流体之间的温度差沿传热壁面变化不大的情况，因此，引入的误差符合工程计算的要求。

2. $\Delta T_1 / \Delta T_2 = 2$ 时，$\Delta T_{m,算术}$ 代替 $\Delta T_{m,对数}$ 的误差

由式（4）

$$\Delta = \Delta T_{m,算术} - \Delta T_{m,对数}$$

$$= \Delta T_2 \left\{ \left(\frac{x^2}{3} - \frac{x^3}{4} + \cdots \right) - \left[\left(\frac{x}{2} - \frac{x^2}{3} + \frac{x^3}{4} - \cdots \right)^2 + \left(\frac{x}{2} - \frac{x^2}{3} + \frac{x^3}{4} - \cdots \right)^3 + \cdots \right] \right\} \tag{5}$$

因为
$$\ln(1+x)=x-\frac{x^2}{2}+\frac{x^3}{3}-\frac{x^4}{4}+\cdots$$

所以
$$\frac{x}{2}-\frac{x^2}{3}+\frac{x^3}{4}-\cdots=1-\frac{1}{x}\ln(1+x) \qquad (6)$$

对于 $\Delta T_1/\Delta T_2=2$，即 $x=1$，则

$$\frac{x}{2}-\frac{x^2}{3}+\frac{x^3}{4}-\cdots=1-\ln2$$

$$\frac{x^2}{3}-\frac{x^3}{4}+\cdots=\ln2-\frac{1}{2}$$

式（5）方括弧内为最简单无穷级数——几何级数，其中，$1-\ln2$ 即 $x/2-x^2/3+x^3/4-\cdots$ 为级数的公比。故式（5）可写成

$$\Delta=\Delta T_2\left[\left(\ln2-\frac{1}{2}\right)-\frac{(1-\ln2)^2}{\ln2}\right]=0.0573\Delta T_2$$

相对误差 $\% = \dfrac{\Delta T_{m,算术}-\Delta T_{m,对数}}{\Delta T_{m,对数}}\times100\% = \dfrac{\Delta}{\Delta T_{m,算术}-\Delta}\times100\% = \dfrac{\Delta}{\Delta T_2\left(1+\dfrac{1}{2}\right)-\Delta}\times100\%$

$$=\frac{0.0573}{1.5-0.0573}\times100\%=3.97\%$$

通过讨论可以很方便地将上述结果推广到任意两数之比，如圆筒壁热传导过程用的平均半径等。这样只要知道两数的比值，则用算术平均值代替对数平均值所引入的误差便一目了然，如表 4-5 所示。

表 4-5　用算术平均值代替对数平均值引入的误差

Δ_2/Δ_1	2	1.9	1.8	1.7	1.6	1.5	1.4	1.3	1.2	1.1
$(\Delta T_{m,算术}/\Delta T_{m,对数})/\%$	3.97	3.41	2.86	2.34	1.83	1.37	0.94	0.57	0.28	0.08

注：Δ_1，Δ_2 代表任意两个数，$\Delta_2>\Delta_1$。

从以上推导可知，用算术平均值代替对数平均值时，选取 $\Delta T_1/\Delta T_2\leqslant2$ 和取 4％ 作为判断误差的标准，实际上是数学问题，而非工程问题。这种替代的目的仅仅是为了简化计算。然而，随着计算器和电子计算机的广泛应用，解决较为复杂的数学计算早已不是问题，因此，关于对数平均温度差等对数平均值的计算，实际上已不必在 $\Delta T_1/\Delta T_2\leqslant2$ 时，再用算术平均值去代替了。对于其他类似情况亦如此。

式（4-52）适用于载热体质量流量和沿整个换热面的传热系数为常数的最简单形式的换热器中所进行的各种变温传热过程。当一侧流体变温另一侧流体恒温时，不论并流或逆流，两种情况的 ΔT_m 值相等；当两侧流体变温传热时，并流和逆流的平均温度差则不同。

【例 4-5】　在一石油裂解装置中，所得热裂物的温度为 300℃。今拟设计一换热器，欲将石油从 25℃ 预热到 180℃，热裂物通过换热器后终温不得低于 200℃。试分别计算热裂物与石油在换热器中采用并流与逆流时的对数平均温度差 ΔT_m。

解： 如图所示。根据式（4-52）

并流

$$\Delta T_m = \frac{\Delta T_1-\Delta T_2}{\ln\dfrac{\Delta T_1}{\Delta T_2}} = \frac{(300-25)-(200-180)}{\ln\dfrac{300-25}{200-180}} = \frac{275-20}{\ln\dfrac{275}{20}} = 97.29℃$$

逆流

$$\Delta T_m = \frac{\Delta T_1-\Delta T_2}{\ln\dfrac{\Delta T_1}{\Delta T_2}} = \frac{(200-25)-(300-180)}{\ln\dfrac{200-25}{300-180}} = \frac{175-120}{\ln\dfrac{175}{120}} = 145.77℃$$

由该例可见，当两流体的进、出口温度均已确定时，逆流时的平均温度差比并流时大。

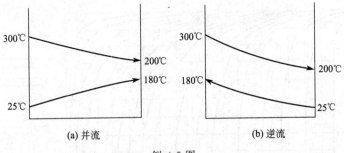

(a) 并流　　　　　　　　　(b) 逆流

例 4-5 图

通常，工程上需要传递大量的热量，此时单流程套管式换热器就已不能满足需要了，于是就采用多流程换热器。在一个换热器中，冷、热流体的流动方向往往在某一段区间是并流流动，而在另一段区间则是逆流流动，有的换热器还采用错流流动。这些型式的换热器一方面可以满足传热的需要，另一方面其结构合理、占据空间较小，因而在化学工业得到广泛的应用。这些类型的换热器的平均温度差总是介于并流与逆流之间，但是要求出它们的数值则要进行复杂的数学演算。工程上为了设计计算的方便，就把几种常见的管壳式换热器平均温差的计算结果，与逆流时的平均温差相比较，折算成为校正系数 $\varepsilon_{\Delta T}$，并绘制成图。当需要计算某一类型换热器时，通常可按下列方法计算。

（1）按式（4-52）计算逆流时的对数平均温度差 $\Delta T_{m,逆}$。

（2）按下式计算辅助参数 P 和 R

$$P = \frac{冷流体的温升}{两流体的最初温差} = \frac{T_2' - T_1'}{T_1 - T_1'}$$

$$R = \frac{热流体的温降}{冷流体的温升} = \frac{T_1 - T_2}{T_2' - T_1'}$$

再根据所求的 P 和 R 之数值由辅助曲线得出校正系数 $\varepsilon_{\Delta T} = f(P, R)$，然后可得

$$\Delta T_m = \varepsilon_{\Delta T} \Delta T_{m,逆}$$

几种常见的管壳式换热器校正系数 $\varepsilon_{\Delta T} = f(P, R)$ 的关系曲线图如图 4-17～图 4-20 所示。

4. 流体流动方向的选择

平均温度差 ΔT_m 的数值除直接受冷、热流体进、出口温度影响外，间壁两侧流体的流动方向对其也有一定影响，因此就需要考虑选择何种流向为好。通常，流体流向的影响可以

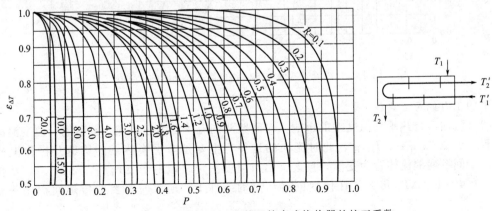

图 4-17　1-2、1-4 等单壳程、多管程管壳式换热器的校正系数 $\varepsilon_{\Delta T}$

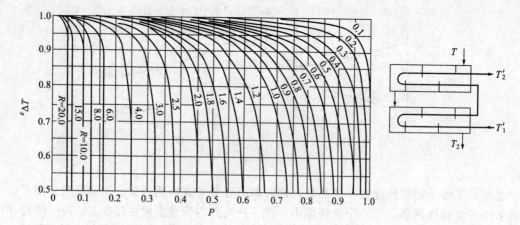

图 4-18　2-4、2-8 等双壳程、多管程管壳式换热器的校正系数 $\varepsilon_{\Delta T}$

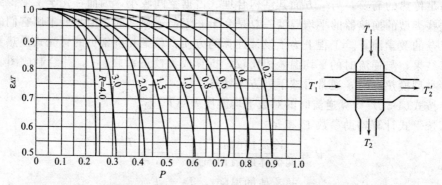

图 4-19　错流式：一种流体混合、另一种流体不混合时的 $\varepsilon_{\Delta T}$ 值

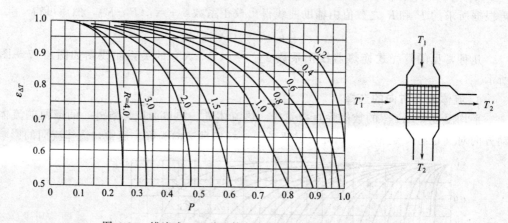

图 4-20　错流式：两种流体各自都不混合时的 $\varepsilon_{\Delta T}$ 值

从以下两个方面考虑。

（1）流向对传热平均温度差的影响　对间壁两侧流体都为恒温或一侧恒温一侧变温的传热过程，因 $\Delta T_{m,并} = \Delta T_{m,逆}$，此时流向的选择，主要是考虑换热器的构造及操作上的方便。对于间壁两侧流体皆为变温，且进、出口温度一定时，由于 $\Delta T_{m,逆} > \Delta T_{m,并}$，从传热速率方程 $\Phi = KA\Delta T_m$ 可知，在传递同样热量的条件下，逆流时需要的传热面积比并流时要小。

（2）流向对载热体用量的影响　对间壁两侧均为恒温传热，或一侧流体恒温另一侧变温的传热过程，采用并流或逆流时，其载热体用量均相同。而当间壁两侧流体皆为变温传热时，则流体流动方向对流体的最终温度有很大影响。如图 4-21 所示。

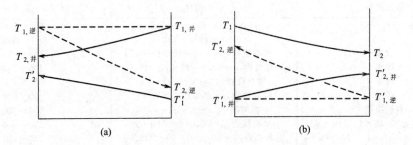

图 4-21 流体流向和温度变化

现以加热过程为例〔见图 4-21(a)〕，若工艺要求将冷流体由温度 T'_1 加热至温度 T'_2，当采用并流操作，加热介质的温度由 $T_{1,并}$ 降至 $T_{2,并}$，其最低极限出口温度可达到与冷流体出口温度 T'_2 相等；如果采用逆流操作，如图中虚线所示，则加热介质的最低极限出口温度可达到冷流体的进口温度 T'_1，而 $T'_1 < T'_2$。若换热的目的仅仅是为了加热流体，则逆流操作就可能使 $T_{2,逆} < T_{2,并}$。故由式(4-43c)可知，在其他条件一定时，逆流操作加热介质的用量就比并流时要小，$q_{m,1逆} < q_{m,1并}$，即

$$\frac{q_{m,2}c_{p,2}(T'_2 - T'_1)}{c_{p,1}(T_1 - T_{2,逆})} < \frac{q_{m,2}c_{p,2}(T'_2 - T'_1)}{c_{p,1}(T_1 - T_{2,并})}$$

如果换热的目的为了回收热量，逆流操作时加热介质的出口温度较并流时低，则回收的热量多些。

此外，在逆流操作中，当加热介质用量减少，即 $q_{m1逆} < q_{m1,并}$ 时，相对而言冷却介质的用量即增多。若保持冷热流体进口温度，以及冷流体的出口温度不变，热流体的出口温度就会较原来有所下降。以例 4-5 为例，其他条件不变，仅考虑热裂物用量减少，当减少到一定程度就会出现 $\Delta T_{m,逆} < \Delta T_{m,并}$。对该例来说，经推算，热裂物出口温度降至 102.65℃（以算术平均温度差计算则为 99.58℃）以下，在传递相同热量 Φ 和传热系数 K 相同的条件下，则所需传热面积 $A_逆 > A_并$。此时，选择哪种流向进行操作需要据经济核算而定。一般来说，由增大传热面增大的设备费，远较由减少载热体用量而节省的长期操作费用为少，故从经济观点出发，逆流优于并流。

对某些热敏性物料的加热过程，利用并流较易控制物料的出口温度，从而避免因出口温度过高而影响产品质量。此外，还应考虑物料性质，如加热黏性物料时，不妨采用并流，使其在进入换热器后迅速升温，降低黏度，以提高传热效果。有时，在某些高温换热器中，由于逆流操作的 T_1 和 T'_2 均集中在一端，会使该处的壁温相当高，对材料耐热性能要求提高。为降低该处的壁温，可以采用并流，以延长换热器的使用寿命。

三、总传热系数

目前，总传热系数 K 值有三个来源：一是根据生产设备中所用的、经过实践证实并总结出来的生产实践数据——经验值进行选取；二是通过现场测定 K 值；三是计算。

1. 选取经验值

在传热计算中，如何合理地确定 K 值，是设计换热器的一个重要问题。在设计换热器过程中，若设备型式、雷诺数 Re 和流体的物性等基本条件与某个已知 K 值的生产设备相同或接近时，可以选取该生产设备的 K 值作设计过程中的 K 值使用。

工业换热器中常用的总传热系数 K 的大致数值范围如表 4-6 所示。

表 4-6 常见列管换热器 K 值的大致范围

管程流体	壳程流体	$K/W \cdot m^{-2} \cdot K^{-1}$
水(0.9~1.5m·s⁻¹)	净水(0.3~0.6m·s⁻¹)	600~700
水	水(流速较高)	800~1200
冷水	轻有机物,$\mu < 0.5 \times 10^{-3}$Pa·s	400~800
冷水	中有机物,$\mu = (0.5 \sim 1) \times 10^{-3}$Pa·s	300~700
冷水	重有机物,$\mu > 1 \times 10^{-3}$Pa·s	120~400
盐水	轻有机物,$\mu < 0.5 \times 10^{-3}$Pa·s	250~600
有机溶剂	有机溶剂(0.3~0.55m·s⁻¹)	200~250
轻有机物,$\mu < 0.5 \times 10^{-3}$Pa·s	轻有机物,$\mu < 0.5 \times 10^{-3}$Pa·s	250~500
中有机物,$\mu = (0.5 \sim 1) \times 10^{-3}$Pa·s	中有机物,$\mu = (0.5 \sim 1) \times 10^{-3}$Pa·s	120~350
重有机物,$\mu > 1 \times 10^{-3}$Pa·s	重有机物,$\mu > 1 \times 10^{-3}$Pa·s	60~250
水(1m·s⁻¹)	水汽(有压力)冷凝	2500~5000
水	水汽(常压或负压)冷凝	1800~3500
水溶液,$\mu < 2 \times 10^{-3}$Pa·s	水汽冷凝	1200~4100
水溶液,$\mu > 2 \times 10^{-3}$Pa·s	水汽冷凝	600~3000
轻有机物,$\mu < 0.5 \times 10^{-3}$Pa·s	水汽冷凝	600~1200
中有机物,$\mu = (0.5 \sim 1) \times 10^{-3}$Pa·s	水汽冷凝	300~600
重有机物,$\mu > 1 \times 10^{-3}$Pa·s	水汽冷凝	120~350
水	有机物气与水汽冷凝	600~1200
水	重有机物气(常压)冷凝	120~350
水	重有机物气(负压)冷凝	60~180
水	饱和有机溶剂蒸气冷凝	600~1200
水	含饱和水汽的氯气(20~50℃)	350~1800
水	SO_2 气冷凝	800~1200
水	NH_3 气冷凝	700~950

由于 K 值变化范围较大,故在计算过程中对不同类型流体之间传热的 K 值应有一数量级的概念。

2. 现场测定总传热系数

在设计新型结构的换热器或由于缺乏可靠的经验数据时,可在现场对所使用的换热器进行测定。当传热速度方程中的 Φ, A 和 ΔT_m 已知后,即可按 $K = \Phi / A \Delta T_m$ 求得总传热系数,以供与实测设备及操作条件相似的场合使用。

3. 总传热系数的计算

在进行对流传热分析时,已经知道,如图 4-12 所示的套管式换热器中,热量的传递包括以下几个过程。

(1) 热流体以对流传热方式将热量传给管壁一侧,此时对流传热量

$$\Phi_1 = \alpha_1 A_1 (T - T_{w,1}) = \frac{\Delta T_1}{\dfrac{1}{\alpha_1 A_1}}$$

(2) 通过管壁进行热传导之热量

$$\Phi_2 = \frac{\lambda A_m}{\delta}(T_{w,1} - T_{w,2}) = \frac{\Delta T_2}{\dfrac{\delta}{\lambda A_m}}$$

(3) 由管壁另一侧将热量以对流传热方式传给冷流体时的对流传热量

$$\Phi_3 = \alpha_2 A_2 (T_{w,2} - T') = \frac{\Delta T_3}{\dfrac{1}{\alpha_2 A_2}}$$

对于定态传热过程,则

$$\Phi = \frac{T - T_{w,1}}{\dfrac{1}{\alpha_1 A_1}} = \frac{T_{w,1} - T_{w,2}}{\dfrac{\delta}{\lambda A_m}} = \frac{T_{w,2} - T'}{\dfrac{1}{\alpha_2 A_2}} \qquad (4\text{-}53)$$

式中 α_1, α_2——热、冷流体对流传热系数，$W \cdot m^{-2} \cdot K^{-1}$

T, T'——热、冷流体的温度，K；

$T_{w,1}$, $T_{w,2}$——热、冷流体各侧的壁面温度，K；

A_1, A_2——热、冷流体各侧的传热面积，m^2；

A_m——金属壁的对数平均面积，m^2；

δ, λ——传热壁的厚度，m，及其热导率，$W \cdot m^{-1} \cdot K^{-1}$。

由式(4-53)可以得到

$$\Phi = \frac{T - T'}{\dfrac{1}{\alpha_1 A_1} + \dfrac{\delta}{\lambda A_m} + \dfrac{1}{\alpha_2 A_2}} \qquad (4\text{-}54)$$

从上式可以看出串联过程的推动力及热阻具有加和性。同时，将式(4-54)与传热基本方程式 $\Phi = KA\Delta T_m$ 比较得

$$\frac{1}{KA} = \frac{1}{\alpha_1 A_1} + \frac{\delta}{\lambda A_m} + \frac{1}{\alpha_2 A_2} \qquad (4\text{-}55a)$$

当传热面积为圆筒壁时，两侧的传热面积不等，在换热器系列化标准中，常以外表面作为计算的传热面积。若管壁较薄或管径较大（如带夹套的反应釜壁），或传热面为平壁时，则 $A_1 = A_2 = A_m = A$，故式(4-55a)可写成

$$\frac{1}{K} = \frac{1}{\alpha_1} + \frac{\delta}{\lambda} + \frac{1}{\alpha_2} \qquad (4\text{-}55b)$$

或

$$K = \frac{1}{\dfrac{1}{\alpha_1} + \dfrac{\delta}{\lambda} + \dfrac{1}{\alpha_2}} \qquad (4\text{-}55c)$$

K 称为总传热系数，简称传热系数。

当壁薄，且材质导热性能好，则热阻 $\dfrac{\delta}{\lambda}$ 较 $\dfrac{1}{\alpha_1}$ 和 $\dfrac{1}{\alpha_2}$ 小得多时，忽略壁阻，总传热系数可以简化成下式

$$K = \frac{1}{\dfrac{1}{\alpha_1} + \dfrac{1}{\alpha_2}} = \frac{\alpha_1 \alpha_2}{\alpha_1 + \alpha_2} \qquad (4\text{-}56)$$

但是，对于使用了一段时间的换热器，由于传热器上附有污垢，它会产生相当大的热阻，在传热过程计算时，一般不可忽略，然而，污垢层厚度及其热导率无法测量，通常需根据经验数据确定之。若传热面两侧污垢热阻分别以 R_1 和 R_2 表示，则传热系数可由下式计算

$$K = \frac{1}{\dfrac{1}{\alpha_1} + R_1 + \dfrac{\delta}{\lambda} + R_2 + \dfrac{1}{\alpha_2}} \qquad (4\text{-}57)$$

表 4-7 列出工业上某些常见流体的污垢热阻的大致范围以供参考。对于易结垢的流体，或使用过久的换热器，过厚的污垢层会使其热阻超过表 4-7 中的数值，若仍然引用表中数

据，必然会使传热速率计算值与实际值相去甚远。实际过程的传热速率将因传热面上的污垢影响而严重下降，因此，必须根据具体情况，对换热器进行定期清洗。

表 4-7　常见流体的污垢热阻

流　体	污垢热阻 R /m² · K · kW⁻¹	流　体	污垢热阻 R /m² · K · kW⁻¹
水(u=1m · s⁻¹,t<50℃)		水蒸气	
蒸馏水	0.09	优质,不含油	0.052
海水	0.09	劣质,不含油	0.09
清净的河水	0.21	往复机排出	0.176
未处理的凉水塔用水	0.58	液体	
已处理的凉水塔用水	0.26	处理过的盐水	0.264
已处理的锅炉用水	0.26	有机物	0.176
硬水、井水	0.58	燃料油	1.056
气体		焦油	1.76
空气	0.26~0.53		
溶剂蒸气	0.14		

【例 4-6】　在套管式换热器中，用水以逆流方式冷却某溶液，已知条件如下：

条件	流量/kg · h⁻¹	比热容/kJ · kg⁻¹ · K⁻¹	进口温度/℃	出口温度/℃	传热膜系数/W · m⁻² · K⁻¹
冷却水		4.187	15	65	1163
溶　液	1000	3.3496	150	80	1163

水从管径为 ϕ25mm×2.5mm 的管内流过。试求：

（1）在忽略管壁热阻和污垢热阻时，以外表面为基准的传热系数 K 及冷却水用量 $q_{m,2}$；

（2）该换热器使用一段时间，积有水垢，冷却水出口温度为60℃时，求污垢热阻 R_d；

（3）将冷却水量增加一倍，是否可以完成原冷却任务。

解：（1）求 K 及 $q_{m,2}$

以外表面为基准，即以热流体一侧传热面积为基准，$A=A_1$。又因管壁很薄，则式(4-55a) 可写为

$$\frac{A_1}{KA}=\frac{A_1}{\alpha_1 A_1}+\frac{\delta A_1}{\lambda A_m}+\frac{A_1}{\alpha_2 A_2}$$

$$\frac{1}{K}=\frac{1}{\alpha_1}+\frac{A_1}{\alpha_2 A_2}=\frac{1}{\alpha_1}+\frac{\pi d_1 l}{\alpha_2 \pi d_2 l}$$

故

$$K=\frac{1}{\dfrac{1}{\alpha_1}+\dfrac{d_1}{d_2}\dfrac{1}{\alpha_2}}=\frac{1}{\dfrac{1}{1163}+\dfrac{25}{20}\dfrac{1}{1163}}$$

$$K=516.89\text{W} \cdot \text{m}^{-2} \cdot \text{K}^{-1}$$

$$q_{m,2}=\frac{q_{m,1}c_{p,1}(T_1-T_2)}{c_{p,2}(T'_2-T'_1)}=\frac{1000\times 3.3496\times(150-80)}{4.187\times(65-15)}$$

冷却水用量　　　　　　　　　$q_{m,2}=1120\text{kg} \cdot \text{h}^{-1}$

（2）求污垢热阻 R_d

① 求 K'　　　　原工况　$q_{m,2}c_{p,2}(T'_2-T'_1)=KA\Delta T_m$

新工况 $\quad q_{m,2}c_{p,2}(T_2'' - T_1') = K'A\Delta T_m'$

$$\frac{K'}{K} = \frac{T_2'' - T_1}{T_2 - T_1}\frac{\Delta T_m}{\Delta T_m'} \qquad\qquad (a)$$

式中 $\quad \Delta T_m = \dfrac{1}{2}\left[(150-65)+(80-15)\right] = 75℃$

② 欲求 $\Delta T_m'$ 需先求 $T_{2,out}$

注意：$T_{2,out}$ 是在冷却水出口温度为 $60℃$ 时溶液的出口温度。

$$q_{m,2}c_{p,2}(T_2''-T_1') = q_{m,1}c_{p,1}(T_1 - T_{2,out})$$

则 $\quad T_{2,out} = T_1 - \dfrac{q_{m,2}c_{p,2}(T_2''-T_1')}{q_{m,1}c_{p,1}} = 150 - \dfrac{1120\times4.187\times(60-15)}{1000\times3.3496} = 87℃$

$$\Delta T_m' = \frac{1}{2}\left[(150-60)+(87-15)\right] = 81℃$$

代入式（a） $\qquad\qquad \dfrac{K'}{516.89} = \dfrac{60-15}{65-15}\times\dfrac{75}{81}$

则 $\qquad\qquad\qquad\qquad K' = 430.74\,W\cdot m^{-2}\cdot K^{-1}$

③ 求 R_d

由 $\qquad\qquad\qquad\qquad K' = \dfrac{1}{\dfrac{1}{\alpha_1} + R_d + \dfrac{d_1}{d_2}\dfrac{1}{\alpha_1}}$

$$430.74 = \dfrac{1}{\dfrac{1}{1163} + R_d + \dfrac{25}{20}\times\dfrac{1}{1163}}$$

$$R_d = 3.9\times10^{-4}\,m^2\cdot K\cdot W^{-1}$$

（3）核算条件变化后，能否完成原冷却任务

当水量增加一倍后

$$\alpha_1' = \left(\frac{u'}{u}\right)^{0.8}\alpha_1 = 2^{0.8}\alpha_1 = 1.74\times1163 = 2023.62\,W\cdot m^{-2}\cdot K^{-1}$$

则此时传热系数

$$K'' = \dfrac{1}{\dfrac{1}{1163} + 3.9\times10^{-4} + \dfrac{25}{20}\times\dfrac{1}{2023.62}} = 535.46\,W\cdot m^{-2}\cdot K^{-1}$$

冷却水出口温度可由

$$q_{m,1}c_{p,1}(T_1-T_2) = 2q_{m,2}c_{p,2}(T_2'''-T_1')$$

$$1000\times3.3496\times(150-80) = 2\times1120\times4.187\times(T_2'''-15)$$

所以 $\qquad\qquad\qquad\qquad T_2''' = 40℃$

由 $\qquad\qquad \Delta T_m'' = \dfrac{1}{2}\left[(150-40)+(80-15)\right] = 87.5℃$

由 $\qquad\qquad \dfrac{\Phi''}{\Phi'} = \dfrac{K''A\Delta T_m''}{K'A\Delta T_m'} = \dfrac{535.46\times87.5}{430.74\times81} = 1.34$

所以，当设备结垢后，将冷却水量增加一倍时，可以完成预定的冷却任务。

第六节　热　交　换　器

化工生产中存在着不同温度流体之间的热交换过程，用以完成换热的装置称为热交换器，或简称换热器，常作为加热器、冷却器、冷凝器、蒸发器和再沸器等。换热器是化工企业中使用最为广泛的设备之一。由于热交换的方法有蓄热、直接和间接式三种，因此，换热器也就分为蓄热式、直接混合式和间壁式换热器三大类。在三类换热器中，间壁式换热器应用最多，本节即介绍此类换热器的构造、操作原理及特点。

一、间壁式换热器的类型

（1）夹套式换热器　夹套式换热器是在一容器（釜）外部安装夹套而成（如图 4-22 所示）。夹套与容器之间形成环隙空间作为载热体的通道。当用蒸汽加热容器内流体时，蒸汽从上部进入夹套，冷凝水由下部排出。冷却时，冷却水由下部进入，从上部排出，以保证冷却水充满夹套空间。

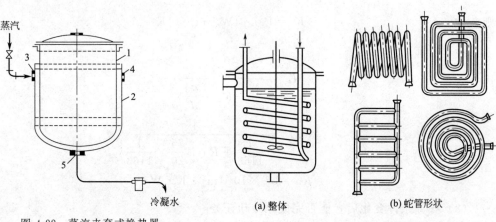

图 4-22　蒸汽夹套式换热器
1—反应器；2—夹套；3，4—蒸汽接管；
5—冷凝水接管

图 4-23　沉浸式蛇管换热器

(a) 整体　　(b) 蛇管形状

夹套式换热器构造简单，但传热面积受容器壁面的限制，一般不超过 $10m^2$，且传热系数也不高。为强化容器内物料的对流传热，可在釜内安装搅拌器。为及时移出釜内热量，可在其中安放蛇管。当夹套内通过冷却水或无相变加热剂时，可于夹套内敷设螺旋隔板，或其他增加流体湍动程度的措施，以提高夹套一侧的传热膜系数。

（2）沉浸式蛇管换热器　这种换热器如图 4-23（a）所示，将金属管弯绕成与各种容器相适应的盘蛇形状，沉浸于容器内的液体之中。图 4-23（b）为几种常见的蛇管形状。蛇管换热器的优点是结构简单，便于制造，能承受高压，且可用耐腐蚀材料制造。其缺点是传热面积有限，管外液体的湍动程度较低，传热膜系数较小。为提高传热系数，容器内可安装搅拌器。

（3）喷淋式蛇管换热器　这种换热器是将换热管成排地固定在钢架上，如图 4-24 所示。冷却水自上方喷淋装置中均匀淋下，沿管外表面下流。而加设的檐板对冷却水略加阻拦，尽量使冷却水淋于管上。而热流体沿管内自下向上流动。由于管外液体湍动程度较高，故其给热系数较沉浸式为大。且这种换热器多安放在室外空气流通之处，冷却水的蒸发亦带走部分热量，起到降低冷却水温、增大传热推动力的作用。其缺点是占地面积较大，且喷淋不易均匀，同时要定期清除管外积垢。

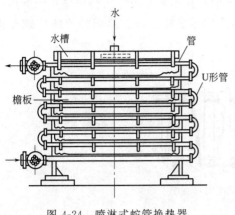

图 4-24　喷淋式蛇管换热器

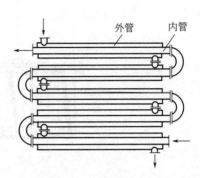

图 4-25　套管式换热器

（4）套管式换热器　这种换热器是将直径不同的两根直管制或同心套管，并用 U 形弯头连接内管，外管与外管互连而成，如图 4-25 所示。每一段套管称为一程，其程数可据传热面的大小而增减，并可几排并列，每排再与总管相连。

在这种换热器中，一种流体走管内，另一种流体走环隙，两种流体都可达到较高的流速，故传热系数较大。此外，在这种换热器中，两种流体可以逆流方式换热，其对数平均推动力亦较大。

套管式换热器构造简单，制造方便，能承受高压，传热面积可根据排数和程数的增删而变，有较大的伸缩性。但缺点是占地面积较大，单位传热面耗材（金属）较多，接头多易泄漏，一般多用于流量不大、所需传热面积不大的高压场合。

（5）管壳式换热器　这种换热通常又称为列管式换热器，是目前应用最广的换热设备。其结构为一束装在一个圆柱形壳体内的圆管，两端再加设封头（端盖）组成。冷热两种流体在其中换热时，一种流体流过管内，其行程称为管程；另一种流体在管外流动，其行程称为壳程。根据管侧和壳侧的流程数目，可以有许多不同型式。最简单的一种的壳侧及管侧均只有一个流程的称为 1-1 型换热器，传热面积为 $40\sim150m^2/m^3$，如图 4-26 所示。换热器内一般都装有横向的折流挡板，以促使在壳侧流体中产生扰动并使该流体产生一个对于管子的横向速度分量。

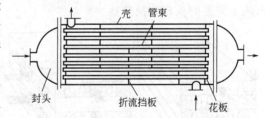

图 4-26　管壳式换热器

总之，这些效应会使管束的外表面有较高的传热系数。应当指出，管程数多有利于提高传热膜系数，但会增加能量损耗，传热温度差小，故程数不宜过多，通常多为 2 程、4 程、6 程。另外，为提高管外流速，可在壳体内安装纵向挡板，使流体多次通过壳体空间，称为多壳程。

由于管壳式换热器的壳程流速较管程小，壳程清洗又较管程困难，故换热过程中，何种流体走管程、何种流体走壳程，则必须加以注意。

二、板式换热器

板式换热器相对于管式换热器而言，其换热表面可以紧凑排列，因而具有结构紧凑，材料消耗低，传热系数大的特点。此类换热器在压强较低，温度不高或腐蚀性强而又必须使用贵金属材料的场合，将显示出极大的优越性。

（1）板式换热器　这是由一组金属薄板平行排列，在相邻薄板之间衬以垫片，然后用框架夹紧组装于支架上而成。图 4-27 为板式换热器流向示意图。冷、热两种流体分别在板片两侧流过，通过板片进行换热。

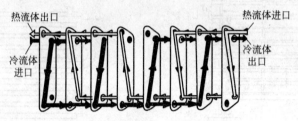

图 4-27　板式换热器流向示意图

此种换热器的优点是：由于板片被压制成波纹形状，且板片又薄（0.5～3mm 厚），故在 $Re = 200$ 左右即可达到湍流，传热系数 K 值大；因板片间隙仅 4～6mm 宽，故结构紧凑，使单位容积所提供的传热面达 $250～1000m^2/m^3$，是普通管壳式换热器的 6～7 倍，其金属耗用量可减少一半以上；操作灵活性强，可以根据需要调整板片数目以增减传热面积，检修清洗方便，热量损失也小。

板式换热器的主要缺点是：因受密封材料的限制，因此，允许的操作压强和温度较低。通常操作压强不超过 $1.96 \times 10^6 Pa$，否则容易泄漏；操作温度在采用合成橡胶作垫圈时小于 130℃，耐压石棉垫圈也不超过 150℃。

（2）板翅式换热器　这种换热器基本结构是采用铝合金平隔板和各种型式的翅片构成板束组装而成，如图 4-28 所示。通常在两平行的薄金属板间夹入波纹状或其他形状的（如锯齿状、多孔状等）金属翅片，两侧再以封条密封固定，即组成一个换热基本单元体。根据工艺要求，将各单元体进行不同的叠积和适当地排列（两单元体之间的隔板公用）并焊牢，即制成逆流式和错流式芯部或板束。将板束放入带有流体进、出口的称为集流箱的外壳中，就组成了完整的板翅式换热器。

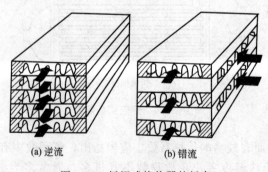

(a) 逆流　　　　(b) 错流

图 4-28　板翅式换热器的板束

板翅式换热器的优点是：由于采用铝合金材质制造，故而轻巧紧凑，其重量为相同传热面积管壳式换热器的十分之一。操作范围广，可在近热力学温度 0K 至 200℃ 范围内使用，尤其适用于低温或超低温场合。单位容积可提供的传热面达 $2500～4000m^2/m^3$。由于各种形状的翅片在不同程度上起着促进湍流和破坏层流底层的作用，故其传热系数也很高。加之翅片对隔板有支撑作用，因而具有较高强度，能承受压力达 $5 \times 10^6 Pa$ 左右。

其缺点是制造工艺比较复杂，清洗和检修困难，因而要求传热介质清洁。流体流动阻力亦较大。

（3）螺旋板式换热器　此种换热器是由两块薄钢板经卷制，并在两板间焊有定距柱，以维持其内部形成的同心螺旋形通道的间距。中心设有隔板将两道隔开，两端焊上盖板，构成通过薄板进行换热的螺旋板式换热器（图4-29）。冷、热两种流体可在钢板两边做逆流流动并进行热交换。

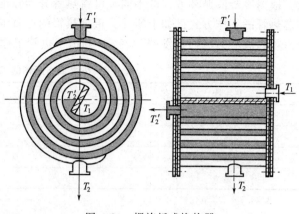

螺旋板式换热器的优点是：结构紧凑，单位容积的传热面为管壳式的3倍。由于流体螺旋式流动受离心力的作用和定距柱的干扰，流体流速和湍动程度增加，$Re>500$ 即可达到湍流状态，故传热膜系数大，且不易堵塞，适于处理悬浮物和高黏度流体。

其缺点是：一般操作压力只能控制在 $2×10^6$ Pa 以下，温度不超过300～

图4-29　螺旋板式换热器

400℃。加之整个换热器被焊接为一体，一旦损坏则不易修复。

三、换热器发展概况

随着石油化学工业的飞速发展和科学技术水平的不断提高，许多高效新型换热器则不断涌现出来。

1. 高效换热元件

近年来，国内外研制了许多像螺旋槽管、翅片管、多孔表面管、旋流管、缩放管和横纹槽管等类型高效能换热元件。

（1）螺旋槽管　这是一种外凸内凹的螺旋形槽异形管。管壁上的螺旋槽能在传热过程中显著地提高管内外传热膜系数。使用过程中可采用比光滑管大的直径和较低的流速，故泵功率的消耗仅是光滑管的 30%～50%。

（2）翅片管　德国 Wieland-Werke AG 公司提出了一种称为"Gewa-T"型翅片管以强化翅片管的传热速率。这种具有 T 形截面的螺旋翅片比一般低翅片的传热系数提高约 30%。

（3）多孔表面管　其结构是在管外烧结一层厚度为 0.1～1mm 的多孔金属物质，孔穴直径为 1～150μm。这种由美国 UOP 公司生产的 "Koro-tex" 传热管的传热系数为光滑管的 16 倍之多。

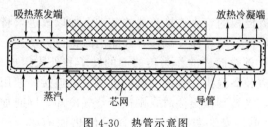

图4-30　热管示意图

（4）热管　热管是一个密封式金属管，其内有毛细吸液芯结构，排除管内全部不凝性气体并充有一定量可以汽化的工作液体。图4-30为热管结构示意图。

管内工作液从蒸发端吸热产生蒸气，流至冷凝端放热后冷凝为液体再沿具有毛细结构的吸液芯回流至蒸发端，再次沸腾。如此过程反复循环，热量便不断从蒸发端吸入，再从冷凝端放出，使冷流体加热。由于热管内部抽成真空，工作液体极易蒸发和沸腾，故热管启动迅速。

热管的结构把传统的内、外表面间的传热巧妙地转化为管子两端外表面的传热，使冷、热两侧皆可采用加装翅片的方法进行强化，因此，用热管制成的换热器，对冷、热两侧对流传热系数都很小的气-气传热过程特别有效。

热管管壳一般由导热性能好、耐热应力、耐压、耐腐蚀的材料构成，如，不锈钢、铜、铅、镍、铌、钽等。对其工作液体的要求是：具有较高的热导率和气化潜热、较低的黏度和熔点、较大的表面张力以及较好的润湿毛细结构的能力等。

根据冷凝液循环方式的不同，可将热管分为吸液芯热管、重力热管和离心热管三种。吸液芯热管的工作方式已如上所述；重力热管的冷凝液是靠重力流回蒸发端。而离心热管的冷凝液是靠离心力流回蒸发端。表 4-8 列出了热管工作液体的工作温度范围。

表 4-8　热管工作液体的工作温度范围

热　管	工作温度/K	工　作　液　体
深冷型	<200	$N_2,H_2,O_2,Ne,CH_4,C_2H_8$ 等
低温型	200～550	$NH_3,H_2O,C_2H_5OH,(CH_3)_2O,CFC-12$ 等
中温型	550～750	$Ag,Cs,K,Na,$ 导热姆 A[①] 等
高温型	>750	Ag,Li,K,Na 等

① 为 73.5% 二苯氧化物，26.5% 联苯。

　　通常的箱式热管换热器是将热管元件按一定行列间距布置，成束装在框架的壳体之内，中间用隔板将热管的蒸发端和冷凝端隔开，构成冷、热两个通道；所有热管外壁均装有翅片，以强化传热效果，如图 4-31 所示。

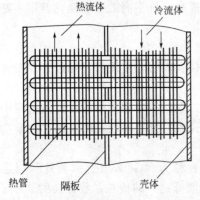

图 4-31　箱式热管换热器基本结构

　　热管换热器的传热特点是由热量传递气化蒸气流动和冷凝三部分组成。由于气化和冷凝的对流强度都很大，蒸气的流动阻力又很小，这就使得热管的热阻很小。即使在热管两端温差很小的情况下，也能传递很大的热流量，因此，热管换热器特别适用于低温差传热的场合。

　　由于热管换热器具有优越的导热性能，近来受到越来越广泛的重视，已经在电力、冶金、石化、玻璃、陶瓷、电子、轻工等行业的余热回收、加热、均温、散热、干燥等方面，以及在计算机、雷达等高科技领域都获得了广泛的应用。

2. 几种新型换热器

　　(1) 螺旋挡板管壳式换热器　这是一种在壳程采用螺旋挡板的换热器。壳程流体在螺旋挡板构成的螺旋通道中做螺旋流动。在离心力的作用下提高了壳程传热效果。

　　(2) 折流杆换热器　此种换热器是在带折流挡板的管壳式换热器的基础上加以改进，将壳程折流挡板用折流杆代替，从而使流体阻力降低，结垢速度减缓，并能消除机械振动。

　　(3) 回转式换热器　它是由筛网和薄金属片重叠而成的作为传热面的转子和外壳组成。外壳设有高温和低温气体通道，并分别通过管道和高温排气系统及低温进气系统连接。使用时，转子缓慢旋转，在高温侧被气体加热升温，当转到低温侧时，则被冷空气冷却，同时加热了冷空气。这种换热器的特点是：结构简单、安装方便；单位容积传热面有 300～1000m²/m³，单位传热面上有稳定的热量传递，热效率高达 80%；由于气体呈周期性反复流动，故传热面可自行清洁。

　　(4) 热管废热锅炉　这种换热器的列管由多孔表面管制成，从而可使沸腾传热系数提高上数倍。若热侧相应采取有效措施，总传热系数可提高 3～5 倍。

　　目前，换热器的发展基本趋势是：提高设备的紧凑性、降低材料消耗、提高传热效率、保证互换性和扩大容量的灵活性；通过减少污垢堵塞和采用方便的除垢设计以减少操作事故；在广泛的范围内向大型化发展。

第七节 传热过程的强化

化工生产中传热过程的强化是十分重要的问题。据统计，在现代石油化工生产中，换热器的投资约占设备总投资的 $30\%\sim40\%$，因此，减少设备尺寸，减轻设备重量，增强换热器的换热工况，采用强化传热技术等是达到节约能耗、物耗、减少换热器消耗的功率，使之能够在较低温差下工作，并节省投资的必然追求目标。

一、换热器热交换过程的强化

从传热速率方程 $\Phi=KA\Delta T_m$ 不难看出，提高传热系数 K、增大传热面积 A 或平均温度差 ΔT_m 中任何一个，都可以提高传热速率 Φ。目前，在换热器的设计和操作中采取的强化途径，多从这三方面考虑。

1. 增大传热面积 A

对于间壁式换热器来说，增大 A 值，意味着金属材料用量增加，因而设备费用提高，此法不足取。增大 A 值，应当从改进换热器结构入手，制造紧凑、合理的换热器，使单位体积的换热器面积增大，如上节介绍的平板式、板翅式及螺旋板式换热器等。

2. 提高传热系数 K

由式(4-57)可知，传热系数 K 受许多因素影响

$$K=\cfrac{1}{\cfrac{1}{\alpha_1}+R_1+\cfrac{\delta}{\lambda}+R_2+\cfrac{1}{\alpha_2}}$$

从数学观点来看，只需减小上式中的各项热阻，即可使 K 值提高，然而，各项热阻对 K 值的影响大小不同，故只有设法减小对 K 值影响较大的热阻，才能有效地提高 K 值。

对于间壁式换热器，一般情况下管壁厚度 δ 较薄，而金属材质热导率 λ 又较大，故管壁热阻 $\cfrac{\delta}{\lambda}$ 对传热系数 K 影响不大。

R_1、R_2 分别为管内、外侧垢层之热阻，因垢层的热导率很小，即使垢层很薄，也很容易产生较大的热阻，因此，它对 K 值的影响一般不能忽视，必须防止污垢产生或及时清除之。

当对流传热膜系数 α_1，α_2 相差不大，或同属于一个数量级时，欲使 K 值提高，则应同时提高两侧流体的 α 值。

当对流传热膜系数 α_1，α_2 相差悬殊，在提高 K 值时，重点应放在最薄弱的环节上，即增加传热膜系数小的一方的 α 值。

根据对流传热分析可知，对流传热的热阻主要集中在传热边界层，热量以导热方式通过此层进行传递，而流体的热导率较金属的又小得多，针对这种情况，强化传热可以采取如下措施。

(1) 增大流体湍流程度，以降低传热边界层厚度，为此，可以采用以下的两种方法。

① 增大流体流速。对于管壳式换热器，在壳程可加折流板来改变管外流动状况；在管程则可增加程数来提高管内流速，从而提高传热速率。但是，随着流速的增大，则阻力很快增加。由式(4-16)知 $\alpha\propto u^{0.8}$，由式(2-41)和式(2-43)知 $-\Delta p\propto u^{1.8}$，所以，流速的增大不能超过一定的限度，否则阻力增大太大，致使动力消耗增加。

② 改变流动条件。通过设计特殊的传热壁面，使流体在流动过程中不断地改变流动方向，促使形成湍流。例如采用粗糙壁面的像螺纹管、翅片管等；采用管内插入螺旋线、纽带

或锯齿带等以使管内流体呈螺旋形流动。这不仅增加了流体在管内的流速，而且流体在旋转时会产生离心力，使流体微团的漩涡运动能深入到壁面附近，降低传热边界层厚度。再者，旋转流动对管壁还有冲刷作用，可以防止结垢；采用一定的方式对流体进行干扰，使流体发生振动或搅动，凡此种种，均可提高传热膜系数，从而增大传热系数。

（2）采用热导率大的流体作载热体，如采用熔盐、液态金属等，以降低传热边界层的热阻，增大传热速率。化工生产中常用的载热体列于表 4-9。

表 4-9　化工生产中常用的载热体

载　热　体		温度范围/℃	α 值	优　点	缺　点
加热剂	热水	40～100	800～1200	可利用废热	温度低,不易调节
	饱和水蒸气	100～180	5000～20000	温度易调节,凝结热大	＞180℃ 时，压强太高
高温载热体	联苯混合物： 联苯 26.5% 联苯醚 73.5%	液体 15～225 饱和蒸气 225～380	200～350 1400～1750	加热均匀,稳定性好,温度范围广,易调节,蒸气压低,不腐蚀	价格昂贵,渗透性强,易燃
	矿物油	＜250	100～300	易得	黏度大,α 小,易燃
	熔盐：KNO₃ 53% NaNO₃ 7% NaNO₂ 40%	142～530	1750～2300 （500℃）	温度高	比热容小
	水银蒸气	400～800	约 580	稳定,加热范围广,蒸气压低	剧毒
	烟道气	可大于 1000	20～30	温度高	比热容小,传热差

3. 增大传热平均温度差 ΔT_m

作为换热器传热推动力的 ΔT_m，通常可采用两种方法使其增大。

（1）将进行热交换的两流体采用逆流操作。

（2）提高热流体或降低冷流体的温度。实际化工生产过程中，一般物料的温度由工艺条件决定，而加热或冷却介质的温度，则依据所选介质的不同可以有很大差异。然而，加热介质的选择必须要考虑到技术上的可能性、经济上合理性和生产上的可靠性。如选用水蒸气作加热剂，欲提高水蒸气的温度，就需要提高它的压强，当压强提高到水蒸气温度超过 200℃，即 $p＞1.554×10^6$ Pa 时，不但对换热器的耐压要求更高，而且经济上也不合理。又如对精馏操作中的冷凝冷却器，因热流体的温度由精馏生产工艺条件决定，不能随意提高或降低；而冷却水的温度则受当时当地水源条件限制，也不可随意改变，因此，从增大 ΔT_m 来强化传热效果是有局限性的。

二、强化技术及能耗研究

提高传热系数的传热技术可以分为有功强化（主动式强化）传热技术和无功强化（被动式强化）传热技术两类。有功强化传热技术需要运用外部能量来达到强化传热的目的。该项技术包括：机械强化、振动、电场、磁场、光照射、喷射冲击等；无功强化传热技术则不需要外部能量，主要有：表面特殊处理法、粗糙表面法、扩展表面法和扰动流体法等。

最近十几年来，强化传热技术受到了工业界的广泛重视，得到了十分迅速的发展，各种新型、高效换热器将逐步取代常规换热器。据报道在 21 世纪，电动场力效应强化技术、通入惰性气体强化传热技术、添加物强化沸腾传热技术、磁场动力传热技术、微生物传热技术以及滴状冷凝技术将会得到研究和发展。新能源换热器、流化床换热器、高温喷射式换热器、同心管换热器、穿孔管换热器、微尺度换热器、微通道换热器将会在工业领域及其他领域得到研究和应用。

随着全球水资源和能源的紧张程度加剧，工业循环水将被新的冷却介质所取代。新型高效的空冷器以其传热效率高、流通面积大、管内阻力低、结构紧凑、占地面积小、可大型化等优异的技术性能，将会在炼油、化工、电力、核能及冶金等能耗、水耗较大的行业得到广泛应用。

第八节　管壳式换热器的设计与选用

一、确定设计方案的基本原则

管壳式换热器的设计同其他任何工程设计一样，首先需要确定设计方案。而设计方案的确定，应当遵循以下基本原则，即①满足工艺和操作的要求，保证操作稳定，便于调节和检修；②材料来源充分、施工方便、造价低廉，能在采取有效措施的前提条件下，使整个生产成本降低，以获得最佳经济效果；③确保生产安全，避免事故发生。

上述三点仅是在确定设计方案时应遵循的大原则，具体到每一问题，还须考虑许多影响因素。例如，为了确保换热器能正常操作，除了流体流向的选择、冷却介质出口温度以及流速的选择外，还应当考虑换热器内冷、热流体流程确定问题，即流体流经空间的选择。大量的生产实践总结了确定换热器的流程原则如下。

走管程：易结垢、有沉淀及含杂质的流体；高温、高压或腐蚀性强的或有毒的流体；与外界环境温差大的流体；温差小、传热膜系数值相差很大的两种流体中的 α 值大的流体。

走壳程：饱和蒸汽；与外界环境温差小的流体。

综上所述，确定两换热介质流经空间的总原则是：有利于传热，压力损失、材料消耗和生产成本低，既经济，又安全，运行、检修亦方便。当然，在具体情况下，还需根据这些原则进行全面分析，综合平衡后再予以确定。

二、设计内容

管壳式换热器的设计主要包括工艺设计和结构设计两部分。

换热器工艺设计的实质是换热过程的工艺计算，其主要内容包括：物料衡算、能量（热量）衡算；传热系数的计算（包括 α 和 K）；传热面积的确定；管子长度与数目的选择与确定；管子的分程；管板布置；壳体直径的计算等。

换热器结构设计的内容有：壳体壁厚的计算，管子及其与管板的连接；管板尺寸的确定，管板与隔板的连接，管板与壳体的连接，折流板、支承板、旁路挡板及拦液板的作用与安装，温差应力及其补偿，管子拉脱力的校核，管箱与壳程接管等。

三、管壳式换热器的选用

(1) 分析了解任务，掌握基本数据及工艺特点：

① 冷、热流体的流量，进、出口温度，操作压力等；

② 冷、热流体的物性数据；

③ 冷、热流体的物理化学性质及其腐蚀性等。

(2) 确定选用换热器的型式，确定流体流动空间。

(3) 选用计算内容：

① 计算两种流体的定性温度，并收集、整理有关物性数据；

② 通过热量衡算求出热（或冷）载热体的热负荷，并确定此换热器必须完成的换热任务，据此确定另一种载热体的用量；

③ 求出平均温度差 ΔT_m；

④ 粗略估计管、壳程的传热膜系数 α_1、α_2，垢层厚度 δ 或根据经验选取合适的污垢热阻，并求算出总传热系数 K，估算出传热面积，由此可试选适当型号的换热器；

⑤ 核算总传热系数 K。分别计算 α_1、α_2，确定污垢热阻，求出此情况下的总传热系数 K，并与前面估算时所得 K 值进行比较，若相差较多，则应重复第④步；

⑥ 计算传热面积，根据核算的 K 值与温度较正系数 $\varepsilon_{\Delta T}$，由 $\Phi = KA\varepsilon_{\Delta T}\Delta T_m$ 式求取传热面积 A，并考虑 $10\% \sim 25\%$ 的裕量。

总之，在换热器的选用和设计计算中，涉及一系列的选择（如流体流向、冷却介质的进出口温度、流速、载热体流程空间及换热管规格和排列方式的选择等）。在各种选择确定之后，所需传热面积及管长等换热器其他尺寸是不难确定的。注意，不同的选择会有不同的计算结果，故只有做出恰当的选择，才能正确地选用和设计换热器。近年来，借用计算机寻优的方法，在选用和设计换热器方面得到日益广泛的应用。

小　结

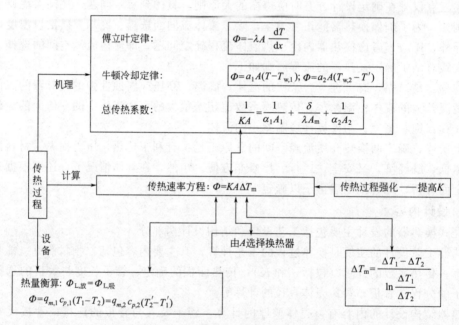

习　题

1. 由一层 100mm 厚的耐火砖和一层 100mm 厚的普通砖砌成的双层平壁燃烧炉，各层材料热导率分别为 $0.9\mathrm{W} \cdot \mathrm{m}^{-1} \cdot \mathrm{K}^{-1}$ 和 $0.7\mathrm{W} \cdot \mathrm{m}^{-1} \cdot \mathrm{K}^{-1}$。当定态操作时，测得炉壁内表面温度为 700℃，外表面温度为 130℃。为减少燃烧炉的热损失，在普通砖的外表增砌一层厚度为 40mm，热导率为 $0.06\mathrm{W} \cdot \mathrm{m}^{-1} \cdot \mathrm{K}^{-1}$ 的保温材料。在操作稳定后，又测得炉内表面温度为 740℃，最外层表面温度为 90℃，其他条件保持不变。试计算增加保温层后炉壁的热损失比原来的减少百分之几？

　　　　　　　　　　　　　　　　　　　　　　　　　　　　　　　　　　　　　[68.5%]

2. 由耐火砖、保温砖和建筑砖组成的炉壁，其各层材料的厚度和热导率依次为：$\delta_1 = 250\mathrm{mm}$，$\lambda_1 = 1.4\mathrm{W} \cdot \mathrm{m}^{-1} \cdot \mathrm{K}^{-1}$；$\delta_2 = 130\mathrm{mm}$，$\lambda_2 = 0.15\mathrm{W} \cdot \mathrm{m}^{-1} \cdot \mathrm{K}^{-1}$；$\delta_3 = 200\mathrm{mm}$，$\lambda_3 = 0.8\mathrm{W} \cdot \mathrm{m}^{-1} \cdot \mathrm{K}^{-1}$。已得耐火砖与保温砖接触面上的温度 $T_2 = 820℃$，保温砖与建筑砖接触面上的温度 $T_3 = 260℃$，试求：

(1) 各层材料以单位面积计时的热阻；

(2) 通过炉壁的热流密度；

(3) 炉壁导热总温差及各层材料的温差。

[(1) $0.179\mathrm{m}^2 \cdot \mathrm{K} \cdot \mathrm{W}^{-1}$，$0.867\mathrm{m}^2 \cdot \mathrm{K} \cdot \mathrm{W}^{-1}$，$0.25\mathrm{m}^2 \cdot \mathrm{K} \cdot \mathrm{W}^{-1}$；(2) $646\mathrm{W} \cdot \mathrm{m}^{-2}$；(3) 837K，116K，560K，162K]

3. 输送蒸汽的 $\phi57\text{mm}\times3.5\text{mm}$ 的钢管外包有隔热层。第一层是 40mm 厚的矿渣棉（$\lambda=0.07\text{W}\cdot\text{m}^{-1}\cdot\text{K}^{-1}$），第二层是 20mm 厚的石棉层（$\lambda=0.15\text{W}\cdot\text{m}^{-1}\cdot\text{K}^{-1}$）。若蒸汽管内壁温度为 140℃，石棉层外壁温度为 30℃。试求每米管长的热损失。若以同量的石棉作内层，而矿渣棉作外层，各层厚度保持不变时，情况怎样？试做比较。

$$[48.54\text{W}\cdot\text{m}^{-1};\ 72.69\text{W}\cdot\text{m}^{-1};\ \text{耐热性等条件允许情况下，}\lambda\text{ 值小的材料包在内层}]$$

4. 在列管式换热器中用饱和水蒸气将 98% 的醋酸从 20℃ 加热到 100℃。醋酸在内径为 15mm 的管内流过。每根管内流率为 400kg·h^{-1}。已知操作条件下的醋酸的物性常数为：$\rho=1049\text{kg}\cdot\text{m}^{-3}$，$\lambda=0.165\text{W}\cdot\text{m}^{-1}\cdot\text{K}^{-1}$，$c_p=2.177\text{kJ}\cdot\text{kg}^{-1}\cdot\text{K}^{-1}$，$\mu=0.73\times10^{-3}\text{Pa}\cdot\text{s}$。

试求管壁和醋酸之间的传热膜系数 α_i。

$$[1218\text{W}\cdot\text{m}^{-2}\cdot\text{K}^{-1}]$$

5. 在一内径为 20mm，长度为 2m 的列管冷凝器中，冷却水以 1m·s^{-1} 的流速在管内流动，其进口温度和出口温度分别为 20℃ 和 45℃，管外蒸汽冷凝。试求：

(1) 管壁对冷却水的传热膜系数 α 的数值；

(2) 若将冷却水的流速增加一倍，其他条件不变，则 α 的数值为多少？

(3) 若将管径缩小一半，其他条件仍不变，则 α 的数值又为多少？

$$[(1)\ 4679\text{W}\cdot\text{m}^{-2}\cdot\text{K}^{-1};\ (2)\ 8141\text{W}\cdot\text{m}^{-2}\cdot\text{K}^{-1};\ (3)\ 5376\text{W}\cdot\text{m}^{-2}\cdot\text{K}^{-1}]$$

6. 有一列管式换热器，管束由 $\phi89\text{mm}\times3.5\text{mm}$，长 1.5m 的钢管组成，管子排列方式为错排。管内为 $p=200\text{kPa}$ 的饱和水蒸气冷凝，管外为 $p=100\text{kPa}$ 的空气被加热，空气进、出口温度分别为 15℃ 和 45℃。空气垂直流过管束，沿流动方向共有管子 10 列，每列有管子 10 行。行、列的管间距皆为 110mm。已知空气流过最窄处的速度为 10m·s^{-1}，管外壁温度为 114℃。试求空气的平均对流传热膜系数。

$$[55.98\text{W}\cdot\text{m}^{-2}\cdot\text{K}^{-1}]$$

7. 水在外径为 76mm 的水平管外被加热。若水的平均温度和管外壁平均温度分别为 25℃ 和 45℃。试求自然对流时的传热膜系数。　　　　　　　　　　　　　$[723\text{W}\cdot\text{m}^{-2}\cdot\text{K}^{-1}]$

8. 在一换热面积为 30m^2 的列管式换热器中，高温反应气体与低温原料气体逆流换热。高温气体以 6000kg·h^{-1} 的流率在管内流过，其进、出口温度分别为 485℃ 和 155℃，平均比定压热容 $c_p=3.0\text{kJ}\cdot\text{kg}^{-1}\cdot\text{K}^{-1}$。原料气走管外，流量为 5800kg·h^{-1}，平均比定压热容 $c_p=3.14\text{kJ}\cdot\text{kg}^{-1}\cdot\text{K}^{-1}$，进口温度 50℃。试求该换热器的总传热系数。　　　　　　　　　　　　　　　$[514\text{W}\cdot\text{m}^{-2}\cdot\text{K}^{-1}]$

9. 某有机物以 0.5m·s^{-1} 的流速从管内流过换热面积为 5m^2 的列管式换热器，列管总横截面积为 0.01m^2。管外用常压饱和水蒸气加热，总传热系数为 400W·m^{-2}·K^{-1}。有机物进口温度为 20℃。换热过程中平均物性数据为：$c_p=2\text{kJ}\cdot\text{kg}^{-1}\cdot\text{K}^{-1}$，$\mu=1\times10^{-3}\text{Pa}\cdot\text{s}$，$\lambda=0.2\text{W}\cdot\text{m}^{-1}\cdot\text{K}^{-1}$，$\rho=800\text{kg}\cdot\text{m}^{-3}$。设进、出口传热温差不到一倍。试确定有机物的出口温度。　　　　　　　$[37.8℃]$

10. 每小时凝结 500kg 乙醇蒸气，凝结液冷却至 30℃。乙醇的凝结温度为 78.5℃，凝结热为 880kJ·kg^{-1}，传热膜系数为 3500W·m^{-2}·K^{-1}。乙醇液体的平均比定压热容为 2.8kJ·kg^{-1}·K^{-1}，传热膜系数 700W·m^{-2}·K^{-1}。管壁及污垢层热阻可以忽略。逆流冷却水的进、出口温度分别为 15℃ 和 35℃。水的传热膜系数为 1000W·m^{-2}·K^{-1}，比定压热容为 4.2kJ·kg^{-1}·K^{-1}。试求：

(1) 该冷凝-冷却器的传热面积；　　　　　　　　　　　　　　$[4.4\text{m}^2;\ 32\ \text{根}]$

(2) 若以 $\phi24\text{mm}\times2\text{mm}$，长为 2m 的钢管，则此列管换热器的管数为多少根？

11. 欲测定某物质的黑度，可将其做成表面积为 0.02m^2 的小球。球里面放置一个电加热器。此小球再放进一个内部抽成真空的内表面积很大的金属壳体内，金属壳体浸入 100℃ 的沸水中。当电加热器的功率为 50W，测得小球的表面温度为 327℃，试求该物质的黑度应为多少？　　　　　　　　$[0.4]$

12. 某车间有一温度为 300℃，高和宽均为 3m 的平壁铸铁（$\varepsilon_1=0.78$）炉门。车间温度为 25℃。为减少热损失，在炉门前 100mm 处放置与炉门同样大小的铝板（$\varepsilon_2=0.11$）。试计算放置铝板前、后炉门因辐射而损失的热量各为多少？并求放置铝板后热损失减少的百分率。　　　　$[3.98\times10^4\text{W},\ 2766\text{W};\ 93\%]$

13. 换热面积为 5m^2 的 1-2 型管壳式换热器中，管外热水被管内冷却水冷却。传热系数 $K=1.4\times10^3\text{W}\cdot\text{m}^{-2}\cdot\text{K}^{-1}$。冷、热水的流量及其进口温度分别为：$q_{m,2}=1\times10^4\text{kg}\cdot\text{h}^{-1}$，$q_{m,1}=5\times10^3\text{kg}\cdot\text{h}^{-1}$，$T'_1=20℃$，$T_1=100℃$。试用对数平均温度差法计算：冷、热水的出口温度和传热量。

$$[43.5℃,\ 53.7℃;\ 2.69\times10^5\text{W}]$$

14. 在套管换热器中用水冷却煤油。水的流率为 $600kg \cdot h^{-1}$，入口温度为 $15℃$；煤油的流率为 $400 kg \cdot h^{-1}$，入口温度为 $90℃$，两流体并流流动。在操作条件下煤油的比定压热容取 $2.19kJ \cdot kg^{-1} \cdot K^{-1}$。已知换热器基于外表面积的总传热系数为 $860W \cdot m^{-2} \cdot K^{-1}$，内管直径 $\phi38mm \times 3mm$，长 6m 的钢管。试采用效率-传热单元数法求煤油及水的出口温度。　　　　　　　　　　　　　　　　[$36.2℃$，$33.7℃$]

15. 空气以 $2400kg \cdot h^{-1}$ 的流率在列管式换热器中从 $20℃$ 加热到 $80℃$，管外为饱和水蒸气作为加热剂，空气在钢质列管内做湍流流动。列管总数为 100 根，尺寸为 $\phi50mm \times 2mm$，长 3m。今因生产量加大，需要改换一台新换热器。它较原换热器的管数多一倍，列管管径缩小一半，若其他操作条件不变，试求新设计的换热器每根管子的长度。　　　　　　　　　　　　　　　　　　　　　　　[1.5m]

16. 设计一列管式冷凝器，用冷水冷凝酒精蒸气，生产能力为 $4000kg \cdot h^{-1}$ 的工业酒精。冷却水进、出口温度分别为 $20℃$ 和 $40℃$，常压操作。已知酒精蒸气传热膜系数为 $1700W \cdot m^{-2} \cdot K^{-1}$，酒精的气化潜热 $925kJ \cdot kg^{-1}$。沸点为 $78℃$。试求：

(1) 传热量及冷却水耗量；

(2) 确定流体流向；

(3) 传热平均温度差；

(4) 传热系数 K；

(5) 取 15% 安全因素时的传热面积和管长为 3m 时的管子数目。

[(1) $1.03 \times 10^3 kW$，$12.3kg \cdot s^{-1}$；(2) 并流、逆流均可；(3) $47.3℃$；(4) $780W \cdot m^{-2} \cdot K^{-1}$；(5) 151 根]

第五章 蒸 发

教学基本要求

1. 掌握单效蒸发中有关溶液的沸点和温度差的计算；
2. 掌握蒸发操作中溶液沸点升高和温度差损失及单效蒸发的有关计算；
3. 了解多效蒸发流程，通过对单效与多效蒸发的比较，建立多效蒸发最佳效数的概念；
4. 了解蒸发器的基本结构和特点，并能根据情况选择合适的蒸发器。

第一节 概 述

一、蒸发操作及特点

在化学、医药及食品等工业中，经常需要利用加热的方法使含有不挥发性溶质（如盐类）的溶液（多为水溶液）沸腾，部分溶剂受热发生汽化，从而使稀溶液得以浓缩的过程，称为蒸发。简言之，蒸发就是使此类溶液溶质与溶剂分离的一种单元操作。

化工生产中蒸发操作的目的主要有以下三个方面：

① 通过蒸发操作获得浓溶液；

② 通过蒸发操作将溶液制成过饱和状态，再经冷却，析出固体产物，即藉蒸发-结晶联合操作获得固体产品；

③ 将溶液蒸发，并将蒸气冷凝、冷却，以达到除去杂质、纯化溶剂的目的。

蒸发过程的实质是热量传递而不是物质传递，因此该过程中溶剂的汽化速率取决于传热速率的大小。然而，蒸发操作是含有不挥发性溶质溶液的沸腾传热，故它又具有与一般换热过程不同的特点：

① 浓溶液在沸腾汽化过程中常在加热表面析出溶质而形成垢层，影响传热效果；

② 溶液的性质（如热敏性、高黏度等）不同，对作为换热装置的蒸发器的设计应有特殊要求，即其结构特征主要是考虑如何有利于沸腾传热，如何有利于气液分离；

③ 热能消耗是蒸发操作中经常性的主要消耗，必须考虑如何有效地利用热能。

蒸发操作中的溶液大多为水溶液，其加热介质为水蒸气，而汽化产生的也主要是水蒸气。为了便于区别，通常把作为热源的水蒸气称为加热蒸汽（也称一次蒸汽或生蒸汽），而把从溶液中汽化出来的水蒸气称为二次蒸汽。

图 5-1 所示为单效减压蒸发流程。

稀溶液经预热后加入蒸发器。该蒸发器的下部是由许多加热管组成的加热室，管外用加热蒸汽作为加热介质加热管内溶液，并使之沸腾汽化。随着

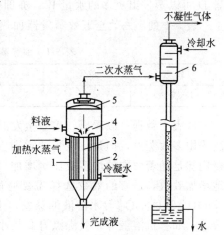

图 5-1 单效减压蒸发流程
1—加热室；2—加热管；3—中央循环管；
4—蒸发室；5—除沫器；6—冷凝器

水分的不断蒸发，被浓缩到规定浓度的溶液（完成液）从蒸发器底部排出。加热蒸汽的冷凝水由疏水器排出。在蒸发器上部蒸发室内汽化产生的二次蒸汽经除沫器除去所夹带的雾沫和液滴后，再经冷凝器与冷却水混合而被冷凝，并从冷凝器底部排出。不凝性气体由冷凝器顶部排入大气。

蒸发操作既可以连续亦可以间歇进行，但在大多数情况下，工业生产中大量物料的蒸发都是连续的定态过程。

根据蒸发操作所产生的二次蒸汽的利用情况，可将蒸发分为单效蒸发和多效蒸发。如果蒸发中产生的二次蒸汽不再利用，而经冷凝后排出，称为单效蒸发。如果将二次蒸汽引到另一压力较低的蒸发器作为加热蒸汽使用，以减少生蒸汽的消耗量，但与此同时所需蒸发设备的台数增加。这种将多个蒸发器串联，使加热蒸汽在蒸发过程中多次利用的蒸发过程称为多效蒸发，每个蒸发器称为一效。通入加热蒸汽的蒸发器为第一效；用第一效产生的二次蒸汽作为加热蒸汽的为第二效，余者依此类推。多效蒸发可以提高加热蒸汽的利用率。

蒸发操作可在常压、加压和减压下进行。常压蒸发操作可采用敞口设备，二次蒸汽直接排入大气。加压情况下可得到较高温度的二次蒸汽，以提高热能利用率。同时，可以提高溶液的沸点而增加其流动性，改善传热效果。减压蒸发可降低被蒸发溶液的沸点，加大传热温差以减小蒸发器传热面积，并可用来蒸发热敏性物料。减压蒸发具有操作温度低，热损失小等优点，故工业生产中大部分蒸发操作都采用减压或真空蒸发。实际上，多效蒸发中的末效常为真空操作。

二、蒸发操作的经济性及多效蒸发流程

1. 蒸发操作的经济性

衡量蒸发操作是否经济的重要标志是用 1kg 加热蒸汽所能蒸发水量的多少来决定的。通常以 $E = W/D$ 表示，称为加热蒸汽的经济性或经济程度。

在图 5-1 所示的单效蒸发中，假设欲蒸发的水溶液被预热到沸点，且忽略加热蒸汽与二次蒸汽的汽化潜热及热损失，则 $E = 1$，即 1kg 加热蒸汽可以汽化 1kg 水。然而，实际上由于蒸发器的热损失和温度差损失等影响的存在，E 值约为 0.9。多效蒸发时，除末效外，各效的二次蒸汽都作为下一效蒸发器的加热蒸汽加以利用，因此和单效相比，相同的加热蒸汽量 D 可以蒸发出更多的水量 W，亦即提高了生蒸汽的经济性。

表 5-1 列出一效至五效蒸发器加热蒸汽经济性的经验值。

表 5-1 加热蒸汽经济性（$E = W/D$）的经验值

效　数	单效	二效	三效	四效	五效
$E = W/D$	0.91	1.75	2.5	3.33	3.70

从表中数据可以看出，多效蒸发时加热蒸汽的经济性较高，所以，在蒸发大量水分时广泛采用多效蒸发，但是，应当注意到生蒸汽的经济性并非和效数呈正比关系，而设备的投资费用却是随着效数的增多成比例增加。可见，即使在相同生产能力的条件下，也不可无限制地增加效数，适宜的效数选择需要通过全面经济核算来确定。通常，对于电解质溶液，如 NaOH、NH_4NO_3 等水溶液的蒸发，由于其沸点升高较大，故常用 2～3 效；对于非电解质溶液，如有机溶液等，其沸点升高较小，可采用 4～6 效；糖液的蒸发则多用 4～5 效。

2. 多效蒸发的流程

根据加料方法的不同，多效蒸发操作流程可以分为并流、逆流和平流三种。以下以三效为例进行说明。

（1）并流加料流程　图 5-2 是三效并流加料蒸发流程。料液和蒸汽的流向相同，均由第一效顺序流到末效。加热蒸汽首先通入第一效加热室，蒸发所得二次蒸汽进入第二效加热室作为加热蒸汽，第二效的二次蒸汽进入第三效的加热室作为加热蒸汽，第三效（末效）的二次蒸汽则引入冷凝器全部冷凝。原料液进入第一效蒸浓后由底部排出，再次流入第二和第三效继续蒸浓，完成液由末效底部排出。

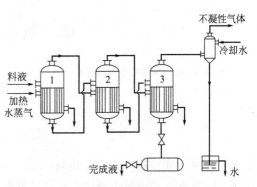

图 5-2　并流加料蒸发操作流

采用并流加料有如下优点：因各效间压力依次降低，料液能自动地从前效进入后效，可省去输液泵；因各效溶液沸点依次降低，料液从前效进入后效时呈过热状态而产生自蒸发（闪蒸），以得到更多的二次蒸汽；该流程结构紧凑，操作简便，应用广泛。但其存在的缺点是：由于后效较前效的温度低、浓度大，因此料液黏度逐效增大，致使传热系数逐效减小，传热效果差。黏度较大的原料液不宜采用此法。

（2）逆流加料流程　与并流操作相反，逆流加料即料液与蒸汽流向相反，如图 5-3 所示。加热蒸汽流向仍由第一效顺序流至末效，而原料液由末效进入，依次用泵送入前一效，完成液则由第一效底部排出。此种流程的优点在于：随料液浓度的增加，其温度也相应提高。因此各效黏度相差不大，各效的传热系数也大致相同，有利于生产较高浓度的完成液。该法适于黏度较大的料液蒸发。但是，由于逆流操作需要设置效间料液输送泵，增加了设备和能量消耗。并且除末效外，各效进料温度均低于沸点，无自蒸发现象，与并流加料相比，产生的二次蒸汽量也较少。此外，对于热敏性物料，不宜采用此流程蒸发。

（3）平流加料流程　图 5-4 是三效平流蒸发流程。加热蒸汽流向仍是由第一效流至末效，多次利用。原料液则分别加入每一效，完成液也分别从各效底部排出。此法除用于有结晶析出的料液外，还可用于同时浓缩两种以上的不同的水溶液。

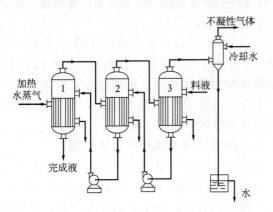

图 5-3　逆流加料蒸发操作流程

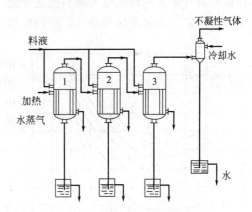

图 5-4　平流加料蒸发操作流程

以上介绍的是几种基本的加料方法及其相应的流程。在实际生产中，根据具体情况，常将它们做适当的变形。例如，有些水溶液的蒸发过程采用并流、逆流加料相结合，或交替操作的方法；有些采用三效四体两段并流流程，以克服单纯并流流程的缺点。此流程的特点是将第一效的二次蒸汽引一部分于末效作为加热蒸汽，以提高其有效温度差，减少传热面积；也有蒸发操作采用三效逆流闪蒸流程等。

第二节 蒸发过程计算

一、蒸发过程的传热系数

由传热一章可知，蒸发器的传热热阻可以下式计算

$$\frac{1}{K} = \frac{1}{\alpha_1} + \frac{\delta}{\lambda} + R_i + \frac{1}{\alpha_2}$$

上式中，管外蒸汽冷凝的热阻 $1/\alpha_1$ 一般很小，但操作中须及时排除加热器内的不凝性气体，以防止此项热阻不断增大；加热管壁热阻 δ/λ 一般可以忽略；垢层热阻 R_i 通常易于测定，并可采用适当方法，如加速流体的循环运动速度或定期清洁加热管，或加微量阻垢剂等以使之降低；管内沸腾给热的热阻 $1/\alpha_2$ 主要取决于沸腾液体的流动情况、溶液的性质、沸腾传热形式、蒸发器的结构型式及操作条件等诸多影响因素，故成为影响传热系数 K 的关键，因此，欲从理论上计算 K 值是困难的，但是，可以根据实际测定或者选取经验值。

表 5-2 列出了常用蒸发器的传热系数 K 的大致范围，以供参考。

表 5-2 常用蒸发器的传热系数 K 值范围

蒸发器的型式	传热系数 K/W·m^{-2}·K^{-1}	蒸发器的型式	传热系数 K/W·m^{-2}·K^{-1}
标准式(自然循环)	600～3000	降膜式	1000～3000
标准式(强制循环)	1000～5000	外加热式(自然循环)	1200～6000
盘管式	500～2500	外加热式(强制循环)	1200～7000
悬筐式	600～3000	刮板式($\mu=1\sim100$mPa·s)	1500～5000
升膜式	500～5000	刮板式($\mu=1\sim10$Pa·s)	600～1000

二、浓缩热和溶液的焓浓图

在蒸发过程中，溶液浓度将发生显著变化，此时除需供给蒸发水分所需的汽化潜热外，溶液的浓缩还需要供给浓缩热，溶液的浓度愈大这种影响愈显著。特别是氢氧化钠、氯化钙等在稀释时有明显放热效应的物料更是如此。对这一类溶液若仍用比热关系计算焓值，则会产生较大误差。为避免这种情况，焓的数据可由焓浓图查得。

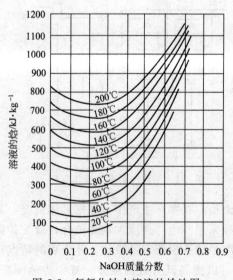

图 5-5 是以 0℃ 为基准的 NaOH 水溶液的焓浓图。它标识了溶液的焓与其组成和温度的关系。图中纵坐标为溶液的焓，横坐标为氢氧化钠的浓度。若已知溶液的浓度和温度，即可由图中相应的等温线查得该溶液的焓值。

三、溶液的沸点和传热温度差损失

蒸发计算需要知道溶液的沸点，一定的压强下，溶液的沸点较纯水沸点为高，两者沸点之差，称为溶液沸点升高。由于溶液沸点升高，从而降低了传热的有效温差，故溶液的沸点升高又称为传热温度差损失，以符号 Δ 表示，其表达式为

$$\Delta = (T - T') - (T - t_1) = t_1 - T' \quad (5-1)$$

式中 T，T'——加热蒸汽和二次蒸汽的温度，T' 亦为相同压力下水的沸点，℃；

图 5-5 氢氧化钠水溶液的焓浓图

t_1——溶液的沸点，℃；

$T-T'$——蒸发器中未考虑沸点升高时理论上的传热温度差，Δt_T；

$T-t_1$——有效温度差，Δt。

由式(5-1) 可知

$$\Delta t = \Delta t_T - \Delta \tag{5-2}$$

蒸发操作中，溶液沸点升高或传热温度差损失的原因一般有以下三种：

① 由于溶液的蒸气压降低而引起的温度差损失 Δ'；

② 由于蒸发器中溶液的液柱静压头而引起的温度差损失 Δ''；

③ 由于管道阻力而产生压力降所引起的温度差损失 Δ'''。

故总的温度差损失为

$$\Delta = \Delta' + \Delta'' + \Delta''' \tag{5-3}$$

若二次蒸汽的温度 T' 是根据蒸发室的压力（而不是冷凝器的压力）确定时，则

$$\Delta = \Delta' + \Delta'' \tag{5-4}$$

1. Δ' 的计算

由于溶液蒸气压降低而引起溶液的沸点升高，故其沸点 t_b（表观沸点）高于相同压力下水的沸点，亦即高于所产生的二次蒸汽的温度 T'，则

$$\Delta' = t_b - T' \tag{5-5}$$

Δ' 值的大小和溶液的种类、浓度以及蒸发压力有关。

式(5-5) 中由实验给出的 t_b 为常压下溶液的沸点，其值可从相关手册中查得，但是，蒸发操作也可能在减压或加压下进行，故常需求出各种浓度溶液在不同压力下的温度损失。当数据缺乏时，可近似按下式（亦称吉辛科法）估算 Δ'

$$\Delta' = f\Delta'_0 \tag{5-6}$$

式中　Δ'_0——常压时，由于溶液蒸气压降低引起的温度差损失，℃；

　　f——校正系数，无量纲。

$$f = 0.0162\,(273 + T')^2 / r' \tag{5-7}$$

式中　r'——实际压力下二次蒸汽的汽化潜热，$kJ \cdot kg^{-1}$。

溶液的沸点 t_b 又常按照杜林（Duhring）规则求取。杜林规则认为，一定浓度的某溶液，其沸点和相同压力下标准液体的沸点呈线性关系。由于不同压力下水的沸点可以从水蒸气表中查得，故一般选取水为标准液体。图 5-6 为不同浓度 NaOH 溶液的沸点与对应压力下纯水沸点的关系。图中浓度为零的沸点线为一条 45℃ 的直线，其他浓度下溶液的沸点线大致为一组平行线。它们和图中对角线之间的距离即为沸点升高 Δ。查图时，先根据给定的压力从水蒸气表中查得水的沸点（即该压力下饱和蒸汽温度），然后由图 5-6 中相应的直线即可查出给定压力下溶液的沸点。

图 5-7 为某些无机盐溶液的沸点。其中 A 代表 H_2O，质量分数（下同）为 0；B-NaCl，13.79%；C-$CaCl_2$，20.58%；D-NaCl，24.24%；E-$NaNO_3$，47.67%；F-K_2CO_3，46.2%；G-$MgCl_2$，37.96%；H-H_2SO_4，41.0%；I-$LiNO_3$，46.1%；J-H_2SO_4，54.23%；K-$CaCl_2$，50.25%；L-NaOH，47.55%。

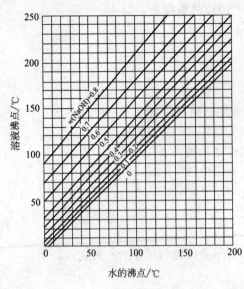

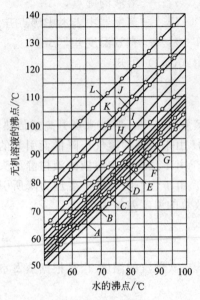

图 5-6 NaOH 水溶液的沸点   图 5-7 某些无机盐溶液的沸点

2. Δ'' 计算

大多数蒸发器在操作时，器内溶液需维持一定的液位，因而蒸发器中溶液内部所受的压力大于液面所受的压力，相应的溶液内部的沸点亦较液面处的为高，二者之差即为因液柱静压力引起的沸点升高 Δ''。为简便计，溶液内部的沸点可按液层中部（料液一半）处的压力计算，由静力学基本方程可得

$$p_m = p + \frac{\rho g L}{2} \tag{5-8}$$

式中　p_m——蒸发器的液面和溶液底层之间的平均压力，Pa；

　　　p——二次蒸汽的压力，即液面处的压力，Pa；

　　　L——液层高度，m；

　　　ρ——溶液的平均密度，$kg \cdot m^{-3}$；

　　　g——重力加速度，$9.81 m \cdot s^{-2}$。

由水蒸气表分别查出压力为 p_m 和 p 所对应的饱和蒸汽温度 T'_{p_m} 和 T'_p，即可按下式求得

$$\Delta'' = T'_{p_m} - T'_p \tag{5-9}$$

近似计算时，T'_{p_m} 和 T'_p 可分别用相应压力下的溶液的沸点代替。

3. Δ''' 的计算

当二次蒸汽由蒸发室流至冷凝器（或下一效的蒸发室）时，须克服这一段管道阻力损失，故蒸发室的压力高于冷凝器的压力，此两压力所对应的饱和温度之差即为 Δ'''。

Δ''' 值与二次蒸汽在管道中的流速、物性以及管道尺寸有关，通常根据经验取 1℃，$\Delta''' = 1$。

第三节　单效蒸发计算

工业生产中被蒸发的溶液多为水溶液，故在计算中均以水溶液为对象。在给定生产任务

和确定了操作条件之后，单效蒸发计算一般包括：计算水分蒸发量、加热蒸汽消耗量和蒸发器的传热面积。通常需要利用物料衡算、热量衡算和传热速率方程来解决。

一、水分蒸发量

水分蒸发量是指蒸发器在单位时间内从溶液中蒸发出去的二次蒸汽量，即蒸发器的生产能力，用符号 W 表示。由于溶液在蒸发过程中不发生汽化，在连续定态操作状态下，单位时间随原料液进入蒸发器的溶质量与随完成液离开蒸发器的溶质量相等。根据图 5-8 对溶质做物料衡算得

$$Fx_0 = (F-W)x_1$$

由此，可求得蒸发水量及完成液浓度，即

$$W = F\left(1 - \frac{x_0}{x_1}\right) \tag{5-10}$$

$$x_1 = \frac{Fx_0}{F-W} \tag{5-11}$$

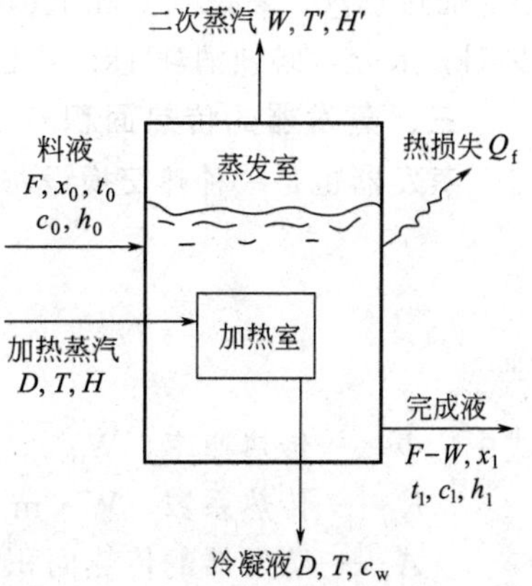

图 5-8 单效蒸发的物料衡算，热量衡算示意图

式中　F——原料液量，$kg \cdot h^{-1}$；

W——水分蒸发量，即二次蒸汽量，$kg \cdot h^{-1}$；

x_0，x_1——原料液和完成液中溶质的浓度（质量分数）。

二、加热蒸汽消耗量

由图 5-8 可知，单位时间内输入蒸发器的热量有两项，即加热蒸汽带入的热量 DH 和原料液带入的热量 Fc_0t_0。单位时间内自蒸发器输出的热量有四项，即二次蒸汽带走的热量 WH'、完成液带走的热量 $(Fc_0-Wc_w)t_1$、加热蒸汽的冷凝液带走的热量 Dc_wT 和热损失 Q_f。若加热蒸汽冷凝液在饱和温度下排出，则经热量衡算可得

$$DH + Fc_0t_0 = WH' + (Fc_0-Wc_w)t_1 + Dc_wT + Q_f \tag{5-12}$$

经移项整理得

$$D(H-c_wT) = Fc_0(t_1-t_0) + W(H'-c_wt_1) + Q_f \tag{5-13}$$

设加热蒸汽和二次蒸汽的汽化潜热分别为 r 和 r'，同时忽略溶液的沸点升高，则 $H - c_wT = r$，$H' - c_wt_1 \approx r'$，将之代入式(5-13) 并整理得

$$D = \frac{Fc_0(t_1-t_0) + Wr' + Q_f}{r} \tag{5-14}$$

以上诸式中　D——加热蒸汽消耗量，$kg \cdot h^{-1}$；

H，H'——加热蒸汽和二次蒸汽的焓，$kJ \cdot kg^{-1}$；

t_0，t_1——原料液温度和蒸发器中溶液的沸点，℃；

T——加热蒸汽冷凝水的饱和温度，℃；

c_0，c_w——原料液和水的比热容，$kJ \cdot kg^{-1} \cdot ℃^{-1}$；

Q_f——蒸发器的热损失 ［视具体条件取加热蒸汽放热量（Dr）的某一百分比］，$kJ \cdot h^{-1}$。

从式(5-14) 可以看出，蒸发器中加热蒸汽所提供的热量 Dr，主要是提供二次蒸汽所需的潜热、预热原料液到沸点和补偿热损失等。

若将原料液预热至沸点再进入蒸发器（沸点进料），即 $t_0 = t$，并忽略热损失，则有

$$D = \frac{Wr'}{r}$$

或

$$\frac{D}{W} = \frac{r'}{r} \tag{5-15}$$

D/W 称单位蒸汽消耗量，即每蒸发 1kg 水分需要的加热蒸汽。由于蒸汽的汽化潜热随压力的变化不大，即 r 和 r' 值相差很小，故单效蒸发时 $D/W \approx 1$，即蒸发 1kg 的水，约需 1kg 加热蒸汽。考虑到实际上因有热损失等因素存在，D/W 约为 1.1 或更多，亦即，欲蒸发 1kg 水分，必须消耗 1kg 以上的加热蒸汽。可见单效蒸发能耗很大，很不经济。

三、蒸发器的传热面积

蒸发器也是一种热交换设备，其传热面积可根据传热速率方程求得，即

$$\Phi = KA\Delta T_m$$

则

$$A = \frac{\Phi}{K\Delta T_m}$$

式中　Φ——传热速率，W；

　　　K——传热系数，$W \cdot m^{-2} \cdot K^{-1}$；

　　　A——蒸发器的传热面积，m^2；

　ΔT_m——平均温度差。

Φ 可以通过对加热室做热量衡算求得，若不计热损失，有

$$\Phi = Dr = Wr' + Fc_0(t_1 - t_0)$$

蒸发过程实质上是一侧为蒸汽冷凝、一侧为溶液沸腾的恒温传热过程，故 $\Delta T_m = T - t_1$。所以

$$A = \frac{\Phi}{K(T - t_1)} \tag{5-16}$$

【例 5-1】　在单效蒸发器中将 $1000kg \cdot h^{-1}$ 某原料液由 5.8%（质量分数，下同）蒸发到 30%。进料温度为 65℃，蒸发时沸点为 89℃，加热蒸汽压力为 $1.6 \times 10^5 Pa$（绝压）。在此操作条件下，传热系数 $K = 1750 W \cdot m^{-2} \cdot K^{-1}$，蒸发器的热损失 $Q_f = 10700W$，原料液的比定压热容 $c_0 = 4.09 kJ \cdot kg^{-1} \cdot K^{-1}$。试求不考虑溶液沸点升高时加热蒸汽消耗量和蒸发器的传热面积。

解：（1）由式(5-10)计算水分蒸发量

$$W = F\left(1 - \frac{x_0}{x_1}\right) = 1000\left(1 - \frac{5.8}{30}\right) = 807 kg \cdot h^{-1}$$

（2）由式(5-14)计算加热蒸汽消耗量　据题意不考虑溶液沸点升高，故二次蒸汽的温度就等于溶液的沸点 89℃。由饱和水蒸气性质表查得 89℃时，水的汽化潜热 $r' = 2286 kJ \cdot kg^{-1}$；压力为 $1.6 \times 10^5 Pa$（绝压）的加热蒸汽的汽化潜热 $r = 2224 kJ \cdot kg^{-1}$，饱和蒸汽温度 $T = 113.0$℃，故

$$D = \frac{Fc_0(t_1 - t_0) + Wr' + Q_f}{r}$$

$$= \frac{1000 \times 4.09(89 - 65) + 807 \times 2286 + 10700 \times 10^{-3} \times 3600}{2224}$$

$$= 891 kg \cdot h^{-1}$$

单位蒸汽消耗量 $D/W = 874/807 = 1.08$，即蒸发 1kg 水分需消耗 1.08kg 加热蒸汽。

（3）蒸发器的传热面积　由式(5-16)，得

$$A = \frac{\Phi}{K(T-t_1)} = \frac{Dr}{K(T-t_1)} = \frac{891 \times 2224 \times 1000/3600}{1750(113.0-89)} = 13\text{m}^2$$

第四节　多效蒸发计算

多效蒸发计算和单效情况相仿，也主要是计算各效蒸发量、加热蒸汽消耗量及各效传热面积。所不同的是，由于效数较多，许多变量之间呈非线性关系，计算起来较单效复杂得多，故通常需采用试差法求解，即在计算中先用一些假定条件进行估算，然后再做验算。若验算结果与假定条件不符，则调整原数据再重复进行计算。对于设计型计算，可以将特性函数拟合成解析表达式，再用电子计算机直接求解联立方程，具体计算步骤如下。

（1）预估各效蒸发器中的溶液浓度 x_i。若无额外蒸汽引出，可假定各效蒸发量相等作为计算溶液浓度的初值，即

$$W_i = \frac{W}{n} = \frac{1}{n}F\left(1 - \frac{x_0}{x_n}\right) \tag{5-17}$$

式中　n——总效数。

则任意（第 i 效）效溶液的浓度为

$$x_i = \frac{Fx_0}{F - W_1 - W_2 - \cdots - W_i} \tag{5-18}$$

（2）根据各效溶液的浓度查图，计算各效温度差损失及总有效传热温度差。

$$\sum \Delta t_{\text{有效}} = (T_0 - T_n) - \sum \Delta_i \tag{5-19}$$

式中　T_0——加热蒸汽的温度，℃；

T_n——冷凝器中饱和蒸汽的温度，℃。

（3）预计各效溶液温度 t_i 和二次蒸汽温度 T_i。根据传热速率方程，各效的有效温度差之间应有以下关系

$$\Delta t_1 : \Delta t_2 : \Delta t_3 : \cdots : \Delta t_i = \frac{\Phi_1}{K_1 A_1} : \frac{\Phi_2}{K_2 A_2} : \frac{\Phi_3}{K_3 A_3} : \cdots : \frac{\Phi_i}{K_i A_i}$$

假设各效的传热速率和传热面积都相等，则

$$\Delta t_1 : \Delta t_2 : \Delta t_3 : \cdots : \Delta t_i = \frac{1}{K_1} : \frac{1}{K_2} : \frac{1}{K_3} : \cdots : \frac{1}{K_i}$$

由上式可得

$$\frac{\Delta t_i}{\Delta t_1 + \Delta t_2 + \Delta t_3 + \cdots + \Delta t_i} = \frac{\dfrac{1}{K_i}}{\dfrac{1}{K_1} + \dfrac{1}{K_2} + \dfrac{1}{K_3} + \cdots + \dfrac{1}{K_i}}$$

令

$$\Delta t_1 + \Delta t_2 + \Delta t_3 + \cdots + \Delta t_i = \sum \Delta t_{\text{有效}}$$

则

$$\Delta t_i = \sum \Delta t_{\text{有效}} \times \frac{\dfrac{1}{K_i}}{\sum \dfrac{1}{K_i}} \tag{5-20}$$

根据 Δ_i 和 Δt_i 的数值，可依次算出各效的 t_i，T_i' 以作为试差的初值
由 $i=1$ 开始计算

溶液的温度 $\qquad\qquad t_i = T_{i-1}' - \Delta t_i$

二次蒸汽温度 $\qquad\quad T_i = t_i - \Delta_i$ $\qquad\qquad\qquad$ (5-21)

（4）根据各效温度、浓度的初值，查表得出物性数据 H_i、r_i、h_i。

（5）由物料衡算式求出各效水分蒸发量 W_i

$$\left.\begin{array}{l} \text{第 1 效 } W_1(H_1-h_1)-Dr_0=F(h_0-h_1) \\ \text{第 2 效 } W_1(h_1-h_2-r_1)+W_2(H_2{}'-h_2)=F(h_1-h_2) \\ \text{第 3 效 } W_1(h_2-h_3)+W_2(h_2-h_3-r_2)+W_3(H'_3-h_3)=F(h_2-h_3) \\ \cdots\cdots \end{array}\right\} \tag{5-22}$$

总蒸发量

$$W_1+W_2+\cdots+W_n=W$$

解此由 $n+1$ 个方程组成的线性方程组，即可得出 $W_1\sim W_n$ 及 D。

（6）判断 W_i 与原假设之值相近或相等与否，如有明显差别，则再重复（1）～（5）步操作，直至算得的 W_i 与原假设之值相近或相等即可。

（7）计算传热面积

$$A_i=\frac{\varPhi_i}{K_i\Delta T_i}=\frac{D_i r_{i-1}}{K_i(T_i-t_i)}$$

若蒸发过程中无额外蒸汽引出，则当 $i\geqslant 2$ 时，各效的加热蒸汽量 D_i 与前一效的蒸发水量 W_{i-1} 有如下关系

$$D_i=W_{i-1}$$

故自第二效起

$$A_i=\frac{W_{i-1}r_{i-1}}{K_i(T_i-t_i)} \tag{5-23}$$

（8）检验各效传热面积是否相等，若 A_i 差别大，则说明第（3）步中各效之温差 Δt_i 分配不当。此时可按以下方法重新分配 Δt，使 A_i 趋于相等。

由式（5-23）知

$$A_i\Delta t_i=\frac{W_{i-1}r_{i-1}}{K_i}$$

因 K_i、$W_{i-1}-r_{i-1}$ 值变化不会太大，故调整后 $A'_i\Delta t'_i$ 与调整前的关系为

$$A'_i\Delta t'_i=A_i\Delta t_i \tag{5-24}$$

令 A_i 各效相同，将式（5-24）的几个方程相加可得

$$A'_i=\frac{\sum(A_i\Delta t_i)}{\sum(\Delta t_i)_{\text{有效}}}$$

因调整后总有效温差不变，将上式代入式（4-24），即可求出各效调整后的温差为

$$\Delta t'_i=A_i\Delta t_i\frac{\sum(\Delta t_i)_{\text{有效}}}{\sum(A_i\Delta t_i)} \tag{5-25}$$

（9）重复第（3）～（8）步计算，直到各效传热面相近。

【例 5-2】 将初始浓度为 5%（质量分数，下同），流量为 $25\text{kg}\cdot\text{s}^{-1}$ 的 NaOH 水溶液，以进料温度为 20℃，在三效蒸发器采用并流加料以浓缩至 50%，已知，加热蒸汽的温度为 170℃，冷凝器中二次蒸汽的温度为 40℃。

若各效因液柱静压力引起的温度差损失分别为 1℃，2℃，4℃；因二次蒸汽流动阻力引起的温度差损失均为 1℃；传热系数分别为 $2500\text{W}\cdot\text{m}^{-2}\cdot\text{K}^{-1}$，$1800\text{W}\cdot\text{m}^{-2}\cdot\text{K}^{-1}$，$1000\text{W}\cdot\text{m}^{-2}\cdot\text{K}^{-1}$；各效均无额外蒸汽引出，热损失可忽略不计。

试计算：加热蒸汽用量及各效所需的传热面积（要求各效传热面相等）。

解： 多效蒸发过程的设计型计算可按如下步骤进行，计算中所涉及的参数如图所示。

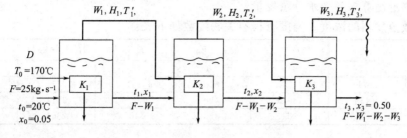

例 5-2 图

（1）以等蒸发量为初值，计算各效溶液浓度

$$W=F\left(1-\frac{x_0}{x_3}\right)=25\left(1-\frac{0.05}{0.5}\right)=22.5\text{kg}\cdot\text{s}^{-1}$$

$$W_1=W_2=W_3=W/3=22.5/3=7.5\text{kg}\cdot\text{s}^{-1}$$

由物料衡算式可求出各效溶液的浓度

$$x_1=\frac{Fx_0}{F-W_1}=\frac{25\times0.05}{25-7.5}=0.0714$$

$$x_2=\frac{Fx_0}{F-W_1-W_2}=\frac{25\times0.05}{25-7.5-7.5}=0.125$$

（2）计算各效温度差损失　忽略压力对溶液沸点升高的影响，各效溶液沸点升高皆可取常压下的数值。由 x_1、x_2 和 x_3 的数值，从图 5-6 查得各效溶液沸点升高为

$$\Delta_1'=2℃，\Delta_2'=5℃，\Delta_3'=40℃$$

各效的温度差损失为

$$\Delta_1=\Delta_1'+\Delta_1''+\Delta_1'''=2+1+1=4℃$$

$$\Delta_2=\Delta_2'+\Delta_2''+\Delta_2'''=5+2+1=8℃$$

$$\Delta_3=\Delta_3'+\Delta_3''+\Delta_3'''=40+4+1=45℃$$

$$\sum\Delta_i=4+8+45=57℃$$

（3）总有效温度差及其在各效的预分配

$$\sum\Delta t_{有效}=(T_0-T_3)-\sum\Delta_i=(170-40)-57=73℃$$

$$\Delta t_1=\sum\Delta t_{有效}=\times\frac{\dfrac{1}{K_1}}{\dfrac{1}{K_1}+\dfrac{1}{K_2}+\dfrac{1}{K_3}}=73\times\frac{\dfrac{1}{2500}}{\dfrac{1}{2500}+\dfrac{1}{1800}+\dfrac{1}{1000}}=15.0℃$$

$$\Delta t_2=73\times\frac{\dfrac{1}{1800}}{\dfrac{1}{2500}+\dfrac{1}{1800}+\dfrac{1}{1000}}=20.7℃$$

$$\Delta t_3=73\times\frac{\dfrac{1}{1000}}{\dfrac{1}{2500}+\dfrac{1}{1800}+\dfrac{1}{1000}}=37.3℃$$

（4）计算各效汽、液相温度

$$t_1=T_0-\Delta t_1=170-15=155℃\qquad T_1'=t_1-\Delta_1=155-4=151℃$$

$$t_2=T_1'-\Delta t_2=151-20.7=130.3℃\qquad T_2'=t_2-\Delta_2=130.3-8=122.3℃$$

$$t_3=T_2'-\Delta t_3=122.3-37.3=85℃\qquad T_3'=40℃$$

（5）由热量衡算求各效水分蒸发量

根据各效蒸发器的浓度、温度查得有关物性数如下表：

效数	x	$t/℃$	$h/\text{kJ} \cdot \text{kg}^{-1}$	$T/℃$	$H'/\text{kJ} \cdot \text{kg}^{-1}$	$r/\text{kJ} \cdot \text{kg}^{-1}$
0	0.05	20	80	170	—	2054
1	0.0714	155	600	151	2752	2115
2	0.125	130.3	490	122.3	2713	2199
3	0.50	85	480	40	2569	—

对各效做热量衡算可得

$$W_1(H'_1 - h_1) - Dr_0 = F(h_0 - h_1)$$

$$W_1(h_1 - h_2 - r_1) + W_2(H'_2 - h_2) = F(h_1 - h_2)$$

$$W_1(h_2 - h_3) + W_2(h_2 - h_3 - r_2) + W_3(H'_3 - h_3) = F(h_2 - h_3)$$

$$W_1 + W_2 + W_3 = W$$

将表中数据代入上式得

$$2152W_1 - 2054D = -13000$$

$$-2005W_1 + 2223W_2 = 2750$$

$$10W_1 - 2189W_2 + 2089W_3 = 250$$

$$W_1 + W_2 + W_3 = 22.5$$

经整理得

$$W_1 = 0.95D - 6.04$$

$$W_2 = 0.86D - 4.39$$

$$W_3 = 0.90D - 4.45$$

$$W_1 + W_2 + W_3 = 22.5$$

解此线性方程组得

$W_1 = 7.07 \text{kg} \cdot \text{s}^{-1}$；$W_2 = 7.48 \text{kg} \cdot \text{s}^{-1}$；$W_3 = 7.78 \text{kg} \cdot \text{s}^{-1}$；$D = 13.8 \text{kg} \cdot \text{s}^{-1}$

此计算结果 $W_1 \sim W_3$ 与原假设值 $W_i = 7.5 \text{kg} \cdot \text{s}^{-1}$ 相差不大，故不必重算各效溶液浓度和温度。

（6）计算传热面积

$$A_1 = \frac{Dr_0}{K_1 \Delta t_1} = \frac{13.8 \times 2054 \times 10^3}{2500 \times 15} = 756 \text{m}^2$$

$$A_2 = \frac{W_1 r_1}{K_2 \Delta t_2} = \frac{7.07 \times 2115 \times 10^3}{1800 \times 20.7} = 401 \text{m}^2$$

$$A_3 = \frac{W_2 r_2}{K_2 \Delta t_2} = \frac{7.78 \times 2119 \times 10^3}{1000 \times 37.3} = 442 \text{m}^2$$

三个蒸发器面积不等，说明第（3）步所分配的各效温度差不能满足传热面相等的要求。

（7）重新调整温度差分配　按式(5-25)

$$\Delta t'_1 = (A_1 \Delta t_1) \frac{\sum \Delta t_{有效}}{\sum A_i \Delta t_i} = (756 \times 15) \times \frac{73}{756 \times 15 + 401 \times 20.7 + 442 \times 37.3} = 22.9℃$$

同理，　　　　　　　　　　$\Delta t'_2 = 16.8℃$，$\Delta t'_3 = 33.3℃$

（8）重复第（4）步计算各效汽、液相温度，查取有关物性列表如下：

效数	x	$t/℃$	$h/\text{kJ} \cdot \text{kg}^{-1}$	$T/℃$	$H'/\text{kJ} \cdot \text{kg}^{-1}$	$r/\text{kJ} \cdot \text{kg}^{-1}$
0	0.05	20	80	170	—	2054
1	0.0714	147.3	570	143.3	2740	2143
2	0.125	126.9	490	118.7	2706	2211
3	0.50	85	480	40	2569	—

由方程组式(5-22) 得

$$W_1 = 0.95D - 5.65$$

$$W_2 = 0.88D - 4.35$$

$$W_3 = 0.92D - 4.44$$

$$W_1 + W_2 + W_3 = 22.5$$

故　　$W_1 = 7.08\text{kg} \cdot \text{s}^{-1}$；$W_2 = 7.44\text{kg} \cdot \text{s}^{-1}$；$W_3 = 7.89\text{kg} \cdot \text{s}^{-1}$；$D = 13.4\text{kg} \cdot \text{s}^{-1}$

（9）计算传热面积

$$A_1 = \frac{Dr_0}{K_1 \Delta t_1} = \frac{13.4 \times 2054 \times 10^3}{2500 \times 22.9} = 481\text{m}^2$$

同第（6）步，可算出 $A_2 = 502\text{m}^2$；$A_3 = 494\text{m}^2$
各效传热面积比较接近，故取 $A = 500\text{m}^2$。

第五节　蒸发器的类型与选择

以获得浓缩液或纯净溶剂为目的的蒸发操作，其设备和一般传热设备并无本质区别。然而蒸发需要不断排除二次蒸汽，因此，它除了需要进行传热的加热室外，还要有一个进行汽液分离的蒸发室。这两个部分组成蒸发设备的主体——蒸发器。此外，蒸发设备还包括一些使泡沫进一步分离的除沫器，排除二次蒸汽的冷凝器等辅助设备。

一、蒸发器的类型

化学工业中常用的间接加热蒸发器，按溶液在器内的运动情况可分类，如表5-3所示。

表 5-3　蒸发器的类型

蒸发器的分类	蒸　发　器　的　型　式
循环型	中央循环管式,悬筐式,外加热式,列文式,强制循环式等
单程型	升膜式,降膜式,升-降膜式,刮板式薄膜蒸发器,离心式薄膜蒸发器等

1. 自然循环蒸发器

在这类蒸发器内，溶液因受热程度不同而导致密度差，从而形成自然循环。

（1）中央循环管式蒸发器　中央循环管式蒸发器又称为标准式蒸发器，其结构如图5-9所示。加热室由直立管束组成，与列管换热器相似，管束中央有一根直径较大的管子，称为中央循环管。因其截面积较大，单位体积占有的传热面积相对于加热而言就小，因此，溶液受热形成气液混合物的密度相对较大，加之加热管内溶液受热产生蒸汽自管内上升时的抽吸作用，就造成蒸发器中溶液由中央循环管下降而从加热管中不断上升的循环运动。这种自然循环流动有利于传热速率的提高。

中央循环管式蒸发器结构紧凑、制造方便、操作可靠。其缺点是：检修清洗不便、溶液循环速度较低，一般在 $0.5m \cdot s^{-1}$ 以下，且因溶液的循环使蒸发器中的浓度接近于完成液的浓度，溶液沸点高，传热温差小，影响传热。

（2）悬筐式蒸发器 这种蒸发器因其加热室像只筐子悬挂在蒸发器壳体下部，故称悬筐式。其结构如图 5-10 所示。

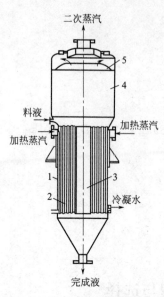

图 5-9 中央循环管式蒸发器
1—外壳；2—加热室；3—中央循环管；
4—蒸发室；5—除沫器

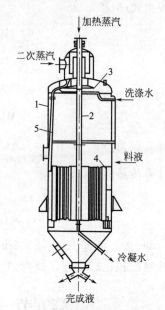

图 5-10 悬筐式蒸发器
1—外壳；2—加热蒸汽管；3—除沫器；
4—加热室；5—液沫回流管

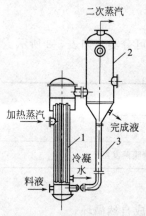

图 5-11 外加热式蒸发器
1—加热室；2—蒸发室；
3—循环管

悬筐式蒸发器中溶液的循环机理与中央循环管式相同。加热蒸汽由蒸发器顶部通入，在加热室管间加热管内溶液并使之沸腾上升。密度稍大的溶液沿悬筐外壁和外壳体内壁所形成的环隙向下做循环流动。因此，溶液循环速度较中央循环管式为大，可达 $1.5m \cdot s^{-1}$。此种蒸发器的加热室可由蒸发器顶部取出，故便于检修和更换。适用于易结晶、易生垢溶液的蒸发，热损失较小。但该蒸发器结构复杂、单位面积的金属耗量较多。

（3）外加热式蒸发器 这种蒸发器是将管束较长的加热室与蒸发室分开，并安装在蒸发器的外边，如图 5-11 所示。这样既可降低整个蒸发装置的高度，又便于检修或更换，必要时还可设两个加热室轮换使用。

蒸发操作时，加热至沸腾的液体连同汽化的蒸汽从加热室上部以切线方向高速通入蒸发室内，液体受离心力作用旋转至底部，经循环管再进入加热室。蒸发室上部的二次蒸汽经除沫器至冷凝器，由于循环管单设而不受蒸汽加热，因此，与加热管中的溶液密度相差甚大，从而增大了溶液自然循环的速度。

（4）列文式蒸发器 列文式蒸发器如图 5-12 所示。其结构特点是为避免溶液在加热管内沸腾而将加热室上方增加一段沸腾室。加热室中的溶液因受此段液柱静压力的作用，必须上升到沸腾室使所受的压力降低后才开始沸腾。这样，将溶液的沸腾汽化由加热室移到了没有传热面的沸腾室，从而避免了结晶在加热管内析出，污垢也不易生成。此外，循环管也单设，且截面积为加热管总截面积的 2～3 倍，溶液流动阻力小，故循环速度可达 2～3m·s^{-1}。列文式蒸发器的缺点是设备庞大，金属耗量多，要求加热蒸汽压力高，厂房高大。

（5）强制循环蒸发器　为提高溶液循环速度，可以采用如图 5-13 所示的强制循环蒸发器。用泵迫使蒸发器内的溶液沿一定方向循环，其速度一般为 2.0～3.5m·s^{-1}。这种蒸发器的传热系数比一般自然循环蒸发器的要大得多。缺点是动力消耗大。

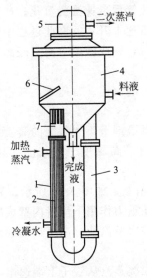

图 5-12　列文式蒸发器

1—加热室；2—加热管；3—循环管；4—蒸发室；5—除沫器；
6—挡板；7—沸腾室

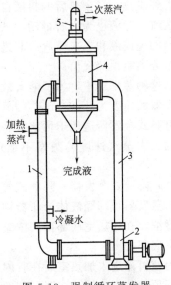

图 5-13　强制循环蒸发器

1—加热室；2—循环泵；3—循环管；
4—蒸发室；5—除沫器

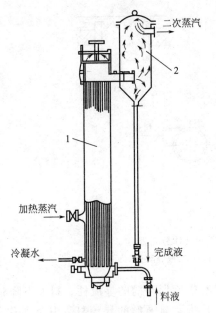

图 5-14　升膜式蒸发器

1—蒸发器；2—分离室

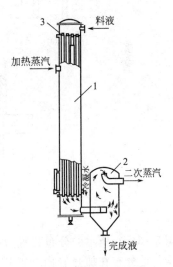

图 5-15　降膜式蒸发器

1—蒸发器；2—分离器；3—液体分布器

2. 单程型蒸发器

单程型蒸发器又称为液膜式蒸发器。其特点是：溶液通过加热室，不经循环，一次即达所需的浓度，且溶液沿加热管壁呈膜状流动而进行传热和蒸发，因此，单程型蒸发器传热效率高，蒸发速度快，溶液在蒸发器内停留时间短（数秒至数十秒），特别适用于热敏性物料的蒸发。根据待蒸发物料的性质及其在蒸发器中流向的不同，工业上常用的单程蒸发器可有以下几种。

（1）升膜式蒸发器 该蒸发器由很长的加热管来组成加热室，如图 5-14 所示。加热蒸汽从管外供热。经预热后的料液自加热室底部进入加热管后迅速沸腾汽化，产生高速上升的二次蒸汽，溶液也为之所带动，从而沿管内壁成膜状迅速上升，并在此过程中继续蒸发。经浓缩后的完成液和二次蒸汽一起进入分离室后旋即分开，完成液由分离室底部排出，而二次蒸汽由分离室顶部逸出。

在这种蒸发器中，为了能有效地成膜，应控制一定的汽速。常压下，较适宜的二次蒸汽出蒸发器的速度为 $8\sim50\text{m}\cdot\text{s}^{-1}$；减压下在 $100\sim160\text{m}\cdot\text{s}^{-1}$，甚至更高。

升膜式蒸发器适用于稀溶液、热敏性及易起泡、且溶剂量不大溶液的蒸发。对难以达到要求的二次蒸汽速度的蒸发不适用，同时，也不适用于高黏度、易结晶、易结垢溶液的蒸发。

（2）降膜式蒸发器 降膜式蒸发器构造与升膜式相似，如图 5-15 所示。其主要区别是料液由蒸发器顶部经液体分布器均匀地进入加热管，在重力作用下沿管内壁成膜下降，进行蒸发增浓，在加热室底部得到浓缩液，经分离室后，二次蒸汽从分离室顶部逸出，完成液自分离室底部排出。

为使料液进入加热室后在管内均匀成膜，为防止二次蒸汽从管子上端逸出，必须在每根加热管顶部装有液体分布器，其常见的型式如图 5-16 所示。

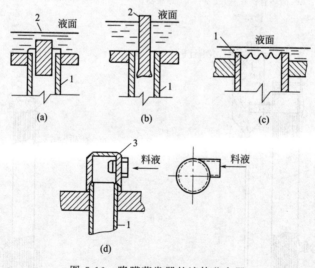

图 5-16 降膜蒸发器的液体分布器
1—加热管；2—导流管；3—旋液分配头

图 5-16(a) 所示的分布装置为一管端上部带有螺旋形沟槽的导流柱。料液下降时经此柱便可均匀地分布在加热管内壁四周；（b）是一下部为圆锥形的导流杆，其底部微微上凹，以使料液下降时沿锥面均匀地分布于加热管内壁而不至向中心集聚；（c）是一齿形分布器，料液可沿齿缝分布到加热管内壁；（d）为旋流分配头，其作用是使料液在下降时以旋流方

式均匀分布于加热管内壁。

降膜式蒸发器的传热系数很高，和升膜式相比，蒸发器中的料液停留时间较升膜式的更短，故更适于热敏性物料的蒸发，对黏度较大（0.05～0.45Pa·s）的物料也能使用，但结构比较复杂。

（3）升-降膜式蒸发器　将升膜式和降膜式蒸发器组装在一个外壳中，即构成如图 5-17 所示的升-降膜式蒸发器。料液经预热后由蒸发器底部进入，先经升膜式加热室上升，再折转入降膜式加热室下降，气液混合物经分离器分离后，即在分离器底部得到完成液。这种蒸发器适用于溶液在蒸发过程中黏度变化较大，或者厂房高度有一定限制的场合。

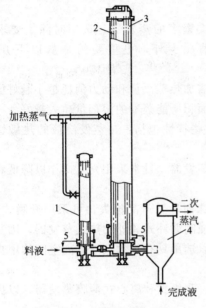

图 5-17　升-降膜式蒸发器
1—预热器；2—升膜加热室；3—降膜加热室；
4—离心分离器；5—凝液排出口

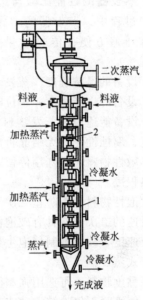

图 5-18　刮板式蒸发器
1—加热夹套；2—刮板

（4）刮板式薄膜蒸发器　这是一种借外力强制溶液呈膜状流动的单程型蒸发器。通常，在竖式外壳下部装有加热蒸汽夹套，壳体中心转动轴上装有搅拌装置，如图 5-18 所示。其上面的叶片即刮板可分为固定式刮板和滑片式刮板两种，利用刮板使料液在刮片外缘与壳体内壁传热面上形成薄膜。前者约有 1mm 左右的间隙；后者的间隙随滑片旋转所产生的离心力及料液的黏度有关，液膜厚度可达 0.03mm 左右。

操作时，料液由蒸发器上部沿切线方向加入（或加至与刮板同轴的甩料盘上），在离心力、重力和刮板的刮带作用下，形成旋转下降的薄膜，并不断地被蒸发浓缩。完成液由器底排出，二次蒸汽上升至器顶经分离器后进入冷凝器。

刮板式薄膜蒸发器适用于热敏性、黏稠性及易结晶、易结垢物料的蒸发浓缩。其缺点是：结构复杂、安装要求高、动力消耗大，单位体积传热面积小，故处理量也不大。

（5）离心式薄膜蒸发器　作为一种新型高效蒸发设备，

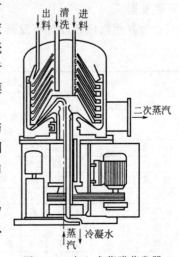

图 5-19　离心式薄膜蒸发器

离心式薄膜蒸发器综合了薄膜蒸发和离心分离两种工作原理。如图 5-19 所示，其加热面为中空的锥形盘，内走加热蒸汽和冷凝水，外壁走料液。蒸发操作时，经过滤后的料液泵入进料管进到锥形盘内侧高速旋转的传热面中央，由于离心力作用，料液沿传热面由锥形盘中央流向外缘，形成约 0.1mm 厚的薄膜被间壁加热而蒸发浓缩，完成液汇集于蒸发器外侧，靠离心力作用由出料管排出。加热蒸汽由底部进入蒸发器，从边缘小孔进入锥形盘空间，冷凝水亦借离心力作用，从边缘小孔甩出。二次蒸汽在真空状态下被引出。

该蒸发器传热效果好，液体停留时间短，浓缩比大，适合于热敏性及发泡性强的物料的蒸发。但它构造复杂，价格较高。

二、蒸发器的性能比较与选型

生产过程中，蒸发器的型式很多。面对种类繁多的蒸发器，选用时除了要求结构简单、操作维修方便、传热效果好、金属材料消耗少外，更重要的是从以下几个方面考虑。

（1）设备的经济程度　蒸发单位质量溶剂所需加热蒸汽量和动力消耗越小越好。

（2）设备的生产强度　单位时间由单位传热面积所能蒸发的溶剂量越大越好。

（3）设备能适应被蒸发物料的工艺特性　这些特性包括：被蒸发溶液的热敏性、发泡性、黏度、腐蚀性、有无结晶析出或结垢等。

对热敏性物料，应选用停留时间短的单程型蒸发器，且常采用真空操作以降低料液的沸点和受热程度。

对发泡性物料，为防止二次蒸汽夹带大量液沫而导致产品损失，可采用升膜式蒸发器，此时，高速的二次蒸汽具有破泡作用；也可采用强制循环式和外加热式蒸发器，因其具有较大的料液速度，故能抑制气泡生长。此外，还可以选用具有较大汽液分离空间的中央循环管式或悬筐式蒸发器。

对高黏度物料，可选用强制循环式或降膜式、刮板式和离心式薄膜蒸发器，以提高溶液的流速和使液膜不停地被搅动或被离心力带走。

对腐蚀性物料，蒸发器尤其是加热管应采取适当的防腐措施或选用耐腐蚀材料，如不透性石墨及合金材料等。

对易结晶的物料，为避免结晶的析出堵塞加热管道，一般可选用强制循环式、外加热式等。此外，也可选用悬筐式和刮板式蒸发器。对易结垢的物料，宜选用管内流速大的强制循环蒸发器。

为方便选用和设计蒸发器，特将常见蒸发器的主要性能列于表 5-4 中，供选型参考。

表 5-4　常见蒸发器的主要性能

蒸发器型式	制造价格	传热系数 稀溶液	传热系数 高黏度液体	溶液在管内的速度 /m·s⁻¹	停留时间	完成液浓度能否恒定	浓缩比	处理量	能否适应物料的工艺特性 稀溶液	高黏度液体	易产生泡沫	易结垢	有结晶析出	热敏性
中央循环管式	最廉	良好	低	0.1~0.5	长	能	良好	一般	适	适	适	尚适	稍适	尚适
悬筐式	较高	较好	低	1.0~1.5	长	能	良好	一般	适	适	适	尚适	尚适	尚适
外热式(自然循环)	廉	高	良好	0.4~1.5	较长	能	良好	较大	适	尚适	较好	尚适	稍适	尚适
列文式	高	高	良好	1.5~2.5	较长	能	良好	较大	适	尚适	较好	尚适	稍适	尚适
强制循环	高	高	高	2.0~3.0	较长	能	较高	大	适	适	好	好	适	尚适
升膜式	廉	高	良好	0.4~1.0	短	较难	高	大	适	尚适	好	尚适	不适	良好
降膜式	廉	良好	高	0.4~1.0	短	尚能	高	大	较适	好	适	不适	不适	良好
刮板式	最高	高	高	—	短	尚能	高	较小	较适	好	较适	不适	不适	良好

三、蒸发器的改进与研究

近几年人们在蒸发器的开发与研究方面做了大量工作，归纳起来主要有以下几点。

（1）开发新型蒸发器　为了提高蒸发器的传热效果，人们设法改进其传热面的结构，例如，最近出现的板式蒸发器，不但具有体积小、传热效率高、溶液停留时间短等优点，而且其加热面积可根据需要而增减、装卸清洗方便、传热效果好。又如在石油化学工业中，蒸发器中采用了表面多孔加热管，因此，可以使溶剂一侧的传热系数提高 10～20 倍。在海水淡化中使用的蒸发器应用了双面纵槽加热管，也可以显著提高传热效果。

（2）改善溶液流动状况　为提高蒸发器内溶液的湍动程度，可将各种型式的湍流构件装入蒸发器内，以提高溶液一侧的对流传热系数，例如，在自然循环型蒸发器的加热管内装入铜质填料后，溶液一侧的对流传热系数可提高 50% 左右。其原因是：一方面由于填料的存在加剧了流体的湍动；另一方面，填料本身的导热性能好，可将热量直接传递到溶液内部。

（3）改进溶液的工艺特性　通过改进溶液的工艺特性，可以提高传热效果。研究表明，加入适当的表面活性剂，可以使总传热系数提高一倍以上；加入适当的阻垢剂，减少污垢的形成，从而可以大大降低过程的热阻。

小　结

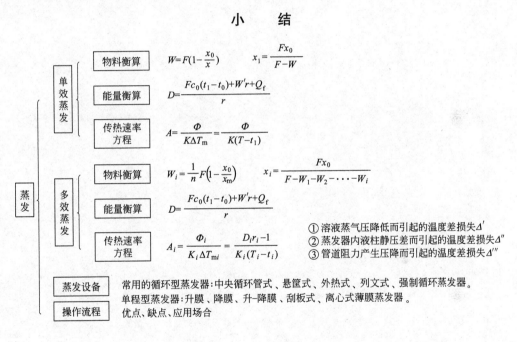

习　题

1. 蒸发浓度为 30%（质量百分数）的 NaOH 水溶液时，若蒸发室操作压力分别为 101.3kPa 和 25kPa，试求由于溶液蒸气压降低所引起的温度差损失 Δ'。　　　　　　　　　　　　　　　　　　　　[20℃]

2. 有一内盛着溶液密度为 1400kg·m^{-3}，液层高度为 3m 的蒸发器，试计算在如下操作条件时，因液柱静压头所引起的温度差损失。

（1）二次蒸汽的压力为 101.3kPa；

（2）二次蒸汽的压力为 40kPa。　　　　　　　　　　　[（1）4.9℃　（2）10.9℃]

3. 当二次蒸汽的压力为 20kPa 时，试用吉辛科法计算下列溶液的温度差损失，并与按杜林法则计算的结果进行比较。

（1）40%（质量百分数）的 NaOH 水溶液；

（2）20.6%（质量百分数）的 $CaCl_2$ 水溶液。 [（1）25℃；（2）4℃]

4. 某蒸发器内 NaOH 水溶液高度为 3m，溶液密度为 $1500kg \cdot m^{-3}$，完成液浓度为 50%（质量百分数）。若加热饱和蒸汽压力为 290kPa（表压），冷凝器真空度为 53.33kPa。求此时的传热温度差。

[12.3℃]

5. 进料量为 $10000kg \cdot h^{-1}$ 的某水溶液在图 5-1 所示的蒸发设备中蒸发。加热蒸汽压力为 705kPa（绝压），将溶液由 68%（质量分数，下同）浓缩至 90%，若蒸发室压力为 20kPa（绝压），溶液沸点为 100℃，蒸发器的传热系数 $K=1200W \cdot m^{-2} \cdot ℃^{-1}$，沸点进料。试求不计热损失时的加热蒸汽消耗量、单位蒸汽消耗量及蒸发器的传热面积。 [$2779kg \cdot h^{-1}$, $1.14kg \cdot h^{-1}$, $20.5m^2$]

6. 在三效蒸发器中，以并流加料方式将某溶液从 15%（质量分数，下同）浓缩至 55%。若第二效的蒸发量较第一效多 10%；第三效的蒸发量较第一效多 20%，试计算各效的完成液浓度。

[$x_1=19.3\%$, $x_2=28\%$]

第六章 吸 收

教学基本要求

1. 理解气体在液体中的溶解度、亨利定律，以及相平衡与吸收过程的关系；
2. 了解分子扩散的概念、费克定律，以及对流传质的基本原理；
3. 掌握双膜理论的基本论点、吸收速率方程式的表示形式、总传质系数与传质分系数；
4. 理解吸收操作线方程的推导、物理意义、图示方法及其应用；
5. 掌握填料吸收塔的吸收剂最小用量的确定及吸收剂用量的计算、填料层高度的计算、塔径的计算；
6. 了解吸收塔的结构及填料特性。

第一节 概 述

吸收是化工生产过程中分离气体混合物的重要方法之一，是化工单元操作中的一种典型扩散传质过程。它是根据气体混合物各组分在所选择的液体中溶解度的不同而达到分离目的的。在吸收操作中，所用的液体称为吸收剂（溶剂），能溶于吸收剂的气体组分称为吸收质（溶质），不能溶解的气体组分称为惰性气体；吸收后得到的溶液称为吸收液，经吸收后的气体称为吸收尾气或净化气。

一、吸收在化工生产中的应用

在化工生产中，无论是原料气的净制或气相产品的分离，或者是对生产过程有害气体的去除以及工业放空尾气的净化，防止大气污染等，都广泛地应用吸收操作。工业生产部门应用吸收的目的主要有三个方面：

① 回收或捕获气体混合物中的有用成分，以制得液相成品或中间产品；
② 分离气体混合物，以分得一种或几种有用组分；
③ 除去有害杂质，以达到气体净化或获得精制气体。

应当指出，对于气体混合物的分离，气体的净化和有价值组分的回收，除了使用吸收方法外，还可以采用吸附、深度冷冻、膜分离等方法，但从经济技术观点权衡可知，当气体处理量较大、提取的组分不要求很完全时，吸收是最好的方法。

二、吸收剂的选择

吸收操作的成功与否，很大程度上取决于吸收剂的性能，因此，需要根据具体情况选用，其选择的基本依据是：

① 选择对被分离组分有较大溶解度的液体，以加速吸收过程、减少吸收剂用量；
② 选择在操作温度下挥发性小（蒸气压低）的吸收剂，以减少吸收剂在操作中的挥发损失；
③ 选择具有较好选择性的吸收剂，即它只对吸收质有较好的吸收能力，而对混合气体中的其他组分基本上不吸收或甚少吸收，以实现有效分离；
④ 选择无毒、不易燃、无腐蚀性的吸收剂；
⑤ 选择黏度低、具有良好气液接触性能及气液分离能力的吸收剂；

⑥ 选择价格低廉、来源充足、易再生回收利用且不污染环境的吸收剂。

当然，要满足以上所有条件的吸收剂是很难找到的，因此，在选择的过程中应做全面评价，然后再进行经济合理地选择。

三、吸收设备与吸收操作

实现气液接触传质的设备最常用的是塔。按气、液两相接触方式的不同，塔可分为逐级接触式和连续微分接触式两大类。前者将于精馏一章叙述；后者的结构与选型方法则在本章结合吸收过程加以讨论。

填料塔广泛应用于气体吸收。它是直立的，通常呈圆筒形，塔中填充着填料。新鲜的或再生的液体吸收剂由塔顶喷洒而下，由于重力作用穿过填料，并将其表面润湿。固体填料被制成能使液体分散，以便提供巨大的气液接触面积的形式。被处理的气体通常由塔底输入，以形成两个逆流的流股，在塔内完成吸收操作。气体通过填料缝隙，被吸收剂吸收大部分吸收质后，从塔顶排出；吸收了吸收质的吸收剂由塔底排出。塔内没有运动部件，只有风机和把吸收剂提升至塔顶的泵需要动力。

在吸收操作中，如果不发生显著化学反应，则可认为是单纯的物理过程，称为物理吸收，如用水吸收 CO_2 或氨的过程。若在吸收操作中，吸收质不仅溶解于吸收剂，同时还伴随有显著的化学反应时，则称为化学吸收，如用硫酸吸收氨；用苛性钠溶液脱除气体中的 H_2S 等。由于化学吸收的机理较为复杂，至今理论研究还很不充分，故本章着重讨论的是低浓度单组分的等温物理吸收。

第二节 吸收过程的相平衡关系

一、气体在液体中的溶解度

在一定的温度和压力下，气体混合物与一定量的吸收剂（S）接触时，气相中的吸收质（A）会溶解于吸收剂中，液相浓度逐渐增加，直至气液两相达到平衡。平衡时，吸收质在气相中的分压称饱和分压或平衡分压（以 p^* 表示），吸收质在液相中的浓度称为饱和浓度或平衡浓度。所谓气体在液体中的溶解度，就是气体在液相中的饱和浓度，亦称平衡溶解度。它表示在一定的温度和压力下，气液相达平衡时，一定量吸收剂所能溶解的吸收质的最大数量。实际上，对于多数体系，当系统的总压不很高时（$<5.07 \times 10^5 \, Pa$），总压的变化并不影响吸收质平衡分压与溶解度之间的对应关系，而温度对溶解度的影响很大。

气液相平衡数据一般可通过实验测出或从有关专业手册或书籍中查出，并可用列表、图线或关系式表示气液相平衡关系。用二维坐标绘成气、液相平衡关系曲线，又称溶解度曲线。

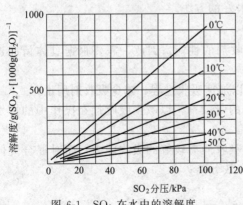

图 6-1 SO_2 在水中的溶解度

如图 6-1、图 6-3 所示。它们分别代表二氧化硫、氨，以及氧在气压不太高、不同温度时在水中的溶解度。可以看出，不同的气体在相同的吸收剂中的溶解度有较大的差异。相同温度下的溶解度 $NH_3 > SO_2 > O_2$，因此，用水作吸收剂时，称 NH_3 为易溶气体，SO_2 为中等溶解气体，而 O_2 则是难溶气体。吸收正是利用了在同一种吸收剂中不同吸收质溶解度的差异而将气体混合物加以分离的。

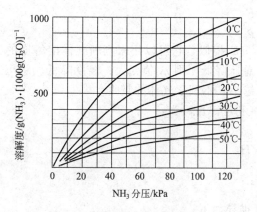

图 6-2　NH₃ 在水中的溶解度

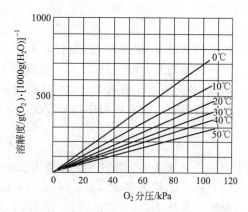

图 6-3　O₂ 在水中的平衡溶解度

由上述溶解度曲线图还可以看出，气体在水中的平衡溶解度随气相中该气体的分压增大而增大，随温度的升高而降低，因此，加压降温有利于吸收。

二、亨利定律

在一定的温度下，当总压不大的情况时，吸收质在稀溶液中的溶解度与它在气相中的平衡分压成正比。这一关系称为亨利（Henry）定律，其数学表达式如下

$$p_A^* = E x_A \tag{6-1}$$

式中　p_A^*——吸收质在气相中的平衡分压，kPa；

　　　x_A——吸收质在液相中的摩尔分数；

　　　E——亨利系数，kPa。

亨利系数的单位与压强单位一致，其值取决于物系的特性及体系的温度。吸收质或吸收剂的不同、体系不同，则 E 值就不相同。E 值越大，表示该气体的溶解度越小，即越难溶。因为气体在液体中的溶解度随温度的升高而下降，故一般 E 值随温度的升高而增大。常见气体稀水溶液的亨利系数值列于附录中的十。

实际应用中，亨利定律还有其他表达形式。

（1）若吸收质在气、液两相中的浓度分别用摩分数 y_A 和 x_A 表示，则亨利定律可写为

$$y_A^* = m x_A \tag{6-2}$$

式中　y_A^*——平衡时吸收质在气相中的摩尔分数；

　　　m——相平衡常数。

若系统总压 p 不太高时，气相可视为理想气体，其服从道尔顿（Dalton）分压定律，故吸收质在气相中的分压为

$$p_A = p y$$

同理

$$p_A^* = p y_A^*$$

将该式代入式（6-1）中，则得

$$p y_A^* = E x_A$$

故

$$y_A^* = \frac{E}{p} x_A$$

与式（6-2）相比较，得

$$m = \frac{E}{p} \qquad (6-3)$$

相平衡常数 m 是由实验结果计算出来的，与 E 相似，它可以用来判断气体溶解度的大小。对一定的物系，$m = f(T, p)$，温度升高、总压降低，则 m 值变大；温度降低、总压升高，则 m 值变小。m 值越大，则气体的溶解度越小，不利于气体的吸收。

（2）若以吸收质在液相中的浓度表示，则亨利定律可写为：

$$p_A^* = \frac{c_A}{H} \qquad (6-4)$$

式中　c_A——吸收质在液相中的浓度 $\text{kmol} \cdot \text{m}^{-3}$；

　　　　H——溶解度系数，$\text{kmol} \cdot \text{m}^{-3} \cdot \text{kPa}^{-1}$。

溶解度系数 H 与亨利系数 E 之间的关系可推导如下。

若密度为 ρ（$\text{kg} \cdot \text{m}^{-3}$）的溶液中吸收质浓度为 c_A（$\text{kmol} \cdot \text{m}^{-3}$），所含吸收剂为 $\frac{\rho - c_A M_A}{M_S}$。这里 M_A，M_S 分为吸收质和吸收剂的千摩尔质量（$\text{kg} \cdot \text{kmol}^{-1}$），对 1m^3 溶液而言，则吸收质在液相中的摩尔分数为

$$x_A = \frac{c_A}{c_A + \dfrac{\rho - c_A M_A}{M_S}} = \frac{c_A M_S}{\rho + c_A (M_S - M_A)} \qquad (6-5)$$

将式(6-5) 代入式(6-1)，得

$$p_A^* = \frac{E c_A M_S}{\rho + c_A (M_S - M_A)} \qquad (6-6)$$

将式(6-6) 与式(6-4) 比较，得

$$\frac{1}{H} = \frac{E M_S}{\rho + c_A (M_S - M_A)} \qquad (6-7)$$

对于稀溶液，c_A 值很小，式(6-7) 右边分母中的 $c_A (M_S - M_A)$ 与 ρ 相比可以忽略，故上式可简化为

$$H = \frac{\rho}{E M_S} \qquad (6-8)$$

与 E 相反，H 越大，溶解度越大，且随温度的升高而降低。

（3）若以物质的量比表示吸收在气、液相的浓度，则

$$X_A = \frac{\text{液相中吸收质的量（kmol）}}{\text{液相中吸收剂的量（kmol）}} \quad \text{kmol 吸收质} \cdot \text{kmol}^{-1}\text{吸收剂}$$

$$Y_A = \frac{\text{气相中吸收质的量（kmol）}}{\text{气相中惰性气体的量（kmol）}} \quad \text{kmol 吸收质} \cdot \text{kmol}^{-1}\text{惰性气体}$$

故

$$X_A = \frac{x_A}{1 - x_A} \quad \text{或} \quad x_A = \frac{X_A}{X_A + 1} \qquad (6-9)$$

$$Y_A = \frac{y_A}{1 - y_A} \quad \text{或} \quad y_A = \frac{Y_A}{Y_A + 1} \qquad (6-10)$$

将式(6-9) 和式(6-10) 代入式(6-2) 得亨利定律的又一表达形式为

$$Y_A^* = \frac{m X_A}{1 + (1 - m) X_A} \qquad (6-11)$$

对于稀溶液，X_A 很小，则式(6-11) 可近似写成

$$Y_A^* = m X_A \qquad (6-12)$$

上述亨利定律的各种表达式描述的都是互成平衡的气、液两相各组成之间的关系。它们既可以用来根据液相组成计算平衡时的气相组成，也可以用来根据气相组成计算平衡时的液相组成。

【例 6-1】 气体中含 NH_3 3%（摩尔分数），在操作压力为 2.027×10^5 Pa 下通入填料塔用水吸收，已知 NH_3 在水中的平衡关系为 $p_{NH_3}^* = Ex_{NH_3}$，$E = 2.67 \times 10^5$ Pa。求所得氨水的最大浓度（分别以摩尔分数和物质的量比表示）。

解： 传质过程的极限是达到相平衡，所以氨水的最大浓度就是与气相达到平衡时的液相浓度。此最大浓度可通过题中所给的平衡关系求得，而其中氨的衡分压 $p_{NH_3}^*$ 可以根据气相组成，由道尔顿分压定律求出。

道尔顿分压定律

$$p_{NH_3}^* = py_{NH_3}^*$$

$$p_{NH_3}^* = 2.027 \times 10^2 \, kPa \times 3\% = 6.081 \, kPa$$

由式(6-1) 和式(6-9) 可得氨水的最大浓度

$$x_{NH_3} = \frac{p_{NH_3}^*}{E} = \frac{6.081 \, kPa}{267 \, kPa} = 0.0228$$

物质的量比

$$X_{NH_3} = \frac{x_{NH_3}}{1 - x_{NH_3}} = \frac{0.0228}{1 - 0.0228} = 0.0233$$

【例 6-2】 1.013×10^5 Pa 和 20℃ 时，NH_3 在水中的平衡溶解度为

气相：NH_3 的平衡分压 2×10^3 Pa　　　　液相：2.5kg $NH_3 \cdot 100kg^{-1} H_2O$

试求此时的相平衡系数 m、亨利系数 E 和溶解度系数 H。

解： 首先将此气液相组成换算为 x_{NH_3} 和 y_{NH_3}。$M_{NH_3} = 17kg \cdot kmol^{-1}$，溶液的量为 2.5kg NH_3 与 100kg H_2O 之和，故

$$x_{NH_3} = \frac{n_{NH_3}}{n_{NH_3} + n_{H_2O}} = \frac{2.5/17}{2.5/17 + 100/18} = 0.0258$$

由道尔顿分压定律，得

$$y_{NH_3} = \frac{p_{NH_3}}{p} = \frac{2 \times 10^3}{1.013 \times 10^5} = 0.0197$$

由式(6-2)，则

$$m = \frac{y_{NH_3}}{x_{NH_3}} = \frac{0.01797}{0.0258} = 0.7636$$

由式(6-3)，则 $E = pm = 1.013 \times 10^5 \times 0.7636 = 7.712 \times 10^4$ Pa

当氨的水溶液浓度很低时，c_{NH_3} 值很小，其密度可认为与水的相同，$\rho = 1000kg \cdot m^{-3}$，由式(6-8)

$$H = \frac{\rho}{EM_s}$$

故

$$H = \frac{1000kg \cdot m^{-3}}{77.12 \times 10kPa \times 18kg \cdot kmol^{-1}} = 0.72 \, kmol \cdot m^{-3} \cdot kPa^{-1}$$

三、相平衡关系在吸收过程中的应用

在恒温、恒压条件下，未达平衡的气液两相接触之后，气相中的溶质能否向液相转移？若能转移时，则会在液相中达到多大的浓度？传质的推动力又如何表示？这些均与相平衡有关。

1. 判断传质过程的方向及其推动力

在未达平衡的气液两相接触过程中，体系将会由不平衡状态趋于平衡。为判断溶质 A 是从气相朝液相转移，还是与之相反，只需用气相或液相的实际浓度（y 或 x）与其接触的另一相的平衡浓度（x^* 或 y^*）进行比较即可。

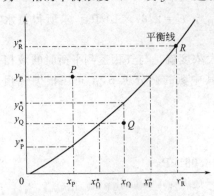

图 6-4 相平衡与传质过程的关系

如图 6-4 所示，任意选定的三个状态点 P，Q，R，并分别处于三个不同位置。其各自对应的实际浓度和平衡浓度分别标注在图上。

对于处于平衡线上方的 P 点，因 $y_P > y_P^*$，溶质 A 将由气相朝液相转移，直至两相达到平衡；若从液相的角度判断，则 $x_P < x_P^*$，即液相的实际浓度离平衡浓度尚远，液相仍有很强的溶解能力，故此时属于吸收过程。

吸收过程中，气液两相浓度离各自平衡浓度越远，传质过程进行的越快，即过程的传质推动力越大。故常用气相远离平衡浓度的程度，即以气相的摩尔分数差（$y_P - y_P^*$）或用液相远离平衡浓度的程度——液相的摩尔分数差（$x_P^* - x_P$）来表示气液相传质过程的推动力。

对于处于平衡线下方的 Q 点，因 $y_Q < y_Q^*$，溶质 A 将从液相逸出进入气相，直至平衡；若从液相的角度考虑，$x_Q > x_Q^*$，液相已处于饱和状态。溶质 A 的逸出在所难免，故该过程为解吸过程。

解吸过程的传质推动力，以气相的摩尔分数差表示为 $y_Q^* - y_Q$；以液相的摩尔分数差表示为 $x_Q - x_Q^*$。

处于平衡线上的 R 点，$x_R = x_R^*$，$y_R = y_R^*$，气液两相的实际浓度与其平衡浓度相等，体系处于平衡状态，故不发生宏观传质过程。

由上述分析可知，平衡线是一条非常重要的分界线。平衡线以上是吸收发生的区域；平衡线以下则为解吸发生的区域；处于平衡线上的气液两相互成平衡。

2. 指明过程进行的限度

平衡状态是传质过程的极限。气液相平衡关系限制了气体离开吸收塔的最低浓度和吸收液离塔时的最高浓度。

对于吸收过程而言，点 $P(x_P, y_P)$ 的气相浓度将随着吸收过程的进行，其浓度 y_P 随之下降，但最低只能降至与 x_P 成平衡的气相浓度 y_P^*，即 $y_{P,\min} = y_P^* = m x_P$，此为吸收尾气的最小组成。只有当 $x_P = 0$，$y_{P,\min} = 0$，气相溶质在理论上方可达到完全吸收。随着吸收过程的进行，液相浓度也会随着升高，但最高也只能升高到与 y_P 成平衡的液相浓度 x_P^*，即 $x_{P,\max} = x_P^* = y_P/m$，此为小时过程的最大组成。

同理，对图 6-4 所示的解吸过程，气相可达的最高浓度或液相可达的最低浓度同样均受制于与其相对应的气液相平衡浓度，因此，相际传质过程的极限是两相互成平衡。

第三节　吸收过程机理

吸收过程是吸收质借扩散作用从气相转移到液相的传质过程。该过程的进行包括如下三个阶段：

① 吸收质由气相主体扩散到气、液两相界面的气相一侧；

② 吸收质在界面上溶解，并由气相转移到液相；

③ 吸收质由相界面的液相一侧扩散到液相主体。

从传质角度考虑，上述三个阶段可以概括为吸收质在单相中扩散和在相际间扩散。

一、物质在单相中的扩散

物质在流体相中的扩散可以借助分子扩散和涡流扩散来实现，它们分别与传热学中的热传导和对流传热类似。

1. 分子扩散

在单相物系内有浓度差异存在的条件下，由于分子的无规则热运动而引起组分从浓度较高处传递至浓度较低处，直至各处的浓度相同为止，这一过程称为分子扩散。静止的流体内部，以及在层流流动流体经过的垂直方向上存在着浓度差时，则均可发生分子扩散。

分子扩散的速率与物质的性质、浓度差以及扩散的距离有关。在定态条件下，其数学表达式为

$$J_A = -D_{AB}\frac{dc_A}{dz} \tag{6-13}$$

式中　J_A——单位时间内组分 A 扩散通过单位面积的物质量，称扩散速率，$kmol \cdot m^{-2} \cdot s^{-1}$；

$\dfrac{dc_A}{dz}$——组分 A 的浓度梯度，即组分 A 的浓度 c_A 在扩散方向 z 上的变化率，$kmol \cdot m^{-4}$；

D_{AB}——组分 A 在组分 B 中的扩散系数，$m^2 \cdot s^{-1}$。

式中负号表示扩散是沿着组分 A 的浓度降低的方向进行的。

同理，在双组分混合物中，对于组分 B 也有与式(6-13) 类似的结论。在系统不同位置，A，B 两组分各自不同，但混合物总浓度在各处应当相等，故组分 A 沿 z 方向在单位时间单位面积扩散的物质的量，必等于组分 B 沿 z 方向在单位时间单位面积反向扩散的物质的量，即 $J_A = -J_B$。当进行等摩尔逆向扩散时，组分 A 与组分 B 的扩散系数相等，即 $D_{AB} = D_{BA} = D$。

式(6-13) 称为菲克（A. Fick）定律，其形式与牛顿黏性定律式(2-32) 和傅里叶定律式(4-1a) 有明显的类似性。

扩散系数是物质的物性常数之一，它表明物质在均匀介质中的扩散能力，并且随介质的种类、温度、压力和浓度的不同而异。通常，扩散系数值由实验测定，也可以利用有关书籍上介绍的经验公式求算。一般常见物质的扩散系数可从有关手册中查取。附录十一中列出了常见物质扩散系数。

2. 涡流扩散

在湍流流动的流体中，依靠流体的湍动产生质点位移，使高浓度处的物质向低浓度处转移的过程，称为涡流扩散。实际上，在涡流扩散中仍包含有分子扩散，只是程度较弱而已。涡流扩散的速率也与浓度梯度成正比，其速率方程与式(6-13) 类似

$$J_A = -D_e\frac{dc_A}{dz} \tag{6-14}$$

若考虑分子扩散，则总扩散速率为

$$J_A = -(D + D_e)\frac{dc_A}{dz} \tag{6-15}$$

D_e 称为涡流扩散系数，表示涡流扩散能力的大小，D_e 表示在浓度梯度方向上的质点脉动强烈，传质快。与 D 不同，D_e 是流动状态函数，即与流动系统几何形状、尺寸、扩散

的部位、流速等复杂因素有关。由于目前对涡流扩散的规律研究还不够深刻，涡流扩散系数还难于从理论上计算得到，故仿照传热中处理对流传热膜系数的方法来处理涡流扩散问题。

二、双膜理论

前已叙及吸收是两相之间的传质过程，并已讨论了该过程进行所包含三个阶段中的①、③两个阶段，即物质在单相中的扩散过程。而对于第二阶段，即关于两相间传质的内在规律问题人们提出过多种理论，如能斯特（W. Nernst）1904 年提出膜理论，希格比（R. Higbie）1935 年提出溶质渗透理论，丹克沃茨（P. V. Danckwerts）1951 年提出表面更新理论等，然而，比较盛行和应用最为广泛的还是刘易斯（W. K. Lewis）和惠特曼（W. G. Whitmen）于 1923 年提出的"双膜理论"。

1. 双膜理论

双膜理论是以吸收质在层流层中的分子扩散概念为基础而导得的。其要点如下。

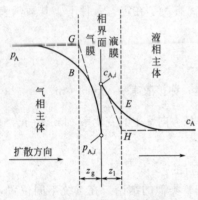

图 6-5　双膜理论示意图

（1）相互接触的气、液两相间有一个固定的相界面，界面两侧各有一层呈层流流动的薄膜：气膜和液膜。吸收质以分子扩散方式通过这两层膜。膜层厚度和流体流动状况有关。

（2）相界面上气、液两相互成平衡，即无传质阻力存在。

（3）高度湍动的气、液两相主体内，浓度基本均匀一致，而不存在传质阻力，故传质阻力全部存在于相界面两侧的气膜和液膜之内。

根据双膜理论，吸收过程中气、液相界面附近的浓度分布如图 6-5 所示。

2. 气膜中的分子扩散速率

气相吸收是组分 A 在组分 B 中做单向的定态扩散时，其分子扩散速率 J_A 根据菲克定律为

$$J_A = -\frac{dc_A}{dz} = -D\frac{d\left(\dfrac{p_A}{RT}\right)}{dz} = -\frac{D}{RT}\frac{dp_A}{dz} \tag{6-16}$$

在定态扩散的条件下，J_A，$\dfrac{dp_A}{dz}$ 为定值，故压力分布为直线（即图 6-5 中，$p_A G p_{A,i}$ 线），在气相主体（$z = z_g$，$p_A = p_A$）与相界面（$z = 0$，$p_A = p_{A,i}$）之间将上式积分，得

$$N_A = J_A = \frac{D}{z_g RT}(p_A - p_{A,i}) \tag{6-17}$$

对于等摩尔扩散过程，分子扩散是组分实现转移的唯一途径，因此，在浓度梯度的任一法平面上的传质速率等于分子扩散速率。

在相界面处，气相中组分 A 溶解于液相中，A 的分子数减少，分压降低，使得 $p_A > p_{A,i}$，而组分 B 由界面向主体的反向扩散，使得 $p_{B,i} > p_B$。因过程为组分 A 的定态单向扩散，故界面上没有组分 B 的传入，组分 B 的扩散速率等于零。正是由于界面处 A 的分压降低和 B 由界面向主体扩散，则界面处总压降低，导致主体与界面间产生微小压差，这一压差促使气体朝相界面流动。对组分 A 来说，则相当于通过另一停滞组分 B 的扩散。在这种条件下，其传质速率方程式为

$$N_A = \frac{D}{z_g RT}\frac{p}{p_{B,m}}(p_A - p_{A,i}) \tag{6-18}$$

$$p_{B,m} = \frac{p_{B,i} - p_B}{\ln \dfrac{p_{B,i}}{p_B}}$$

式中　p——总压，kPa；

p_B，$p_{B,i}$——组分 B 的分压，kPa；

$p_{B,m}$——组分 B 在界面与气相主体间分压的对数平均值，kPa。

式(6-18) 与式(6-17) 相比多了一项 $\dfrac{p}{p_{B,m}}$。此项表示单向扩散的传质速率为等摩尔扩散的 $\dfrac{p}{p_{B,m}}$ 倍，由于总压大于组分 B 的对数平均分压，即 $p > p_{B,m}$，所以 $\dfrac{p}{p_{B,m}} > 1$，这也说明组分 B 在相内的分子扩散而引起的气相整体流动使组分 A 的传质速率随之增大，故 $\dfrac{p}{p_{B,m}}$ 称为漂流因子，其值通常大于 1，只有在气相中组分 A 的浓度很低时，它才接近于 1。

若传质速率以推动力和阻力之比表示，则式(6-18) 可写成

$$N_A = \frac{p_A - p_{A,i}}{\dfrac{z_g R T p_{B,m}}{D p}} \tag{6-19}$$

式(6-19) 说明当吸收质通过静止或做层流流动的流体层时，其传质速率与吸收质的分压降成正比；与温度、扩散距离及惰性组分 B 的对数平均分压成反比。

3. 液膜中的分子扩散速率

在液相中，和上述气相中的情况一样，也是组分 A 通过一静止组分 B 的定态扩散，此时 $N_A = \text{const.}$，$N_B = 0$，总浓度 $c_T = c_A + c_B$。在考虑其总体流动和积分之后，则组分 A 的净传质速率为

$$N_A = \frac{D'}{z_1} \frac{c_A + c_B}{c_{B,m}} (c_{A,i} - c_A) \tag{6-20}$$

式中　N_A——组分 A 在液相中的净传质速率，$kmol \cdot m^{-2} \cdot s^{-1}$；

D'——吸收质 A 在液相中的扩散系数，$m^2 \cdot h^{-1}$；

$c_{A,i} - c_A$——吸收质 A 在界面的浓度与液相主体浓度之差，$kmol \cdot m^{-3}$；

$c_{B,m} = \dfrac{c_B - c_{B,i}}{\ln \dfrac{c_B}{c_{B,i}}}$——组分 B 在界面与液相主体间浓度的对数平均值，$kmol \cdot m^{-3}$；

z_1——有效液膜厚度，m。

第四节　传质速率方程

传质速率是指单位时间、单位传质面积上传递的溶质量，用 N_A 表示。在工程上广泛应用如下概念

$$传质速率 = \frac{传质推动力}{传质阻力}$$

由于混合物的组成可以采用不同的单位，所以传质推动力有不同的表示方法，因此传质速率方程就有不同的表示形式。

一、气相传质速率方程

对于定态的吸收操作而言，吸收质 A 通过气膜的吸收率 N_A 与气膜中吸收质的压力降 $p_A - p_{A,i}$ 成正比。若令

$$k_G = \frac{Dp}{z_g RT p_{B,m}}$$

则式（6-18）可写成

$$N_A = k_G(p_A - p_{A,i}) = \frac{p_A - p_{A,i}}{\dfrac{1}{k_G}} \tag{6-21}$$

式中 k_G——以分压差表示推动力的气膜传质分系数，$kmol \cdot m^{-2} \cdot h^{-1} \cdot kPa^{-1}$。其倒数即为吸收质通过气膜的阻力。

若欲提高传质速率，则必须提高 k_G，增大气体流速，降低气膜厚度，使阻力下降。

吸收过程中，推动力还可以用气相浓度差表示，如 $(y_A - y_{A,i})$、$(Y_A - Y_{A,i})$，此时，传质速率方程为

$$N_A = k_y(y_A - y_{A,i}) = \frac{y_A - y_{A,i}}{\dfrac{1}{k_y}} \tag{6-22}$$

$$N_A = k_Y(Y_A - Y_{A,i}) = \frac{Y_A - Y_{A,i}}{\dfrac{1}{k_Y}} \tag{6-23}$$

式中 k_y，k_Y——以摩尔分数差和物质的量比差表示推动力的气膜传质分系数，$kmol \cdot m^{-2} \cdot h^{-1}$；

y_A，Y_A——吸收质 A 在气相主体中的摩尔分数和物质的量比；

$y_{A,i}$，$Y_{A,i}$——吸收质 A 在界面气相侧的摩尔分数和物质的量比。

二、液相传质速率方程

对于定态吸收过程，液膜吸收速率方程也有三种表示形式

$$N_A = k_L(c_{A,i} - c_A) = \frac{c_{A,i} - c_A}{\dfrac{1}{k_L}} \tag{6-24}$$

$$N_A = k_x(x_{A,i} - x_A) = \frac{x_{A,i} - x_A}{\dfrac{1}{k_x}} \tag{6-25}$$

$$N_A = k_X(X_{A,i} - X_A) = \frac{X_{A,i} - X_A}{\dfrac{1}{k_X}} \tag{6-26}$$

式中 k_L——以浓度差表示推动力的液膜传质分系数，$k_L = \dfrac{D'(c_A + c_B)}{z_l c_{B,m}}$，$m \cdot h^{-1}$；

k_x，k_X——以摩尔分数差、物质的量比差表示推动力的液膜传质分系数，$kmol \cdot m^{-2} \cdot h^{-1}$。

若欲提高传质速率，则必须增大液体的湍动程度。

三、总传质速率方程

上述以气相和液相传质分系数表示的传质速率方程，由于相界面上的分压或浓度难以测定，因此，在计算过程中，一般可采用两主体中某一相的实际浓度与平衡浓度的差值，作为

传质总推动力。由于总推动力因浓度表示方法的不同而不同，故传质总系数也不相同，相应地也就有不同表示形式的总传质速率方程。

以 $p_A - p_A^*$，$y_A - y_A^*$ 或 $Y_A - Y_A^*$ 为总推动力时，其总传质速率方程分别为

$$N_A = K_G(p_A - p_A^*) = \frac{p_A - p_A^*}{\frac{1}{K_G}} \tag{6-27}$$

$$N_A = K_y(y_A - y_A^*) = \frac{y_A - y_A^*}{\frac{1}{K_y}} \tag{6-28}$$

$$N_A = K_Y(Y_A - Y_A^*) = \frac{Y_A - Y_A^*}{\frac{1}{K_Y}} \tag{6-29}$$

以 $c_A^* - c_A$，$x_A^* - x_A$ 或 $X_A^* - X_A$ 为总推动力时，其总传质速率方程分别为

$$N_A = K_L(c_A^* - c_A) = \frac{c_A^* - c_A}{\frac{1}{K_L}} \tag{6-30}$$

$$N_A = K_x(x_A^* - x_A) = \frac{x_A^* - x_A}{\frac{1}{K_x}} \tag{6-31}$$

$$N_A = K_X(X_A^* - X_A) = \frac{X_A^* - X_A}{\frac{1}{K_X}} \tag{6-32}$$

式中　K_G，K_y，K_Y——以气相分压差、摩尔分数差和物质的量比差表示吸收推动力的总
传质系数，单位分别为 $kmol \cdot m^{-2} \cdot h^{-1} \cdot kPa^{-1}$ 和 $kmol \cdot m^{-2} \cdot h^{-1}$；

K_L，K_x，K_X——以液相摩尔浓度差、摩尔分数差和物质的量比差表示吸收推动力
的总传质系数，单位分别为 $m \cdot h^{-1}$ 和 $kmol \cdot m^{-2} \cdot h^{-1}$；

p_A^*，y_A^*，Y_A^*——与液相主体浓度 c_A，x_A 和 X_A 成平衡的气相平衡分压（kPa）和
气相平衡浓度（摩尔分数和物质的量比）；

c_A^*，x_A^*，X_A^*——与气相主体分压 p_A 和气相主体浓度 y_A 或 Y_A 成平衡的液相平衡
浓度，单位分别为 $kmol \cdot m^{-3}$ 和摩尔分数或物质的量比。

上述诸式均称为总传质速率方程。由于推动力所涉及的范围以及浓度的表示方法不同，传质速率方程可归纳为如下两大类。

以气相组成差表示的传质速率方程

$$(N_A)_G = k_G(p_A - p_{A,i}) = K_G(p_A - p_A^*) = k_y(y_A - y_{A,i}) = K_Y(Y_A - Y_A^*) \tag{6-33}$$

以液相组成差表示的传质速率方程

$$(N_A)_L = k_L(c_{A,i} - c_A) = K_L(c_A^* - c_A) = k_x(x_A^* - x_A) = K_X(X_A^* - X_A) \tag{6-34}$$

四、总传质系数与膜传质系数的关系

在定态操作的吸收塔内，任一气、液接触的地方，吸收质通过气膜、液膜的传质速率应相等，即

$$(N_A)_G = (N_A)_L = N_A \tag{6-35}$$

根据双膜理论，$c_{A,i}$ 和 $p_{A,i}$ 是平衡关系，p_A^* 是 c_A 的平衡分压，若气液两相的平衡关系

服从亨利定律，即

在两相主体中有 $\qquad\qquad c_A = H p_A^*$

在两相界面上有 $\qquad\qquad c_{A,i} = H p_{A,i}$

根据式（6-35）有

$$N_A = k_G(p_A - p_{A,i}) = k_L(c_{A,i} - c_A) \qquad\qquad (6\text{-}36)$$

将上述平衡关系代入式（6-36），得

$$N_A = k_G(p_A - p_{A,i}) = k_L(c_{A,i} - c_A) = H k_L(p_{A,i} - p_A^*)$$

则

$$N_A = \frac{p_A - p_{A,i}}{\dfrac{1}{k_G}} = \frac{p_{A,i} - p_A^*}{\dfrac{1}{H k_L}} \qquad\qquad (6\text{-}37)$$

根据串联过程的加和性原则，经合并整理后，比较式（6-27），得

$$N_A = \frac{p_A - p_A^*}{\dfrac{1}{k_G} + \dfrac{1}{H k_L}} = K_G(p_A - p_A^*) \qquad\qquad (6\text{-}38a)$$

则

$$\frac{1}{K_G} = \frac{1}{k_G} + \frac{1}{H k_L} \qquad\qquad (6\text{-}38b)$$

即 $\qquad\qquad\qquad$ 总阻力＝气膜阻力＋液膜阻力

对于易溶气体，H 很大，$\dfrac{1}{H k_L} \to 0$，故

$$K_G \approx k_G \qquad\qquad (6\text{-}38c)$$

这意味着液膜阻力很小，传质阻力几乎全部集中于气膜中，这种情况称为气膜控制。例如用水吸收 NH_3、HCl，用 $98\% H_2SO_4$ 吸收 SO_3 等均属气膜控制过程。

同理，若系统服从亨利定律，则

$$p_A = \frac{c_A^*}{H}, \qquad p_{A,i} = \frac{c_{A,i}}{H}$$

由式（6-36）式可得

$$N_A = k_G(p_A - p_{A,i}) = k_L(c_{A,i} - c_A) = \frac{k_G}{H}(c_A^* - c_{A,i})$$

则

$$N_A = \frac{c_{A,i} - c_A}{\dfrac{1}{k_L}} = \frac{c_A^* - c_{A,i}}{\dfrac{H}{k_G}}$$

根据串联过程的加和性原则，经合并整理后，比较式（6-30），得

$$N_A = \frac{c_A^* - c_A}{\dfrac{H}{k_G} + \dfrac{1}{k_L}} = K_L(c_A^* - c_A) \qquad\qquad (6\text{-}39a)$$

则

$$\frac{1}{K_L} = \frac{H}{k_G} + \frac{1}{k_L} \qquad\qquad (6\text{-}39b)$$

总阻力＝气膜阻力＋液膜阻力

对于难溶气体，H 很小，$\dfrac{H}{k_G} \to 0$，故

$$K_L \approx k_L \qquad\qquad (6\text{-}39c)$$

这说明传质阻力主要为液相一侧的阻力所控制，故称为液膜控制。例如用水吸收 O_2、H_2 或 CO_2 等难溶气体均属液膜控制过程。

由式(6-38b) 和式(6-39b) 可以得出气相传质总系数和液相传质总系数的关系

$$K_G = HK_L \qquad (6-40)$$

根据亨利定律的其他表示形式，同样也可以导出

$$\frac{1}{K_y} = \frac{1}{k_y} + \frac{m}{k_x} \qquad (6-41a)$$

$$\frac{1}{K_Y} = \frac{1}{k_Y} + \frac{m}{k_X} \qquad (6-41b)$$

$$\frac{1}{K_x} = \frac{1}{mk_y} + \frac{1}{k_x} \qquad (6-42a)$$

$$\frac{1}{K_X} = \frac{1}{mk_Y} + \frac{1}{k_X} \qquad (6-42b)$$

同样，对于易溶气体

$$K_y \approx k_y \qquad (6-43a)$$
$$K_Y \approx k_Y \qquad (6-43b)$$

对于难溶气体

$$K_x \approx k_x \qquad (6-44a)$$
$$K_X \approx k_X \qquad (6-44b)$$

当传质系数为 k_G，K_G，k_L，K_L，而计算时要采用 k_y，K_y，k_x，K_x 时，其换算关系如下

$$k_y = pk_G \qquad (6-45a)$$
$$K_y = pK_G \qquad (6-45b)$$
$$K_Y = pK_G \qquad (6-45c)$$
$$k_x = ck_L \qquad (6-46a)$$
$$K_x = cK_L \qquad (6-46b)$$
$$K_X = cK_L \qquad (6-46c)$$

式中　　p——气相总压力，kPa；

c——溶液的总浓度，$\dfrac{\text{kmol（吸收质）} + \text{kmol（吸收剂）}}{\text{m}^3}$。

气液相平衡服从亨利定律，则气液相总传质系数为

$$K_G = HK_L \qquad (6-40)$$
$$K_x = mK_y \qquad (6-47a)$$
$$K_X = mK_Y \qquad (6-47b)$$

【例 6-3】　在吸收塔内用含甲醇浓度为 2.11kmol·m^{-3} 的水吸收混于空气中的低浓度甲醇，操作温度 27℃，压力为 101.3kPa。已知：空气中含甲醇 3％（摩尔分数），气膜传质分系数 $k_G = 9.87 \times 10^{-3}$ kmol·m^{-2}·h^{-1}·kPa^{-1}，液膜传质分系数 $k_L = 0.25$ m·h^{-1}。该吸收过程平衡关系符合亨利定律，溶解度系数 $H = 1.5$ kmol·m^{-3}·kPa^{-1}。试计算：

(1) 以分压差和摩尔浓度差表示的总推动力、总传质系数和传质速率；

(2) 以摩尔分数差表示推动力的气相总传质系数；

(3) 气膜与液膜阻力的相对大小。

解：（1）总推动力、总传质系数、传质速率

以分压差表示的总推动力

$$\Delta p = p_A - p_A^* = p y_A - \frac{c_A}{H} = 101.3 \text{kPa} \times 0.03 - \frac{2.11 \text{kmol} \cdot \text{m}^{-3}}{1.5 \text{kmol} \cdot \text{m}^{-3} \cdot \text{kPa}^{-1}} = 1.632 \text{kPa}$$

以摩尔浓度差表示的总推动力

$$\Delta c = c_A^* - c_A = H p_A - c_A$$
$$= 1.5 \text{kmol} \cdot \text{m}^{-3} \cdot \text{kPa}^{-1} \times 101.3 \text{kPa} \times 0.03 - 2.11 \text{kmol} \cdot \text{m}^{-3}$$
$$= 2.449 \text{kmol} \cdot \text{m}^{-3}$$

总传质系数

$$K_G = \frac{1}{\dfrac{1}{k_G} + \dfrac{1}{H k_L}}$$

$$= \frac{1}{\dfrac{1}{9.87 \times 10^{-3} \text{kmol} \cdot \text{m}^{-2} \cdot \text{h}^{-1} \cdot \text{kPa}^{-1}} + \dfrac{1}{1.5 \text{kmol} \cdot \text{m}^{-3} \cdot \text{kPa}^{-1} \times 0.25 \text{m} \cdot \text{h}^{-1}}}$$

$$= 9.62 \times 10^{-3} \text{kmol} \cdot \text{m}^{-2} \cdot \text{h}^{-1} \cdot \text{kPa}^{-1}$$

由式(6-40)，得

$$K_L = \frac{K_G}{H} = \frac{9.62 \times 10^{-3} \text{kmol} \cdot \text{m}^{-2} \cdot \text{h}^{-1} \cdot \text{kPa}^{-1}}{1.5 \text{kmol} \cdot \text{m}^{-3} \cdot \text{kPa}^{-1}} = 6.41 \times 10^{-3} \text{m} \cdot \text{h}^{-1}$$

传质速率

$$N_A = K_G (p_A - p_A^*)$$
$$= 9.62 \times 10^{-3} \text{kmol} \cdot \text{m}^{-2} \cdot \text{h}^{-1} \cdot \text{kPa}^{-1} \times 1.632 \text{kPa}$$
$$= 1.57 \times 10^{-2} \text{kmol} \cdot \text{m}^{-2} \cdot \text{h}^{-1}$$

或

$$N_A = K_L (c_A^* - c_A)$$
$$= 6.41 \times 10^{-3} \text{m} \cdot \text{h}^{-1} \times 2.449 \text{kmol} \cdot \text{m}^{-3}$$
$$= 1.57 \times 10^{-2} \text{kmol} \cdot \text{m}^{-2} \cdot \text{h}^{-1}$$

（2）以摩尔分数差表示推动力的气相总传质系数 K_y

由式(6-45b)

$$K_y = p K_G = 101.3 \text{kPa} \times 9.62 \times 10^{-3} \text{kmol} \cdot \text{m}^{-2} \cdot \text{h}^{-1} \cdot \text{kPa}^{-1}$$
$$= 0.975 \text{kmol} \cdot \text{m}^{-2} \cdot \text{h}^{-1}$$

（3）气膜与液膜阻力

气膜阻力 $\dfrac{1}{k_G} = \dfrac{1}{9.87 \times 10^{-3} \text{kmol} \cdot \text{m}^{-2} \cdot \text{h}^{-1} \cdot \text{kPa}^{-1}} = 101.32 \text{m}^2 \cdot \text{h} \cdot \text{kPa} \cdot \text{kmol}^{-1}$

液膜阻力 $\dfrac{1}{H k_L} = \dfrac{1}{1.5 \text{kmol} \cdot \text{m}^{-3} \cdot \text{kPa}^{-1} \times 0.25 \text{m} \cdot \text{h}^{-1}} = 2.67 \text{m}^2 \cdot \text{h} \cdot \text{kPa} \cdot \text{kmol}^{-1}$

总阻力 $\dfrac{1}{k_G} + \dfrac{1}{H k_L} = 101.32 \text{m}^2 \cdot \text{h} \cdot \text{kPa} \cdot \text{kmol}^{-1} + 2.67 \text{m}^2 \cdot \text{h} \cdot \text{kPa} \cdot \text{kmol}^{-1}$

$$= 103.99 \text{m}^2 \cdot \text{h} \cdot \text{kPa} \cdot \text{kmol}^{-1}$$

$$\frac{\text{气膜阻力}}{\text{总阻力}} = \frac{101.32}{103.99} = 0.974$$

即气膜阻力占总阻力的 97.4%，故此吸收过程气膜控制，该气体属于易溶气体。

第五节 填料吸收塔计算

一、物料衡算与操作线方程

1. 物料衡算、操作线方程

图 6-6 所示是一连续逆流操作的吸收塔。在定态条件下，由于通过吸收塔的惰性气体量和吸收剂量基本不变，故在进行物料衡算时，以物质的量比表示气、液相组成十分方便。

假设单位时间内通过吸收塔惰性气体量和吸收剂量分别以 V 和 L（kmol·h^{-1}）表示，而以

Y_1，Y_2，Y 分别为塔底、塔顶、塔内任一截面气相中吸收质的物质的量比；

X_1，X_2，X 分别为塔底、塔顶、塔内任一截面液相中吸收质的物质的量比。

对图 6-6 所示的虚线框即塔底到塔中任一截面 a—a′ 做物料衡算，则单位时间内进、出该系统吸收质的量应为

$$VY_1 + LX = VY + LX_1$$
$$V(Y_1 - Y) = L(X_1 - X)$$

则

$$Y = \frac{L}{V}X + \left(Y_1 - \frac{L}{V}X_1\right) \tag{6-48}$$

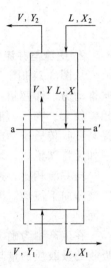

图 6-6 逆流吸收
塔物料衡算

式(6-48) 称为吸收操作线方程。在定态吸收条件下，L，V，X_1，Y_1 均为定值，故该操作线为一直线。其斜率为 $\frac{L}{V}$（液气比），截距为 $\left(Y_1 - \frac{L}{V}X_1\right)$。

若将塔内任一截面取在塔顶，则对全塔做物料衡算，可以得到

$$Y_2 = \frac{L}{V}X_2 + (Y_1 - \frac{L}{V}X_1) \tag{6-49}$$

式(6-49) 即为全塔吸收操作线方程。

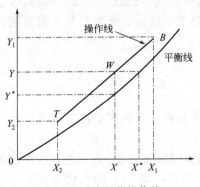

图 6-7 逆流吸收操作线

如图 6-7 所示，因平衡线以上为吸收区域，逆流吸收操作线 TB 为直线，其斜率为 L/V，端点 $T(X_2, Y_2)$ 代表塔顶端面，称为"稀端"，端点 $B(X_1, Y_1)$ 代表塔底端面，称为"浓端"。操作线上任意一点 $W(X, Y)$ 代表塔内某一截面的气液相组成。W 点与平衡线的垂直距离 $(Y-Y^*)$ 及其与平衡线的水平距离 (X^*-X)，分别表示该截面上以气相和液相为基准的传质推动力，因此，$(Y-Y^*)$ 值或 (X^*-X) 值的变化，即显示了吸收过程推动力沿塔高的变化规律。

同理，对于并流操作［见图 6-8(a)］，经物料衡算得到如下操作线方程

$$Y_2 = -\frac{L}{V}X_2 + \left(Y_1 + \frac{L}{V}X_1\right) \tag{6-50}$$

其斜率为 $-L/V$，并流吸收操作线 TB 亦为直线，如图 6-8(b) 所示。

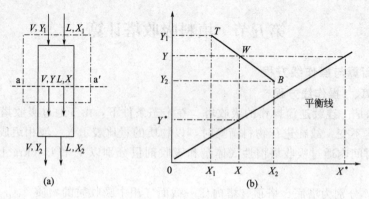

图 6-8 并流吸收操作线

2. 逆流与并流的比较

从图 6-7 和图 6-8 可以看出，在 Y_1 至 Y_2 范围内，两相逆流时沿塔高均能保持较大的传质推动力，而两相并流时从塔顶到塔底沿塔高传质推动力逐渐减小，进、出塔两截面推动力相差较大。在气、液两相进、出塔浓度相同的情况下，逆流操作的平均推动力大于并流，从提高吸收传质速率出发，逆流优于并流，故工业吸收一般多采用逆流操作。本章以后的讨论中如无特殊说明，均采用逆流吸收。

与并流相比，逆流操作时上升的气体将对借助重力向下流动的液体产生一定的曳力，阻碍液体向下流动，因而限制了吸收塔所允许的液体流率和气体流率，这是逆流操作不利的一面。

在生产中为确定吸收任务或评价吸收效果的好坏，常引入吸收率的概念，表示气相中被吸收的吸收质的量与气相中原有的吸收质的量之比，以 η 表示，即

$$\eta = \frac{V(Y_1 - Y_2)}{VY_1} = \frac{Y_1 - Y_2}{Y_1} \tag{6-51}$$

由原料气的 Y_1 和规定的吸收率 η，可以求出净化气出塔时应达到的组成 Y_2，即

$$Y_2 = Y_1(1 - \eta) \tag{6-52}$$

二、吸收剂用量的确定

通常，吸收操作中需要处理的气体量 V，进、出吸收塔的气体组成 Y_1、Y_2（或吸收率 η）以及吸收剂进塔组成 X_2，均为过程本身和生产分离要求所规定，而吸收剂的用量则有待于选择。

将全塔物料衡算式(6-49) 写为

$$\frac{L}{V} = \frac{Y_1 - Y_2}{X_1 - X_2} \tag{6-53}$$

L/V 是操作线的斜率，亦称液气比。它是重要的操作参数，其值不但决定塔设备的尺寸大小，而且还关系着操作费用的高低。

如果在 Y-X 直角坐标图上绘制操作线，如图 6-9 所示。因为 X_2、Y_2 已确定，故操作线的一端（塔顶）T 点就已确定，而另一端（塔底）B 点则随着斜率 L/V 的变化而在 $Y = Y_1$ 的水平线上移动。因为 V 值已定，故随着吸收剂用量 L 的减少，操作线斜率变小，则 B 点向右移动，操作线便向平衡线靠近，直至操作线与平衡线相交 [图 6-9（a）] 或相切 [图 6-9（b）]。此时塔底排出液浓度 X_1 逐渐变大，而推动力 ΔY 相应变小，即图中操作线 TB 和操作线 TB' 上某点在相同 Y 值时，与其各自所对应的平衡浓度 Y^* 的差值 $\Delta Y = Y - Y^*$ 减小。若吸收剂用量恰好减少到使表示塔底横截面的操作点移至平衡线 ON 上的 B' 点

［图 6-9(a)］时，对应的操作线为 TB'，则 $X_1 = X_1^*$，即塔底截面上气液两相达到平衡，这也是理论上吸收液所能达到的最高浓度，但 $\Delta Y = 0$，是一种极限情况。欲在此条件下完成给定的分离任务就需要"无穷大"的传质面积，亦即塔要无限高，生产中无实际意义。此时操作线（TB'）的斜率称为最小液气比（L/V）$_{\min}$，相应的吸收剂用量为最少吸收剂用量 $L_{\min}$。

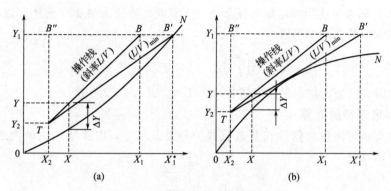

图 6-9　吸收剂用量的计算

反之，若增大吸收剂用量，L 值达"无穷大"，即 $L/V \to \infty$，操作线如图中 TB'' 线所示。可见出塔吸收液浓度为最小，$X_1 = X_2$。

因此，吸收剂用量的大小，应该选择适宜的液气比，使操作费和设备费（吸收剂用量和塔高）之和为最小。在实际操作中，为保证合理的吸收塔的生产能力，一般取

$$L/V = (1.1 \sim 2.0)(L/V)_{\min} \tag{6-54}$$

或

$$L = (1.1 \sim 2.0)L_{\min} \tag{6-55}$$

最小液气比可以通过式(6-53)计算，但此时式中的 X_1 采用图解法求出。若平衡线如图 6-9(a) 所示的下凹曲线时，先求得 $Y = Y_1$ 水平线与 ON 线的交点 B'，即可在横坐标上读得 X_1^*；当平衡线如图 6-9(b) 所示的上凸曲线时，则过 T 点做 ON 的切线 TB'，相应的 $X_1 = X_1'$，则

$$\left(\frac{L}{V}\right)_{\min} = \frac{Y_1 - Y_2}{X_1^* - X_2} \tag{6-56}$$

$$\left(\frac{L}{V}\right)_{\min} = \frac{Y_1 - Y_2}{X_1' - X_2} \tag{6-57}$$

若相平衡关系符合亨利定律，式(6-56) 可改写成为

$$\left(\frac{L}{V}\right)_{\min} = \frac{Y_1 - Y_2}{Y_1/m - X_2} \tag{6-58}$$

以上是从吸收过程本身考虑来确定吸收剂的用量的，但是，有时确定的 L 值不一定能保证填料表面都能被液体充分润湿，因此，还应当考虑喷淋密度（即每小时每平方米塔截面上喷淋的液体量）最低允许值（$5 \sim 12 \mathrm{m}^3 \cdot \mathrm{m}^{-2} \cdot \mathrm{h}^{-1}$），即需增加 L 值，或将部分吸收液再循环。

实际生产中，为了获得比较纯净的气体溶质，并使吸收剂能够再生循环使用，做到分离过程的经济合理，因此，完整的气体分离过程离不开解吸（脱吸），即吸收过程的逆过程。解吸可以使溶解于液相中的气体与惰性气体或蒸气逆流接触时，溶质便从液相中释放出来。由于待解吸的液相相对于气相而言是过饱和的，即 $x > x^*$。其相际传质推动力为 $x - x^*$，或 $y^* - y$，故减压、升温有利于解吸过程的进行。若将解吸过程的操作线描绘在如图 6-9

所示的 Y-X 上，操作线应在平衡线下边。同样，适用于吸收操作的计算方法和设备均适用于解吸过程，因此，采用与处理吸收类似的方法，由物料衡算即可得到解吸操作线方程如式(6-59) 所示。

当解吸用气量 V 减少，则如图 6-6 所示的逆流吸收塔出口气体组成 Y_2 增大，解吸操作线斜率 L/V 增大。操作线上代表塔顶组成的端点向平衡线靠拢 [以图 6-9(b) 为例] 直至相交，L/V 最大，那么为达到规定解吸任务 X_1 所需的气液比为最小气液比，以 $(V/L)_{\min}$ 表示，相应的气体用量为最小用量。

$$\left(\frac{V}{L}\right)_{\min}=\frac{X_2-X_1}{Y_2^*-Y_1} \tag{6-59}$$

实际操作时，气液比应取最小气液比 $(V/L)_{\min}$ 的 $1.1\sim2.0$ 倍。

三、填料塔塔径的计算

填料塔的直径与体系的物性和所选填料的种类及尺寸，以及气体在塔内的流速密切相关，通常按下式计算。

$$D=\sqrt{\frac{4q_V}{\pi u}}$$

式中 q_V——操作条件下混合气体的体积流量，$m^3 \cdot s^{-1}$；

u——空塔气速，即按整个塔截面积计算的气体流速，$m \cdot s^{-1}$。

关于选择适宜空塔气速的问题将在下节中讨论。

如果计算的塔径不是整数时，应按压力容器公称直径标准进行圆整。圆整方法是：一般塔径在 1m 以内时，按 100mm 增值计，塔经超过 1m 时，按 200mm 增值定塔径。

四、填料层高度的计算

为了让填料塔完成规定的分离任务，必须提供足够的气液接触面积，这就需要在塔内装填一定高度的填料层。其高度的计算要涉及物料衡算、传质速率以及相平衡关系等。

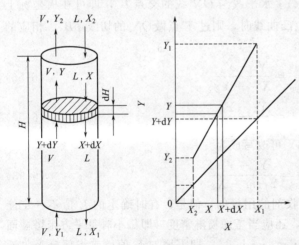

图 6-10 微元填料层的物料衡算

1. 填料层高度的基本计算式

如图 6-10 所示，若填料层高度为 H，塔的截面积为 Ω，$1m^3$ 填料的传质面积，即有效比表面积为 a（$m^2 \cdot m^{-3}$）。则在 dH 微分段中的传质面积为

$$dA=a\Omega dH \tag{6-60}$$

若 dH 微分段内单位时间由气相转入液相的吸收质的量等于 dG，则

$$dG=VdY=LdX \tag{6-61}$$

此微分段内气相和液相的吸收速率方程为

$$N=K_Y(Y-Y^*)$$
$$N=K_X(X^*-X)$$

故

$$dG=K_Y(Y-Y^*)dA \tag{6-62}$$

$$dG=K_X(X^*-X)dA \tag{6-63}$$

由式(6-60)，式(6-61)，式(6-62) 联立可得

$$dH=\frac{V}{K_Ya\Omega}\frac{dY}{Y-Y^*} \tag{6-64}$$

同理，由式(6-60)，式(6-61) 和式(6-63) 可得

$$dH = \frac{V}{K_X a\Omega} \frac{dX}{X^* - X} \tag{6-65}$$

根据分离要求，对式(6-64) 和式(6-65) 积分，可以得到所需填料层的高度

$$H = \frac{V}{k_Y a\Omega} \int_{Y_2}^{Y_1} \frac{dY}{Y - Y^*} \tag{6-66}$$

$$H = \frac{L}{k_X a\Omega} \int_{X_2}^{X_1} \frac{dX}{X^* - X} \tag{6-67}$$

式(6-66) 和式(6-67) 是以气相组成和液相组成为推动力表示的填料层高度的基本计算式。其中 $K_Y a$ 和 $K_X a$ 分别为气相和液相体积传质系数。它是将传质系数与传质有效比表面积的乘积视为一个总括传质系数来定义的，其物理意义为在单位推动力作用下，单位时间里单位体积填料层内所传递的吸收质的量，单位是 $kmol \cdot m^{-3} \cdot h^{-1}$。它易于测定，故可直接用于求取填料层高度。

2. 传质单元高度与传质单元数

在填料层高度的基本计算式中，式(6-66) 和式(6-67) 的右侧实际上可以分解成两项之积，并分别定义：

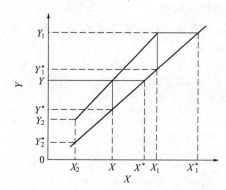

图 6-11　操作线与平衡线均为
直线时的总推动力

$H_{OG} = \dfrac{V}{K_Y a\Omega}$，称气相总传质单元高度，m；

$H_{OL} = \dfrac{L}{K_X a\Omega}$，称液相总传质单元高度，m。

它们表示一个传质单元需要的填料层高度，与传质系数成反比。有了传质系数，则总传质单元高度就容易求出。

$N_{OG} = \displaystyle\int_{Y_2}^{Y_1} \dfrac{dY}{Y - Y^*}$，称气相总传质单元数，量纲为 1；$N_{OL} = \displaystyle\int_{X_2}^{X_1} \dfrac{dX}{X^* - X}$，称液相总传质单元数，量纲为 1。

于是填料层的高度可表示为

$$H = H_{OG} N_{OG} \tag{6-68}$$
$$H = H_{OL} N_{OL} \tag{6-69}$$

计算填料层高度的关键在于算出传质单元数，其计算比较复杂。对于低浓度气体吸收而言，其操作线为直线。于是，传质单元数的求法，就可以按照平衡线为直线和曲线两种情况讨论。

(1) 平衡线为直线　当平衡关系符合直线规律时，传质单元数可有如下两种解法。

① 对数平均推动力法　如图 6-11 所示，因操作线和平衡线均为直线，故此两线间的垂直距离 $\Delta Y = Y - Y^*$（或水平距离 $\Delta X = X^* - X$）也为 Y（或 X）的直线函数。

$$\frac{dY}{d(Y - Y^*)} = \frac{Y_1 - Y_2}{(Y_1 - Y_1^*) - (Y_2 - Y_2^*)} \tag{6-70a}$$

$$\frac{dY}{d(\Delta Y)} = \frac{Y_1 - Y_2}{\Delta Y_1 - \Delta Y_2} \tag{6-70b}$$

式中　ΔY_1——塔底截面气相总推动力；
　　　　ΔY_2——塔顶截面气相总推动力。

$$dY = \frac{Y_1 - Y_2}{\Delta Y_1 - \Delta Y_2} d(\Delta Y)$$

于是

$$\int_{Y_2}^{Y_1} \frac{dY}{Y - Y^*} = \frac{Y_1 - Y_2}{\Delta Y_1 - \Delta Y_2} \int_{\Delta Y_2}^{\Delta Y_1} \frac{d(\Delta Y)}{\Delta Y} = \frac{Y_1 - Y_2}{\Delta Y_1 - \Delta Y_2} \ln \frac{\Delta Y_1}{\Delta Y_2} = \frac{Y_1 - Y_2}{\Delta Y_m}$$

$$\Delta Y_m = \frac{\Delta Y_1 - \Delta Y_2}{\ln \dfrac{\Delta Y_1}{\Delta Y_2}} \tag{6-71}$$

ΔY_m 为过程的平均推动力，等于吸收塔两端以气相组成表示的总推动力的对数平均值。

同理，可以导出

$$\int_{X_2}^{X_1} \frac{dX}{X^* - X} = \frac{X_1 - X_2}{\Delta X_m}$$

其中

$$\Delta X_m = \frac{\Delta X_1 - \Delta X_2}{\ln \dfrac{\Delta X_1}{\Delta X_2}} = \frac{(X_1^* - X_1) - (X_2^* - X_2)}{\ln \dfrac{X_1^* - X_1}{X_2^* - X_2}} \tag{6-72}$$

ΔX_m 为吸收塔两端以液相组成表示的总推动力的对数平均值。

② 吸收因子法（解析法）　由于气液两相的平衡线为直线，相平衡关系符合亨利定律，$Y^* = mX$。故在塔顶与塔内任意截面之间做物料衡算可得

$$V(Y - Y_2) = L(X - X_2)$$

或

$$X = \frac{V}{L}(Y - Y_2) + X_2$$

则

$$Y^* = mX = \frac{mV}{L}(Y - Y_2) + mX_2$$

将上式代入 N_{OG} 中，得

$$N_{OG} = \int_{Y_2}^{Y_1} \frac{dY}{Y - Y^*} = \int_{Y_2}^{Y_1} \frac{dY}{Y - \dfrac{mV}{L}(Y - Y_2) - mX_2}$$

$$= \int_{Y_2}^{Y_1} \frac{dY}{\left(1 - \dfrac{mV}{L}\right)Y + \left(\dfrac{mV}{L}Y_2 - mX_2\right)}$$

令

$$A = \frac{L}{mV} \text{ 称吸收因子} \left(\frac{1}{A} = \frac{mV}{L}, \text{ 称解吸因子}\right)$$

则

$$N_{OG} = \int_{Y_2}^{Y_1} \frac{dY}{\left(1 - \dfrac{1}{A}\right)Y + \left(\dfrac{1}{A}Y_2 - mX_2\right)}$$

当 $A = 1$ 时，

$$N_{OG} = \int_{Y_2}^{Y_1} \frac{dY}{Y_2 - mX_2} = \frac{Y_1 - Y_2}{Y_2 - mX_2} \tag{6-73}$$

当 $A \neq 1$ 时，

$$N_{OG} = \frac{1}{1 - \dfrac{1}{A}} \ln\left[\left(1 - \frac{1}{A}\right)\frac{Y_1 - mX_2}{Y_2 - mX_2} + \frac{1}{A}\right] \tag{6-74}$$

上式为气相总传质单元数的计算式。

为便于计算，可以 $\dfrac{mV}{L}$ 即解吸因子为参变量，在半对数坐标纸上按式（6-74）的关系对 N_{OG} 与 $\dfrac{Y_1-mX_2}{Y_2-mX_2}$ 标绘，得到图 6-12 所示的一组曲线。利用此图可知的 V、L、m、Y_1、Y_2 和 X_2 值，即能简捷地获得 N_{OG} 值。应当注意，使用该图时，在 $\dfrac{Y_1-mX_2}{Y_2-mX_2}>20$，$\dfrac{mV}{L}\leqslant0.75$ 的范围内读数比较准确，否则误差较大，必要时仍需按式（6-74）计算。

若以纯溶剂（$X_2=0$）送入塔内，则 $\dfrac{Y_1-mX_2}{Y_2-mX_2}=\dfrac{Y_1}{Y_2}$。一般情况下，$X_2$ 即使不为零，也是一个很小的值，故上述比率也可按 $\dfrac{Y_1}{Y_2}$ 来理解，即进、出口气体浓度之比，其值愈大，吸收愈完全。$\dfrac{mV}{L}$ 则代表平衡线斜率与操作线斜率之比。从图 6-12

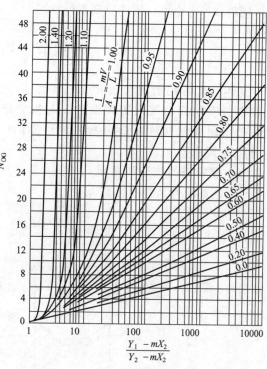

图 6-12　N_{OG} 与 $\dfrac{Y_1-mX_2}{Y_2-mX_2}$ 关系图

可知，若吸收质被吸收的完全程度一定，$\dfrac{mV}{L}$ 愈大，N_{OG} 就愈大，则填料层就增高。可见，$\dfrac{mV}{L}$ 愈大，愈不利于吸收。

（2）平衡线为曲线　当平衡线为一曲线，虽然操作线为直线，但表示推动力的两线间是不规则的，积分式 $N_{OG}=\displaystyle\int_{Y_2}^{Y_1}\dfrac{\mathrm{d}Y}{Y-Y^*}$ 之值则为图 6-13（b）中曲线下的阴影面积，可用图解积分法求此面积。其方法是：在 Y_1、Y_2 之间选定若干个 Y 值，于图 6-13（a）上读出相应的 Y^* 值，算出（$Y-Y^*$）值，然后标绘 $1/(Y-Y^*)$ 对 Y 的曲线〔如图 6-13（b）〕，曲线之下 Y_1 至 Y_2 范围内的面积，即图解积分法求得的 N_{OG} 的积分值 $\displaystyle\int_{Y_2}^{Y_1}\dfrac{\mathrm{d}Y}{Y-Y^*}$。

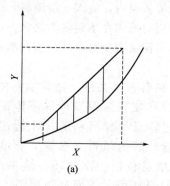

(a)

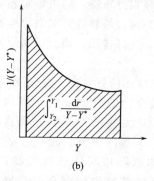

(b)

图 6-13　平衡线为曲线时 N_{OG} 的计算法

同理，N_{OL} 也可以依此原则来计算。

第六节　填　料　塔

气体吸收常用的典型设备是塔设备。它既可以是板式塔，也可以是填料塔。填料塔是微分接触式的气液传质设备，与板式塔相比，其基本特点是结构简单、压降低，填料易用耐腐蚀材料制造，是一种重要的气-液接触式传质设备，故在吸收、精馏操作中广泛使用。

一、填料塔的构造和填料

填料塔的结构如图 6-14 所示。

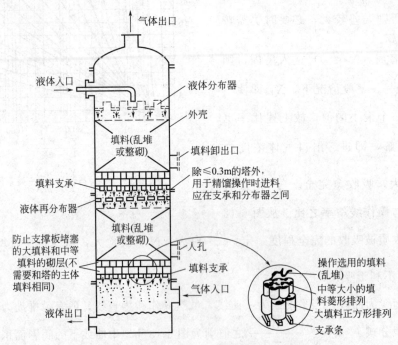

图 6-14　填料塔的结构示意图

填料塔一般为圆筒形设备，筒内分层装有一定高度的填料的支承板。填料塔在操作时，吸收剂自塔顶通过液体分布器均匀喷洒而下，在填料层内，液体沿填料表面呈膜状流下。各层填料间设有液体再分布器，将液体重新分布于塔截面后，进入下层填料，由塔底排出。气体自塔下部进入，通过填料缝隙的自由空间，逆流与液体在填料表面接触，进行传质。经吸收后的气体，从塔上部排出。离开填料层的气体可能夹带少量雾状液滴，故有时需要在塔顶安装除沫器。

填料塔操作性能的好坏与是否正确选用填料有很大关系。通常填料的主要作用是提供液膜进行逆流交换的有效面积，塔内填料的有效表面积以单位塔体积来考虑，尺寸应小些，表面积应大些。为此要选择具有上述特点的材料和形状才能达到目的。多年来有许多人进行了专门研究，提供了许多性能较好的填料。根据工业填料塔所用的填料，可分为实体填料和网体填料两类。实体填料包括：拉西环、鲍尔环、鞍形填料、波纹填料等；网体填料包括由金属丝网组成的网环填料、网鞍填料等。这些填料的形状如图 6-15 所示。

(a) 拉西环　(b) θ环　(c) 十字格环　(d) 鲍尔环　(e) 弧鞍　(f) 矩鞍

(g) 阶梯环　　　(h) 金属鞍环　　　(i) θ网环　　　　(j) 波纹填料

图 6-15　几种填料形状

（1）拉西环　拉西环形状简单，实际上是一段外径与高相等的圆筒，常用陶瓷、金属、塑料或石墨制造，以适应不同介质的要求。拉西环在塔内的填充方式有乱堆和整砌（整齐排列）两种。一般直径为 50mm 以下的填料采用乱堆方式。其装卸方便，液体分布均匀，但压降大。直径为 50mm 以上的填料适于整砌方式，以减小压降。由于拉西环高径比太大，堆积时相邻环之间易形成线接触，填料层的均匀性较差，存在液体严重向壁偏流和沟流现象，加之气体阻力较大，操作弹性范围较窄，已逐渐为新型填料所取代。

（2）鲍尔环　该填料是基于拉西环的缺点加以改进而出现的。它是在拉西环侧壁上开一或二排长方形窗孔，被切开的环壁形成叶片，一端仍与壁面相连，另一端向环内弯曲，并在中心处与其他叶片相搭，上下两排窗孔位置交错。鲍尔环的这种构造提高了环内空间和环内表面的有效利用程度，使气流阻力大大下降，对真空操作尤其有利。

（3）θ环、十字格环和螺旋环　其结构是在拉西环中间增加了一层隔板或螺纹面，故其单位体积填料的表面积比拉西环高，但压降也相应提高，制造较难、成本高，现应用较少。

（4）鞍形填料有两种：弧鞍形和矩鞍形　前者是一种敞开型填料，呈两面对称的元宝形结构。后者结构不对称，堆积时不会重叠。这两种填料在塔内不易形成大量的局部不均匀区域，空隙率较大，气流阻力较小，是一种较理想的工业用实体填料。

（5）波纹填料　这是一种新型规整填料。它是由许多层高度相同，但长短不一的波纹型薄板垂直反向排列组装而成。网片波纹的方向与塔轴成 45°倾斜，而相邻两网片的波纹倾斜方向相反，组成 90°交错，使波纹片之间形成一系列相互交叉的三角形流道。填料表面润湿好，分离效率较高。该填料的缺点是易堵塞，不宜用于易析出固体、易结焦或黏度较大的系统。其装卸、清洗困难，造价也高。

（6）网体填料　这是一类用金属丝网或金属薄片制成的填料，其种类很多，主要有 θ 网环、鞍形网环、三角线圈等。这类填料比表面积大、液体均匀分布能力强，气流阻力小，传质效率高，故又称为高效填料，适用于难分离的系统。缺点是填料造价过高，大型工业生产中难以应用。

二、填料塔的流体力学特性

填料塔的流体力学特性主要包括气体通过填料层的压降、液泛速度、持液量、气液分布

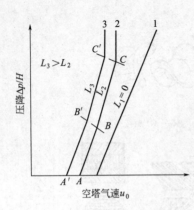

图 6-16　填料塔的流体力学状态

等。这是一些用以选择填料及设计填料塔时需要考虑的因素。因为，欲确定动力消耗则需要知道压降；欲确定塔径则需知液泛速度。而压降、液泛速度以及支承填料的装置强度的大小，又均受操作时单位体积填料层内持有的液体体积——持液量的影响。塔截面上的气液分布的均匀程度，又对传质效率有着较大影响，但是对持液量、气液分布等问题的研究，目前还不太成熟，故以下仅讨论压降和液泛速度。

1. 气体通过填料层的压降

气体通过单位高度填料层的压降 $\Delta p / H$ 和气流速度 u_0 之间的关系可以通过实验测得。将实验数据标绘在双对数坐标纸上，并以单位时间、单位面积液体的喷淋量——喷淋密度 L 为参变量，可得如图 6-16 所示的关系曲线。各种填料的曲线大致相似。

（1）当塔内无液体喷淋，即气体通过干填料层流动时，压降与气流速度之间在图中呈直线关系，直线斜率为 1.8~2，即干填料层的阻力约与气流速度的 1.8~2 次方成比例，表明气流在实际操作中是湍流。

（2）当有液体喷淋时，由于填料上附有液体，减少了气体流动的自由通道，故在气速相同的情况下，气流压降增大。

（3）若固定喷淋密度，改变气速，则 $\dfrac{\Delta p}{H}$ 与 u_0 的关系如图 6-16 的曲线 2 和曲线 3 所示。

由图中可以看出，AB 段内压降 $\Delta p \propto u_0^{1.8\sim2}$。这时因为液体仅润湿填料的一部分表面，并未占据多少空间。当气速增大到曲线 2 的 B 点时，持液量增加，则势必占据一部分空间，截面积减小，使压降较前面有所增大。通常将开始拦液的 B 点称为拦液点或载点，与之相应的气速则称为载点气速。载点以后，填料层内液流分布和填料表面润湿程度大有改善，并随气速增加，两相湍流程度加剧，有利于提高传质速率，但液膜厚度也将随之加厚，当气速增大到 C 点时，由于填料层内的持液量愈积愈多，充满整个空隙，故气体的压降几乎呈垂直上升之势。此时，塔内气液两相发生了由原来气相是连续相、液相是分散相，变为液相是连续相，而气相是分散相，并以鼓泡状通过液层的现象，称为液泛。C 点为泛点，相应该点的气速称为泛点速度。

当喷淋密度由 L_2 增大为 L_3 时，压降与气速的变化关系基本上与上述情况相同，只是在相应气速下阻力有所增大，同时，泛点速度和载点速度随喷淋密度增大而变小。

实际操作时，液泛速度值的确定，可通过实验测定或用经验公式计算得到，故实际气速可在液泛速度的 50%~80% 范围之内选取。

2. 液泛速度

填料塔内影响液泛速度的因素很多，如气液两相流量、物系物性及填料的种类、规格等。为了确定液泛速度和压降，目前工程设计中都采用埃克特（Eckert）通用关联图来计算，如图 6-17 所示。

图中以 $\dfrac{u_0^2 \varphi}{g} \dfrac{\rho_w}{\rho_1} \dfrac{\rho_g}{\rho_1} \left(\dfrac{\mu_1}{\mu_w}\right)^{0.2}$ 为纵坐标，而以 $\dfrac{L'}{V'} \left(\dfrac{\rho_g}{\rho_1}\right)^{0.5}$ 为横坐标。其中各符号的含义分别为

u_0——空塔气速，$m \cdot s^{-1}$；

φ——填料因子，m^{-1}，填料在液泛条件下测得的常数；

ρ_g，ρ_1——气体和液体的密度，$kg \cdot m^{-3}$；

μ_1，μ_w——操作条件下液体的黏度和 20℃的水的黏度，$Pa \cdot s$；

L'，V'——液相和气相的质量流量，$kg \cdot s^{-1}$ 或 $kg \cdot h^{-1}$。

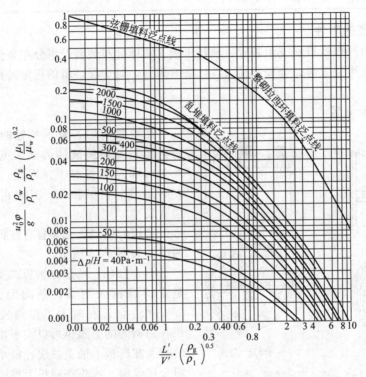

图 6-17　填料层泛点与压强降的通用关联图

利用图 6-17 可以同时求取填料塔的泛点气速及填料层的压降。图中左下方的一组曲线是乱堆填料时的压降线，最上方的三条线分别为弦栅、整砌和乱堆填料的泛点线。使用此图查泛点气速时，与泛点线相对应的纵坐标中空塔气速 u_0 应为空塔泛点气速 u_F。查图的方法是根据已知的气液两相流量比及各自的密度值，以计算出图中横坐标之值，并在横坐标上找到该点，由此点做垂线与泛点线相交，再由交点的纵坐标值及有关已知物理量求出泛点气速 u_F，并由此决定实际操作气速 u。

若已知空塔气速欲求填料层的压降时，可根据已知各项物理量和 u_0，分别求出横坐标及纵坐标数值，并且于两坐标上找到相应的点，通过此两点再分做与纵、横两轴相垂直的两条直线，其交点落在的那条曲线所代表的压降值即为所求。若交点落在两曲线之间，则可用内插法确定所求压降的近似值。

如果不用上述通用关联图求液泛速度，则可采用 Bain 及 Hougen 关联式来确定 u_F。

$$\lg\left[\frac{u_F^2}{g}\left(\frac{a_t}{\varepsilon^3}\right)\left(\frac{\rho_g}{\rho_1}\right)\mu_1^{0.2}\right] = A - 1.75\left(\frac{L'}{V'}\right)^{0.25}\left(\frac{\rho_g}{\rho_1}\right)^{0.125} \tag{6-75}$$

式中　u_F——液泛速度（泛点的空塔气速），$m \cdot s^{-1}$；

a_t/ε——干填料因子（查各类填料特性表），m^{-1}；

A——常数，它与填料形状及材质有关，常用的 A 值列于表 6-1。

表 6-1　常用的 A 值

填料种类	拉压环瓷	弧鞍瓷	矩　鞍		鲍　尔　环		阶　梯　环		
			金属	瓷	金属	塑料	金属	塑料	瓷
A	0.022	0.26	0.0623	0.176	0.100	0.0942	0.106	0.204	0.0294

三、填料塔的附件

填料塔的附件包括填料支承装置、填料压板、液体分布装置及再分布装置、气体进口分布装置及出口除雾装置等。合理选择或设计塔的附件，对于保证塔的正常操作及良好性能是很重要的。

1. 填料支承装置

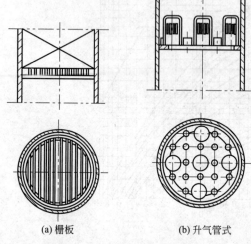

(a) 栅板　　　　(b) 升气管式

图 6-18　填料支承装置

在填料塔中，支承装置的作用是承受住塔内填料及所持液体的全部重量，并将气体均匀分布至填料层中。因此，支承装置必须要有足够的机械强度，且自由截面积比填料层大。

常用的填料支承装置有栅板式和升气管式两种，如图 6-18 所示。

图 6-18(a) 所示是栅板式支承装置。它由竖立的扁钢条组成，条间距为填料外径的 0.6～0.7 倍。有时为了得到较大的自由截面积，扁钢间的缝隙也可以大于填料外径。使用时需先在栅板上铺上一层孔眼小于填料直径的粗金属丝网，或先在栅板上整砌一层大直径带隔板的环形填料，然后再装上主体填料。

图 6-18(b) 所示为升气管支承装置，气体从升气管上部齿缝上升，液体则从板上小孔及齿缝底部溢流而下，彼此很少干扰。此种型式的支承装置，气体流通截面积大，而机械强度仍可保证。

2. 液体分布器

液体分布器的作用是使液体均匀地分布在填料表面上。如果液体分布不均匀，填料表面不能充分湿润，就会降低填料表面的有效利用率，使传质效率下降。因此，为确保液体的均匀分布就要求液体分布器不易堵塞、不产生过细的雾滴，以减少出塔气体夹带过多的液量。

常见的液体分布器有三种。

(1) 如图 6-19 所示。其中 (a) 为弯管式，(b) 为直管缺口式。其结构简单，但分布液体的均匀性较差。为避免液体直接冲击填料，安装时可在液体流出口下设一溅液板。直径小于 0.3m 的小塔中常采用这种装置。(c) 为多孔直管式，加工方便，多用于 0.6m 以下塔。(d) 为多孔盘管式，与 (c) 一样，都是在管底部钻 2～4 排 $\phi 3～6mm$ 的小孔，但较 (c) 加工复杂，适用于 $d=1.2m$ 以下的塔。

(2) 莲蓬头喷洒器　常用莲蓬头喷洒器如图 6-20 所示。通常莲蓬头的直径 d 为塔径 D 的 (1/3)～(1/5)，即 $d=[(1/3)～(1/5)]\ D$，球面半径为 (0.5～1.0)d，喷洒角 $\alpha \leqslant 80°$，喷洒外圈距壁 $x=70～100mm$，莲蓬头距填料顶层 $y=(0.5～1.0)\ D$，喷洒液体的小孔直径为 3～10mm。

莲蓬头喷洒器结构简单，但小孔易堵塞，液体喷洒压头必须维持在规定数值才能保证具

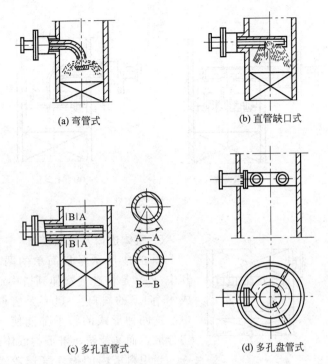

(a) 弯管式   (b) 直管缺口式

(c) 多孔直管式   (d) 多孔盘管式

图 6-19　管式喷淋器

有良好的分布情况。它一般适用于直径小于 0.6m 的塔。

（3）盘式分布器　图 6-21 为盘式分布器示意图，液体从进口管加到分布盘上，盘径约为塔径的 0.6～0.8 倍，盘上装有直径 15mm 以上的溢流短管如图 6-21(a) 所示，或开有直径为3～10mm 的筛孔如图 6-21(b) 所示，液体通过溢流管或筛孔再均匀地分布在整个填料层上。此种分布器适用于直径大于 0.8m 的塔，缺点是加工较复杂。

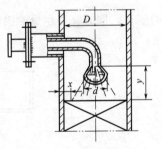

图 6-20　莲蓬头喷洒器

3. 液体再分布装置

在填料塔中，液体沿乱堆的填料向下流动时，由于塔壁处阻力较小，液体会逐渐向塔壁偏流，然后沿塔壁流下，从而使塔中心处填料润湿不匀，减少了气液两相有效接触面积。为了减少塔内液流的塔壁效应，可将填料分层堆放，每两层填料之间再设置液体再分布器，使沿壁流下的液体重新分配。

图 6-22 为常用的截锥式液体再分布器。其中（a）内无支承板，能全部堆放填料，分布器不占空间。（b）结构则在截锥上加设支承板，截锥下要隔一段距离再装填料。

截锥体与塔壁的夹角一般为 $35°～45°$，截锥下口直径 d 约为塔径 D 的 $0.7～0.8$ 倍。

液体再分布器也可以采用图 6-18(b) 型升气管式支承板，这种装置适用于直径较大的塔。

对于整砌填料，因塔壁效应不严重，故不必安装液体再分布器。

4. 液体出口装置

液体的出口装置应当能顺畅地排出液体，且能保证塔内气体不能由此处外泄。常压操作的吸收塔往往常用图 6-23(a) 所示的液封装置。而图 6-23(b) 所示的倒 U 形液封装置常用在塔内、外压差较大的场合。

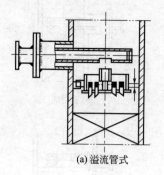
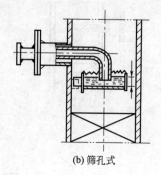

(a) 溢流管式   (b) 筛孔式

图 6-21　盘式分布器

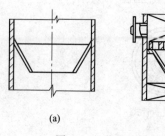

(a)   (b)

图 6-22　截锥式再分布器

5. 气体进口及出口装置

图 6-24 所示是最简单的两种气体进口装置。其中（a）是将进气管伸到塔中心线位置，管端切成 45°向下的斜口。（b）是管前端切成向下的切口。这两种形式的管子都能使气流折转向上、均匀分散，而又能防止淋下的液体进入气管之中。

当填料塔内的操作气速较大、雾沫夹带严重时，或塔顶液体喷淋装置产生严重溅液时，需在塔顶气体出口前装设除雾器。它一方面保证气流的畅通，同时又要尽量除去气流所夹带的雾沫。

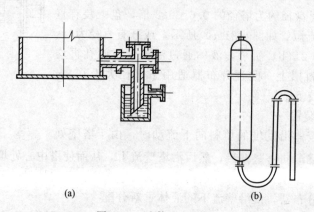

(a)   (b)

图 6-23　液体出口装置

生产中最常用的除雾器为丝网除雾器，如图 6-25 所示。这种除雾器效率很高（达 98%～99%），可除去大于 5μm 的液滴，但不适用于液滴中含有（或溶有）固体物（如碱液、NH_4HCO_3 溶液等）的场合，以免液相经蒸发后，余下的固体会造成堵塞。丝网的材质可根据需要选用不锈钢丝、铜丝、镀锌丝、铁丝、聚四氟乙烯丝等。一般情况下丝网盘高 $H=100～150mm$，其压降小于 245Pa（25mmH₂O），支承丝网的栅板的自由截面积应大于栅板面积的 90%。

除上述一些主要附件外，操作中为避免因气速波动而使塔内填料被冲动或损坏，在填料层顶部最好设置具有一定质量且开口面积大的填料压板或挡板，以保证气、液流顺利通过。

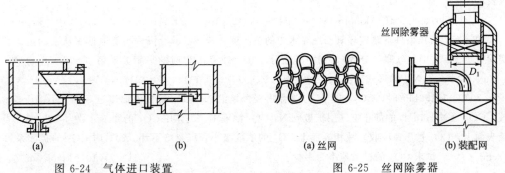

| (a) | (b) | (a) 丝网 | (b) 装配网 |

图 6-24 气体进口装置　　　　　　　　图 6-25 丝网除雾器

近年来，为了更好地发挥填料塔的整体性能，人们除了积极开发自清能力强、不易堵塞的散装新型填料和比表面积、空隙率、分散效率均高，而压力降明显降低的规整填料外，还积极开发塔内新型部件，以促使吸收分离技术跃上一个新的台阶。同时，在解决填料塔工程放大的基础上，使填料塔的应用更加广泛。预计本世纪填料塔分离技术将会向着大型化、复杂化、节能化的方向发展。

小　结

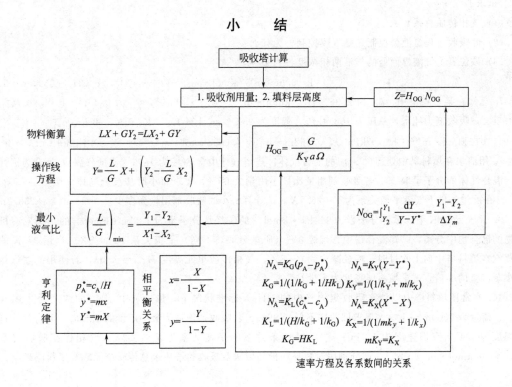

速率方程及各系数间的关系

习　题

1. 在 25℃，101.3kPa 时，氨在水中的溶解度为 2.2kgNH$_3$/100kgH$_2$O，气相中氨的平衡分压为 2.2×10^{3}Pa，求该条件下的 m，E 和 H 值。　　　　[0.952，9.64×10^{4}Pa，0.575kmol·m^{-3}·kPa^{-1}]

2. 温度为 25℃、总压为 101.3kPa 时，查得 CO$_2$ 的亨利系数 $E=14.39×10^4$kPa。试计算：

(1) 溶解度系数 H 及相平衡常数 m 的值（对稀水溶液 $\rho=998$kg·m^{-3}）；

（2）若 CO_2 在空气中的分压为 10.13kPa，求与其成平衡的水溶液浓度，分别以摩尔分数和 kmol·m^{-3} 表示。

[（1）3.85×10^{-4} kmol·m^{-3}·kPa^{-1}，1.42×10^3；（2）7.04×10^{-5}，3.9×10^{-3} kmol·m^{-3}]

3. 在 5℃，常压条件下测定环氧乙烷在水中的溶解度，若在实验范围内平衡数据服从亨利定律。试将当实验数据 $x = 3.01\%$（摩尔分数），气相平衡分压 $p = 12.73$kPa 时的平衡关系用 $p = f(x)$，$p = f(c)$，$y = f(x)$ 和 $Y = f(X)$ 的形式表示。　[$p = 422.9x$，$p = c/0.1314$，$y = 4.17x$，$Y = 4.17X/(1-3.17X)$]

4. 20℃，101.3kPa 时，CO_2 与空气的混合物缓慢地沿 Na_2CO_3 溶液液面流过，空气不溶于 Na_2CO_3 溶液。CO_2 通过 1mm 厚的静止空气层扩散到 Na_2CO_3 溶液中。气体中 CO_2 的摩尔分数为 0.2。在 Na_2CO_3 溶液表面上，CO_2 被迅速吸收，故相界面上 CO_2 的浓度极小，可忽略不计。20℃时 CO_2 的扩散系数 $D = 0.18$cm^2·s^{-1}。试求 CO_2 的扩散速率为多少？　　　　　　　　　[1.7×10^{-4} kmol·m^{-2}·s^{-1}]

5. 常压时，以并流操作方式用水在吸收塔中吸收空气中的有害成分。20℃时测得塔底 $x = 0.008$（摩尔分数，下同），$y = 0.04$。若平衡关系服从亨利定律，溶解度系数 $H = 1.8$kmol·m^{-3}·kPa^{-1}，两相传质分系数 $k_G = 4.4 \times 10^{-5}$kmol·m^{-2}·s^{-1}·kPa^{-1}，$k_L = 8.2 \times 10^{-4}$m·s^{-1}。试求该塔塔底处的传质速率 N_A。　　　　　　　　　　　　　　　[1.697×10^{-4} kmol·m^{-2}·s^{-1}]

6. 30℃，100kPa 时，用水吸收氨的平衡关系符合亨利定律，$E = 134$kPa。在定态操作条件下，吸收设备中某一位置上的气相浓度为 $y = 0.1$（摩尔分数，下同），液相浓度 $x = 0.05$。以 Δy 为推动力的气相传质系数 $k_y = 3.84 \times 10^{-4}$kmol·$m^{-2}$·$s^{-1}$，以 Δx 为推动力的液相传质系数 $k_x = 1.02 \times 10^{-2}$kmol·$m^{-2}$·$s^{-1}$。试求。

（1）气相传质总系数 K_y。

（2）此吸收过程是液膜控制还是气膜控制？为什么？

（3）该位置上气液界面处的气液两相浓度各为多少？

[（1）3.66×10^{-4} kmol·m^{-2}·s^{-1}；（2）略；（3）0.069，0.0512]

7. 已知某填料塔中，k_G 为 2.96×10^{-3}kmol·m^{-2}·h^{-1}·kPa^{-1}，k_L 为 0.45m·h^{-1}，平衡关系 $Y = 320X$，吸收剂为纯水，总压为 106.4kPa，温度为 25℃。试计算 K_G，K_L，K_Y 和 K_X。

[5.9×10^{-4} kmol·m^{-2}·h^{-1}·kPa^{-1}，0.362m·h^{-1}，0.0628kmol·m^{-2}·h^{-1}，20.1kmol·m^{-2}·h^{-1}]

8. 用清水在填料塔中处理含 SO_2 的混合气体。进塔气体中含 SO_2 为 18%（质量分数），其余为惰性气体，混合气体的分子量取 28。若吸收剂用量比最小用量大 65%，要求每小时从混合气体中吸收 2000kg 的 SO_2。在操作条件下气液平衡关系为 $Y = 26.7X$。试计算每小时吸收剂用量为多少。　　　　[258.2m^3]

9. 常压、373K 下，欲使分子量为 114kg·$kmol^{-1}$ 的烷烃从分子量为 135kg·$kmol^{-1}$ 的不挥发有机化合物的混合物中分离，已知混合物中含烷烃 8%（质量分数，下同）平衡关系 $Y = 0.5X$。当用 373K 的饱和蒸汽在填料塔中向上吹过时，烷烃减少到 0.08%，气相传质单元高度 $H_{OG} = 0.8$m，若使用的蒸汽量为最小蒸汽量的 3 倍，试求填料层高度为多少？　　　　　　　　　　　　　　　　[1.7m]

10. 在常压填料塔中以清水吸收焦炉气中的 NH_3。标准状况下，焦炉气中 NH_3 的浓度为 0.01kg·m^{-3}、流量为 5000m^3·h^{-1}。要求回收率不低于 99%。若吸收剂用量为最小用量的 1.5 倍。混合气体进塔的温度为 30℃，空塔速度为 1.1m·s^{-1}，操作条件下的平衡关系为 $Y = 1.2X$。气相体积吸收总系数 $K_Y a = 200$kmol·m^{-3}·h^{-1}。试分别用对数平均推动力法及吸收因子法求总传质单元数及填料层高度。

[10.6，8.4m]

11. 在填料塔中用水吸收氨-空气混合物中的 NH_3，操作压强为 101.3kPa，温度为 20℃，进塔混合气中含 NH_3 2%（摩尔），其质量流速为 1200kg·m^{-2}·h^{-1}，水的质量流速为 1200kg·m^{-2}·h^{-1}，气液平衡关系服从亨利定律，并测得一组平衡数据为：液相浓度为 2kgNH_3/（100kg H_2O）时，其上方氨蒸气的平衡分压为 1600Pa，$K_G a = 0.59$kmol·m^{-3}·h^{-1}·kPa^{-1}，试求：当回收率为 98% 时所需要的填料层高度。计算时可取混合气的质量流速等于空气的质量流速。　　　　　　　　　　　　　　[4.31m]

12. 在填料塔内用清水逆流吸收混合气中的溶质 A。若进入塔底混合气中的溶质 A 的摩尔分数为 1%，溶质 A 的吸收率为 90%，吸收剂清水的流量是最小流量的 1.5 倍，平衡线的斜率 $m=1$。试求：

（1）气相总传质单元数 N_{OG}；

（2）欲使混合气中的溶质 A 的吸收率达到 95%，仍用原塔操作，且假设不发生液泛，而气相总传质高度 H_{OG} 不受流体流量变化的影响。此时，可调节什么变量以简便、有效地完成任务？并计算该变量改变的百分数。 ［（1）4.64；（2）可增大吸收剂用量，48%］

第七章 精　馏

教学基本要求

1. 理解理想溶液及拉乌尔定律，掌握挥发度、相对挥发度及相平衡方程；
2. 理解精馏原理、理论板、恒摩尔流假设、回流比的概念及其对精馏操作的影响；
3. 掌握精馏操作线方程、q 线方程及其应用，进料板位置的确定、理论板的计算方法、适宜回流比的选择；
4. 掌握板式精馏塔塔高及塔径的计算，全塔效率及单板效率的定义及计算；
5. 了解间歇精馏操作的特点及应用范围；恒沸精馏、萃取精馏的特点及应用；
6. 了解各种塔板的结构特点及应用。

第一节　概　述

蒸馏是分离均相液体混合物以达到提纯或回收有用组分目的的典型化工单元操作。其历史悠久，在化学工业中应用十分广泛，例如一些无机物的提纯，像液态空气制氧、氮；单晶硅的制备等；在石油炼制中的原油精炼最初阶段，将混合物分为汽油、煤油、柴油和润滑油等；在合成材料工业中，从乙苯生产纯苯乙烯单体等，均需要使用蒸馏方法。

蒸馏的基本原理是借助液体具有挥发而成为蒸气的能力，将液体混合物部分气化、部分冷凝，利用其中各组分挥发性的差异，即在同一温度下各组分的蒸气压不同的性质，而将液体混合物分离开来。

蒸馏的实质是气、液相间的质量传递和热量传递。为使分离彻底，以获取纯度较高的产品，工业生产中常采用多次部分气化、多次部分冷凝的方法——精馏。精馏与蒸馏的本质区别在"回流"，包括塔顶的液相回流和塔釜部分汽化所造成的气相回流。回流是造成气液两相直接接触而实现热质传递的必要条件。

在实际生产中，从不同的角度考虑，蒸馏可有如表 7-1 所列几种形式。

表 7-1　蒸馏的几种形式

操作方式	操作压力	操作方法	原料组分数目
简单蒸馏 平衡蒸馏 精馏 间歇精馏 特殊精馏	常压 加压 减压	连续 半连续 间歇	双组分（二元） 多组分（多元）

工业中遇到的几乎都是多组分混合液，但双组分是多组分的基础，而且多组分与双组分精馏基本原理和计算方法并无本质区别，故本章内容着重讨论常压下双组分连续精馏。

第二节　双组分溶液的气液相平衡

精馏是气液两相间的传质过程。双组分溶液的精馏分离是由加热至沸腾的液相及产生的蒸气所构成。相平衡关系既是组分在两相中分配的依据，又是确定传质推动力所必需。传质过程的极限是气液两相互成平衡。

一、双组分溶液的气液相平衡

1. 理想溶液

所谓理想溶液，指溶液中不同组分分子之间的吸引力和相同分子之间的吸引力完全相等（$a_{AB}=a_{AA}=a_{BB}$）的溶液。根据"相似相溶"的原则，一般说来，两种结构很相似的化合物，例如，苯-甲苯、氯苯-溴苯、正己烷-正庚烷及邻二氯苯-对二氯苯等，都能以任意比例混合形成理想溶液。实践证明，理想溶液的气液相平衡服从拉乌尔（Raoult）定律，即一定温度下，气相中任一组分的分压等于此温度下该纯组分的饱和蒸气压乘以它在溶液中的摩尔分数。

$$p_A=p_A^0 x_A \qquad p_B=p_B^0 x_B \tag{7-1}$$

要全面了解气液相平衡体系的状态，还必须进一步了解平衡时的气液相组成。一般温度下溶液蒸气压是不大的，为了简便起见，可近似地看成是理想气体，它们遵守道尔顿（Dalton）分压定律，故

$$p_A=p y_A \qquad p_B=p y_B \tag{7-2}$$

总压
$$p=p_A+p_B$$

结合拉乌尔定律，通过同一分压而把气相浓度与液相浓度联系起来

$$p_A^0 x_A = p y_A$$

$$p=p_A+p_B=p_A^0 x_A+p_B^0 x_B=p_A^0 x_A+p_B^0(1-x_A) \tag{7-3}$$

$$y_A=\frac{p_A^0}{p}x_A=\frac{p_A^0 x_A}{p_A^0 x_A+p_B^0(1-x_A)}$$

$$x_A=\frac{p-p_B^0}{p_A^0-p_B^0} \tag{7-4}$$

式中 p_A^0，p_B^0——纯组分 A，B 的饱和蒸气压，$N \cdot m^{-2}$ 或 Pa，均是温度的函数；

p_A，p_B——组分 A，B 在平衡气相中的分压，$N \cdot m^{-2}$ 或 Pa；

x_A，x_B——相平衡时液相中组分 A，B 的浓度，摩尔分数；

y_A，y_B——相平衡时气相中组分 A，B 的浓度，摩尔分数。

式(7-3)和式(7-4)分别建立了气相组成与温度（露点）及液相组成与温度（泡点）之间的定量关系。

【例 7-1】 苯和甲苯纯组分的饱和蒸气压数据如表 7-2 所示。

表 7-2 苯和甲苯的饱和蒸气压

温度/℃	80.1	84.0	88.0	92.0	96.0	100.0	104.0	108.0	110.6
苯 p_A^0/kPa	101.3	113.6	130.0	143.7	160.1	179.2	199.3	221.2	233.0
甲苯 p_B^0/kPa	39.3	44.4	50.6	57.6	65.7	74.5	83.3	93.9	101.3

试计算该体系在常压（101.3kPa）下的气液相平衡组成。

解：根据式(7-4)计算苯在液相中的组成。以 100℃数据为例，得

$$x_A=\frac{p-p_B^0}{p_A^0-p_B^0}=\frac{101.3-74.5}{179.2-74.5}=0.256$$

再利用式（7-3）计算与液相组成 $x_A=0.256$ 相平衡的气相组成。

$$y_A=\frac{p_A^0}{p}x_A=\frac{179.2}{101.3} \times 0.256=0.453$$

以同样的方法求得苯和甲苯在两沸点范围内的气液相平衡组成，列于表 7-3。纯组分的

饱和蒸气压可用安托因（Atoine）方程 $\lg p_1^0 = A - [B/(t+C)]$ 求取，常数 A，B，C 可查阅相关数据手册得到。

表 7-3　苯和甲苯在两沸点范围内的气液相平衡组成

$T/℃$	80.1	84.0	88.0	92.0	96.0	100.0	104.0	108	110.6
x_A	1.000	0.822	0.639	0.508	0.376	0.256	0.155	0.058	0.000
y_A	1.000	0.922	0.820	0.721	0.596	0.453	0.305	0.127	0.000

用以指导相平衡的普遍规律——相律，表示了平衡物系的自由度 f、相数 Φ 和独立组分 C 之间的关系，即

$$f = C - \Phi + 2$$

式中的数字 2 表示影响物系平衡态的仅是温度 T 和压力 p 这两个条件。对于双组分气液相平衡体系，其组分数为 2、相数为 2，而可以变化的参数有 T，p，一组分在气相或液相中的组成 y 和 x，故 $f = 2 - 2 + 2 = 2$。此表明双组分气液相平衡体系中只有两个自由度，即在 T，p，y 和 x 四个变量中，任意确定其中两个变量，平衡状态也就确定了。如果恒定外压 p，则只有一个独立变量，而其他变量都是它的函数，因此，对于双组分气液相平衡体系，可以采用一定外压下的沸点-组成（T-x）图和 y-x 图，形象地表示系统的气液相平衡关系。

若以系统的沸点（T）为纵坐标，液相及气相中的轻组分的组成 $[x_A(y_A)]$ 为横坐标，将表 7-3 中的苯-甲苯的沸点-组成数据做图，即得到一定外压（常压）下的苯和甲苯的 T-x 图（图 7-1）。

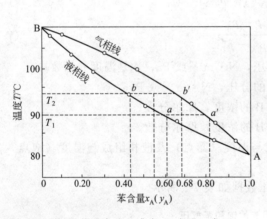

图 7-1　苯-甲苯混合液的沸点-组成图（常压）

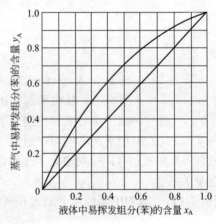

图 7-2　苯-甲苯混合液的 y-x 图（常压）

在图 7-1 中，气相线位于液相线之上，这是因为一定温度下的两相平衡体系中，易挥发组分在气相中的浓度要大于在液相中的浓度的缘故。在液相线以下，温度低于沸点，是单一液相区。气相线以上，溶液全部气化，是过热蒸气区。在气液两相线之间为气液两相共存区。在此区域自由度为 1，此即是说，若温度指定之后，则两个平衡相的组成也就随之而定了。

气相线和液相线也称为露点线和泡点线。所谓露点，即组成一定的气体在恒压下冷凝到产生第一个液滴时的温度；所谓泡点，即组成一定的液体在恒压下加热到产生第一个气泡时的温度。

应用 T-x 图，不仅可以求取任一沸点的气液相平衡组成，或者求取两相平衡时的温度，而且也可以借助于它，了解精馏原理。

在精馏中应用最广泛的是表示气液相平衡组成之间关系的相图，即 y-x 图。它表示体系在恒外压任意温度时，易挥发组分在两相中浓度变化的情况。图 7-2 即为苯-甲苯混合液

的 y-x 图。图中纵坐标表示气相中苯（易挥发组分 A）的摩尔分数 y_A，横坐标则表示与之成平衡的液相中苯的摩尔分数 x_A，图中的对角线是一条在以后计算中有用的辅助线（$y = x$）。由于 $y_A > x_A$，故平衡曲线在对角线左上方，平衡线离对角线越远，表示该混合液越易分离。

y-x 图上没有标出温度，但必须强调指出，平衡曲线上每一点都有一相应的温度，此温度要从 T-x 图上去读取，两端点则分别表示两纯组分的沸点。

T-x 图和 x-y 图均是在恒外压下得到的。当外压发生变化时，T-x 图上的露点线和泡点线亦会随之变化。若系统外压由 p_1 升高到 p_2，则二元混合液的露点和泡点也随之升高，引起 T-x 图上的露点线和泡点线上移，同时气液两相共存区变窄，物系分离变难。同理，在 x-y 图中，随着外压升高，平衡线便向对角线靠拢，物系分离变难。反之，降低外压，二元物系的分离会变得容易。

2. 非理想溶液

工业生产中处理的实际混合液，绝大多数是非理想溶液。它们的行为与拉乌尔定律有一定的偏差。对于双组分体系，根据正、负偏差的大小，通常可分为三种类型。

（1）正常类型的正偏差或负偏差　这类溶液的蒸气压实验值与按照拉乌尔定律的计算值有偏差，但是，偏差不大，所以，不同浓度的溶液的蒸气压介于两纯组分的饱和蒸气压之间。若蒸气压的实验值大于计算值，称为正偏差；小于计算值，称为负偏差。产生正偏差的原因是溶液中不同分子之间的吸引力小于相同分子间的吸引力（$a_{AB} < a_{AA}, a_{BB}$），故有较多的 A 分子和 B 分子自液相中逸出，使蒸气压增大。由两纯组分生成具有正偏差的溶液时，通常体积增大，并发生吸热现象。甲醇与水二元混合液就属正常类型的正偏差。产生负偏差的原因是溶液中不同分子之间的吸引力大于相同分子间的吸引力（$a_{AB} > a_{AA}, a_{BB}$），故 A 分子和 B 分子自液相中逸出较少，使蒸气压减小，由两纯组分生成具有负偏差的溶液时，通常体积缩小，并伴随放热现象发生。二硫化碳与四氯化碳混合液属于正常类型的负偏差。

（2）具有最高蒸气压类型的正偏差　若正偏差很大，即两组分的排斥倾向较大，p_A，p_B 偏离拉乌尔定律都很大。蒸气压高，沸点就低，在 T-x 图上就会出现最低恒沸点，乙醇-水二元混合液就是一例。该体系的最低恒沸点为 351.28K，恒沸混合物中含乙醇 89.4%（摩尔分数）。故开始时如果用乙醇含量小于 89.4%（摩尔分数）的混合液进行精馏，则得不到纯乙醇。

（3）具有最低蒸气压类型的负偏差　若两组分分子间的吸引力很强，形成很强的负偏差，此时溶液的蒸气压会出现极小值，沸点则出现极大值，此相应的混合液称为具有最高恒沸点的恒沸物。硝酸-水系统即属这种情况。该系统最高恒沸点的恒沸组成为硝酸含量 38.3%（摩尔分数），其沸点为 395.05K，比水（373.15K）和硝酸（359.15K）的沸点都高。

双组分溶液的气液相平衡关系，除了用相图表示外，也可以用相对挥发度来表示。

二、相对挥发度

双组分溶液中一组分的蒸气压因受到另一组分存在的影响，所以比纯态时低，故其挥发度是指体系达到相平衡时，某组分在气相中的分压 p_i 与该组分在相应条件下液相中的摩尔分数 x_i 之比来表示。对于 A，B 组分则有

$$v_A = \frac{p_A}{x_A} \qquad\qquad v_B = \frac{p_B}{x_B}$$

式中　v_A，v_B——组分 A，B 的挥发度。

溶液中两组分挥发度之比，称为相对挥发度，以 α_{AB} 表示。通常以易挥发组分的挥发度

为分子。

$$\alpha_{AB} = \frac{\upsilon_A}{\upsilon_B} = \frac{p_A/x_A}{p_B/x_B} \tag{7-5}$$

对理想溶液，因其服从拉乌尔定律，故

$$\alpha_{AB} = \frac{p_A^0}{p_B^0} \tag{7-6}$$

$$\alpha_{AB} = \frac{p y_A/x_A}{p y_B/x_B} = \frac{y_A/x_A}{y_B/x_B} = \frac{y_A/y_B}{x_A/x_B} \tag{7-7}$$

或

$$\frac{y_A}{y_B} = \alpha_{AB} \frac{x_A}{x_B} \tag{7-8}$$

式(7-8)表示气相中两组分含量之比是液相中两组分含量之比的 α_{AB} 倍。同时也不难看出，当 $\alpha_{AD}=1$ 时，$\dfrac{y_A}{y_B}=\dfrac{x_A}{x_B}$，即 y_A-x_A，平衡组成落在 y-x 图的辅助（对角）线上。不能用普通精馏方法分离。当 $\alpha_{AB}>1$ 时，$\dfrac{y_A}{y_B}>\dfrac{x_A}{x_B}$，即两个组分在平衡气相中的浓度比值大于在平衡液相中的浓度比值。α_{AB} 越大，这两个比值相差越大，亦即在 y-x 图上代表平衡组成的点离对角线越远，分离越容易，因此，相对挥发度可以用来判别混合液分离的难易。

将 $y_B=1-y_A$，$x_B=1-x_A$ 代入式(7-8)，整理后得

$$y_A = \frac{\alpha_{AB} x_A}{1+(\alpha_{AB}-1)x_A} \tag{7-9}$$

此式是以相对挥发度 α_{AB} 表示的气液相平衡关系式，当 α_{AB} 已知，可以由该式求得一系列 y-x 数据。

相对挥发度通常由实验测定，但对于双组分理想溶液，可以取两纯组分正常沸点温度下 α 值的几何平均值 α_m 作为常数，用于这两个纯组分沸点范围内气液相平衡组成的计算。

【例 7-2】 利用表 7-2 中苯-甲苯在不同温度下饱和蒸气压数据计算 α_{AB}，α_m 和气液两相平衡组成。

解：（1）计算相对挥发度 α_{AB} 根据式(7-6)以表 7-2 中 100℃ 时的数据为例，计算如下

$$\alpha_{AB} = \frac{p_A^0}{p_B^0} = \frac{179.2}{74.5} = 2.41$$

利用其余数据计算得到的 α_{AB} 值列于表 7-4。

表 7-4 苯和甲苯在不同温度下的相对挥发度

$T/℃$	80.1	84.0	88.0	92.0	96.0	100.0	104.0	108.0	110.6
p_A^0/kPa	101.3	113.6	130.0	143.7	160.5	179.2	199.3	221.2	233.0
p_B^0/kPa	39.3	44.4	50.6	57.6	65.7	74.5	83.3	93.9	101.3
α_{AB}	2.58	2.56	2.57	2.49	2.44	2.41	2.39	2.36	2.30

（2）计算 α_m 值 取 80.2℃ 和 110.8℃ 时的 $\alpha_{AB(1)}$ 和 $\alpha_{AB(9)}$ 的值计算 α_m，即

$$\alpha_m = \sqrt{\alpha_{AB(1)} \alpha_{AB(9)}} = \sqrt{2.58 \times 2.30} = 2.44$$

（3）计算气液相平衡组成 根据式(7-9)以 100℃ 时 $x_A=0.256$ 为例计算 y_A，得

$$y_A = \frac{\alpha_m x_A}{1+(\alpha_m-1)x_A} = \frac{2.44 \times 0.256}{1+(2.44-1) \times 0.256} = 0.456$$

对应于表7-3中其余 x_A 计算得 y_A 值列于表7-5中。

表 7-5　由相对挥发度计算所得苯-甲苯气液相平衡组成

$T/℃$	80.1	84.0	88.0	92.0	96.0	100.0	104.0	108.0	110.6
x_A	1.000	0.822	0.639	0.508	0.376	0.256	0.155	0.058	0.000
y_A	1.000	0.918	0.812	0.716	0.595	0.456	0.309	0.131	0.000

此例计算值与表7-3数据很吻合，故对于同系物混合液而言，式(7-9) 能正确地表示其气-液平衡关系。

第三节　简单蒸馏和平衡蒸馏

一、简单蒸馏

在如图7-3所示的简单蒸馏装置中，将原料液一次加入蒸馏釜内，恒压条件下加热至沸腾。溶液会不断气化，产生蒸气。从蒸馏釜引出后进入冷凝器冷凝，从而可以按时间先后在回收罐获得不同组成的馏出液，馏出液组成含量随时间增加逐渐降低。同样，随着蒸馏过程的进行，蒸馏釜中富含的易挥发组分越来越少，釜内剩余物沸点则逐渐升高。当釜液组成降至规定值时，即停止蒸馏，并从蒸馏釜中排出，谓之残液。简单蒸馏所产生的蒸气，基本上与当时的釜液达到相平衡状态，但全部馏出液的平均组成，并不与残液组成互相平衡。由上述可知，简单蒸馏是一种非定态过程，无回流，也称为微分蒸馏。由于受相平衡的限制，简单蒸馏的分离程度不高。通常用于混合液的初步分离，如小批量原油的大致分离；从含乙醇为 10%（体积分数）的发酵醪液中，经一次蒸馏可得到 50%～60% 的烧酒等。简单蒸馏也用于除去混合液中的不挥发性杂质。

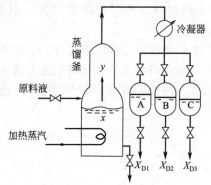

图 7-3　简单蒸馏装置

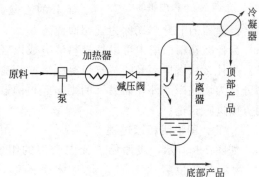

图 7-4　连续平衡蒸馏装置

二、平衡蒸馏

图7-4为连续平衡蒸馏装置。将原料液用泵加压送入加热器，加热至高于分离器内压力下的沸点。原料液从加热器流至分离器的过程中，经过减压阀，瞬间减压后的混合液成为过热状态，其高于沸点的显热使部分液体发生气化，称为闪蒸，故分离器也称为闪蒸器。平衡气液两相以切线方向进入闪蒸器，含易挥发组分较多的气相从器顶排出，冷凝后成为顶部产品；含易挥发组分较少的液相在离心力作用下，沿器壁流至器底，作为底部产品排出。平衡蒸馏是通过一次部分气化使原料液得到初步分离，因此，适用于大批量、粗分离的场合。

第四节 精馏基本原理

简单蒸馏和平衡蒸馏只能使混合液达到初步分离。相对于平衡蒸馏而言，简单蒸馏是将液体在一定压力下连续部分气化，从而可以在蒸馏釜中得到难挥发组分含量很高的残液。同样，将上升蒸气进行连续部分冷凝，即可得到易挥发组分很高的液体产品。显然，精馏正是将上述两者有机地结合在一起，通过多次部分气化、多次部分冷凝将液体混合物加以分离，并获得高纯度产品的一种操作。

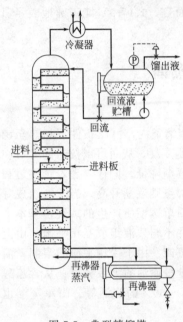

图 7-5 典型精馏塔

精馏通常是在塔设备内进行。一套精馏装置除塔体本身外，还包括冷凝器、再沸器和预热器等附属设备。图 7-5 是一座典型精馏塔。由图可知，料液经过预热达到一定的温度之后，从塔体某个适当的位置连续加入塔内，上升到塔顶的蒸气经冷凝器冷凝为液体，一部分回流入塔顶，称为回流液，其余作为塔顶产品（馏出液）连续排出。加料板以上塔体上半部内进行着上升蒸气与回流液间的逆流接触和热、质传递，使上升蒸气中轻组分（易挥发组分）浓度逐渐升高，所达塔顶的蒸气将成为高纯度的轻组分，从而完成了上升蒸气的精制，故称为精馏段。塔底再沸器（加热釜）用以加热料液产生蒸气，蒸气沿塔上升，与塔内下降液体逆流接触，实现热、质传递。下降液体中的轻组分向气相传递，上升蒸气中的重组分（难挥发组分）向液相传递，从而使向下流动的液体中所含轻组分愈来愈少，到达塔底可获得高纯度重组分的塔底产品（残液）。塔的下半部（包括进料板）完成了下降液体中重组分的提浓及轻组分的去除，故称为提馏段。为了与塔顶回流区别起见，亦将再沸器的上升蒸气称为气相回流。

为什么在精馏塔中可以把进料液分成以轻组分为主的塔顶产品和以重组分为主的塔底产品？为什么从塔顶上升的蒸气经冷凝后又须有一部分回流入塔？为什么从塔底流出的液体一部分作为塔底产品外，而另外的则需经再沸器加热汽化后再引入塔内？欲弄清这些问题须从两方面进行讨论。

1. T-x 图说明精馏过程

如图 7-6 所示，设原始二元混合液的组成为 x，物系点的位置为 S 点，此时体系的温度为 T_4，气液两相的组成分别为 y_4 和 x_4。

先考虑液相部分，对组成为 x_4 的液相加热到 T_5，液相部分气化，此时，气、液相组成分别为 y_5 和 x_5。把浓度为 x_5 的液相再加热到 T_6，产生部分汽化而得到组成分别为 y_6 和 x_6 的气相和液相，显然，$x_4 > x_5 > x_6$，即液相中的易挥发组分不断降低，并沿着液相线变化，最后靠近纵轴，得到纯 B。

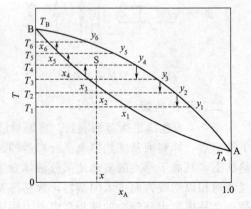

图 7-6 精馏过程 T-x 示意图

对于气相部分，若所组为 y_4 的气相冷到温度为 T_3，则气相将部分地冷凝为液体，得到组成为 x_3 的液相和组成为 y_3 的气相，使组成为 y_3 的气相再冷凝到 T_2，则可得到气相的组成为 y_2 及组成为 x_2 的液相，依此类推。从图上可以看出 $y_1 > y_2 > y_3 > y_4$。如果继续下去，反复地把气相冷凝，最后可得到接近于纯 A 的蒸气组成。

总之，多次反复地部分气化和部分冷凝的结果，使气相组成下降，最后蒸出来的是纯 A；液相组成沿液相线上升，最后剩余的是纯 B。

2. 精馏过程的实现

化工生产中，欲使混合液的组分达到几乎完全的分离，需要采用图 7-5 所示的精馏装置。由于塔底几乎是纯高沸点组分，其温度最高，易挥发组分浓度最低；塔顶回流几乎是纯低沸点的液相，塔顶温度最低，浓度最高。整个塔中的温度自下而上逐步降低，浓度则逐步升高。其分离作用的实现可以如下方式分析：在精馏段内任意选取第 n 板为分析对象，如图 7-7 所示，进入第 n 板的蒸气量、浓度和温度分别为 V_{n+1}、y_{n+1} 和 T_{n+1}；进入第 n 板的液流量、浓度和温度分别为 L_{n-1}、x_{n-1} 和 T_{n-1}。这气液两相不成平衡，$T_{n+1} > T_{n-1}$，而液相中易挥发组分的含量 $x_{n-1} > x_{n+1}^*$。由于这一化学势差，即传质过程的推动力存在，结果在第

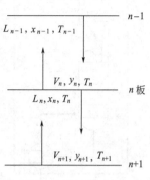

图 7-7　塔板传质分析

n 板上两相紧密接触时，V_{n+1} 气相就会产生部分冷凝，使其中的部分难挥发组分转入液相，冷凝放出的热量传给 L_{n-1} 液相，于是液相又产生部分气化，使其中所含的部分易挥发组分转入气相。这样接触的结果必然使气相中易挥发组分的含量愈来愈多，液相中难挥发组分的含量愈来愈多。若在塔板上气液两相接触十分充分，以至于最终离开第 n 板的气相与液相在同一温度 T_n 下达到了平衡，即气相为 $y_n(y_n > y_{n+1})$，液相为 $x_n(x_n < x_{n-1})$，第 n 板即为理论板。在理论板上发生的过程，就是 V_{n+1} 的部分冷凝与 L_{n-1} 的部分气化相结合的过程，热量由气相传给液相，同时易挥发组分由液相转移到气相，难挥发组分则按相反方向由气相转移到液相。在许多工业精馏过程中，由液相转移到气相的易挥发组分的物质的量与气相转移到液相的难挥发组分的物质的量接近相等，所以，第 n 板上发生的过程可以看作是传热与传质同时发生，而且是等摩尔逆向扩散过程，塔内其他各板也发生第 n 板同样的过程。

综上所述，精馏过程的实现，必须具备以下条件：

① 在精馏塔中，由下一塔板上升蒸气温度必须高于上一塔板下降液体温度（$T_{n,V} > T_{n-1,L}$），方能通过热量传递（冷凝）导致质量传递（气化）；

② 进入理论塔板的液相中易挥发组分的浓度要高于与该板上升气相成平衡的液相浓度，以保证易挥发组分由液相能移到气相；

③ 只有保持各板上液相组成恒定，才可能有恒定的气相组成，塔顶出来的馏分才会是纯的或接近于纯的，因此，控制一定的塔顶回流液量和上升蒸气量是个关键；

④ 塔板上要有气液两相充分接触的机会以获得热、质传递的高效率。

第五节　双组分连续精馏塔的计算

工业生产中采用连续精馏塔分离具有一定数量和组成的混合液，为达到预定的分离要求，精馏塔的计算将包括：馏出液和釜液的流率（流量）、理论塔板数、加料板位置、塔径和塔高等。现从物料衡算着手进行讨论。

对精馏塔或精馏塔内某一区域进行物料衡算的结果和气液平衡数据，是分析、操作和设

计精馏塔的依据。

一、全塔物料衡算

为了求得馏出液（塔顶产品量）D、釜液（塔底产品量或残液量）W，可对全塔进行物料衡算。

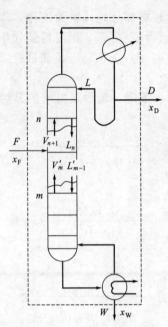

图 7-8　全塔物料衡算示意图

如图 7-8 所示，由于是连续定态操作，故进料流率必等于出料流率。

对全塔总物料衡算得

$$F = D + W \tag{7-10}$$

对全塔易挥发组分的物料衡算得

$$F x_F = D x_D + W x_W \tag{7-11}$$

式中　F，D，W——进料、塔顶产品和塔底残液量，kmol $\cdot$ h^{-1}；

x_F，x_D，x_W——进料、塔顶产品和塔底残液的浓度，摩尔分率。

由式（7-10）和式（7-11）可以得到采出率（产率）

$$\frac{D}{F} = \frac{x_F - x_W}{x_D - x_W} \quad 和 \quad \frac{W}{F} = \frac{x_D - x_F}{x_D - x_W} \tag{7-12}$$

在给定进料量及组成和一定的分离程度下，通过式（7-12）即可求出塔顶及塔底产品的量。而塔顶易挥发组分的回收率 $\eta = \dfrac{D x_D}{F x_F} \times 100\%$；塔底易挥发组分的损失率 $\eta' = \dfrac{W x_W}{F x_F} \times 100\%$。

【例 7-3】　将含 63%（质量分数，下同）的乙醇-水溶液送入一常压连续精馏塔中进行分离。如果进料量为 8600kg $\cdot$ h^{-1}，要求馏出液含乙醇达到 93.7%，釜液中含乙醇小于 5%。

试求：馏出液、釜液的采出率和流量，以及塔顶易挥发组分的回收率。

解：乙醇　$M_{C_2H_5OH} = 46$kg $\cdot$ kmol^{-1}；水　$M_{H_2O} = 18$kg $\cdot$ kmol^{-1}

将质量分数转换为摩尔分数

$$x_F = \frac{\frac{0.63}{46}}{\frac{0.63}{46} + \frac{0.37}{18}} = 0.4 \; ; \quad x_D = \frac{\frac{0.937}{46}}{\frac{0.937}{46} + \frac{0.063}{18}} = 0.85 \; ; \quad x_W = \frac{\frac{0.05}{46}}{\frac{0.05}{46} + \frac{0.95}{18}} = 0.02$$

$$M_F = M_A + M_B = 0.4 \times 46 + 0.6 \times 18 = 29.2 \text{kg} \cdot \text{kmol}^{-1}$$

$$F = 8600/29.2 = 294.52 \text{kmol} \cdot \text{h}^{-1}$$

馏出液的采出率　　$\dfrac{D}{F} = \dfrac{x_F - x_W}{x_D - x_W} = \dfrac{0.4 - 0.02}{0.85 - 0.02} = 0.458$

釜液的采出率　　$\dfrac{W}{F} = \dfrac{x_D - x_F}{x_D - x_W} = \dfrac{0.85 - 0.4}{0.85 - 0.02} = 0.542$

由物料衡算关系

$$F = D + W$$

$$F x_F = D x_D + W x_W$$

故

$$294.52 = D + W$$

$$294.52 x_F = 0.85 D + 0.02 W$$

联立两式求解，得馏出液和釜液的流量

$$D=\frac{F(x_F-x_W)}{x_D-x_W}=\frac{294.52\times(0.4-0.02)}{0.85-0.02}=127.74\text{kmol}\cdot\text{h}^{-1}$$

$$W=F-D=294.52-127.74=166.78\text{kmol}\cdot\text{h}^{-1}$$

塔顶易挥发组分的回收率 $\eta=\dfrac{Dx_D}{Fx_F}\times100\%=\dfrac{127.74\times0.85}{294.52\times0.4}\times100\%=92\%$

二、精馏段物料衡算和精馏段操作线方程

欲对精馏段做物料衡算，可在图 7-8 所示的精馏塔第 n 板以上（包括冷凝器）分别进行总的物料衡算和易挥发组分的物料衡算，得

$$V_{n+1}=L_n+D \tag{7-13}$$
$$V_{n+1}y_{n+1}=L_nx_n+Dx_D \tag{7-14}$$

根据前述假设，精馏段内各板上升蒸气的摩尔流率及下降液体的摩尔流率分别相等，即

$$V_{n+1}=V_n=V_{n-1}=V; \qquad L_{n-1}=L_n=L_{n+1}=L$$

故据此恒摩尔流动的假设，可将式(7-14) 写成

$$y_{n+1}=\frac{L}{V}x_n+\frac{D}{V}x_D \tag{7-15a}$$

式(7-13) 可以写成 $\qquad\qquad V=L+D$

代入式(7-15)，得

$$y_{n+1}=\frac{L}{L+D}x_n+\frac{D}{L+D}x_D \tag{7-15b}$$

通常，将回流量 L 与馏出液量 D 之比 R 称为回流比

$$R=\frac{L}{D} \tag{7-16}$$

$$L=RD$$

$$V=L+D=RD+D=(R+1)D$$

由回流比定义式，将式(7-15b) 整理，得

$$y_{n+1}=\frac{R}{R+1}x_n+\frac{x_D}{R+1} \tag{7-17}$$

从式(7-17) 可以看出，通过精馏段任意塔板上上升的蒸气与回流液浓度之间的关系呈直线关系。决定这个直线方程的都是精馏塔的操作条件（如 R 和 x_D），所以，该式称为精馏段操作线方程。斜率为 $L/V=R/(R+1)$，截距为 $x_D/(R+1)$ 或 Dx_D/V。

若在 y-x 图上绘制精馏段操作线，则由式(7-17) 可知，当 $x_n=x_D$ 时，$y_{n+1}=x_D$，说明精馏段操作线通过 y-x 图对角线上的点 $a(x_D,x_D)$，然后根据截距 $x_D/(R+1)$，在 y 轴上得到点 b $[0,x_D/(R+1)]$ 的直线，即在 y-x 图上得到精馏段操作线（图 7-9）。

三、提馏段物料衡算和提馏段操作线方程

现在对图 7-8 所示的第 m 板及以下（包括再沸器）做物料衡算

总物料衡算

$$V'_{m+1}=L'_m-W \tag{7-18}$$

易挥发组分的物料衡算

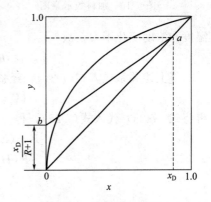

图 7-9　精馏段操作线

$$V'_{m+1} y_{m+1} = L'_m x_m - W x_W \tag{7-19}$$

同样，根据恒摩尔流动的假定

$$V'_m = V'_{m+1} = V'$$
$$L'_{m+1} = L'_m = L'$$

故可以将式（7-18）和式（7-19）写成

$$V' = L' - W \tag{7-20}$$

$$y_{m+1} = \frac{L'}{V'} x_m - \frac{W}{V'} x_W \tag{7-21}$$

将式（7-20）代入式（7-21），得

$$y_{m+1} = \frac{L'}{L' - W} x_m - \frac{W x_W}{L' - W} \tag{7-22}$$

从式（7-22）可以看出，在提馏段任一塔板上上升的蒸气和回流液浓度之间的关系，也是一个由操作条件（如 L'，W 和 x_W）所决定的直线关系，所以，式（7-22）称为提馏段操作线方程。

这里应当注意，由于受加料的影响，提馏段下降的回流液量 L' 并不一定等于精馏段的回流液量 L；同样两段的上升蒸气量 V' 和 V，也不一定相等。它们之间的关系，将随料液的预热状况不同而有所变化。

四、加料板的物料衡算与热量衡算

在精馏塔中，由于物料的连续加入，加料处的物料衡算与热量衡算便与其他板上的有所不同。在加料板处，除了需考虑塔内上升蒸气和回流液以外，还要考虑到进料的预热状况。

1. 进料的预热状况

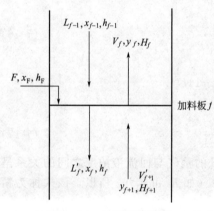

图 7-10 加料板示意图

图 7-10 表明了进、出加料板的物料量、组成及热焓。

总物料衡算

$$F + V'_{f+1} + L_{f-1} = V_f + L'_f$$

根据恒摩尔流动的假设，则上式可写成

$$V - V' = F - (L' - L) \tag{7-23}$$

式（7-23）关联了精馏段、提馏段的上升蒸气量和下降的液体量以及进料量几者之间的关系。

热量衡算

$$F h_F + V' H_{f+1} + L h_{f-1} = V H_f + L' h_f \tag{7-24}$$

因为塔板上的液体和蒸气都是饱和状态，相邻两板的温度和浓度变化不大，故

$$h_{f-1} \approx h_f \approx h ; \qquad H_{f+1} \approx H_f \approx H$$

将上述关系代入式（7-24），经整理后得

$$(V - V') H = F h_F - (L' - L) h \tag{7-25}$$

再将式（7-23）代入式（7-25），得

$$[F - (L' - L)] H = F h_F - (L' - L) h$$

$$F(H - h_F) = (L' - L)(H - h)$$

$$\frac{H - h_F}{H - h} = \frac{L' - L}{F}$$

若定义

$$q=\frac{H-h_F}{H-h}=\frac{L'-L}{F} \tag{7-26}$$

即

$$q=\frac{\text{饱和蒸气的焓}-\text{原料液的焓}}{\text{饱和蒸气的焓}-\text{饱和液体的焓}}=\frac{\text{每摩尔原料液变成饱和蒸气所需的热量}}{\text{原料的摩尔汽化热}}$$

显然，q 值是进料热状态的标志。

由式(7-26) 右端得

$$L'=L+qF \tag{7-27}$$

将式(7-27) 代入式(7-23) 得

$$V'=V-(1-q)F \tag{7-28}$$

2. 进料状况对上升蒸气量和回流液量的影响

生产中进料预热的五种可能情况与 q 值的关系以及对精馏操作的影响如图 7-11(a) ～ (e) 所示。

(1) 冷液进料

$$h_F<h, \quad \text{故} \quad q=\frac{H-h_F}{H-h}>1$$

冷液进料时，进料温度 T_F 要比进料板处的泡点温度 T_b 要低，致使提馏段上升蒸气部分冷凝 [见图 7-11 (a)]，冷凝量为 $V'-V$。相变放出的潜热将进料 F 加热到泡点，其热量衡算为

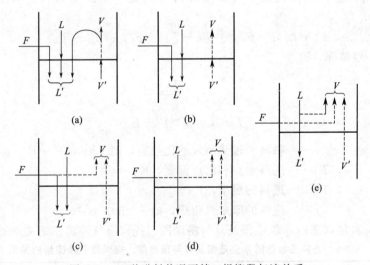

图 7-11 五种进料状况下精、提馏段气液关系

$$(V'-V)\ r=Fc_{p,L}\ (T_b-T_F)$$

将 $V'-V=(q-1)F$，即式(7-28) 代入上式，经整理，得

$$q=1+c_{p,L}\frac{(T_b-T_F)}{r}$$

据式(7-27) 和式(7-28) 可知

$$L'>L+F; \quad V<V'$$

(2) 泡点液体进料　$h_F=h$，故

$$q = \frac{H - h_F}{H - h} = 1$$

则
$$L' = L + F; \qquad V' = V$$

（3）气液混合物进料 因为料液已产生部分气化，$H > h_F > h$，

故
$$0 < q < 1$$

$$q = \frac{f_1 r}{r} = f_1$$

这里，f_1 是进料中液体所占的分数。

$$L' = L + qF; \qquad V' = V - (1-q)F$$

（4）饱和蒸气进料

$$h_F = H$$

故
$$q = \frac{H - h_F}{H - h} = 0$$

则
$$L' = L \qquad V' = V - F$$

（5）过热蒸气进料

$h_F > H$ 故
$$q = \frac{H - h_F}{H - h} < 0$$

在该状态进料时，进料温度 T_F 高于进料板处的露点温度 T_d，进塔后的原料温度很快降至露点，放出热量，使精馏段下降的液体部分气化［见图 7-11(e)］，气化量为 $L - L'$，故

$$(L - L')r = Fc_{p,V}(T_F - T_d) = Fc_{p,V}(T_F - T_b)$$

结合式(7-27)，经整理，得

$$q = -c_{p,V}\frac{T_F - T_d}{r}$$

则
$$L' < L \qquad V > V' + F$$

以上诸式中 $c_{p,L}$，$c_{p,V}$——料液和过热蒸气的比热容，$kJ \cdot kmol^{-1} \cdot K^{-1}$；

T_b，T_d——进料泡点和露点温度，K；

T_F——进料的温度，K；

r——进料的摩尔汽化热，$kJ \cdot kmol^{-1}$。

上述五种进料热状态的 q 值范围及其与精馏段、提馏段气液流量的关系见表 7-6。

表 7-6 进料热状态的 q 值范围及其与精馏段、提馏段气液流量的关系

进料热状态	冷液进料	泡点液体	气液混合物	饱和蒸气	过热蒸气
h_F 范围	$h_F < h$	$h_F = h$	$h < h_F < H$	$h_F = H$	$h_F > H$
q 值范围	$q > 1$	$q = 1$	$0 < q < 1$	$q = 0$	$q < 0$
两段气相流量	$V' > V$	$V' = V$	$V' = V - (1-q)F$	$V' = V - F$	$V' < V - F$
两段液相流量	$L' > L + F$	$L' = L + F$	$L' = L + qF$	$L' = L$	$L' < L$

【例 7-4】 在一连续精馏塔内分离含乙醇为 0.4（摩尔分数）的乙醇-水二元混合液。进料温度为 40℃，塔顶设立全凝器，泡点回流，求 q 值。

解：由手册上的气液平衡数据查得组成为 0.4（摩尔分数）的乙醇-水溶液的泡点为 80.7℃，在平均温度为 $(80.7 + 40)/2 = 60.4℃$ 时，乙醇和水的有关物性数据如表 7-7 所示。

表 7-7　乙醇、水的物性数据

组　分	比热容 c_p/kJ·kmol^{-1}·K^{-1}	汽化热/kJ·kmol^{-1}
乙醇（A）	142	39300
水（B）	75.2	40700

比较乙醇和水的汽化热可知，该系统符合恒摩尔流的假定。加料的平均比热容

$$c_{p,L} = c_{p,A}x_A + c_{p,B}x_B = 142kJ·kmol^{-1}·K^{-1}×0.4 + 75.2kJ·kmol^{-1}·K^{-1}×0.6$$
$$= 101.9kJ·kmol^{-1}·K^{-1}$$

平均汽化热

$$r = r_Ax_A + r_Bx_B = 39300kJ·kmol^{-1}×0.4 + 40700kJ·kmol^{-1}×0.6$$
$$= 401140 \ kJ·kmol^{-1}$$

$$q = 1 + \frac{c_{p,L}(T_b - T_F)}{r}$$

$$= 1 + 101.9kJ·kmol^{-1}·K^{-1}\frac{(80.7℃ - 40℃)}{40140kJ·kmol^{-1}}$$

$$= 1.103$$

通过上述分析，已经建立起了 V' 和 V，L' 和 L 之间的关系，故联立式（7-27）和式（7-22）可得提馏段操作线方程为

$$y_{m+1} = \frac{L + qF}{L + qF - W}x_m - \frac{Wx_W}{L + qF - W} \tag{7-29}$$

3. 进料线方程（q 线方程）

由图 7-7 可知，绘制精馏段操作线比较简单、准确，而提馏段操作线则不然。根据式（7-29），当 x_m 为 x_W 时，$y_{m+1} = x_W$，可在 y-x 图对角线上得点 $c(x_W, x_W)$。若用此点 (x_W, x_W) 和截距 $-\frac{Wx_W}{L + qF - W}$ 做提馏段操作线，因两者相距很近，难以做准；若用点 (x_W, x_W) 和斜率 $\frac{L + qF}{L + qF - W}$ 绘制又较麻烦。关键是采用这种作用方法不能直接反映出不同进料热状态对提馏段的影响。实际上，通常是以如下述方法做提馏段操作线：在 y-x 图上做了精馏段操作线 ab 后，在定出提馏段操作线与对角线交点 $c(x_W, x_W)$，再找到两操作线的交点 M，连接 cM 即得提馏段操作线。

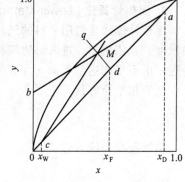

欲找交点，设两操作线的交点 $M(x, y)$（见图 7-12），已知精馏段操作线为

$$y_{n+1} = \frac{L}{V}x_n + \frac{D}{V}x_D \tag{7-15a}$$

图 7-12　两操作线交点及 q 线

提馏段操作线为

$$y_{m+1} = \frac{L'}{V'}x_m - \frac{W}{V'}x_W \tag{7-21}$$

两操作线交点 M 应同时满足这两个方程，即

$$y = y_{n+1} = y_m \qquad x = x_n = x_{m+1}$$

由式（7-15a）得

$$Vy = Lx + Dx_D \qquad\qquad (a)$$

由式(7-21) 得

$$V'y = L'x - Wx_W \qquad\qquad (b)$$

以式(b) 减式(a)，得

$$(V'-V)y = (L'-L)x - (Wx_W + Dx_D)$$

把式(7-27)、式(7-28) 和式(7-11) 代入整理后得

$$y = \frac{q}{q-1}x - \frac{x_F}{q-1} \qquad\qquad (7\text{-}30)$$

式(7-30) 一般称为进料线方程或 q 线方程，它代表了交点 M（x，y）的运动轨迹，也是一直线方程，其斜率为 $\dfrac{q}{q-1}$。显而易见，q 线的位置取决于进料热状态和进料组成。

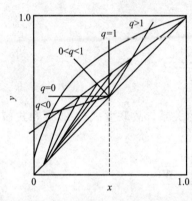

图 7-13　进料热状态对操作线的影响

由式(7-30) 可知，当 $x = x_F$ 时，$y = x_F$，即 q 线通过 y-x 图（见图 7-12）中对角线上的点 $d(x_F,\ x_F)$，过该点做斜率为 $\dfrac{q}{q-1}$ 的直线即为 q 线。因为 q 线是两条操作线交点的轨迹，故三条线均交于点 M。于是可以先做出精馏段操作线，再根据进料组成及热状态，过点 d（x_F，x_F）做 q 线，得到交点 M，再连接 $c(x_W,\ x_W)$ 和点 M，即可方便地得到提馏段操作线。现将五种可能的进料热状态对进料线和提馏段操作线的影响，在图 7-13 中示意。从图中可以看出，提馏段操作线相应地处于五种不同的位置，随 q 值的减小，它与平衡线就逐渐接近，达到相同的分离要求，所需的塔板数会越多。

五、理论塔板数的计算

精馏塔理论塔板数的求取，可以利用气液平衡关系和操作关系（操作线方程），其方法有逐板计算法和图解法等。

1. 逐板计算法（Lewis-Matheson 法）

逐板计算法是利用进料的气液相平衡关系和操作线方程去计算每一块理论塔板上的气液相浓度。其依据是：进入每块塔板的气液相在塔板上充分接触，最大限度地实现热量、质量传递，由不平衡达到平衡。计算中主要利用以下方程。

气液相平衡方程

$$y_n = \frac{\alpha_{AB} x_n}{1 + (\alpha_{AB}-1)x_n} \qquad\qquad (a)$$

精馏段操作线方程

$$y_{n+1} = \frac{R}{R+1}x_n + \frac{x_D}{R+1} \qquad\qquad (b)$$

提馏段操作线方程

$$y_{m+1} = \frac{L'}{L'-W}x_m - \frac{Wx_W}{L'-W} \qquad\qquad (c)$$

通常逐板计算从塔顶开始。若塔顶采用全凝器，则第一板上升的蒸气组成应等于塔顶产品组成，即 $y_1 = x_D$。自第一板下降的液相组成 x_1 与 y_1 互成平衡，故可通过方程（a）求 x_1。

自第二板上升的蒸气组成 y_2 与 x_1 符合精馏段操作线关系，故可由方程（b）计算 y_2。y_2 又与 x_2 互成平衡，可用方程（a）求 x_2，依此类推，即 $x_D = y_1 \xrightarrow{\text{方程（a）}} x_1 \xrightarrow{\text{方程（b）}}$ $y_2 \xrightarrow{\text{方程（a）}} x_2 \xrightarrow{\text{方程（b）}} y_3 \cdots$

当计算到 x_{n+1} 与 x_F 相等或接近时，则第 $n+1$ 层即为加料板，故精馏段理论塔板为 n 块。这里精馏段的作用是用来除去蒸气中的难挥发组分，使上升蒸气中的易挥发组分的含量不断提高。

同理，于加料板以下改为方程（a）与（c）进行上述运算，直到 x 值等于或略小于 x_W 为止，得提馏段（作用是脱除下降液体中的易挥发组分）理论塔板 m 块。总计计算结果时，将提馏段中的理论塔板数 m 减去 1（再沸器），故全塔理论塔板数 N_T 为

$$N_T = n + m - 1$$

逐板计算法用于计算相对挥发度较小的体系，或是分离要求较高的精馏过程是比较准确的。它不仅应用于双组分精馏计算，对多组分更能显示其优越性，但若用手算则相当繁琐。随着计算机技术的普及，此法用于计算精馏理论塔板数则快速有效。

2. 图解法（McCabe-Thiele 法）

对于一个平衡数据为已知的二元组分体系，计算理论塔板数的方法可以采用 McCabe-Thiele 法。它只不过是 Lewis-Matheson 法的图解，即应用塔内气液相平衡关系和操作关系，在 y-x 图上做直角梯级，每个梯级就代表一块理论板。

利用前已叙及的 y-x 图上绘制精馏段操作线和提馏段操作线以后，当塔顶采用全凝器时，从塔顶最上一层塔板（第一块塔板）上升蒸气的组成与馏出液组成是相同的，即 $y_1 = x_D$。

图 7-14 上的 a 点是精馏段操作线最初的一点。从 a 点画一水平线交平衡线于点 1，点 1 的横坐标 x_1 就是与 y_1 成平衡的液体浓度。这相当于逐板计算法中，根据 y_1 利用平衡关系求出 x_1。自点 1 引垂线交精馏段操作线于点 $1'$，其横坐标为 x_1。根据操作线的意义，其纵坐标就是 y_2，即第二块塔板上升的蒸气浓度。这相当于逐板计算法中，根据 x_1 利用操作线求 y_2。由点 $1'$ 再做水平线与平衡线交于点 2，点的横坐标即为与 y_2 成平衡的液相组成，即相当于逐板法中的又一次利用平衡关系。然后又由点 2 做垂线交精馏段操作线于点 $2'$，并由其纵坐标得出 y_3。如此逐步画出梯级，便可依次求得各层理论塔板上的气液相组成。

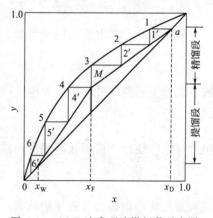

图 7-14　M-T 法求理论塔板数示意图

当梯级的垂线开始落在两操作线的交点 M 的左边时，说明该塔板上液相组成已开始小于进料组成 x_F，故应进入提馏段，梯级的绘制则改在平衡线与提馏段操作线之间，直到最后一个梯级的垂线到达 x_W 或小于 x_W 值为止。

图 7-14 中，梯级的总数为 6。从上向下数第 3 块跨过交点 M，即第 3 块为加料板。精馏段塔板数目 $n = 2$ 块；在提馏段中，除去一块相当于理论板的塔釜外，提馏段的理论塔板数目（包括加料板）为 $m - 1 = 4 - 1 = 3$ 块，故全塔理论塔板数（不包括再沸器）为

$$N_T = n + m - 1 = 2 + 3 = 5$$

如果塔顶的冷凝装置采用的是分凝器，因为离开分凝器的气相与液相可视为互成平衡，故分凝器本身也相当于一块理论塔板，此时，精馏段理论塔板数应比梯级数少 1，即 $n -$

1块。

值得注意的是，作为理论塔板数不为整数情况是正常的（见图 7-14 右边纵轴侧的标注），但在今后通过全塔效率转化为实际塔板数时，必须归为整数。

3. 回流比对精馏操作的影响和选择

前面的分析、讨论过程中，回流比 R 均是作为定值给出，但从式(7-17) 和图 7-14 可以看出，增大回流比，精馏段操作线的截距减小。操作线离平衡线越远，则每一梯级的垂直线段及水平线段都增长，说明每块理论板的分离程度加大，为完成一定分离任务所需的理论板数就会减少。然而，增大回流比是以增加能耗为代价的，即导致塔顶冷凝器和塔底再沸器的负荷增大，引起操作费用增加，因此，回流比的大小涉及经济问题，应当妥善选择，既要考虑工艺上的要求，又要考虑设备费用（塔板数、冷凝器及再沸器的传热面积等）和操作费用（能耗）。

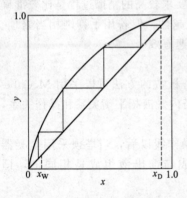

图 7-15　全回流时理论板数

（1）全回流与最少理论塔板数　若将精馏塔顶上升蒸气经冷凝后全部回流至塔内，这种情况称为全回流。

全回流时，$D=0$，$W=0$，回流比 $R=L/D=\infty$，故精馏段操作线斜率 $R/(R+1)=1$，截距 $x_D/(R+1)=0$。亦即精馏段与提馏段的操作线与 y-x 图上的对角线重合，$y_{n+1}=x_n$。从物料衡算或从操作线的位置均可以看出其特点是：两板之间任一截面上的上升蒸气与下降液体的组成相等，传质过程推动力最大，达到一定分离程度所需的理论塔板数最少（见图 7-15）。

全回流时的理论板数可接前述的逐板计算法或图解法确定，也可以用解析的方法进行计算。

全回流时，若塔顶采用全凝器，则塔顶蒸气轻、重组分之比

$$\left(\frac{y_A}{y_B}\right)_1=\left(\frac{x_A}{x_B}\right)_D \tag{a}$$

第一块理论板的气液相组成，由式(7-8) 可知，为

$$\left(\frac{y_A}{y_B}\right)_1=\alpha_1\left(\frac{x_A}{x_B}\right)_1 \tag{b}$$

第二与第一块理论板间相遇的气液两相符合操作关系，即 $y_{n+1}=x_n$，故

$$\left(\frac{y_A}{y_B}\right)_2=\left(\frac{x_A}{x_B}\right)_1 \tag{c}$$

离开第二块理论板的气液相组成为

$$\left(\frac{y_A}{y_B}\right)_2=\alpha_2\left(\frac{x_A}{x_B}\right)_2 \tag{d}$$

将式(c) 代入式(b)，再由式(d)，得

$$\left(\frac{y_A}{y_B}\right)_1=\alpha_1\left(\frac{y_A}{y_B}\right)_2=\alpha_1\alpha_2\left(\frac{x_A}{x_B}\right)_2$$

依此类推，离开第一块理论板的蒸气与离开第 N 块理论板（再沸器）的液体组成之间的关系为

$$\left(\frac{y_A}{y_B}\right)_1=\alpha_1\alpha_2\alpha_3\cdots\alpha_N\left(\frac{x_A}{x_B}\right)_N \tag{e}$$

当液体的组成已达到指定的 $\left(\frac{x_A}{x_B}\right)_W$ 时，则塔板数 N 即为全回流时所需的最少理论塔板

数，记为 N_{min}。若采用一个平均相对挥发度

$$\alpha = \sqrt[N]{\alpha_1 \alpha_2 \alpha_3 \cdots \alpha_N} \tag{f}$$

若将第 N 块理论板，即再沸器以符号 W 表示，由式(a)、式(e) 和式(f)，得

$$\left(\frac{x_A}{x_B}\right)_D = \alpha^N \left(\frac{x_A}{x_B}\right)_W$$

等式两边同时取对数，并以 N_{min} 表示 N，经整理得

$$N_{min} = \frac{\lg\left[\left(\dfrac{x_A}{x_B}\right)_D \Big/ \left(\dfrac{x_A}{x_B}\right)_W\right]}{\lg\alpha} \tag{7-31}$$

当塔顶、塔底相对挥发度相差不大时，上式的 α 可近似地取塔顶、塔底相对挥发度的几何平均值，即

$$\alpha = \sqrt{\alpha_t \alpha_b}$$

对于双组分溶液，略去式(7-31) 中的下标 A，B 而写成

$$N_{min} = \frac{\lg\left[\left(\dfrac{x_D}{1-x_D}\right)\left(\dfrac{1-x_W}{x_W}\right)\right]}{\lg\alpha} \tag{7-32}$$

式(7-31) 和式(7-32) 称为芬斯克（Fenske）公式。它粗略地表明在全回流条件下，采用全凝器时的分离程度与总理论板数（N_{min} 中包括了再沸器）之间的关系。若将上式中的 x_W 换成进料组成 x_F，则可以得到式(7-33)，以确定精馏段最少理论塔板数。

$$N_n = \frac{\lg\left[\left(\dfrac{x_D}{x_F}\right)\left(\dfrac{1-x_F}{1-x_D}\right)\right]}{\lg\alpha} \tag{7-33}$$

式中 α 取塔顶和进料处 α 的几何平均值。

作为精馏操作回流比的极限，故全回流只用于设备开工、调试及实验研究过程。

（2）最小回流比 R_{min}　精馏过程中，若减小回流比 R，则经过每块理论板的气液相组成变化的幅度减小，因此，完成一定分离任务所需理论塔板数就增多。如图 7-16 所示，$x_D/(R+1)$ 随之增大，精馏段操作线的距离将向平衡线靠近。当 R 小到使操作线与平衡线相交于点 e 时，在操作线与平衡线间做无限多梯级才能到达 e 点。e 点前后各板间的气液两相组成基本上不发生变化，即无增浓作用，此情况下的回流比即为最小回流比 R_{min}。其数值

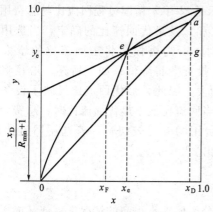

图 7-16　最小回流比示意图

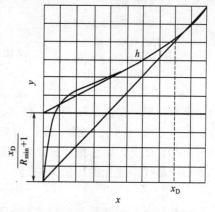

图 7-17　乙醇-水混合液 R_{min} 的求法

可按精馏段操作线斜率

$$\frac{R_{min}}{R_{min}+1}=\frac{\overline{ag}}{\overline{ge}}=\frac{x_D-y_e}{x_D-x_e}$$

经整理，得

$$R_{min}=\frac{x_D-y_e}{y_e-x_e} \tag{7-34}$$

式中 y_e，x_e 互成平衡，由气液相平衡关系知

$$y_e=\frac{\alpha x_e}{(\alpha-1)\,x_e+1}$$

若采用泡点进料，则 $x_e=x_F$，$y_e=y_F^*$，故

$$R_{min}=\frac{x_D-y_F^*}{y_F^*-x_F} \tag{7-35}$$

对于乙醇-水二元混合液平衡线形状非正常的情况，如图 7-17 所示。当精馏段操作线与平衡线下凹部分相切于 h 点，在该点处已出现恒浓区，此时的回流比即为最小回流比 R_{min}。对这一类平衡曲线不正常的系统，求其最小回流比的简便方法是：做出平衡线的切线，然后根据切线的截距 $x_D/(R_{min}+1)$ 来确定 R_{min}。

（3）实际操作回流比　从以上讨论可以看出，设计一座精馏塔或者对一座连续精馏塔进行操作，其实际操作回流比（或称最优回流比）应当介于上述两种极限情况之间。从技术经济的角度权衡，应选用为完成给定的分离任务所需的设备费用和操作费用的总和为最小值时的回流比。

设备费是指用于制造、安装精馏塔、冷凝器、再沸器及其他附属设备所需的固定投资费用。若设备类型和材料已定，此项费用主要取决于设备尺寸。

精馏操作费用主要消耗于再沸器中加热蒸汽量及冷凝器中冷却水量。此二者均取决于塔内上升蒸气量，即

$$V=(R+1)D,V'=V+(q-1)F$$

当 F，q 和 D 一定时，上升蒸气量 V 和 V' 正比于 $(R+1)$。当 R 增大时，不仅使加热和冷却介质的耗量随之增加，操作费用上升，而且，塔径也要相应增大，使设备费用上升。

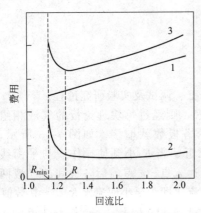

图 7-18　苯-甲苯精馏塔回流
比与总费用关系
1—加热蒸汽及冷却水费用；
2—固定设备投资费用；
3—总费用（1+2）

图 7-18 所示是苯-甲苯精馏过程回流比与总费用（设备费与操作费之和）及最优回流比的确定，当选用的回流比大于 R_{min} 时，所需塔板数将随回流比的增大而减少，精馏塔固定投资费将降低；如上所述，塔径将随回流比的增加而加大，因此，最优回流比反映了设备投资费用和操作费用之间的最佳权衡。值得注意的是：当回流比低于最优回流比时，总费用迅速上升。另一方面当回流比高于最优回流比时，总费用的变化较缓慢，若选用回流比 $R=(1.20\sim1.30)R_{min}$，则总费用只比最优回流比时高出 $2\%\sim6\%$。

通常，最优回流比的数值范围是

$$R=(1.1\sim2.0)R_{min}$$

一般在被分离的物系具有较大的相对挥发度或分离要求不很高的情况下，或从能源价格的角度考虑，采用回流比为最小回流比的较小倍数；相反，若物系的相对挥发度接近于 1 或

分离要求很高，则采用最小回流比倍数的上限值，以使之明显地高于 R_{min}。生产中回流比的选择或调节是保证产品纯度的一种手段。

4. 简捷计算法（Gilliland 法）

精馏塔的理论塔板数的计算，除了用逐板法和图解法外，还可以使用简捷计算法。该法利用标准化的量纲为 1 的变量把分离级数对回流比做图，即对理论塔板数 N，最少理论板数 N_{min}，操作回流比 R 及最小回流比 R_{min} 四者之间的关系进行研究，用图 7-19 中的一条曲线来表示，称为吉利兰（Gilliland）关联图。

吉利兰图的关联采用了 8 种物质。在如表 7-8 所示的条件下，由逐板计算得出的结果绘制在双对数坐标纸上的。

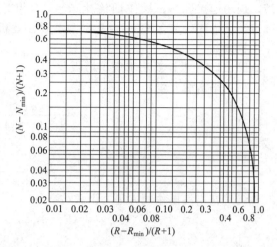

图 7-19 吉利兰图

表 7-8 吉利兰关联图采用的精馏条件

组分数	进料热状态	最小回流比 R_{min}	相对挥发度 α	理论塔板数 N_T
2～11	5	0.53～7.0	1.26～4.05	2.4～43.1

吉利兰关联图可用于双组分或多组分精馏计算，但其条件应尽量接近上述情况。

吉利兰图是个经验关联图，通过它可以很方便地由 R_{min}，N_{min} 的数值求出在不同操作回流比 R 时的理论塔板数 N。一般可根据芬斯克公式（7-31）或者式（7-32）求得 N_{min}，根据式（7-34）求得 R_{min}，然后由图 7-19 根据选择的 R 值即可求出 N 值。

吉利兰关联图中的曲线若处在 $0.01 < (R-R_{min})/(R+1) < 0.9$ 的范围内，可以采用如下回归方程予以表达

$$Y = 0.545827 - 0.591422X + 0.002743/X \tag{7-36}$$

式中，$Y = \dfrac{N-N_{min}}{N+2}$；$X = \dfrac{R-R_{min}}{R+1}$。

除此之外，还可以利用下式来近似表达吉利兰关联图中的曲线

$$Y = 1 - \exp\left(\frac{1+54.4X}{11+117.2X}\frac{X-1}{\sqrt{X}}\right) \tag{7-37}$$

$$Y = 0.75(1 - X^{0.5668}) \tag{7-38}$$

值得注意的是，吉利兰关联图的纵坐标有两种标注方式，即 $Y = \dfrac{N-N_{min}}{N+1}$ 和 $Y = \dfrac{N-N_{min}}{N+2}$。对于前者，其中的 N 和 N_{min} 包含了再沸器；对于后者，N 和 N_{min} 则不包含再沸器。横坐标仍以 $X = (R-R_{min})/(R+1)$ 表示。

简捷计算法计算理论塔板数在精馏段和提馏段的理论塔板数相差悬殊时，其误差很大，但在为确定适宜回流比而需要计算不同 R 时的理论塔板数，即做方案选择时，这种方法比较适用。

【例 7-5】 欲用一连续精馏塔分离含苯为 44％（摩尔分数，下同）的苯-甲苯二元混合

液，现用泡点进料，操作回流比 $R=3$，相对挥发度 $\alpha=2.41$。要求塔顶产品含苯 $x_D=95.5\%$，塔底残液含苯 $x_W=5.85\%$。试用逐板计算法、图解法和简捷算法求取该塔所需理论塔板数。

解：1. 逐板计算法求理论塔板数

（1）平衡线方程

$$y=\frac{\alpha x}{1+(\alpha-1)x}=\frac{2.41x}{1+1.41x}$$

或

$$x=\frac{y}{2.41-1.41y}$$

（2）精馏段操作线方程　由式(7-17)

$$R=3,\qquad x_D=0.955$$

则

$$y_{n+1}=\frac{3}{3+1}x_n+\frac{0.955}{3+1}=0.75x_n+0.239$$

（3）提馏段操作线方程　由式(7-29)

$$y_{m+1}=\frac{L+qF}{L+qF-W}x_m-\frac{Wx_W}{L+qF-W}$$

可知，欲求此操作线方程，必须知道 L，F 和 W。

若以 $F=100\text{kmol}$ 为基准进行全塔物料衡算，则

$$F=D+W \tag{a}$$

对易挥发组分苯的物料衡算

$$Fx_F=Dx_D+Wx_W$$

$$100\text{kmol}\times0.44=D\times0.955+W\times0.0585 \tag{b}$$

解(a)、(b) 两式，得　　　$D=42.6\text{kmol}$　　$W=57.4\text{kmol}$

$$R=L/D,\qquad L=RD=3\times42.6\text{kmol}=127.8\text{kmol}$$

因泡点进料，$q=1$

$$y_{m+1}=\frac{127.8\text{kmol}+100\text{kmol}\times1}{127.8\text{kmol}+100\text{kmol}\times1-57.4\text{kmol}}x_m-\frac{57.4\text{kmol}\times0.0585}{127.8\text{kmol}+100\text{kmol}\times1-57.4\text{kmol}}$$

$$y_{m+1}=1.34x_m-0.0197$$

（4）逐板计算

① 精馏段　已知　　　　　　　$x_D=0.955=y_1$

故由平衡线方程可得

$$x_1=\frac{y_1}{2.41-1.41y_1}=\frac{0.955}{2.41-1.41\times0.955}=0.898$$

由 x_1，利用精馏段操作线数值方程可求得 y_2，即

$$y_2=0.75x_1+0.239=0.75\times0.898+0.239=0.913$$

如此反复计算下去，所得结果列于表 7-9。

表 7-9　逐板计算精馏段的组成

$y_{n+1}=0.75x_n+0.239$	$x_n=\dfrac{y_n}{2.41-1.41y_n}$	$y_{n+1}=0.75x_n+0.239$	$x_n=\dfrac{y_n}{2.41-1.41y_n}$
$y_1=x_D=0.955$	$x_1=0.898$	$y_4=0.764$	$x_4=0.573$
$y_2=0.913$	$x_2=0.813$	$y_5=0.669$	$x_5=0.456$
$y_3=0.849$	$x_3=0.700$	$y_6=0.581$	$x_6=0.365$

由表 7-9 数据可知：$x_5 = 0.456 > x_F$（$= 0.44$），$x_6 = 0.365 < x_F$（$= 0.44$），故第 6 块为加料板，则精馏段的理论塔板数为 5。

② 提馏段　从塔顶向塔底，加料板以下各板上升的蒸气组成应改用提馏段操作线方程计算

$$y_7 = 1.34 x_6 - 0.0197 = 1.34 \times 0.365 - 0.0197 = 0.469$$

由平衡线方程，得

$$x_7 = \frac{0.469}{2.41 - 1.41 \times 0.469} = 0.268$$

如此逐板计算下去，结果列于表 7-10。

表 7-10　逐板计算提馏段的组成

$y_{m+1} = 1.34 x_m - 0.0197$	$x_m = \dfrac{y_m}{2.41 - 1.41 y_m}$	$y_{m+1} = 1.34 x_m - 0.0197$	$x_m = \dfrac{y_m}{2.41 - 1.41 y_m}$
$y_7 = 0.469$	$x_7 = 0.268$	$y_9 = 0.215$	$x_9 = 0.102$
$y_8 = 0.339$	$x_8 = 0.175$	$y_{10} = 0.117$	$x_{10} = 0.0521$

由此可知，$x_{10} = 0.0521 < x_W$（$= 0.0585$），故第 10 块理论板就是再沸器，提馏段有 5 块理论板，全塔所需理论塔板数共计 10 块（包括再沸器）。

2. 图解法求理论塔板数

（1）根据相对挥发度 $\alpha = 2.41$，由平衡线方程式(7-9) 求不同 x 时的 y 值，在 y-x 相图上给出平衡线，如图所示。

（2）根据 $x_D = 0.955$，$x_F = 0.44$ 和 $x_W = 0.0585$，在 x 轴上定出三点，并分别做垂线交于对角线得 a，d，c 三点。

（3）由精馏段操作线方程，可于 y 轴上定出截距 $b = x_D / (R+1) = 0.955 / (3+1) = 0.239$。连接 a，b 两点，即得精馏段操作线。

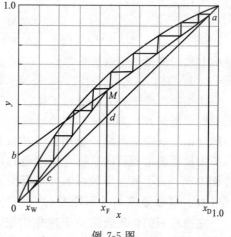

例 7-5 图

（4）做 q 线，因泡点进料，$q = 1$，故 q 线为过 d 点与 x 轴垂直的一条直线，它与精馏段操作线交于 M 点。

（5）连接 c，M 两点，即得提馏段操作线。

（6）在 y-x 相图上，从 a 点起在平衡线与操作线之间画梯级。当梯级画至操作线交点 M 时，应将梯级的垂直边从平衡线画至提馏段操作线上。跨过交点 M 的梯级即为进料板（最佳进料板位置）。由此可以得到精馏段理论塔板数为 5，提馏理论塔板数亦为 5（包括再沸器），自塔顶向下数，第 6 块板为加料板。

3. 简捷计算法求理论塔板数

（1）全回流时的理论塔板数（用芬斯克公式）由式(7-32)，得

$$N_{\min} = \frac{\lg \left[\left(\dfrac{x_D}{1 - x_D} \right) \left(\dfrac{1 - x_W}{x_W} \right) \right]}{\lg \alpha}$$

$$= \frac{\lg\left[\left(\frac{0.955}{1-0.955}\right)\left(\frac{1-0.0585}{0.0585}\right)\right]}{\lg 2.41}$$

$$= 6.6$$

（2）求最小回流比 $R_{\min}$

$$R_{\min} = \frac{x_D - y_F^*}{y_F^* - x_F}$$

因为

$$y_F^* = \frac{2.41 x_F}{1+(2.41-1)x_F} = \frac{2.41 \times 0.44}{1+1.41 \times 0.44} = 0.654$$

所以

$$R_{\min} = \frac{0.955 - 0.654}{0.654 - 0.44} = 1.41$$

（3）用吉利兰图求理论塔板数

已知：$R = 3$，故

$$\frac{R - R_{\min}}{R+1} = \frac{3-1.41}{3+1} = 0.398$$

查图 7-19，得

$$\frac{N - N_{\min}}{N+1} = \frac{N-6.6}{N+1} = 0.28$$

解出上式，即得理论塔板数

$$N \doteq 10 \text{（包括再沸器）}$$

此例对各种计算方法进行了比较，说明三种方法相当一致。Gilliland 法用起来方便，但准确性可能最差。如果精心地绘制 y-x 相图，则 McCabe-Thiele 法大概是最准确的，但当包含的理论塔板数很多时，应用它会造成很大的误差。Lewis-Matheson 法比较繁琐，但对于需要大量理论塔板数的系统是很准确的，不仅如此，该法还可以同时求得各层塔板上的气、液相组成，为了解全塔的温度分布提供了条件。

六、塔板效率与实际塔板数

理论塔板的传质效果属于理想情况，即离开每一块塔板的液体与蒸气组成是互相平衡的，但是在实际的塔板中，由于气、液两相接触表面有限，时间短暂；塔板上液体未能充分均匀混合，板上的液体在流入口处与溢流处往往存在着明显的浓度变化，离开每一块塔板的蒸气组成不可能与离开该塔板的液体组成互成平衡，因此，就完成一定的分离任务来说，所需的实际塔板数要比理论塔板数为多。塔板效率就是用以表示塔板上气、液两相传质过程接近理想情况的程度指标。

1. 单板效率

单板效率又称默弗里（Murphree）效率。它是指流体经过一块塔板的实际组成变化与经过一块理论板达平衡状态的组成变化之比。

当用气相组成的变化来表示时

$$E_{m,v} = \frac{y_n - y_{n+1}}{y_n^* - y_{n+1}} \tag{7-39a}$$

以液相表示

$$E_{m,l} = \frac{x_{n-1} - x_n}{x_{n-1} - x_n^*} \tag{7-39b}$$

式中　y_n，y_{n+1}——离开和进入第 n 板的气相摩尔分数；

　　　　x_{n-1}，x_n——进入和离开第 n 板液相摩尔分数；

　　　　y_n^*——与 x_n 成平衡时的气相中易挥发组分的摩尔分数；

　　　　x_n^*——与 y_n 成平衡时的液相中易挥发组分的摩尔分数。

由于塔内每块板上流体性质及操作状况不同，故各板的默弗里效率也不相同，默弗里效率一般由实验测定。

2. 全塔效率

全塔效率又称总板效率，以 E_0 表示。对于一个特定的分离过程，E_0 等于需要的理论板数与实际板数之比，即

$$E_0 = \frac{N_T}{N_P} \times 100\% \tag{7-40}$$

式中　N_T——完成一定分离任务所需的理论塔板数；

　　　N_P——完成相同分离任务所需的实际塔板数。

全塔效率恒小于 100%。

由于影响板效率的因素很多，迄今为止，还没有找到一个合适的求取全塔效率的理论关系式，较可靠的是取自于生产中的试验数据。大量实践证明，全塔效率的数值范围通常在 $0.2 \sim 0.8$ 之间，对于双组分混合液则多在 $0.5 \sim 0.7$ 之间。

3. 实际塔板数

当理论塔板数计算出来以后，用全塔效率 E_0 去除，即按下式计算就可得到实际塔板数。

$$N_P = \frac{N_T}{E_0} \tag{7-41}$$

七、塔高、塔径及板压降的计算

1. 塔高的计算

板式塔有效段（不包括塔顶空间和塔底再沸器）的高度 H，是由实际塔板数 N_P 和板间距 H_T 来确定的。

$$H = N_P H_T \tag{7-42}$$

板间距的数值主要取决于下列因素。

(1) 雾沫夹带　精馏操作中，气体穿过塔板上的液层时，无论是喷射型还是泡沫型操作，都会产生大量液滴。这些液滴中的一部分被上升气流带至上一层塔板的现象称为雾沫夹带。由于下层较低浓度的液体被带至上层塔板，使塔板的提浓作用降低，导致塔板效率下降。如果塔内板间距小，则雾沫夹带量大；而板间距大，则雾沫夹带小，但板间距过大，使塔高增加，导致金属消耗增多，提高了塔的造价。

(2) 液泛　所谓液泛亦称淹塔，即板间距过小时，上一层塔板上的液体来不及流走，而存积在塔板上的现象。为避免淹塔，通常使塔板间距大于或等于降液管内清液层高度的 $1.7 \sim 2.5$ 倍。

(3) 物料的起泡性　起泡性物料，应取较大的板间距。

(4) 操作弹性　是指在负荷发生波动时，为维持操作稳定，而保持具有较高分离效率的能力。通常以最大气速负荷与最小气速负荷之比表示。操作弹性要求较大时可取较大的板间距，反之则用较小的板间距。

除此之外，板间距的选择还与塔径的确定密切相关。

当塔的生产能力一定时，H_T 增加，操作气速可以提高而不会引起严重的雾沫夹带，此

时可以适当减小塔径。反之，当板间距较小时，必须采用较小的操作气速，塔径则必须增大。对塔板数较多的精馏塔，往往采用较小的板间距，适当增大塔径以降低塔高。

目前，板间距的数值一般都采用经验值。对于雾沫夹带少的，H_T 可取 300～600mm；对于雾沫夹带多的，H_T 可取 400～800mm。初选时，可参考表 7-11 的推荐值。

表 7-11　不同塔径时的板间距

塔径 d/m	0.3～0.5	0.5～0.8	0.8～1.6	1.6～2.4	2.4～4.0
板间距 H_T/mm	200～300	250～350	300～450	350～600	400～600

对于需要经常清洗或检修的塔，在塔体各人孔处的板间距应留有足够的工作空间，其值不能低于 600mm。

2. 塔径的计算

塔径的大小与很多因素有关，其中包括：塔内气、液相流量，空塔气速，流体物性及板间距等。通常按下式计算塔径

$$d = \sqrt{\frac{q_V}{0.785u}} \tag{7-43}$$

式中　q_V——操作条件下的气相体积流量，$m^3 \cdot s^{-1}$；

u——操作条件下的空塔气速，$m \cdot s^{-1}$。

计算得到的塔径一般需按化工机械标准进行圆整，从式(7-43)来看，只要选定了空塔气速，根据体积流量就可算出塔径，因此，确定适宜的空塔气速是计算塔径的关键。所谓空塔气速是指蒸气通过整个塔截面时的速度。空塔气速选得较小，塔径将增大，金属消耗增多，设备投资高，反之，则投资降低。最小空塔气速应大于漏液气速（气速下限），而最大气速必须小于发生严重雾沫夹带或液泛时的气速（气速上限）。正常操作时的空塔速度一定要小于液泛速度，而且还需保证雾沫夹带小于 10%，一般取空塔速度为液泛速度的 60%～80% 即可。

液泛速度的大小随塔板型式、处理量和物料性质不同而不同，常由实验确定。目前已有各种塔板液泛速度的半经验公式可用，必要时可查阅有关化工手册。

关于塔内气相体积流量 q_V 的计算可视以下情况而定。

(1) 由于进料热状况及操作条件的不同，精馏段和提馏段内的上升蒸气的体积流量 q_V 可能不同时，应分别计算两段的 q_V 及塔径 d。

① 精馏段 q_V 计算　若已知精馏段上升蒸气的摩尔流量，则体积流量可按下式计算

$$q_V = \frac{VM_m}{3600\rho_V} \tag{7-44}$$

式中　V——精馏段上升蒸气的摩尔流量，$kmol \cdot h^{-1}$；

ρ_V——在精馏段平均操作压力和温度下气相的密度，$kg \cdot m^{-3}$；

M_m——平均摩尔质量，$kg \cdot kmol^{-1}$。

若操作压力较低时，气相可视为理想气体混合物，则

$$q_V = \frac{22.4V p_0 T}{3600 p T_0} \tag{7-45}$$

式中　T，T_0——精馏段操作条件下的平均温度和标准状况下的温度，K；

p，p_0——精馏段操作条件下的平均压力和标准状况下的压力，Pa。

② 提馏段 q_V' 的计算　若已知提馏段上升蒸气的摩尔流量 V' 和平均温度 T' 及平均压力

p'，亦可按式(7-44) 或式(7-45) 的方法计算提馏段的体积流量 q'_V。

（2）若精馏段和提馏段内的上升蒸气的体积流量 q_V 相差不太大时，为使塔的结构简化，两段宜采用相同的塔径。

3. 塔板的压力降

气体通过塔板的压力降，即压头损失，是由两方面因素引起的：

① 气体通过干板的阻力损失，即干板压降 h_d；

② 气体穿过板上液层的压降 h_1。

一般情况下，压力降都可用半经验公式计算。塔的结构类型不同，则所用公式也有所差别，但均遵循流体力学原理。对于筛板塔，气体通过一块塔板的压力降 h_f 为

$$h_f = h_d + h_1 \tag{7-46}$$

干板压降主要是由气体通过筛孔时的突然收缩和突然扩大的局部阻力而引起的，与气体通过孔板的流动情况极为相似，即

$$h_d = \zeta \frac{u_0^2}{2g} \frac{\rho_g}{\rho_L} \tag{7-47}$$

式中　ζ——阻力系数；

u_0——气体通过筛孔的速度，$m \cdot s^{-1}$；

ρ_g，ρ_L——气体与液体密度，$kg \cdot m^{-3}$。

$$h_1 = 0.5 h_W \tag{7-48}$$

式中　h_W——塔板上的液层厚度，m。

塔板压降的大小是影响精馏塔操作特性的重要因素，也是设计任务规定的一个重要指标。特别是对于沸点高、易聚合、易分解的物料，常需减压、低温操作。如果塔板压降大，必然导致塔釜的真空度大为下降，因此，就需要提高一些温度才能使釜液沸腾，能耗必然加大。此外，在操作精馏塔时，压力降的变动也能反映精馏操作情况，因为压力降直接与气体的线速度和塔板上的液层厚度有关，釜液汽化量增加和塔板液层厚度增加，都会使压力降增加，反之，则减少，所以在设计或操作精馏塔时，应对塔板压力降予以注意。在保证具有较高效率的前提下，力求减少塔板压力降，以降低能耗和改善塔的操作性能。

第六节　间 歇 精 馏

间歇精馏亦称为分批精馏。它是化工生产中处理小批量物料，或将多组分混合物初步分离成几个馏分，为方便操作和简化设备而进行的一种操作。它与连续精馏的不同点在于：① 操作前，原料一次加入蒸馏釜中，其浓度随着操作的进行而不断降低，当釜液浓度达到规定值时，停止加热，排出残液，故间歇精馏实质上是一个非定态过程；② 间歇精馏塔只有精馏段而无提馏段。

在间歇精馏过程中，若保持馏出液浓度恒定，则回流比将不断改变；若保持回流比恒定而馏出液浓度将逐渐降低，因此，间歇精馏可按下述两种方式进行。

一、馏出液浓度维持恒定的操作

在塔板数一定的情况下，若维持塔顶馏出液的浓度不变，则如图 7-20 所示，操作线起点 a 的位置固定不变，其截距 $\dfrac{x_D}{R+1}$ 必将随操作的进行而逐渐减小，即回流比 R 相应增大。釜液浓度由 $x_{W,1}$ 逐渐降至规定 $x_{W,e}$，即停止操作。

设原料液浓度，即釜液最初浓度为 x_F，要求经分离后釜液最终浓度为 $x_{W,e}$，馏出液浓

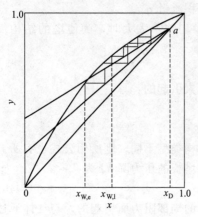

图 7-20 馏出液组成维持
恒定的间歇精馏

度恒定为 x_D。显然分离最困难是精馏的最后阶段，故确定理论塔板数应以精馏最终阶段釜液浓度 $x_{W,e}$ 为基准计算。其计算步骤如下。

（1）按规定的 x_D、$x_{W,e}$ 计算最终操作状态下的最小回流比，即

$$R_{min} = \frac{x_D - y_{W,e}^*}{y_{W,e}^* - x_{W,e}} \tag{7-49}$$

式中　$y_{W,e}^*$——与釜液最终浓度 $x_{W,e}$ 成平衡的气相中易挥发组分的浓度。

（2）取适当的倍数以确定最终操作状态下的操作回流比 R。

（3）计算截距 $\dfrac{x_D}{R+1}$，即可按图解法求取理论塔板数 N_T。

二、回流比维持恒定的操作

在塔板数一定的情况下，若回流比 R 保持不变，则如图 7-21 所示，操作线的斜率保持不变，各操作线彼此平行。随着操作的进行，釜中液体的浓度逐渐减小，当釜液浓度为 $x_{W,1}$ 时，其相应的馏出液浓度为 $x_{D,1}$；为 $x_{W,2}$ 时，相应的馏出液浓度为 $x_{D,2}$……依此类推，直到 $x_{W,e}$ 达到规定的要求，停止操作。

恒定回流比的操作，所得馏出液的浓度是各瞬间浓度的平均值 $\overline{x}_D$，则此情况下精馏操作所需的理论塔板数可按如下步骤计算。

（1）按工艺要求馏出液平均浓度为 $\overline{x}_D$，则设计时应使操作初期的馏出液浓度 $x_{D,1} > \overline{x}_D$，以使平均浓度达到或略高于规定值，并设釜液起始组成 $x_{W,1} = x_F$。

（2）根据 x_F 和 $x_{D,1}$ 计算最小回流比，即

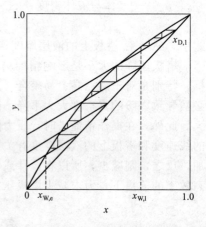

图 7-21　回流比维持恒定的间歇精馏

$$R_{min} = \frac{x_{D,1} - y_F^*}{y_F^* - x_F} \tag{7-50}$$

（3）取适当的倍数，以确定实际操作回流比 R。

（4）由 $x_{D,1}$、$x_{W,1}$ 和 R，按一般图解法即可求得理论塔板数 N_T。

对于实际操作而言，为使恒定馏出液浓度不变，就需要适当改变回流比，操作不便；而恒定回流比操作上方便，但蒸发的总蒸气量大，能耗就大，且塔径也较大，故不经济，因此，工业生产实际中，常将两种方法结合使用，即采用分段保持恒定馏出液浓度，而使回流比逐渐跃升的办法来进行操作。

第七节　特殊精馏

通常，当混合液的分离采用普通精馏操作不能达到较好的分离时，工业上就采用特殊精馏的方法进行分离。采用特殊精馏时，应当满足下列条件之一：

① 欲分离的混合液各组分之间的沸点差相差很小，一般小于3℃；

② 组分间的相对挥发度 $\alpha < 1.05$；

③ 形成恒沸混合物；

④ 精馏操作中容易发生分解或聚合；

⑤ 精馏过程中同时伴有反应产物分离。

特殊精馏的基本原理是在二元混合液中加入第三组分，以改变原二元系的非理想性或提高其相对挥发度。根据第三组分所起作用的不同，又可分为恒沸精馏和萃取精馏。

本节仅简介其流程和特点。

一、恒沸精馏

在最低恒沸物、最高恒沸物或沸点相近的物系中加入第三组分后，若第三组分与二元混合液某一组分形成一组新的二元最低恒沸物，或与原来的两个组分形成三元最低恒沸物，其沸点比原二元恒沸物中任何一个组分的沸点都低，故精馏时可由塔顶排出，此时所加的第三组分称为夹带剂或分离剂。这种特殊精馏的方法就叫做恒沸精馏。

以乙醇-水二元恒沸液制取无水酒精为例，以苯作夹带剂。苯、乙醇和水形成三元非均相恒沸物，常压下，沸点为64.6℃，且水对乙醇的摩尔比较原来的要大得多，故当苯足量，则精馏时水将全部集中于三元恒沸物中从塔顶馏出，而塔底产品为无水酒精。如图7-22所示。

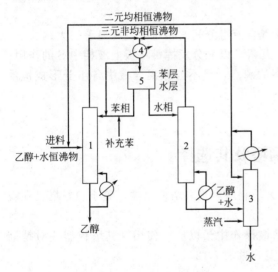

图 7-22　乙醇-水恒沸蒸馏
1—恒沸精馏塔；2—苯回收塔；3—酒精
回收塔；4—冷凝器；5—分层器

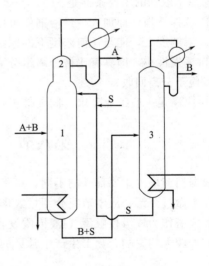

图 7-23　萃取精馏的流程
1—萃取精馏塔；2—萃取剂
回收段；3—溶剂分离塔

操作时，将接近于乙醇-水恒沸组成的工业酒精加入恒沸精馏塔1，无水乙醇从1塔底排出。塔顶馏出的三元恒沸物蒸气经冷凝器4冷凝后在分层器5中分层，上层富苯相作回流用，下层富水相（含有少量苯）进入苯回收塔2，在塔顶仍产生一个三元恒沸物，塔底是稀酒精，再进入普通的酒精回收塔3中精馏，塔顶是乙醇-水二元恒沸物，塔底是纯水。在精馏过程中，苯循环使用且有损失，故需及时补充。

恒沸精馏操作中，夹带剂的选择应该考虑如下几点：

① 夹带剂与被分离的组分之一种或两种形成最低恒沸物，其沸点较纯组分沸点要低，一般要求不低于10℃；

② 新形成的恒沸物要便于分离，最好形成非均相恒沸物，以便分层分离；

③ 恒沸物中夹带剂的相对含量少，即每份夹带剂能带走较多的原组分，这样夹带剂用量少，热量消耗低，操作较为经济；

④ 应满足一般工业要求：热稳定性好、无毒、无腐蚀、不易燃、不易爆、来源充足、价格低廉。

二、萃取精馏

萃取精馏与恒沸精馏类似，也是向被分离的混合物中加入第三组分。加入的第三组分与原二元混合液中 A，B 两组分的分子作用力不同，故能有选择地改变 A，B 的蒸气压，以增大原混合液中两组分的相对挥发度，从而使混合液的分离变得容易。所加入的第三组分称为萃取剂（或溶剂），其沸点较原两组分都高得多，且不形成恒沸物；精馏过程中从塔底排出而不消耗汽化热，且易与 A，B 分离完全。

萃取精馏的流程如图 7-23 所示。原料 A＋B（如苯-环己烷，其沸点分别为 80.1℃ 和 80.73℃）加入萃取精馏塔 1 的中部，萃取剂 S（糠醛，沸点为 161.7℃）在靠近塔顶处加入，使塔内各板的液相中均保持一定比例的 S。沸点最低的 A 由塔顶馏出，在萃取剂加入口以上设置一二块塔板（萃取剂回收段 2）以捕获少量被汽化的 S，以免从塔顶逸出。

萃取精馏塔 1 的釜液为 B＋S 混合液，然后将其送入溶剂分离塔 3 中以回收萃取剂。因为 B 与 S 沸点差相差很大，故二者易于分离。塔 3 底部排出的 S，可循环进入塔 1 使用。

选择萃取剂的主要条件是：

① 选择性强，即加入少量溶剂就可以使原混合液组分间的相对挥发度显著增大；

② 溶解度大，能与任何浓度下的原混合液互溶，以充分发挥每块板上液相中 S 的作用；

③ 挥发性小，即具有比被分离组分高得多的沸点，且不与原混合液中各组分形成恒沸物，以便于分离回收；

④ 应满足一般工业要求（同夹带剂）。

第八节　精馏塔及其选择

根据精馏塔内主要部件的不同，可将其分为填料塔和板式塔两大类，鉴于填料塔已在吸收操作中做过介绍，故本节只介绍板式塔。

板式塔作为逐级接触型气-液传质设备在精馏操作中予以广泛使用，其塔板型式对精馏效果有着较大的影响。化工生产中常见的塔板型式见表 7-12。

表 7-12　塔板型式

塔　型	塔　板　型　式
有溢流装置的板式塔	泡罩塔板；S形塔板；浮阀塔板；舌形塔板；浮动喷射塔板
无溢流装置的板式塔	筛孔及筛孔穿流塔板；波纹筛板

一、有溢流装置的板式塔

这种塔的塔板上装有溢流管，液体经过溢流管从上层塔板流到下一层塔板，在塔板上横流过一定距离后，又进入溢流管到再下一层塔板；气体则经过板上的开孔上升，在每一层塔板上气液两相呈错流方式进行热、质传递，此种塔型在工业生产中用得最多。

1. 泡罩塔板

泡罩塔板设计简图如图 7-24 所示。在塔板上均匀设置有多个泡罩，每个泡罩的结构为：

在塔板上开一个圆孔，并焊接一短圆管——升气管。管上再罩一个钟形泡罩，泡罩下缘为锯齿形开口——气缝，以增强气液接触效果。为使塔板上保持有一定液层的厚度，设有堰板。

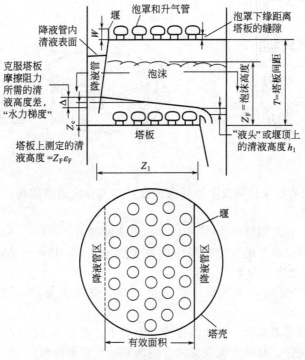

图 7-24　泡罩塔板设计简图

这种塔板的特点是：由于有升气管，故塔板上液层不是靠一定的气速来维持的，操作时没有严重的漏液现象。可以在气、液流量变化较大时，以较高的效率稳定操作，不易堵塞，适用于多种介质。

泡罩塔板的缺点是：结构复杂，金属耗量过大，安装、维修不便；气体流动路线曲折，塔板上液层较厚，增大了气体流动阻力；板上液层深浅不同，气量分布不均匀；液泛 气速低，生产能力小，所以尽管它是工业上使用最早（1813 年）的板式塔，有成熟的设计方法和操作经验，但近年也逐渐为浮阀塔或筛板塔所取代。

2. S 形塔板

用钢板加工成截面呈"S"形的部件经组装而成 S 形塔板，如图 7-25 所示，这种塔板亦称为单流式泡罩塔板。在气体与液体的接触处，也有齿形开口。S 形塔板较钟形泡罩板简单，对气体而言，阻力小，分布均，具有较大的操作弹性。其处理能力比钟形泡罩塔板高 $20\%\sim25\%$，而板效率相近。由于其结构简单，金属耗量小，造价低，故曾在塔设备的发展过程中占有过一定的地位。其缺点是：压降较大，不适于减压操作，故目前也多为新型塔板所代替。

3. 浮阀塔板

浮阀塔是近年来发展起来的一种新型塔设备。浮阀塔板与泡罩塔板相比，其主要改进之处是取消了升气管，用塔板开孔上安装有可随气速变化而升降的阀片代替泡罩，如图 7-26 所示。

当气体通过阀孔时将阀片托起并沿水平方向喷出，阀片的开度随气量的改变而自动变化。当气量小时，阀片依靠重力而下降甚至关闭，不致引起漏液。当气量大时，阀片浮起，由阀"脚"钩住塔板来维持最大开度。因开度增大而使气速不致过高，从而降低压降，也使

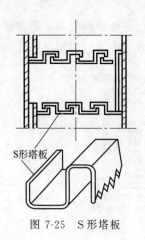

图 7-25 S形塔板

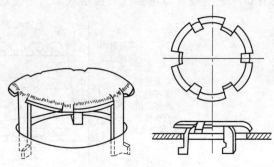

图 7-26 F-1型盘式浮阀

液泛气速提高,故在高液气比情况下,浮阀塔生产能力要比泡罩塔高。

浮阀塔的优点是:

① 生产能力大,比泡罩塔高20%～40%,与筛板塔相近;

② 操作弹性大,在较宽的气速范围内板效率变化较小。其弹性范围(即蒸气或气体的最大负荷与最小负荷之比)为7～9;

③ 由于气液接触良好,蒸气以水平方向吹出,雾沫夹带小,故板效率比泡罩塔高15%左右;

④ 塔板没有复杂的障碍物,因此液体流动阻力小,液面梯度较小,蒸气分布均匀;

⑤ 有较强的适应性,对黏度大及易聚合的物系也能正常操作;

⑥ 结构简单,安装、维修容易,制造费用约为泡罩塔的60%～80%。

4. 舌形塔板

该塔板的气、液接触元件是在整块塔板上直接冲压成许多半开的舌孔,翘起的舌片与塔板约成20°角,见图7-27。操作时,蒸气从舌孔喷出,使上升蒸气沿塔板上液流方向有一水平分速度,以促进气液两相的传热和传质。由于在塔板上气液呈并流流动,减少了液体流动的阻力,使得塔板上的液面梯度和逆向混合较小,从而提高了传质效率和生产能力(比泡罩塔大10%～35%)。

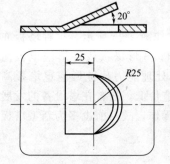

图 7-27 舌形塔板

这类塔板结构十分简单,制造容易,金属耗量小,不易堵塞,可用于常压、减压或加压操作,但在低气速下液体易从舌孔处泄漏,影响精馏效果,操作弹性较小。

5. 浮动喷射塔板

浮动喷射塔是综合了舌形塔和浮阀塔的优点,即兼有浮动和喷射特点的新型塔板。塔板上由一系列平行排列的、形同百叶窗的浮动板组成,其简单构造如图7-28所示。

当气体通过塔板时,浮动板以两端的凸肩的后缘为轴而转动,故随蒸气流量的变化浮动板的张角也随之而变,以使蒸气从缝隙喷出的速度始终维持在适当的数值范围,并与液体呈并流流动,从而保证了气、液的良好接触。其操作特性是:在一定的液相负荷情况下,气速较小时,浮动板开始波浪式开启。当气速增加,浮动板波浪式开启的数目增多,此时塔板上的液体相应地处在鼓泡和喷射周期地交替操作中。气速继续增加,将从鼓泡操作转为喷射操作。当气速再提高,浮动板波浪式开启现象消失,而仅在最大张角处有微微抖动,塔板上已

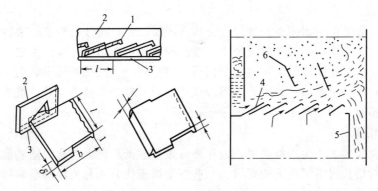

图 7-28　浮动喷射塔板
1—浮动板；2—支架；3—托板；4—入口斜板；5—降液管；6—挡板或挡网

无清液层。这时若维持气速为某一定值，塔板将处于稳定的喷射状态。被喷散的液滴最后以高速冲向降液管上方塔壁，其中绝大部分落入降液管，流到下层塔板，少部分液滴被分散成更细的液沫浮在塔板上空，其中部分成雾沫夹带，部分再回落到塔板。气速再进一步增大，液滴对降液管上方塔壁和挡板的冲击越厉害，雾沫夹带剧增，降液管中气液分离更困难，最终破坏了塔的正常操作。

浮动喷射塔的优点是：

① 生产能力大，操作范围宽；

② 压降小，每层塔板的压降约为 147.1～392.3Pa，且随气、液流量的增加，压降增加不多；

③ 塔板上存液量小，由于塔板上的液体被蒸气吹成液滴，气体为连续相，液体为分散相，无清液层存在，故塔板上液体存量极少；

④ 板效率与其他板式塔相近，约为 50%～60%。

浮动喷射塔板的缺点是：操作中波动较大，塔盘入口处泄漏严重；液量小时易"干吹"，液量大时塔板上液体呈现水浪式脉动，气液接触不够良好。又由于剧烈湍动增加了雾沫夹带，故使溢流困难。小塔中这种现象尤为突出，所以浮动喷射塔更适用于大塔。

二、无溢流装置的板式塔

无溢流装置的板式塔又称穿流板塔。这种塔的塔板由于没有溢流装置，故塔板面积利用率高，有利于提高塔的生产能力，且构造简单，制作方便。其缺点是弹性小，受负荷变动影响较大，不适于易聚合、生垢的系统。

1. 筛孔塔板

筛孔塔板简称筛板，这种塔在操作中，气体从孔缝中上升，对液体产生阻滞作用，在板上形成一定厚度的液层。气体鼓入此液层，形成泡沫层和雾滴层，进行传质。在塔板上与蒸气接触的液体又不断地通过一些筛孔下落，在筛孔中形成了上下穿流，且气液交互通过筛孔的位置是不断变化着的。显然，气速太小，板上不会积液，只有达到一定气速（拦液点），板上才开始积液。气速进一步增加，阻力增大，则液层增厚，其泡沫层和雾滴层增高。当气速大到一定程度后，雾沫夹带严重，液层充满了塔板空间，向上倒流，造成液泛。筛板可以在拦液点到液泛点之间操作，一般希望气速接近液泛处，这时不仅处理量大，分离效率也高。

与泡罩塔相比，筛板塔优点是：生产能力约大 10%，板效率约大 10%，压降少 30%，造价低 40%。

2. 波纹筛板

波纹筛板一般是由金属薄板先冲好孔，再压成波纹状。波纹的深度按液体负荷量的不同而异。负荷小的，在塔板上滞留的液量少，液层较薄，则选用浅波纹。反之，液体负荷大的就选用深波纹。为促进液体分布，将上下两板交错排列。在波纹筛板中，由于波峰和波谷处液层厚度不同，液体主要由波谷小孔下落，气体则经所有小孔鼓泡上升，进行传质。此种塔板特性与筛板相差不多，只是强度要大一些。

三、新型塔板

为了适应大规模工业生产的需要，近年来，设备逐渐趋向大型化。随着能源的紧张与价格的上涨，故对塔板提出了更高的要求。一些新型塔板代替原有的浮阀塔和筛板塔，收到了提高产量、降低能耗的效果。

以下简要介绍导向筛板、垂直筛板、网孔塔板及多降液管塔板。

1. 导向筛板（Linde 筛板型）

这种筛板根据普通筛板和喷射型塔板特性，在普通筛板的基础上做了重要的改进措施，如图 7-29 所示。

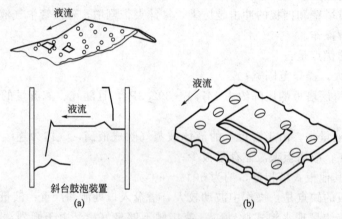

图 7-29　导向筛板结构

一是塔板上除有筛孔外，还开有一定数量的导向孔。导向孔在塔板上均匀错列分布，其开口方向与液流方向一致，气体通过导向孔推动液流，以减小液面落差，同时，也可以调整泡沫层厚度；二是在液流入口处，增加突出的斜台状鼓泡促进装置，借此将入口区域内的液层厚度减薄，形成一个易于被气体突破的薄弱部分，有助于液体一进入塔板即被鼓泡活化，造成整个塔板鼓泡的有利条件。

导向筛板优点是：压降低、雾沫夹带少、处理能力大、板效率高。适用于真空精馏、处理大液量及高纯度的分离。

2. 新垂直筛板（VST 板）

这种塔板是在垂直板的基础上加以改进而成。塔板上开设的气体通道上放置泡罩，泡罩有盖和侧壁，如图 7-30 所示，侧壁上再开筛孔（a）或百叶窗式条形孔（b）的雾沫分离器，其底部有齿孔。

操作时，上升蒸气通过板孔进入泡罩，由于孔中气流加速使孔附近的静压降低，塔板上流动的液体由于清液层高度所产生的静压头与罩内静压头之差而被吸入罩内，此部分液体与高速向上流动的气流进行动量交换而改变流动方向，沿罩内壁呈不规则环状向上流动。沿罩内上升的液相不断被加速，并逐渐被气流破碎成液滴，从而在泡罩内达到充分的气液接触。

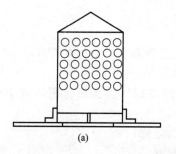 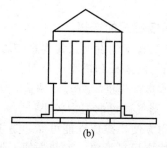

(a)　　　　　　　　　　　　　　　(b)

图 7-30　新垂直筛板帽罩体的型式

然后，气液两相通过雾沫分离器（罩孔或导向条缝）喷出后速度降低。气体再升到上一块塔板，雾沫夹带量较少。液滴合并后落入塔板，并随板上液流进入下游泡罩区，其中一部分又被吸入原泡罩进行二次循环。由于液滴水平喷出泡罩，其垂直初速度为零，故雾沫夹带量很少。

新垂直筛板是液体分散型塔板，气液接触面积大而均匀，气体通量大而不致有过量雾沫夹带，故效率较高。另外，由于开孔率大，且压力降与板上液层高度无直接关系，因而压力降小。再者，从降液管下降的液体带气泡很少，则可减少降液管面积，提高液体负荷，故这种塔板对易起泡的液体也很适用。

3. 网孔塔板

这类塔板就其结构特点而言，是属于带有碎流板的斜孔网状筛板；就其气液两相在塔板上的接触状态而言，是属于喷射型塔板。

塔板采用冲有倾斜定向开孔的薄钢板制造，板的上方还装有若干块用同样薄板制造的碎流板。这种塔板的主要优点是：

① 相邻两部分互成 90°的倾斜孔向，使相邻区段气液流向以垂直角度改变，提高了气液两相的湍动程度，相接触表面得到强烈更新；而且液体路程延长，增加了两相接触时间，并能改变液体沿塔壁分布不均的现象；

② 碎流板不仅起捕沫作用，减小雾沫夹带量，而且能充分利用塔板空间，使气液两相在碎流板上进行传质，增加了设备单位容积的传质有效工作区；

③ 塔板上具有定向斜孔，利用气相动能使两相在喷射接触状态操作，具有高气相负荷和低压降的特点。

网孔塔板缺点是：漏液严重，操作弹性小。

4. 多降液管筛板（MD 板）

这是一种在普通筛板上设置许多条形降液管的改进型筛板，见图 7-31。

MD 筛板最主要的结构特点是塔板上设置了数根长条形降液管，且被悬挂在塔板上的气相空间，降液管底部封闭，并开有若干喷孔，溢流液由降液管底部直接喷洒到下一层塔板上。为使液体分布均匀和防止短路，相邻两层塔板的降液管方向交错 90°排列。

多降液管筛板的主要优点是：液面梯度小，气体分布均匀；塔板有效面积大，可提高气相处理量；堰的长度大，可处理大液体负荷；操作范围宽，板压降低，板间距小。缺点是由于液体流程短，液体在板上停留时间短，使板效率降低。其设计较为复杂，目前，国外多采用计

图 7-31　多降液管筛板示意图

算机进行。

四、精馏装置的选择

随着精馏技术的发展，使得精馏塔的结构和型式更加复杂，其种类繁多，今后还会出现各种新式结构的塔板和塔型，但对各种塔型的共同要求是：

① 技术指标先进，分离效率高，处理量大，在较宽的气液负荷范围内效率不致下降，操作稳定，蒸气通过的阻力较小；

② 使用方便，操作性能可靠，易于调节、清理和维修；

③ 结构应尽量简单，安装方便，保温与加热效果好；

④ 热损失少，控制点精确。

小　　结

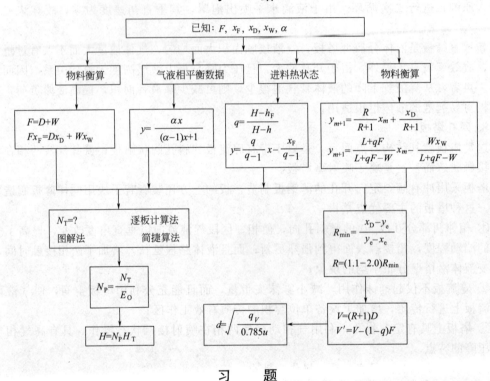

习　　题

1. 根据表 7-3 的数据作 0.1MPa 下苯和甲苯的沸点-组成图，并根据该图对苯的摩尔分数为 0.40 的苯和甲苯混合蒸气标绘出以下各项：

(1) 蒸气开始冷凝的温度，以及凝液的瞬间组成；

(2) 若将混合蒸气冷凝，冷却到 100℃ 时，将成什么状态？各相的组成为多少？

(3) 蒸气需冷却到什么温度才能全部冷凝成为饱和液体？此时饱和液的瞬间组成为多少？

$$[(1)\ 102℃，0.22；(2)\ 气液相平衡，x_A=0.256，y_A=0.453；(3)\ 95℃，0.40]$$

2. 根据苯-甲苯溶液的沸点-组成图，计算苯-甲苯的平均相对挥发度和相平衡方程。

$$[2.41，y_A=2.41x_A/(1+1.41x_A)]$$

3. 含正戊烷 0.4（摩尔分数，下同）和正己烷 0.6 的混合液，以 5000kg·h^{-1} 流量连续加入一精馏塔进行分离。要求馏出液含正戊烷 0.98，釜液含正戊烷不大于 0.03，求馏出液、釜液分别为多少？

$$[24.22\ kmol·h^{-1}，37.97\ kmol·h^{-1}]$$

4. 在一连续精馏塔中分离苯-甲苯混合液，要求馏出液中含苯 0.95（摩尔分数），馏出液流量 50kg·h^{-1}，塔顶为全凝器，平均相对挥发度为 2.46，回流比为 2，试求：

(1) 塔顶第一块板下降的液体组成 x_1；

(2) 精馏段各板上升的蒸气量 V 及下降的液体量 L 各为多少？

$$[(1)\ 0.885；(2)\ 1.91\ \text{kmol} \cdot \text{h}^{-1}，1.27\ \text{kmol} \cdot \text{h}^{-1}]$$

5. 常压连续精馏操作中，料液于泡点送入塔中，已知操作线数值方程如下：

精馏段 $\qquad\qquad\qquad\qquad y = 0.723x + 0.263$

提馏段 $\qquad\qquad\qquad\qquad y = 1.25x - 0.0187$

试求回流比、进料、馏出液及釜液的组成。

$$[2.61，0.535，0.95，0.0748]$$

6. 含苯 0.45 和甲苯 0.55（摩尔分数）的二元混合液，在 101.3kPa 下的泡点为 94℃，求该混合液在 55℃时的 q 值及进料线方程。已知：该混合液的平均比定压热容为 167.5kJ $\cdot$ kmol^{-1} $\cdot$ K^{-1}，平均气化潜热为 30397.6 kJ $\cdot$ kmol^{-1}。

$$[1.215，y = 5.65x - 2.09]$$

7. 某二元混合液在一常压连续精馏塔中进行分离，要求塔顶产品中易挥发组分达 94%，塔底产品易挥发组分为 4%（均为摩尔分数），已知该塔进料线方程为 $y = 6x - 1.5$，采用操作回流比为 $1.5R_{\min}$，相对挥发度为 2。试求：

(1) 精馏段操作线数值方程；

(2) 若塔底产品量 $W = 150$ kmol $\cdot$ h^{-1}，则进料量 F 和塔顶产品量 D 各为多少？

(3) 提馏段操作线数值方程。

$$[(1)\ y_{n+1} = 0.798x_n + 0.190；(2)\ 210.94\ \text{kmol} \cdot \text{h}^{-1}，60.94\ \text{kmol} \cdot \text{h}^{-1}；(3)\ y_{m+1} = 1.44x_m - 0.017]$$

8. 在一常压连续精馏塔中分离含苯 0.44（摩尔分数，下同）的苯、甲苯混合液。要求塔顶产品含苯为 0.955，塔釜残液含苯为 0.0585，已知操作回流比 $R = 3$，苯对甲苯的相对挥发度 $\alpha = 2.41$，试用图解法求下列情况的理论塔板数。

(1) 泡点进料；

(2) 气：液 = 2：1 的气液混合物进料。

$$[(1)\ 9\ \text{块（不含再沸器）；(2)}\ 10\ \text{块（不含再沸器）}]$$

9. 在一连续精馏塔内分离二元混合液，已知进料中易挥发组分浓度 $x_F = 0.4$（摩尔分数，下同），以气液混合物进料，其摩尔比气：液 = 2：3。要求塔顶产品浓度 $x_D = 0.97$，残液浓度 $x_W = 0.02$。若该系统的 $\alpha = 2$，回流比 $R = 1.8R_{\min}$。试求：

(1) 塔顶易挥发组分的回收率 η；

(2) 最小回流比 $R_{\min}$；

(3) 提馏段操作线的数值方程。

$$[(1)\ 97\%；(2)\ 2.76；(3)\ y_{m+1} = 1.30x_m - 0.006]$$

10. 含苯 0.50（摩尔分数，下同）的苯、甲苯混合液，以蒸气量和液体的千摩尔数之比为 2：3 的气液混合物进料，已知 $\alpha_{AB} = 2.46$，$x_D = 0.95$。求 $R_{\min}$。

$$[1.45]$$

11. 某连续精馏塔分离含丙烯 81.5%（摩尔分数，下同）的丙烯-丙烷混合液（视为理想溶液）。已知塔的操作压强为 2.1MPa，饱和液体进料，丙烯-丙烷的相对挥发度为 1.16，操作回流比为最小回流比的 1.2 倍。欲使塔顶产品中含丙烯 99.5%，塔釜产品中含丙烷 99.5%，试求：

(1) 最小回流比 $R_{\min}$；

(2) 用简捷算法求理论塔板数。

$$[(1)\ 7.57；(2)\ 113\ \text{块（含再沸器）}]$$

12. 在一连续精馏塔中分离某二元混合液，两组分的相对挥发度为 2.21。已知精馏段操作线方程为 $y = 0.72x + 0.25$。塔顶采用全凝器，冷凝液在饱和温度下回流入塔。假若测得塔顶第一层塔板的板效率 $E_{\text{mL}} = 0.65$，试确定离开塔顶第二层塔板的气相组成。

$$[0.843]$$

13. 用连续精馏塔分离乙醇-水混合液，塔的操作压力 $p = 101.3$ kPa（绝对压强）。已知：$F = 4000$ kg $\cdot$

h^{-1}，$x_F=30\%$（质量％，下同），泡点进料，塔顶产品含乙醇91％，塔釜残液含乙醇不超过0.5％。在操作压力下，塔顶温度为78℃，塔内蒸气速度$u=0.6 m \cdot s^{-1}$，回流比$R=2$，试求：

(1) 塔顶、塔底产品的产量；

(2) 精馏段操作线数值方程；

(3) 塔径。

[(1) 1303.87 $kg \cdot h^{-1}$，2696.13 $kg \cdot h^{-1}$；(2) $y_{n+1}=0.667x_n+0.266$；(3) 1.28m]

14. 在一座理论板数为6块（包括釜）板的常压塔中，对CS_2-CCl_4的混合液进行间歇精馏操作时，维持回流比在3.5的恒定状况下，每批含有0.4（摩尔分数，下同）的CS_2原料50kmol直接投入釜中，要求釜液含CS_2为0.08时即停止操作。试用图解法求瞬时馏出液组成x_D与釜液组成x_W的对应关系（至少3组，如$x_{D,1}=0.95$，$x_{D,2}=0.85$，$x_{D,3}=0.75$）。

常压下CS_2-CCl_4的平衡数据（均为摩尔分数）如下：

液相中CS_2，x	气相中CS_2，y	液相中CS_2，x	气相中CS_2，y
0.0000	0.0000	0.3908	0.6340
0.0296	0.0823	0.5318	0.7470
0.0615	0.1555	0.6630	0.8290
0.1106	0.2660	0.7574	0.8790
0.1435	0.3325	0.8604	0.9320
0.2580	0.4950	1.0000	1.0000

[$x_{W,1}=0.25$，$x_{W,2}=0.13$，$x_{W,3}=0.095$]

15. 组成为50％A和50％B的二元混合液，拟用精馏方法将其分离成两种产品。要求塔顶馏出液含99％A，塔釜残液含99％B（均为摩尔分数）。

A和B混合液平衡数据如下：

x_A	y_A
0.950	0.952
0.450	0.459
0.040	0.041

试求：

(1) 各对浓度下的相对挥发度各为多少？

(2) 最少理论塔板数；

(3) 若原料液组成是70％A和30％B（摩尔分数），产品组成与原题相同，则最少理论塔板为多少？

(4) 要完成本题中的分离任务，是采用普通精馏方法还是采用特殊精馏方法？试分析说明。

[(1) 1.044，1.037，1.026；(2) 260块（含再沸器）；(3) 略；(4) 略]

第八章　萃　　取

第一节　概　　述

一、液-液萃取简介

液-液萃取，亦称溶剂萃取。它是分离均相液体混合物的一种单元操作。在萃取过程中，利用液体混合物各组分在某溶剂中溶解度的不同，以达到分离液体混合物的目的。实际上，萃取过程并未直接完成分离任务，而是将一种难以分离的液体混合物转变成两个容易分离的混合物。其简单流程如图 8-1 所示。

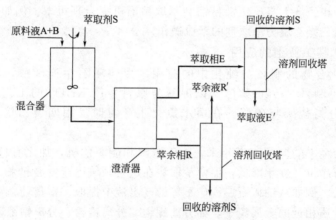

图 8-1　单级萃取流程示意图

通常，混合液中被萃取的物质称为溶质（组分 A），其余部分称为原溶剂（或称稀释剂，即组分 B），而加入的第三组分（S）称为溶剂或称萃取剂。将萃取剂加入混合液中，搅拌使其混合，因溶质在两相中不呈平衡，它在一相中的浓度高于其实际浓度，则溶质便从混合液向萃取剂中扩散，形成以萃取剂为主的萃取相（E）；另一相以原溶剂为主，含有少量萃取剂的称为萃余相（R）。萃取相是混合物，需要用精馏或反萃取等方法进行分离，得到含溶质的产品和萃取剂，萃取剂供循环使用。萃余相亦需用适当的方法分离回收少量萃取剂后排放。

从上述流程可知，萃取过程在经济上是否优越当取决于后继两个分离过程是否较原混合液直接分离更容易实现。此外，萃取过程的经济性在很大程度上还取决于萃取剂的性质。萃取操作中选择适宜的萃取剂是一个关键问题。一般所选萃取剂应当具备以下条件：一是萃取剂与被分离混合液只能部分互溶，不能完全互溶，达到平衡时仍然保持两个不同的液相；再就是各组分在萃取剂中具有不同的溶解度。

二、萃取过程的适用性与经济性

在分离液体混合物的操作中，当精馏和萃取方法均可应用时，选择的依据主要取决于成本核算。

通常，遇到下述情况采用萃取分离操作能充分发挥其优越性，并能取得较好的经济效果。

(1) 混合液中各组分的沸点非常接近，或各组分间的相对挥发度接近于1。此时若采用精馏方法，则所需理论塔板数很多，设备费用很高；或采用很高的回流比，则操作费用又必然增加，这时可采用萃取操作，例如常压下苯的沸点为 353.25K，环己烷的沸点为 354.15K，其蒸气压几乎相同，沸点非常接近，则加入萃取剂糠醛，溶液的相对挥发度显著增加，故采用萃取操作可进行有效分离。

(2) 混合液中欲回收的组分是热敏性物质，受热易于分解、聚合或发生其他变化。若采用一般真空精馏或蒸发等分离方法，不但设备和技术等方面要求较高，而且也不经济。例如从植物油中分离长链脂肪酸时，可采用液体丙烷为萃取剂的萃取操作在经济上较为优越。

(3) 稀溶液，特别是稀的沸点较高有机物的水溶液，若采用精馏方法回收其中的溶质，需要蒸发大量的水，能耗过大。若采用萃取方法，在后继过程中汽化有机溶剂的能耗远低于前者。例如以乙酸乙酯为萃取剂从稀醋酸水溶液中回收醋酸。

(4) 当混合液的组分形成恒沸物时，用一般精馏不能得到所需的纯度。采用萃取方法进行分离，在技术上和经济上将比恒沸精馏和萃取精馏更为合理可取。例如分离丁酮-水形成的恒沸物，可选用三氯乙烷为萃取剂的萃取操作。

三、萃取技术在工业上的应用

(1) 在无机化合物的制备与纯化中的应用　以磷矿石生产磷酸，用丁醇或戊醇为溶剂进行萃取，可制得95％的磷酸。以钾碱为原料生产 KNO_3 的工艺中，以异戊醇为溶剂进行萃取，分离盐酸与硝酸。在卤水氯化生产溴时，用四溴乙烷为溶剂从卤水中提取溴。

(2) 在湿法冶金中的应用　近年来，由于资源和能源危机，加之有色金属的使用量剧增，而开采的矿石品位又逐年降低，促使萃取法在这一领域迅速发展起来，几乎完全替代了传统的化学沉淀法。例如从铀矿石、铜矿石等的浸出液中提取、富集铀、铜等金属。目前一般认为分离化学性质相近的金属离子，如分离铌钽、分离锆铪、分离钴镍以及分离稀土金属等，都应该优先考虑用溶剂萃取法进行提取。

(3) 在有机化合物分离中的应用　液-液萃取被广泛地用于有机物的分离，应用规模最大的领域当属石油化工中芳烃与非芳烃混合物的分离，所采用的溶剂主要有二乙二醇醚（二甘醇）、环丁砜、N-甲基吡咯烷酮、二甲基亚砜（DMSO）和糠醛等。此外，其他有机物的萃取过程包括以丙烷、二氯甲烷或二氯乙烷为溶剂从机器油中脱石蜡；以醋酸戊酯从发酵液中提取青霉素、四环素等；用乙酸乙酯、醇、醚、酮和胺类作萃取剂提取醋酸等。化工厂如炼油厂、染料厂、焦化厂等排出的含酚废水，通常用苯、二甲苯、醋酸丁酯、二烷基乙酰胺，以及绿色溶剂碳酸二甲酯（DMC）等为溶剂处理之。

(4) 在生物和精细化工中的应用　由于生化药物制备过程中会生成大量的有机混合液，其成分复杂，且有许多为热敏性物质。为避免受热造成损失，可选用适当溶剂进行萃取，如从发酵液中用醋酸丁酯萃取青霉素；用磷酸三丁酯（TBP）从发酵液中萃取柠檬酸；用正丙醇从亚硫酸废水中萃取香兰素等。

随着原子能工业发展的需要，液-液萃取在核工业方面发挥了重要作用，在反应堆后处理工艺中占有特殊的地位。

以上工业应用表明，液-液萃取法与其他分离方法如沉淀法、离子交换法相比，具有提取与分离效率高、生产能力大、分离效果好、回收率高、溶剂消耗量少、设备简单且生产过程宜于实现连续化与自动化等优点。与精馏法及火法冶炼相比，由于萃取过程一般均在常温常压下进行，除设备简单外，能耗也低得多，因此，液-液萃取具有广阔的工业应用前景。

四、萃取剂的选择与发展

在萃取操作中，能否选择一种性能优良且价格低廉的萃取剂，对萃取的得率与经济效果均有很大的影响，故在选择萃取剂时，一般应考虑以下几个方面。

（1）萃取剂的选择性。选择与混合液中溶质（组分 A）有较大溶解能力的液体。

（2）萃取剂与原溶剂的互溶度。选择与原溶剂（组分 B）互溶度小的液体。

（3）选择的萃取剂应使萃取相与萃余相之间有一定的密度差，以利于两相在充分接触后即较快地分层。

（4）选择的萃取剂应当不易燃烧、无毒性，便于操作、输运及贮存，且黏度和凝固点低。

（5）萃取剂应具有化学稳定性、热稳定性、抗氧性能好，对设备的腐蚀性小。

（6）要求萃取剂易于回收，且回收操作费用低。

（7）所选用的萃取剂应当价格低廉、来源充分，否则尽管萃取剂具有上述种种优良性能也往往不能在工业生产中应用。

随着石油化工、化学工业、核工业及湿法冶金工业的发展，近年来又开发了一些新型特效萃取剂。

（1）冠醚萃取剂　这是一种环烷基或芳基大环聚醚新型萃取剂，具有较高的选择性。

（2）羧酸类萃取剂　来源于石油化工副产品的环烷酸，价格低廉，得到广泛应用。此外还有石油亚砜和石油硫醚，可用于有色金属和贵金属的提取。

（3）螯合萃取剂　作为湿法冶金工业的一大突破，是开发了羟肟类 LIX 系列萃取剂，从而更新了铜、钴、镍冶金工业面貌。此外还有 P5000 系列与 SME 系列以及羟基喹啉类的 Kelex 系列萃取剂，它们有的适合于低酸、低浓度的溶液，有的适合于高酸、高浓度溶液，还有的适宜于高温操作。这些都是有色冶金工业萃取剂开发的新成就。

五、萃取基本流程

萃取过程是将溶剂（S）加入到混合液（A＋B）中，经充分混合接触传质，使被萃取组分在萃取相和萃余相之间达到萃取分配平衡，然后完全分层，最后使溶剂和溶质分离，溶剂再生循环使用三个部分，因此，萃取操作流程就应该包含有混合器、分离器和溶剂再生设备。根据混合液与溶剂的接触方式，一般可将萃取操作流程分为以下几种。

1. 单级萃取

图 8-1 可视为单级萃取流程示意图。原料液 F 和溶剂 S 以一定速度加入混合器中，在搅拌器作用下使两相充分接触，当通过萃取所获得的萃取相和萃余相达到相平衡，即称这样一个平衡过程为一个平衡级或理论级。萃取相与萃余相以一定速率离开分离器，然后再分别引入溶剂回收设备。

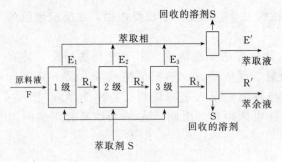

图 8-2　多级错流萃取流程示意图

2. 多级错流萃取

单级萃取所得的萃余相中往往还含有较多的溶质，为了进一步萃取其中的溶质，可采用多级错流萃取流程。

图 8-2 所示为多级错流萃取流程，即将若干个单级接触萃取设备串联使用。原料液依次通过各级，并在每一级中加入新鲜萃取剂（对萃取剂而言是并联的）。萃取相和最后一级的萃余相分别进入溶剂回收设备。通常要求最后一级引出的萃余相中所含溶质应降低到预定的生产要求。这种流程能获得较高的萃取率，但所需萃取剂用量较大，回收溶剂时能耗大。

3. 多级逆流萃取

为改进多级错流的缺点，可采用如图 8-3 所示的多级逆流萃取流程。其操作是将原料液和萃取剂分别从两端加入，萃取相与萃余相逆流流动进行接触传质，最终萃取相从加料端排出，最终的萃余相从加入萃取剂的一端排出，并分别引入溶剂回收设备中。在此流程中，进入末级的萃余相中的溶质（A）的浓度虽已很低，但由于与新鲜萃取剂接触，仍具有一定的推动力，故能使其中溶质浓度继续减少到最低程度；同时，进入第一级的萃取相 E_2，虽然其中所含溶质浓度已经较高，但在第一级中与平衡浓度更高的原料液 F 接触，故仍能发生传质过程，使其中的溶质 A 的浓度进一步提高。这种流程萃取效果好，消耗萃取剂较少，在工业上应用最为广泛。

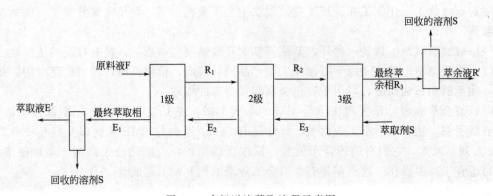

图 8-3　多级逆流萃取流程示意图

第二节　三元体系的液-液平衡关系

在液-液萃取过程中，所涉及的是溶质（A）在原溶剂（或稀释剂 B）及溶剂（即萃取剂 S）之间的分配关系。当萃取剂与原溶剂部分互溶时，萃取时的两相均为三元混合物，则其组成和平衡关系的图解表示法与双组分精馏和单组分吸收时就有所不同，因此，有必要叙述一下三元体系的液-液相平衡。

一、三角形坐标

通常使用三角形坐标来描述三元相图。它可以是等边三角形、等腰直角三角形或不等腰直角三角形，如图 8-4 所示。三角形的三个顶点 A，B，S 各代表一种纯组分，习惯上以顶点 A 表示纯溶质，顶点 B 表示纯原溶剂，顶点 S 表示纯萃取剂。三角形各边上任一点表示

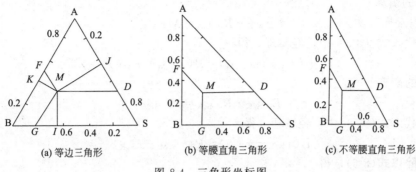

(a) 等边三角形　　　(b) 等腰直角三角形　　　(c) 不等腰直角三角形

图 8-4　三角形坐标图

一个二元混合物的组成（质量分数）。如 G 点表示为 B 和 S 的混合物，其中两组分的含量用其状态点离三角形顶点的相对距离表示。此可直接由图上读出 B 为 0.80（$x_B = \overline{SG}$），S 为 0.20（$x_S = \overline{BG}$）。从图上看出 G 点靠近三角形顶点 B，所以 B 的含量高。F 点为 A 和 B 的混合物，其中 B 为 0.50（$x_B = \overline{AF}$），A 为 0.50（$x_A = \overline{BF}$）。

三角形内任一点表示一定组成的三元混合物，其组成可用从该点到三角形三边的距离来计算，如 M 点的组成可用其到三边的垂线 $\overline{MI}$，$\overline{MJ}$ 和 $\overline{MK}$ 的相对长度来表示。M 点的组成也可以用相应的边长表示，即从 M 点做三条平行于各点的对边的直线 $\overline{MD}$，$\overline{MF}$ 和 $\overline{MG}$，则 $\overline{SD}$，$\overline{AF}$ 和 $\overline{BG}$ 分别相当于混合物 M 中的 A，B 和 S 的含量，即 M 点的组成为

$$x_A : x_B : x_S = \overline{MI} : \overline{MJ} : \overline{MK} = \overline{SD} : \overline{AF} : \overline{BG} = 0.30 : 0.50 : 0.20$$

显然

$$x_A + x_B + x_S = 1.0$$

比较上述三种形式的三角形坐标图，由于采用等腰直角三角形便于在一般直角坐标纸上标绘和读取数据，或进行图解计算，故较其他两种更为常用。由图 8-4（b）可知，M 点的横坐标即是溶剂 S 的质量分数，$x_S = 0.20$，其纵坐标是溶质 A 的质量分数，$x_A = 0.30$，于是得到

$$x_B = 1.0 - (x_A + x_S)$$
$$= 1.0 - (0.30 + 0.20) = 0.50$$

二、杠杆规则

在萃取操作计算中，经常要用到杠杆规则。杠杆规则表明当两个三元混合物 R 和 E 形成一个新的混合物 M 时，或者一个混合物 M 分离为两个混合物 R 和 E 时，其质量与组成之间的关系，在三角形坐标图中 R，E 和 M 三点必在一直线上，如图 8-5 所示。且两混合物 R 和 E 的质量之比与线段 $\overline{ME}$ 和 $\overline{RM}$ 的长度成反比，即

$$\frac{E}{R} = \frac{\overline{MR}}{\overline{EM}} \tag{8-1}$$

杠杆规则可由物料衡算直接得到。设图 8-5 中混合物 E 的组成为 $x_{A,E}$，$x_{B,E}$ 和 $x_{S,E}$；混合物 R 的组成为 $x_{A,R}$，$x_{B,R}$ 和 $x_{S,R}$；混合物 M 的组成为 $x_{A,M}$，$x_{B,M}$ 和 $x_{S,M}$。R，E 和 M 分别表示各混合物的质量。

总物料衡算

$$E + R = M \tag{8-2}$$

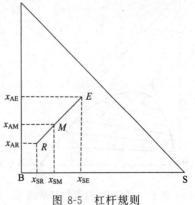

图 8-5　杠杆规则

A 组分的衡算

$$Ex_{A,E}+Rx_{A,R}=Mx_{A,M} \qquad (8-3)$$

将式(8-2)代入式(8-3)中，经整理，得

$$E(x_{A,E}-x_{A,M})=R(x_{A,M}-x_{A,R}) \qquad (8-4)$$

S 组分的衡算

$$Ex_{S,E}+Rx_{S,R}=Mx_{S,M} \qquad (8-5)$$

将式(8-2)代入式(8-5)中，经整理，得

$$E(x_{S,E}-x_{S,M})=R(x_{S,M}-x_{S,R}) \qquad (8-6)$$

将式(8-4)除以式(8-6)，得

$$\frac{x_{A,E}-x_{A,M}}{x_{S,E}-x_{S,M}}=\frac{x_{A,M}-x_{A,R}}{x_{S,M}-x_{S,R}} \qquad (8-7)$$

由图 8-5 可知，式(8-7)左边是 $\overline{EM}$ 线的斜率，右边是 $\overline{MR}$ 线的斜率，二斜率相等，故 E，M 和 R 三点在同一条直线上。由于 $x_{A,M}$ 必介于 $x_{A,E}$ 和 $x_{A,R}$ 之间，故 M 点位于 E，R 之间。

由式(8-4)得

$$\frac{E}{R}=\frac{x_{A,M}-x_{A,R}}{x_{A,E}-x_{A,M}}$$

而从图 8-5 可见

$$\frac{x_{A,M}-x_{A,R}}{x_{A,E}-x_{A,M}}=\frac{\overline{MR}}{\overline{EM}}$$

故

$$\frac{E}{R}=\frac{\overline{MR}}{\overline{EM}} \qquad (8-8)$$

三、三角形相图

液-液萃取过程可以根据三组分（A，B，S）体系中各组分互溶度的不同，而将混合液分为如下两类：

第 I 类物系 溶质 A 可以完全溶解于原溶剂 B 和萃取剂 S 中，而原溶剂 B 与萃取剂 S 部分互溶；

第 II 类物系 溶质 A 和原溶剂 B 完全互溶，溶质 A 与萃取剂 S，以及原溶剂 B 与萃取剂 S 为两对部分互溶的组分。

本章主要讨论第 I 类物系。

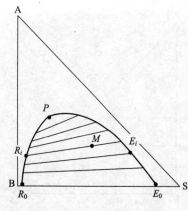

图 8-6 溶解度曲线与联结线

1. 溶解度曲线，平衡联结线和临界混溶点

在液-液萃取中，当某一溶质在两个溶剂相中分配时，必然形成不相溶的相，表示在三角形坐标中，就得到三角形相图。不同的体系，其平衡相图各不相同。最典型的相图如图 8-6 所示。这是一类以溶质 A 可以完全溶于稀释剂 B 和萃取剂 S 中，但 B 与 S 只能部分互溶的第一类物系。此图是在一定温度下求得的，图中曲线 $R_0R_iPE_iE_0$ 将三角形相图分为两个区域：曲线以外为均相区，以内为两相区。$R_0R_iPE_iE_0$ 线称为双结点曲线或溶解度曲线。曲线内任一点，如 M 点分成两个互不相溶的液相，其组成分别由 E_i 点和 R_i 点表示，此两相称为共轭相。连接共轭

相的线称为共轭线或（联）结线，如线 R_iE_i。通常，结线倾斜方向一致，但不平行。众多结线端点的连线就组成溶解度曲线，共轭相的组成就在溶解度曲线上。当物系的总组成点由两相区内移到溶解度曲线上时，则系统内液-液两相界面消失，并转化为一均相混合物，即 A，B，S 彼此互溶，故通常又将溶解度曲线上的这一点称为混溶点，图 8-6 中的 P 点称为临界混溶点或褶点。它将溶解度曲线分为两支（不一定等分），左支上示混合物以原溶剂 B 为主，即萃余相；右支上示混合物以萃取剂 S 为主，即萃取相。

2. 辅助曲线

溶解度曲线和结线是通过实验测得和由一些有代表性的平衡数据做出的。要求出该物系的任一对平衡数据，可应用辅助线，其做法如图 8-7 所示。

在图 8-7(a) 中，如果 RE 是结线，通过 R 点做 RC 线平行于 AS，通过 E 点做 EC 平行于 AB，两线交于 C 点。再由其他的结线，以同样的方法可以得到 C_1，C_2，C_3 等点，连接 C_1，C_2，C_3，C，即可得到一条光滑的曲线——辅助曲线。若将此曲线延伸相交于 P 点，此点即临界混溶点。它表示通过该点的结线为无限短，相当于该系统的临界状态。

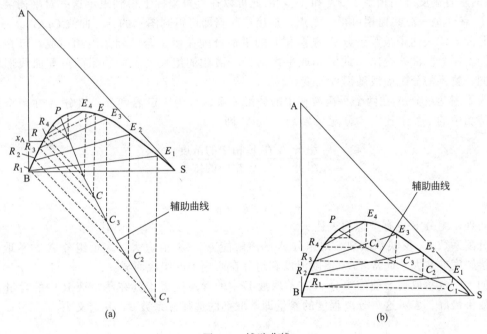

图 8-7　辅助曲线

在图 8-7(b) 中，如果 R_3E_3 是结线，过 R_3 点做 BS 的平行线，过 E_3 点做 AB 的平行线，可得交点 C_3，同样的方法可得交点 C_1，C_2，C_4 等，连接这些交点，也可以得到辅助曲线，并将之延伸与溶解度曲线相交，交点 P 即为临界混溶点。它一般不在溶解度曲线的最高点。

有了辅助曲线，则在三角形相图中可由确定的 E 点找到对应的 R 点，或由 R 点找到对应的 E 点，故从图中即可读出该相的平衡组成。

3. 分配曲线和分配系数

三角形相图中所表示的两相平衡关系可以用一般直角坐标表示，以此显示溶质组分在液-液两相的分配关系。通常，以横坐标表示被萃组分在萃余相中的平衡浓度 x_A，以纵坐标表示被萃组分在萃取相中的平衡浓度 y_A。图 8-8 表示三角形相图和直角坐标图的对应关系。

图中，横坐标 x_A 表示被萃物 A 在原溶剂 B（萃余相 R）中的浓度，纵坐标 y_A 表示 A

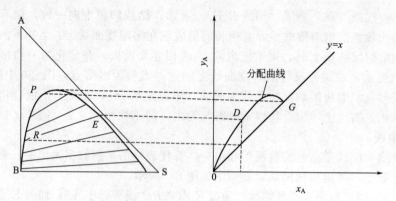

图 8-8　三角形相图与分配曲线

在萃取剂 S（萃取相 E）中的浓度，其单位均为质量分数，P 为临界共溶点，故 $x_A = y_A$，而 M 点分成了 R 和 E 两相，在 R 相中 S 的浓度很低，E 相中 B 的浓度很低，故此二点距 BS 边的垂直高度分别相当于 x_A 和 y_A，由此可以在直角坐标上得到表示这一对平衡液相组成的 D 点。每一对共轭相可得一个点，连接这些点即可得到图示的分配曲线 ODG。

分配曲线表达了被萃组分 A 在两相间的平衡分配关系。若已知某液相组成，可在直角坐标图上用分配曲线查出与此液相成平衡的另一液相的组成。不同物系的分配曲线形状不同，同一物系的分配曲线随温度而变。

为了表达组分 A 在两个平衡液相中的分配关系，可用一定温度下，组分 A 在两个互成平衡液相中的浓度之比——分配系数 k_A 表示，即

$$k_A = \frac{\text{组分 A 在 E 相中的浓度}}{\text{组分 A 在 R 相中的浓度}} = \frac{y_A}{x_A}$$

或

$$y_A = k_A x_A \qquad (8\text{-}9)$$

同理，组分 B 也有类似的表达式。

分配系数 k_A 反映萃取剂 S 对组分 A 的溶解能力。k_A 值愈大，表示组分 A 在萃取剂 S 中的溶解度亦愈大。通常，k_A 值随温度和组分在两相中的组成而异。

如果所选萃取剂 S 能使组分 A 在萃取液 E 中的含量远大于其在萃余液 R 中的含量，则萃取效果最好。表示这一分离程度的参量即萃取剂的选择性系数 β，其定义为

$$\beta = \frac{y_A / y_B}{x_A / x_B} = \frac{k_A}{k_B} \qquad (8\text{-}10)$$

比较式(8-7)可知，萃取过程的选择性系数 β 与精馏过程的相对挥发度 α 类似。$\beta = 1$，$y_A/y_B = x_A/x_B$，说明这一对共轭相不能用萃取方法分离，这一点正好和精馏过程中恒沸物一样，故萃取剂的选择应在操作范围内使选择性系数 $\beta > 1$。β 值愈大，愈易分离，因此，β 值反映了分离的难易程度。

由式(8-10)可以看出，分配系数 k_A 与选择性系数 β 密切有关。一个良好的萃取剂应该是在选择性系数高的前提下，分配系数也大。这样既可以保证具有较高的分离程度，又可以节约萃取剂。

4. 互溶度、温度对萃取过程的影响

通常，萃取剂 S 与原溶剂 B 之间存在着或多或少的互溶情况——互溶度。互溶度大时，则三角形相图中的两相区范围缩小，反之，增大。由图 8-9 可知，萃取液 E' 的最大组成含量 $y'_{E,max}$ 与萃取剂 S 和组分 B 的互溶度有关。互溶度小时，萃取操作范围大，可以获得萃取

液含量 $y'_{E,max}$ 也大。

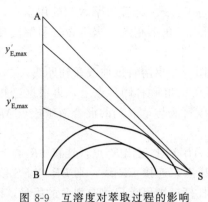

图 8-9 互溶度对萃取过程的影响

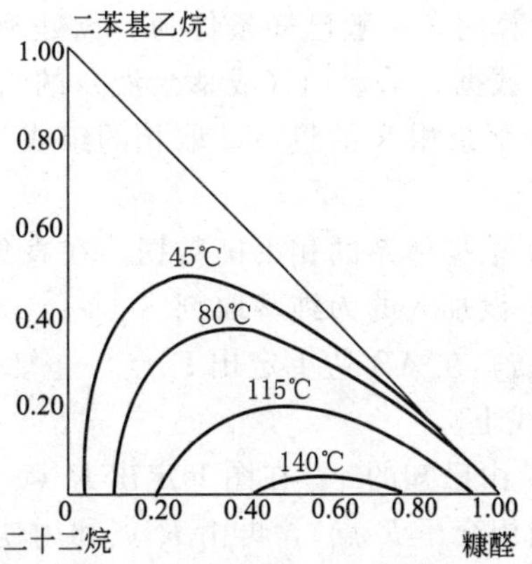

图 8-10 温度对互溶度的影响

相应的温度高低对互溶度也有着显著影响，如图 8-10 所示。一般情况下，温度降低，互溶度减小，两相区范围扩大，从而使得选择性系数 β 增大，对萃取过程有利。然而，温度的变化又会改变溶液的黏度和表面张力等，故进行萃取时应当选择适宜的操作温度。

第三节　萃取过程的计算

在萃取过程的计算中，无论采用单级或多级萃取操作，均假定每一级为一个理论级，即离开萃取器的两相（萃取相 E 和萃余相 R）互呈平衡。该操作的理论级与精馏操作的理论塔板类似，是设备操作效率的比较标准。实际的级数 $N_P = N_T/\eta$，总的级效率 η 可通过实验确定，所需理论级数 N_T 的确定方法如同吸收和精馏一样，采用基本关联式为相平衡关系和物料衡算关系，并以图解法逐级计算。

一、单级萃取的计算

单级萃取是液-液萃取中最简单、最基本的操作方式，其各组成在操作过程中的变化情况如图 8-11(a) 所示。

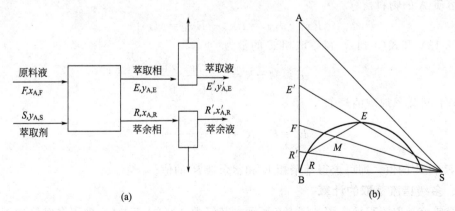

图 8-11　单级萃取的计算

图中 F，S，E，R，E'，R' 分别为各液相的量（kg 或 kg·h^{-1}）；$x_{A,F}$，$y_{A,S}$，$y_{A,E}$，$x_{A,R}$，$y'_{A,E}$，$x'_{A,R}$ 分别表示各液相中溶质 A 的组成（质量分数），因为组成均以溶质 A 的含

量表示，故以下计算中常省略 A 而以 x_F，y_S……代表上述组成表示形式。

计算时，一般已知条件为：欲处理的原料量 F 及其组成 x_F，萃取剂的组成 y_S，体系的相平衡数据，萃余相（或萃余液）的组成 x_R（或 x'_R）。要求计算出萃取剂的用量 S，萃取相 E 和萃余相 R 的量与萃取相的组成 y_E。这些均可在三角形相图上求得，其图解法计算步骤如下。

① 根据体系的相平衡数据，在直角三角形坐标图中绘出溶解度曲线及辅助线。

② 设加入的为纯萃取剂 S（$y_S = 0$），则 S 点落在三角形右侧顶点上，再根据已知原料液组成 x_F 在 AB 边上定出 F 点，连接 SF，则代表原料液与萃取剂的混合液组成点 M 必在 SF 连线上。

③ 由已知的 x_R 在图上定出 R 点（或由 x'_R 在 AB 边上定出 R' 点，连接 SR'，与溶解度曲线相交于 R 点），再由 R 点利用辅助曲线求出 E 点，连接 ER 线，则 ER 与 FS 线的交点即为混合液的组成点 M［见图 8-11（b）］。根据杠杆规则可求出萃取剂 S 的用量，即

$$\frac{S}{F} = \frac{\overline{FM}}{\overline{MS}}$$

则

$$S = F \times \frac{\overline{FM}}{\overline{MS}} \tag{8-11}$$

式中，原料量 F 为已知；$\overline{FM}$ 和 $\overline{MS}$ 线段长度可以图中量出，故可据式（8-11）求出 S。萃取相 E 和萃余相 R 的量均可根据物料衡算和杠杆规则求得

$$\frac{E}{R} = \frac{\overline{MR}}{\overline{EM}} \tag{8-12}$$

系统的总物料衡算

$$F + S = R + E = M \tag{8-13}$$

联立解式（8-12）和式（8-13）即可得 R 和 E，并从图上读出萃取相的组成 y_E。以类似的方法，可根据杠杆规则求出萃取液量 E' 和萃余液量 R'，并从图上读出 y'_E 和 x'_R。

实际上亦可以根据三角形相图中读出的各液相组成，以物料衡算求出 S、E 和 R。

做溶质 A 的物料衡算

$$F x_F + S y_S = R x_R + E y_E = M x_M \tag{8-14}$$

联立式（8-13）和式（8-14），得萃取相 E 的量为

$$E = M - R = \frac{M(x_M - x_R)}{y_E - x_R} \tag{8-15}$$

同理，可得萃取液的量 E'，即

$$E' = F - R' = \frac{F(x_F - x'_R)}{y'_E - x'_R} \tag{8-16}$$

求出了 E 和 E' 的值，即可求得萃余相 R 和萃余液 R' 的值。

二、多级错流萃取的计算

多级错流萃取流程示意图如图 8-2 所示（其级数 N 可大于 3）。采用多级错流萃取流程可以进一步降低萃余相 R 中溶质 A 的浓度。对于萃余相而言，这种操作可以看作是单级萃取器的串联，故单级萃取的计算方法同样可以适用，即根据三角形相图用图解法进行计算。

一般在萃取计算之前先规定了萃取剂用量 S（每一级萃取剂用量相等）及其组成 y_S

（若 S 为纯净的，则 $y_S = 0$，若是回收的萃取剂，则 $y_S \neq 0$，此时其状态点 S_0 在三角形内），原料液量 F 及其组成 x_F，最终萃余相组成 $x_{R,N}$，根据已知物系的相平衡数据，按单级萃取的图解法经多次反复，即可求出所需的理论级数。图解计算步骤如下（见图 8-12）。

（1）根据已知平衡数据在直角三角形坐标图中绘制溶解度曲线和辅助曲线。

（2）以含少量溶质 A 与原溶剂 B 和非纯净萃取剂进行萃取，其状态点为 S_0，连接 FS_0 线，再根据 F 和 S_0 的量由杠杆规则求出混合液的总量 M_1。即通过 $F/M_1 = \overline{S_0 M_1}/\overline{FS_0}$ 定出 M_1 点，其必位于 FS_0 线上。过 M_1 点借助辅助曲线用试差法做结线 $E_1 R_1$。位于溶解度曲线上的两端点 E_1 和 R_1 即为第一个理论级的萃取效果。

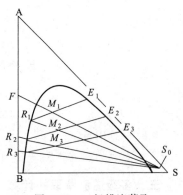

图 8-12　三级错流萃取

（3）在第二级中用新鲜溶剂 S_0（$S_0 = S_1 = S_2 = \cdots = S_n$）萃取由第一级流入的萃余相 R_1，两者的混合液为 M_2，且点 M_2 也必位于 $S_0 R_1$ 线上。同上述步骤，过 M_2 点做结线 $E_2 R_2$，得到的萃取相 E_2 和萃余相 R_2 即为第二个理论级的萃取效果。

（4）依此类推，直到萃余相中溶质 A 的组成等于或小于所要求的 $x_{R,N}$ 为止，则由三角形相图所画的结线数目，即为多级错流萃取过程所需的理论级数。

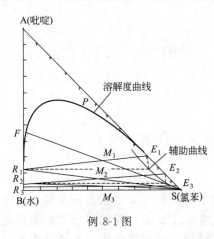

例 8-1 图

【例 8-1】　有 2000kg 含 35％（质量分数，下同）吡啶的水溶液，用等量的纯氯苯进行萃取。若由第一级得到的萃余相 R_1 再用与之相等的氯苯进行萃取，如此连续进行错流萃取（即 $S_1 = F$，$S_2 = R_1$，$S_3 = R_2 \cdots$），若所用萃取剂均为新鲜氯苯，操作条件下的平衡数据如图所示。试求将最终萃余相中浓度降为 2％，则需要多少个理论级数；并计算萃取剂总用量。

解： 依题意在本例题图上定出点 F 和 S，连接 FS 线。因各级溶剂比（S_1/F、$S_2/R_1 \cdots$）均为 1，故各级混合液组成点 M_1，$M_2 \cdots$ 均分别在 SF，SR_1，SR_2 $\cdots$ 的中点上。借助辅助曲线用试差法做结线 $E_1 R_1$，$E_2 R_2$ 和 $E_3 R_3$，因图解得 R_3 中吡啶的浓度已小于 2％，故从结线数目得知需 3 个理论级数。

依据物料衡算求总溶剂的消耗量。以 S_1，S_2，S_3 分别表示各级溶剂用量，而 $S_1 = 2000kg$，故

$$M_1 = F + S_1 = 2000kg + 2000kg = 4000kg$$

依据杠杆规律知

$$\frac{E_1}{M_1} = \frac{\overline{M_1 R_1}}{\overline{E_1 R_1}}$$

则

$$E_1 = M_1 \frac{\overline{M_1 R_1}}{\overline{E_1 R_1}} = 4000kg \times \frac{5.1}{7.9} = 2582kg$$

$$R_1 = M_1 - E_1 = 4000kg - 2582kg = 1418kg$$

$$S_2 = R_1 = 1418kg$$

$$M_2 = R_1 + S_2 = 1418kg + 1418kg = 2836kg$$

又
$$\frac{E_2}{M_2}=\frac{\overline{M_2R_2}}{\overline{E_2R_2}}$$

$$E_2=M_2\frac{\overline{M_2R_2}}{\overline{E_2R_2}}=2836\text{kg}\times\frac{5.0}{9.1}=1558\text{kg}$$

$$R_2=M_2-E_2=2836\text{kg}-1558\text{kg}=1278\text{kg}$$

$$S_3=R_2=1278\text{kg}$$

萃取剂总用量

$$S=S_1+S_2+S_3=2000\text{kg}+1418\text{kg}+1278\text{kg}=4696\text{kg}$$

三、多级逆流萃取的计算

多级逆流萃取流程示意图如图 8-3 所示（其级数 N 可大于 3）。在化工生产中，用一定量的溶剂萃取一定量的原料液时，为使之达到更大程度的分离，一般多采用多级逆流萃取操作。在进行多级逆流萃取计算时，其原则为相平衡和物料衡算关系，方法是采用逐级图解计算。本节计算涉及的是设计型问题，即已知原料量 F 及其组成 x_F、萃取剂组成 y_S，在选定萃取剂用量 S（或溶剂比 S/F）的条件下，求最终萃余相中溶质组成降至一定值 $x_{R,N}$ 时，所需的理论级数 N。

1. 萃取剂与稀释剂部分互溶的体系

（1）在三角形坐标图上用图解法求理论级数　根据图 8-3 所示的流程，首先对各级进行物料衡算，以确定操作点和操作联结线。

对于第 1 级
$$F+E_2=R_1+E_1 \qquad \text{或} \qquad F-E_1=R_1-E_2$$

对于第 2 级
$$R_1+E_3=R_2+E_2 \qquad \text{或} \qquad R_1-E_2=R_2-E_3$$

对于第 N 级，亦即多级逆流萃取的总物料衡算为
$$R_{N-1}+S=R_N+E_N \qquad \text{或} \qquad R_{N-1}-E_N=R_N-S$$

由以上各式可得
$$F-E_1=R_1-E_2=R_2-E_3=\cdots=R_i-E_{i+1}\cdots=R_{N-1}-E_N=R_N-S=\Delta \qquad (8\text{-}17)$$

式（8-17）表明离开每一级萃余相的流量与进入该级萃取相的流量之差为一常数 Δ（净流量）。故在三角形相图上连接 R_N 和 E_{N+1} 两点的直线均通过 Δ 点，即此混合物之间满足杠杆规则。而这些由 $R_N E_{N+1} \Delta$ 构成的直线称为操作联结线，或称操作线，各操作线的延长线的共同交点 Δ 称为操作点。

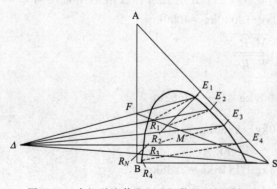

图 8-13　多级逆流萃取理论级数的逐级图解法

根据给定的系统平衡关系和以上的各级物料衡算关系，在图 8-13 所示的三角形相图上采用逐级图解方法即可得到一定分离要求所需的萃取理论级数 N。一般说来，任何两条操作线相交都可以得到操作点 Δ，但通常因 F，S，E_1，R_N 是已知或容易首先确定的，所以由 $\overline{E_1F}$ 和 $\overline{SR_N}$ 两条操作线延长相交求操作点 Δ 最方便。确定了操作点 Δ 以后，即由前面总物料衡算所确定的最终萃取相组成点 E_1 开始，使

用平衡关系借助辅助曲线做联结线 E_1R_1 获得离开第一级萃余相的组成点 R_1；联 Δ 与 R_1 点并延长使之与溶解度曲线交于 E_2，再做联结线 E_2R_2 得 R_2 点；联 Δ 与 R_2 并延长交溶解度曲线于 E_3，继续交替做出联结线与操作线，直至第 N 条联结线 $\overline{E_NR_N}$ 所得到的 R_N 的组成（萃余相浓度）等于或小于规定的最终萃余相浓度时，则 N 即为所求的理论级数。图 8-13 中的理论级数 $N=4$。

（2）在直角坐标图上求理论级数　当多级逆流萃取所需的理论级数较多时，则在三角形相图上图解求理论级数，其上各种关系曲线密集交叉，致使图形含混不清，误差较大。此时可利用直角坐标图进行图解。其步骤如下。

① 根据已知平衡数据（如溶解度数据和辅助曲线数据），在三角形坐标图上绘制溶解度曲线和辅助曲线，并借助辅助曲线确定若干组共轭相平衡组成。在直角坐标图上绘出分配曲线。

② 在三角形相图给定的操作范围内，依前述逆流萃取图解法，根据 E_1 与 F 及 S 与 R_N 等点连 $\overline{E_1F}$ 和 $\overline{SR_N}$，并延长此两线相交于操作点 Δ，见图 8-14(a)。

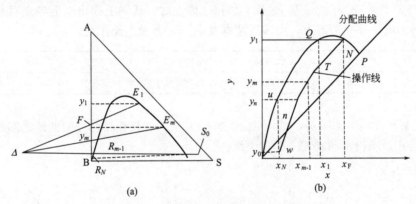

图 8-14　用分配曲线图解法求理论级数

③ 自操作点 Δ 开始，在 $E_1F\Delta$ 和 $SR_N\Delta$ 之间任意做若干条操作线，每条操作线均和溶解度曲线相交于 R_{m-1} 和 E_m 两点，其组成为 x_{m-1}、y_m。因其具有操作线关系，故将三角形相图上一条操作线所得的对应两点组成 x_{m-1} 和 y_m 标绘于直角坐标图中即可获得一个操作点，许多操作点的连线即为直角坐标图中逆流萃取的操作线，见图 8-14(b)。由于在部分互溶体系的萃取过程中，B 与 S 间的互溶度随 A 的浓度而变化，逆流操作的质量比不为常数，故操作线是一条随浓度而变化的曲线，而非直线。

④ 在直角坐标图上的分配曲线与操作曲线之间做梯级，方法是从 $N(x_F, y_1)$ 点开始做一平行于 x 轴的直线交分配曲线于 Q，其组成为 y_1，再由 y_1 处做一垂线交操作线于 T，其组成为 x_1。对照多级逆流萃取流程示意图可知，y_1 即为第一级排出的萃取相 E_1 中被萃物的浓度，而 x_1 则为排出的萃余相 R_1 中被萃物的浓度，即通过第一级萃取后，萃余相中被萃物的浓度由 x_F 降低到 x_1。如此继续下去，直到最后一个梯级所得萃余相中被萃物浓度 $x \leqslant x_N$ 为止，亦即，通过这一级的萃取，最终萃余相中被萃物的浓度已达到了规定的要求，所绘的梯级数目即为萃取过程所需的理论级数。

【例 8-2】　含醋酸 0.3（质量分数）的醋酸水溶液，用异丙醚为萃取剂萃取。原料液处理量为 2000kg·h^{-1}，萃取剂用量为 5000kg·h^{-1}，欲使最终萃余相中醋酸含量不大于 0.02（质量分数），试用直角坐标图求所需的理论级数。

操作温度为 20℃，此时物系的平衡数据见本例图。

解：（1）按题给出的平衡数据在三角形坐标图上画出溶解度曲线〔见图(a)〕和分配曲线〔图(b)〕。

（2）在图(a)上由 $x_F = 0.3$ 确定 F 点，连 $\overline{SF}$ 线。根据杠杆法则，确定 M 点的位置。

$$\frac{F}{M} = \frac{\overline{SM}}{\overline{FS}}$$

$$\frac{F}{F+S} = \frac{\overline{SM}}{\overline{FS}}$$

$$\frac{2000\text{kg} \cdot \text{h}^{-1}}{5000\text{kg} \cdot \text{h}^{-1} + 2000\text{kg} \cdot \text{h}^{-1}} = \frac{\overline{SM}}{\overline{FS}}$$

故

$$\overline{SM} = \frac{2}{7}\overline{FS}$$

由 $x_R = 0.02$ 确定 R_m 点，连 $R_m M$ 并延长与溶解度曲线交于 E_1 点。

（3）连 FE_1 线及 $R_m S$ 线，两线延长，得交点 $\triangle$。从 $\triangle$ 点做若干条直线，与溶解度曲线相交于 e_1 与 r_1，e_2 与 r_2，e_3 与 r_3 及 e_4 与 r_4 诸点对。从图上读出以上各点对相应的醋酸组成 y 与 x 的值，并列于下表，用该组数据在图(b)上做出操作线。

y	0.1	0.075	0.05	0.028	0.014	0
x	0.3	0.225	0.18	0.12	0.075	0.02

（4）从 $x = x_F = 0.3$ 与 $y = y_1 = 0.1$ 的点 N 开始，在操作线与分配曲线之间画梯级，直至 $x \leqslant 2\%$ 为止，求得本题共需 7 个理论级。

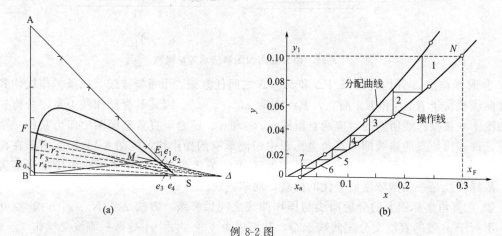

例 8-2 图

2. 萃取剂与稀释剂不互溶的体系

这种体系和上述体系就原理和流程而言是完全相同的。由于萃取相中只含有 S 和 A，萃余相中只含有 B 和 A，所以在萃取过程中，萃取相中 S 和萃余相中 B 的量均保持不变，而只是 A 在两相中的浓度发生变化。为方便地表示萃取相和萃余相中溶质的含量可分别用质量比浓度 $Y = A/S$ 和 $X = A/B$ 表示，其计算可采用较简便的 Y-X 图解法。

参照图 8-15(a)，在此流程的第一级至第 m 级之间对溶质 A 做的物料衡算

$$BX_F + SY_{m+1} = BX_m + SY_1$$

则

$$Y_{m+1} = \frac{B}{S}X_m + \left(Y_1 - \frac{B}{S}X_F\right) \tag{8-18}$$

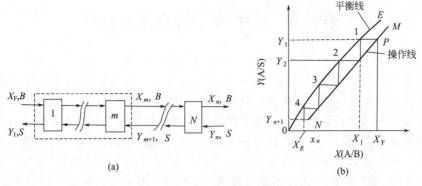

(a)

(b)

图 8-15　两相不互溶时的多级逆流萃取

式(8-18)即为不互溶体系的多级逆流的操作线方程。其中，B 为原料液中原溶剂 B 的流量；S 为原始萃取剂中纯萃取剂 S 的流量，单位均为 $kg \cdot h^{-1}$。由于在萃取过程中，萃取相中的溶剂 S 和萃余相中的原溶剂 B 保持恒定，故此操作线方程的斜率 B/S 为一常数，即操作线为一直线。其两端点分别为 (X_F, Y_1) 和 (X_n, Y_{n+1})。

若欲确定完成规定要求所需的理论级数 N，可将体系的平衡数据（换算为 X，Y 后）绘制在 X-Y 直角坐标图上得到分配曲线（平衡线），同时画出操作线，见图 8-15(b)。然后从操作线的一端点 P 开始，在操作线与平衡线之间画梯级到另一端点，其间所得的梯级数，即为所需的理论级数。

3. 最少萃取剂用量

和精馏操作的回流比、吸收操作的液气比相似，多级逆流萃取操作中对于一定的萃取要求也存在着一个最小溶剂比 S/F 和最少萃取剂用量 S_{min}。S_{min} 是萃取剂用量 S 的最低极限值。萃取操作时，表现在如图 8-11(b) 所示的三角形相图则是：当原料液中逐渐加入萃取剂（或减少 S 的用量）时，混合液的总组成将沿 FS 线而变化。在总组成与溶解度曲线相交于 S' 点时，物系将开始分层，此点即对应于萃取剂的最小用量。此时，如

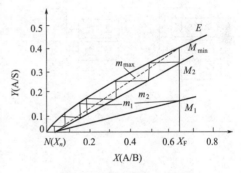

图 8-16　萃取剂最小用量

图 8-16 所示。当 S 减少时，操作线斜率 B/S 增大，并逐渐接近平衡线，此时为完成一定的萃取任务所需的理论级数将会增多。当 S 进一步减少时，操作线与平衡线相交于 M_{min} 点，则图 8-16 上便出现一个夹紧区。此时为完成一定的萃取任务所需的理论级数为无穷多，相应的萃取剂用量称为最少萃取剂用量 S_{min}。若以 $m = B/S$ 代表操作线的斜率，则此时的斜率为 m_{max}，因此，此条件下的最少萃取剂用量可用下式表示

$$S_{min} = \frac{B}{m_{max}} \tag{8-19}$$

实际操作时所用的萃取剂用量必须大于 S_{min}。溶剂的用量少，所需的理论级数多，设备费用大；反之，萃取剂用量大，所需理论级数少，萃取设备费用低，但溶剂回收设备大，回收溶剂时能耗多，操作费用增高，因此，需要根据萃取和溶剂回收两部分的设备费和操作费进行经济核算，以确定适宜的萃取剂用量。一般情况下可依下式确定

$$S_{适宜} = (1.5 \sim 2.0)S_{min} \tag{8-20}$$

第四节　液-液萃取设备及其选择

液-液萃取已成为现代化工生产中的一项重要的分离技术，因此，为适应工艺过程的要求已经开发了很多类型的萃取设备。根据操作方式可分为分级接触设备和连续接触萃取设备。在分级接触萃取操作中，各相的组成是逐级变化的。其设备可用单级，也可由许多单级设备组合而成为多级接触萃取设备。在连续接触萃取操作中，相的组成沿着流动方向连续变化。其所用设备大多为塔式设备。任何一种具有良好性能的萃取设备，均应当能为两液相提供充分混合与充分分离的条件。

图 8-17 所示为工业生产中液-液萃取器的基本情况及其与不同萃取过程的关系。

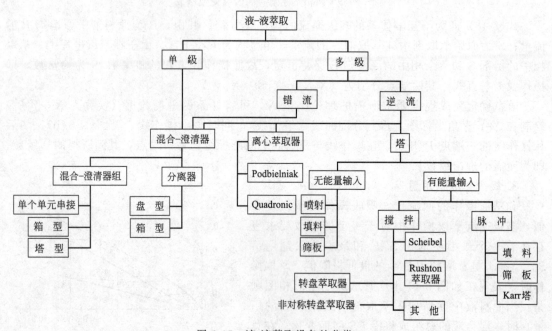

图 8-17　液-液萃取设备的分类

现简单地介绍几种不同型式的萃取装置并对其略加评价。

一、混合-澄清萃取器

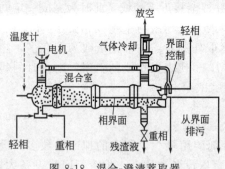

图 8-18　混合-澄清萃取器

混合-澄清萃取器是一种分级接触设备，图 8-18 所示为单级形式。它是由整体的或分开的混合室及下游的澄清室组成。在整个系统中，混合室与澄清室由开缝的挡板隔开。如有可能，则须在分离器的接触界面或其底部设置排污口。

在混合室中，必须对液滴大小做适当的调节，并妥善处理细液滴的高传质率与大液滴的短分离时间的关系，故搅拌速度应当适中。通常，带搅拌的容器、泵、混合喷嘴及静态混合器都可以作为混合设备，但视具体情况而定。由于分离效率与相界面积成正比，所以，大多数澄清器都由水平容器所组成。

根据生产需要可将多个混合-澄清器串联起来组成多级错流或多级逆流萃取流程。

混合-澄清器的优点：

① 混合器可单独调节，有可能选择最佳分散度，传质效率高；

② 适应于特别高或特别低的相比，流量变化时不会降低效率；

③ 适应性强，较其他类型萃取器易处理固体物料；

④ 结构简单，能较可靠地按实验设备的试验数据放大为生产装置。

混合-澄清器的缺点：

① 由于安装在同一平面上，占地面积大；

② 操作容积大，故溶剂费用高；

③ 所需搅拌功率大，故能量消耗大且控制费用高。

二、离心式萃取设备

如果进行萃取的两液体密度差很小，或界面张力很小且易乳化，或黏度很大时，两相的接触状况不会太好。特别是难以借助重力作用使萃取相 E 和萃余相 R 分离时，可以采用萃取离心机。

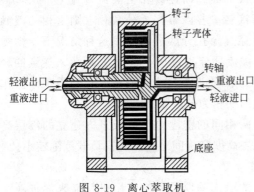

图 8-19　离心萃取机

这种型式的设备界于按混合-澄清原理运转的分离器和塔式萃取器之间。它是利用离心力的作用使两相快速充分混合和快速分相的一种萃取装置。图 8-19 所示是一台波德（Podbielniak）式离心萃取机。它由一个高速旋转的圆形转鼓（固定在水平转轴上），以及固定的外壳所组成。转鼓内装有带筛孔的狭长金属带绕制而成的螺旋圆筒或多层同心圆管。操作时两液相以对流方式流经转轴，轻相被甩至螺旋的外圈，而重相则进入螺旋中心，在转速达 2000～5000r/min 的较强离心力场的作用下，重液从中心向外流动，而轻液则从外缘向中心流动，同时液体通过螺旋带上的筛孔被分散，两相在螺旋通道内逆流流动，密切接触，进行传质。最后，重相从螺旋的最外层经出口道逆流到器外，轻相则由萃取器中部经出口流到器外。

这种型式的萃取器，每台设备为 3～5 个理论级时，其处理量可达 130m³·h⁻¹，然而，它不适宜处理含固体的物料。该装置具运转体积小，因此，料液在机内停留时间很短。该机易产生故障的原因主要是由密封问题引起。此类型萃取器常用于制药工业，由于其生产能力大，也常用于大流量的过程，但结构复杂、能耗大、设备投资及维修费用较高，为此，使其推广应用受到一定限制。

三、塔式萃取设备

塔式萃取设备的显著特征是液-液两相借密度差和重力进行垂直逆向流动。因不断更新界面，对传质起着很大的作用，进而也影响到所需的塔高。考虑到这一原因，在不同型式的塔中，需要输入各种能量，同时，也必须控制返混现象以提高塔效率。

1. 无能量输入的塔

这种类型的设备包括那些液体流动及液滴分布不受外界影响的塔。

（1）填料萃取塔　填料萃取塔与用于精馏和吸收的填料塔基本相同，只是无精馏系统中所用的再分布器，如图 8-20 所示，填料充满塔体。作为连续相的重相由上部进入，下部排出；而轻相即分散相由下部进入，

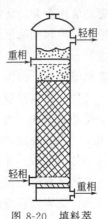

图 8-20　填料萃取塔

从顶部排出。连续相充满整个塔，分散相由分布器分散成液滴进入填料层，在与连续相逆流接触中进行萃取。

塔中填料的作用可以起到减少连续相的纵向返混，并有助于分散的液滴不断地破裂与再生，促使表面不断更新。填料的材质应有所选择，通常宜选择不易被分散相润湿的填料。一般来说，瓷质填料易被水溶液所润湿，炭质或塑料填料易被有机溶液所润湿，而金属填料对水溶液与有机溶液均可润湿，且润湿性能无显著差别。

填料塔结构简单、造价低廉、操作方便，适于处理腐蚀性液体，故在工业上有一定的应用。其缺点是传质效率较低，一般在工艺要求的理论级数不多（<3）、处理量较小的场合可考虑采用填料塔。

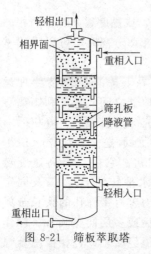

图 8-21　筛板萃取塔

（2）筛板萃取塔　筛板萃取塔的结构如图 8-21 所示。在这种塔中，按与带液流堰和降液管的精馏系统同样的原理而设计。操作时，若以轻相为分散相，则它将通过板上筛孔分成细滴向上流，然后又凝聚于上一层筛板下面。而连续相由溢流管流至下层，横向流过筛板并与分散相接触。若以重相为分散相，则重相的液滴凝聚于筛板上面，然后穿过筛孔分散成液滴（这种情况下，则须将降液管改为升液管，溢流部分改为升液部分。）而落入连续的轻相中，轻相则连续地从升液管进入上一层塔板，直到塔顶。操作中应选择不易润湿塔板的一相为分散相。

筛板塔的处理量与两相间的密度差及塔板下方建立的液层高度有关。效率也受此液层高度和板间距的影响，负载范围较小。

2. 有能量输入的塔

在有外界能量输入的塔式萃取设备中，用机械能来促进液滴更新和加剧界面湍动，从而获得较高的效率。不论是何种性质的液体，用搅拌或脉冲方式输入所需能量，是使这种塔获得高传质效率的可靠办法。

（1）搅拌填料萃取塔　夏贝尔（Scheibel）塔开发应用较早，如图 8-22 所示。在这种塔中，为使两相充分混合，在垂直轴上安装有一定间隔的涡轮式搅拌器，为改善凝聚状况，在搅拌器之间的分离区域内装粒状填料或金属丝网填料。塔的操作按混合-澄清原理进行：两相经搅拌区时充分混合，以改善接触和分散状况，促进传质；两相流经填料层时，则填料促使液滴合并，防止乳化，利于分相，且可抑制轴向返混，故搅拌区起到混合器的作用，而填料层则起到了澄清器的作用。此塔良好的分离作用及低返混使效率达到每米 3～5 个理论级，但由于其存在着难以拆卸、分离区易结垢和需在轴上配置数个轴承，因而增加了腐蚀及磨损等缺点，因而目前工业上应用得较少。

（2）转盘萃取塔（RDC）　转盘萃取塔的结构如图 8-23 所示。塔体内壁安装了一系列平行的固定环，将塔内分隔成许多小室。中心轴上装有多层圆盘，且正好位于两个固定环中间。当中心轴旋转时，由于转盘对液体的搅拌作用和固定环的存在，从而增大了相际接触界面和传质系数，并在一定程度上抑制了轴向返混。

转盘萃取塔适用于低分散、高流量的场合，例如在石油化工中从废水中萃取酚，或回收溶剂。该塔处理脏的物料是比较理想的。

近年来，为了进一步提高转盘塔的效率，开发了不对称转盘塔，其结构如图 8-24 所示。在此系统中，装有搅拌盘的轴非对称地安装在塔的一侧，各搅拌区由没有孔的挡板隔开成许多小室。

　　澄清区是由垂直挡板从萃取区中分隔开，又由环形水平挡板分割成许多小室，在该区域中进行相际交换与分离。此外，流量与分离效率在一定范围内受转速的影响。

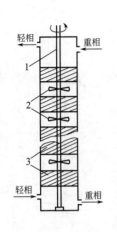

图 8-22　夏贝尔塔
1—转轴；2—搅拌器；3—丝网填料

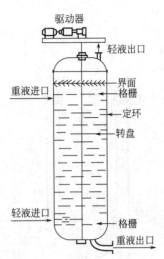

图 8-23　转盘萃取塔

　　不对称转盘塔的优点是由于偏心搅拌，使轴向混合效应大为减弱，从而提高了萃取效率。另外，该塔对物系的物性（密度差、黏度、界面张力等）有较宽的适应范围，并适用于易发生乳化或带有悬浮固体的物料。

　　（3）脉冲萃取塔　在脉冲萃取塔中，脉冲所需的能量可施加在整个液柱中或施加于内置的塔板上。脉冲液柱的优点是运动部件可装在塔体之外，如图 8-25 所示。

　　相澄清的扩大室可设置在塔顶或塔底，根据不同的操作类型，可在顶部或底部扩大室中形成相界面。利用特殊泵或压缩空气可在塔底部造成脉冲。

　　图 8-25 为脉冲萃取塔的几种类型。（a）往复活塞型。即将活塞的往复运动直接作用在液体上，使之在塔内产生脉冲运动。（b）脉动隔膜型。借活塞的往复运动使薄膜变型，从而驱动液体产生脉动。（c）风箱型。由于活塞的往复运动使风箱伸张和收缩，借风箱传递脉冲。（d）脉动进料型。是

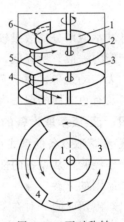

图 8-24　不对称转
盘萃取塔
1—搅拌盘；2—挡板；
3—搅拌区；4—澄清区；
5—水平挡板；6—直挡板

由往复泵向塔内送料，从而使塔内产生脉动。（e）空气脉动型。它是在活塞与操作液之间有一段空气作介质，空气一方面起到传递脉冲的作用，一方面又像隔膜一样起着隔离作用。在以上几种类型中，（b）、（c）和（e）均可使活塞与操作液体避免直接接触，故适宜处理有腐蚀性的物料。

　　上述液体脉动萃取塔的效率受脉动频率影响较大，受脉动振幅影响较小。通常，用较高的频率、较小的脉动振幅，可以得到较好的萃取效果。

　　若将脉冲输入填料塔或筛板塔，便构成脉冲填料塔和脉冲筛板塔，在脉冲填料塔中，脉

冲能防止在简单填料塔中形成的液体汇流现象。在脉冲筛板塔中，两相须通过筛孔，轻相向上脉冲流动，重相向下脉冲流动，这样不断产生新的界面，对传质有利。应当注意的是，对于散堆填料塔要防止长期脉冲作用引起填料的有序排列造成沟流；对于筛板塔则要防止溢流管引起短路。

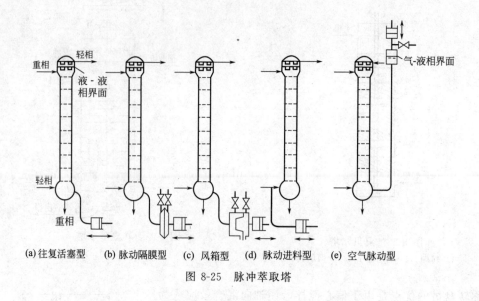

图 8-25　脉冲萃取塔

　　脉冲萃取塔分离效果较好，但是，液体在有脉动下流动速度要比无脉动时低一些，故塔的生产能力一般有所降低，功耗有所增加，适用于小塔。由于该塔结构简单，防护屏蔽性能良好，无转动设备，便于实现远距离控制，为此在核工业中得到广泛应用。在石油化工、稀有金属及有色金属的湿法冶金中也受到了重视。

四、液-液萃取设备的选择

　　液-液萃取设备的型式很多，性能各异，在选择萃取设备时，应根据可资利用的实验数据及操作经验，从设备的性能特点、操作费用、设备投资及物系的性质等方面考虑。通常，其选择原则如下。

　　(1) 停留时间　对在萃取过程中易发生分解的物系，应考虑选择停留时间短的萃取设备——离心萃取机；对萃取过程中伴随有慢化学反应的物系，应选择使物系停留时间较长的混合-澄清设备。

　　(2) 所需理论级数　对某些物系达到一定分离要求所需理论级数较低（<5）时，则各种萃取设备均可使用。所需理论级数在 4~5 级时，一般可用转盘塔和脉冲塔，若所需理论级数更多时，则选择离心萃取机或多级混合-澄清器较为适宜。

　　(3) 物系的物理性质　黏度较大、界面张力大、密度差小的物系，需采用有外加能量输入的萃取设备。反之，界面张力小、密度差大，且易乳化的物系，则应选用无外加能量输入的萃取设备。对密度差非常小，而又易乳化不易分相的物系，则选择离心萃取机。

　　(4) 防腐蚀及防污染要求　对于强腐蚀性物系，宜选择结构简单、易于采取防腐措施的填料塔或脉冲塔等。脉冲塔还特别适用于有放射性的物系，以防止其外泄而污染环境。

　　(5) 生产能力　若生产处理量小时，可选用填料塔和脉冲塔。而离心萃取机、转盘塔、筛板塔及混合-澄清器则适于处理量大的场合。

小　结

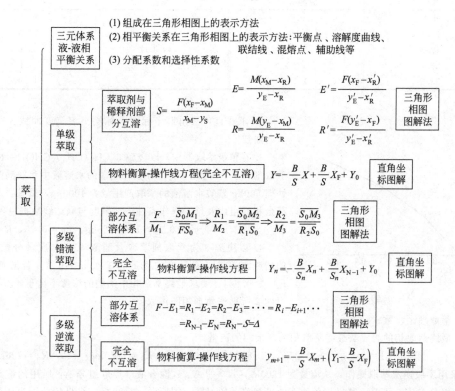

习　题

1. 将含组分 A 为 40％（质量分数）的 A、B 混合液 50kg 与 50kg 纯溶剂 S 充分混合，请依据三角形坐标及杠杆规则确定混合液的总组成。

$$[x_A = 0.20, \quad x_B = 0.30, \quad x_S = 0.50]$$

2. 25℃时以质量分数表示的醋酸-水-庚醇-3（A-B-S）的溶解度曲线及联结线数据分别列于下表。

溶解度曲线数据：

醋酸（A）	水（B）	庚醇-3（S）	醋酸（A）	水（B）	庚醇-3（S）
0	3.6	96.4	42.7	53.6	3.7
3.5	3.5	93.0	44.0	23.9	32.1
8.6	4.2	87.2	45.8	27.5	26.7
19.3	6.4	74.3	46.5	29.4	24.1
24.4	7.9	67.7	36.7	61.4	1.9
30.7	10.7	58.6	29.3	69.6	1.1
34.7	13.1	52.2	24.5	74.6	0.9
41.4	19.3	39.3	19.6	79.7	0.7
47.5	32.1	20.4	14.9	84.5	0.6
48.5	38.7	12.8	7.1	92.4	0.5
47.5	45.0	7.5	5.4	94.2	0.4

联结线数据，即醋酸在两平衡液层中的质量分数：

水层	庚醇-3 层	水层	庚醇-3 层
6.4	5.3	38.2	26.8
13.7	10.6	42.1	30.5
19.8	14.8	44.1	32.6
26.7	19.2	48.1	37.9
33.6	23.7	47.6	44.9

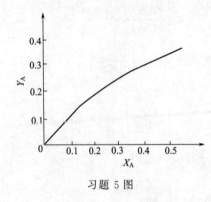

习题 5 图

(1) 萃取理论级数；

(2) 最终萃取相的组成及最终萃取相和萃余相的流量。

要求在直角三角形坐标图上标绘出溶解度曲线、联结线和辅助曲线。

3. 在单级萃取器中，以庚醇-3$[CH_3(CH_2)_3CHOHCH_2CH_3]$为萃取剂，从含 40%（质量分数）醋酸的水溶液中萃取醋酸，已知处理 500kg 醋酸水溶液的萃取剂用量为 1000kg，试求：萃取相和萃余相的组成及量。操作条件下溶解度与联结线数据见习题 2。

$[y_E=0.12，E=1125kg，x_R=0.16，R=375kg]$

4. 以庚醇-3 为萃取剂萃取含醋酸 40%（质量分数，下同）的醋酸水溶液，原料液的流量为 1500kg·h^{-1}。若溶剂比（S/F）为 0.964，要求最终萃余相中醋酸的浓度不高于 4%，试根据习题 2 所得三角形相图求取：

$[$ (1) 5 级；(2) A-25%，B-8.5%，S-66.5%；$E_1=2220$kg·h^{-1}，$R_n=726$kg·h$^{-1}]$

5. 采用多级逆流萃取操作，从流量为 1300kg·h^{-1} 的 A、B 混合液中提取组分 A，所用的溶剂 S 与混合液中的组分 B 完全不溶。其操作条件下的平衡关系如习题 5 图所示（横坐标、纵坐标分别为质量比浓度 X_A，Y_A）。若加至各级的纯萃取剂总量为 2000kg·h^{-1}，欲使原料液中 A 的含量从 0.35 降至 0.075（质量分数），求所需的理论级数。

$[2$ 级$]$

第九章　新型分离技术

教学基本要求

1. 了解膜分离过程种类及其基本特点，了解膜组件的型式、构成及膜分离工艺的主要应用领域；
2. 了解超临界流体的基本性质、超临界流体萃取分离方法及典型流程。

第一节　膜分离技术

一、膜分离技术的发展

膜分离是一项新兴的高效分离技术。它是基于物质透过固态膜或液态膜速率的不同，而将多组分混合物或溶液中各组分加以分离、分级、纯化或富集的过程。就膜分离的现象而言，它是广泛地存在于自然界中的，特别是在生物体内。生物体从外界摄取养料、排泄代谢物、交换信息等过程都是以生物膜作为中介来完成的。人们对于膜现象的研究，首先是1748 年 Nollet 发现水会自发地扩散穿过猪膀胱而进入酒精中开始的，然而，直到百年之后的 1854 年 Graham 发现了渗析现象，1856 年 Matteucei 和 Cima 观察到天然膜是各向异性这一特征之后，才又唤起人们对膜的研究的重视。开始，科学家们主要使用的是动物膜，但是这种天然膜在使用中存在许多问题，有着极大的局限性。1864 年 Traube 成功地制成历史上第一片人造膜——亚铁氰化铜膜，并由 Preffer 于 1877 年用这种人造膜顺利地进行了蔗糖和其他溶液的分离实验研究，从而为膜的研制及膜分离技术的发展和应用奠定了良好的基础。从此以后，特别是 20 世纪开始，研制了许多不同类型的膜，促使反渗透、超滤、微滤、渗析、电渗析、气体分离、膜蒸馏、渗透蒸发及液膜分离技术等的蓬勃发展。

如果将 20 世纪 50 年代初期作为现代高分子膜分离技术研究的起点，截至目前，其发展可以大致分为以下三个阶段。

(1) 50 年代为奠定基础阶段　主要进行膜分离科学的基础理论研究和膜分离技术的初期工业开发。

(2) 60～70 年代为发展阶段　由于电子显微镜等技术的进展，为膜的形态结构、分离性能、成膜条件之间的关系等方面的研究提供了有效工具，因此，许多膜分离技术实现了工业化生产，并得到广泛应用。

(3) 80～90 年代为发展深化阶段　不断提高和完善已实施工业化的膜分离技术，并扩大其应用范围，攻克一些较难的膜分离技术，并开拓新的膜分离技术。

20 世纪 90 年代以来，被称之为膜接触器的膜吸收、膜蒸馏、膜萃取、膜汽提等，为膜分离技术全面渗入化工领域提供了可能。近几年来，膜促进传递、膜反应器、膜传感器、控制释放等膜技术发展很快，膜式燃料电池则成为当今发达国家研究的热点。

膜分离技术，可在环境温度下操作使用，能耗低、分离效率高，一般过程中不伴随相变，无二次污染。适合于热敏性物质、稀溶液和难分离物的分离等特点，特别是易与催化反应和其他工程组合联用，发展十分迅猛，具有广阔的应用前景。此外，膜分离技术在净化、消毒、防污染等应用领域能很好地发挥作用。假若将膜分离技术与传统工艺结合，可以引起化学工程、冶金、生物技术、食品、医药、环境与石油工业重大技术革新与革命。

二、膜及膜分离技术的定义和分类

1. 膜的定义和分类

（1）膜的定义　在一种流体相（液态或气态）内或两种流体相之间，用一个较为致密的薄层（＜0.5mm）凝聚相物质把流体相分隔成为两部分，这一薄层物质就是膜。膜本身可以是均匀的一相，或是由两相以上的凝聚态物质所构成的复合体。显然，膜既可以是固态，也可以是液态；既可以是完全透过性的，也可以是半透过性的。不论膜有多薄，它都必须要起到隔离作用，以阻止膜两侧的流体相直接接触。

（2）膜的分类　分离膜可以由高分子、金属、陶瓷等材料制造，以高分子材料居多，高分子膜可以制成致密的或多孔的、对称或不对称的。金属和陶瓷膜也可以是对称或不对称的，因此，可按以下几种方法对膜进行分类。

① 按制造膜的材料分类，见表9-1。

表 9-1　膜的制造材料

改性天然物	乙酸纤维素(2-乙酸纤维素,2,5-乙酸纤维素,3-乙酸纤维素),丙酮 丁酸纤维素,再生纤维素,硝酸纤维素
合成产物	聚胺(聚芳香胺,共聚胺,聚胺肼),聚苯并咪唑,聚砜,乙烯基聚合物,聚脲,聚呋喃,聚碳酸酯,聚乙烯,聚丙烯
特殊材料	聚电解络合物,多孔玻璃,氧化石墨,ZrO$_2$-聚丙烯酸,ZrO$_2$-碳,油类

② 按膜的孔径的大小分类，见表9-2。

表 9-2　膜孔径分类

膜	微滤膜	超滤膜	反渗透膜	纳米过滤膜
孔　径	0.025～14μm	0.001～0.02μm	0.0001～0.001μm	平均直径2nm

（3）按膜的结构和制造方法分类，见图9-1。

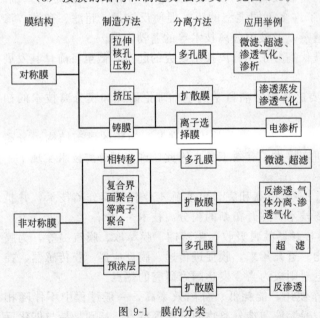

图 9-1　膜的分类

对称膜是一种结构的方向性并不重要的膜，一般用于渗析，并在一定条件下用于超滤。根据制造方法的不同，这些膜要么具有确定直径的孔，要么具有不规则的孔结构。

非对称膜是一种比较致密的薄膜，作为一分离层，它对物质传递和选择性起决定性作用，该分离层必须朝向待浓缩的原溶液。该层下边的高孔隙率支撑层使膜具有必要的机械强度，通常采用附加纤维网增大其强度。

2. 膜分离技术的分类和定义

就膜分离过程的实质而言，它是物质透过或被截留于膜的过程，与筛分过程近似。根据膜孔径的大小而达到物质分离的目的，因此，可以按照被分离粒子或分子的大小予以分类，大致可有六种膜分离过程。除了依据表9-2所列的四种如：微滤、超滤、反渗透和纳米过滤以外，还有与上述分离粒径交叉重叠的，如渗析和电渗析。这六种膜分离过程的定义如下：

（1）微滤（microfiltration，MF）　以多孔细小薄膜为过滤介质，压力差（约 200kPa）为推动力，使不溶物浓缩过滤的操作。其功能：分离粒子尺寸范围 10～0.02μm。如从水、饮料和药液中除菌；从啤酒中除去浑浊物。在生物技术领域，微滤特别适用于细胞的捕获。

（2）超滤（ultrafiltration，UF）　以压力差为推动力，按粒径选择分离溶液中所含微粒和大分子的膜分离过程。用于纯水制造，食品、药品和生物制品的浓缩，从发酵池中回收葡萄糖以及精制纸浆废水处理等。

（3）反渗透（reverse osmosis，RO）　以压力差从溶液中分离出溶剂的膜分离操作。如海（盐）水脱盐，溶液、液体食品脱水，从水中除去离子或其他物质。

（4）渗析（dialysis，DL）　一种以浓度差为推动力，溶质沿浓度梯度的方向从浓溶液透过膜向稀溶液扩散的过程，又称透析。其中既有溶剂产生流动，又有溶质产生流动的过程。允许小分子通过，截留大分子；用于人工肾（血液透析），化工及食品中高聚物及低分子的分离。

（5）电渗析（electrodialysis，ED）　一种以电位差为推动力，利用离子交换膜的选择透过性，从溶液中脱除或富集电解质的膜分离操作。如氨基酸溶液脱盐；糖蜜除去矿物质；碱的制造；重金属离子回收；从海带中提取甘露醇、柠檬酸；牛奶脱盐制婴儿牛奶等。

（6）纳米过滤（nanofiltration，NF）　一种以压力差为推动力，介于超滤和反渗透之间，从溶液中分离出相对分子质量为 300～1000 的物质的膜分离过程。纳米过滤已在许多工业中得到有效应用，如制药、纯水制备、废水处理、化学工业、食品及染料工业，还可用于低聚糖的分离和精制，果汁的高度浓缩，以及农产品的综合利用等。

膜技术和其他一切高新技术一样，产品更新快，技术含量高，研制比重大，而且品种较多，生产规模又小。它的利用虽为各行各业带来巨大效益，然而，膜分离往往只是生产流程中的一个部分。如果技术不配套就不能发挥作用，因此，结合各行各业进行应用开发就显得十分重要。

三、膜过滤的基本概念

膜过滤是指微滤、超滤和反渗透三种过程，它们都属于压力驱动型膜分离过程。以下仅就超滤和反渗透过程进行介绍。

超滤（UF）和反渗透（RO）的目的都是将溶质通过一层具有选择性的薄膜，而从溶液中分离出来。从前述其定义可知，分离过程的推动力是压力差。由于被分离物质的相对分子质量和粒径大小的差别，以及膜孔结构的不同，因此，其采用的压力差前者在 100～1000kPa，而后者为 1～10MPa。

超滤和反渗透过程都是用半透膜将两种不同浓度的溶液隔开，如图 9-2(a) 所示。半透膜一侧为淡水，另一侧为盐水，半透膜只能透过淡水，淡水穿过半透膜传递到盐水中，这种现象称为"渗透"，即稀溶液中的溶剂分子通过半透膜向浓溶液中移动的过程。

在渗透过程中，已穿过半透膜的溶剂若不被移走，则最终会呈现一种流体静压差，

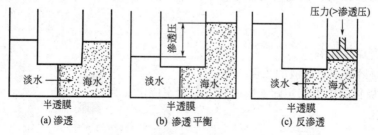

图 9-2　渗透、渗透平衡和反渗透

在此压差下物质静传递量为零，这种状态称为渗透平衡，如图9-2(b)所示。与此过程相应的压差即是渗透压。然而，要进行物质的分离和浓缩就必须在浓溶液一侧外加机械压力，或称操作压力，使溶剂做逆向流动，见图9-2(c)，但是，对于超滤和反渗透情况却是不一样的。

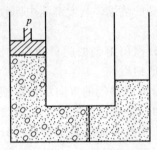

图9-3　超滤工作原理示意图

最简单的超滤的工作原理可以图9-3所示。在一定的外压 p 的作用下，当含有高、低分子化合物的溶质的溶液通过被支撑的膜表面时，溶剂和低分子溶质（如无机盐类）将透过薄膜，作为透过物被收集；而膜另一侧的高分子溶质（如有机胶体等）则被薄膜截留而作为浓溶液被收集。通常，超滤可以截留相对分子质量在500以上的高分子溶质（一些有机物，高聚物如蛋白质、核酸及多糖等）。

一般而言，反渗透法主要用以截留无机盐类那样的小分子（小于10倍水的相对分子质量）；而超滤法则是从小分子溶质或溶剂分子中，将比较大的溶质分子筛分出来，从本质上讲二者并无多大差别。只不过前者的溶质是小分子，因而渗透压较高，所以，为使溶剂透过薄膜，则操作压力必须要大。与此相反，由于高分子溶质的存在，渗透压较低，有时甚至可以忽略，所以，超滤可以在较低的压力下进行过滤。

四、膜过滤的基本理论

超滤和反渗透特性一般可以用膜的透过通量，即单位时间、单位面积透过膜的溶液量，以及截留率来表示。膜的透过通量一般可方便地通过测定得到，也可以基于不可逆过程的热力学现象的表达式予以表述

总体积通量 $$J_V = L_p(\Delta p - \sigma \Delta \pi) \tag{9-1}$$

溶质透过通量 $$J_S = \bar{c}_s(1-\sigma)J_V + \omega \Delta \pi \tag{9-2}$$

式中　L_p——膜系数；

　　　Δp——膜两侧静压力差；

　　　σ——反射系数；

　　　$\Delta \pi$——膜两侧渗透压差；

　　　$\bar{c}_s$——膜内溶质浓度平均值；

　　　ω——溶质透射系数。

理想半透膜中，$\sigma=1$，$\omega=0$。在膜分离法中，被透过膜的流体带到膜表面的溶质，被膜截留而累积增多，形成浓度边界层，所以，膜表面处的溶质浓度变得比原溶液主体浓度要大，这种现象称为浓差极化。它是对膜透过现象产生很大影响的因素之一。

截留率通常采用可以测定的溶液浓度，即原溶液及透过液的浓度，按下式定义

$$f = 1 - \frac{c_p}{c_b} \tag{9-3}$$

式中　f——表观截留率；

　　c_b，c_p——原溶液和透过液的浓度。

由于浓差极化的结果，实际上膜的真实截留率应定义为

$$f_0 = 1 - \frac{c_p}{c_m} \tag{9-4}$$

式中　c_m——膜附近溶质的浓度。

式(9-4)虽然能真实地表示膜过滤特性，但由于膜附近浓度不易测定，故可按图9-4所示的浓差极化模型计算。

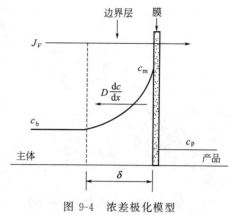

被膜截留下来的溶质，沿浓度梯度向原溶液主体方向扩散而返回。在定态条件下，根据物料衡算关系，得

$$J_V c = D_S \frac{\mathrm{d}c}{\mathrm{d}x} + J_S \qquad (9-5)$$

$$J_S = J_V c_p \qquad (9-6)$$

当　　$x=0$,　　　$c=c_b$
　　　　$x=\delta$,　　　$c=c_m$

图 9-4　浓差极化模型

积分式(9-5)，得如下浓差极化方程式

$$(c_m - c_p)/(c_b - c_p) = \exp(J_V/K)$$

或

$$J_V = \frac{D_S}{\delta} \ln \frac{c_m - c_p}{c_b - c_p} = K \ln \frac{c_m - c_p}{c_b - c_p} \qquad (9-7)$$

式中　D_S——溶质扩散系数；

　　　δ——浓差极化层厚度；

　　　K——浓差极化层内的溶质传质系数。

当已知传质系数 K 时，利用式(9-7)，由测定的 J_V，c_b 及 c_p 值，即可计算得到 c_m，进而再采用式(9-4) 就可计算得到表征超滤和反渗透特性的真实截留率 f_0。

由上述可知，超滤主要是截留大分子物质，并且由于浓差极化的形成，特别是对凝胶过滤场合，产生膜通透阻力 R_m（相当于 $1/L_p$）和附着层通透阻力 R_g，所以，溶剂（通常为水）通过超滤膜的流量与外加压力成正比，与膜的阻力成反比。在反渗透时，溶剂水的体积通量取决于净压力差，溶质的透过率则不取决于压差。为此，增加原液一侧的压力即可提高水的透过量，而溶质的透过率基本不变；对于浓度高的溶液，为防止水的透过量降低，溶质的透过量升高，造成水质下降，故需增大操作压力；对于膜而言，应选择孔隙率高、厚度薄的膜，则透水率大。至于截留率，则主要取决于膜的性质如孔径大小、易弯曲程度、溶质与微孔壁的作用等，与静压力无关。

五、膜组件的结构及其特点

各种膜分离装置的核心部分就是膜组件。它是将膜以规则排列的形式组装在一个基本单元设备内，在外界压力作用下，能实现对溶质和溶剂的分离。

目前，工业上常用的超滤或反渗透膜组件型式主要有平板式、管式、螺旋卷式及中空纤维式等四种型式。

1. 平板式膜组件

图 9-5 是一平板式膜组件。它是由两片平行膜将其三边密封后，形成膜套，支撑在一纸板的多孔材料上。多个膜套平行的连接在同一个头上，形成一个组合单元。透过膜的超滤液可以从该单元头部的放大图上看出其流动路线，原料液与膜套平行，纵向流过组合单元。其优点是充填密度可以达到

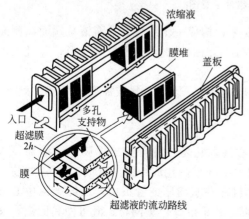

图 9-5　平板式膜组件

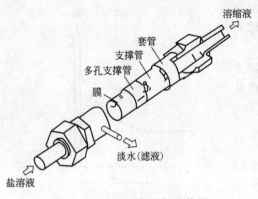

图 9-6　管式膜组件的构造简图

$100 \sim 400 \mathrm{m^2 \cdot m^{-3}}$，能量消耗较少，整个元件均可更换。但缺点是死体积较大。

2. 管式膜组件

在管式膜组件中，膜呈软管形式置于耐压管内侧，管的直径在 $12 \sim 24 \mathrm{mm}$ 之间，见图9-6。

假若支撑管的材料不能让滤液通过，则在支撑管和膜之间安装一个薄的多孔聚乙烯管，而这层多孔膜不会阻碍滤液横向地流向附近支撑管上的孔道，同时也在穿孔区域给膜提供必要的支撑。这种膜组件的优点是流动状态好，流速易控制，易清洗，无死角，适宜处理含固体较多的原料液，机械除去杂质也较容易，而且合适的流动状态还可以防止浓差极化和污染。其缺点是与平板膜比较，管膜的制备条件较难控制，单位体积中所含过滤面积较小，压降大。此外，管口的密封也较困难。

3. 螺旋卷式膜组件

螺旋卷式膜组件的突出优点是高充填密度（$>900\mathrm{m^2 \cdot m^{-3}}$），构造简单。这种膜为双层结构，中间为多孔支撑材料，两边是膜，其中三边密封而粘接成所谓"膜袋"。而另一开放边与一根多孔的中心产品液收集管密封连接。在膜袋外部的原料液侧再垫一种网形间隔材料，亦即把"多孔支撑物-膜-原料液侧间隔材料"依次叠合，绕中心产品液收集管紧密地卷成一个膜卷，再把这样卷起来的膜束置于圆柱形压力容器里，就形成一个螺旋卷组件，见图9-7。

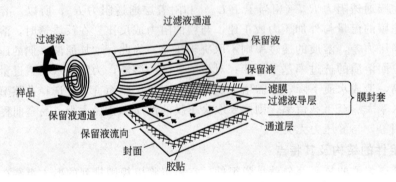

图 9-7　螺旋卷式膜组件示意图

实际应用时，将压力管中许多膜束彼此衔接起来，构成一个组件。盐溶液从端面或侧面流入，并沿轴向以层流形式流过膜元件，而多孔支撑层内的透过液则形成螺旋形，并且也以层流形式流入集液管中而被导出。

高充填密度这一优点带来的缺点是无法进行机械清洗，因此，料液需要预处理。此外，压降也大。

4. 中空纤维式膜组件

中空纤维是一种高强度，状如人发粗细的空心管，它是一种自身支撑膜，纤维外径为 $50 \sim 200 \mu \mathrm{m}$，内径 $25 \sim 42 \mu \mathrm{m}$。通常，把数十万根中空纤维捆扎成纤维束弯成 U 形，并装入圆柱形耐压容器内，见图9-8。纤维束的开口端密封在环氧树脂的管板中，而纤维束中心轴处安置一个原水分配管，使原水沿径向流过纤维束。纤维束外包裹网布，既可使其固定，又可使原水形成滞流状态。净化水透过纤维管壁后，沿纤维的中空内腔流经管板后引出，浓缩水在容器的另一端排出。

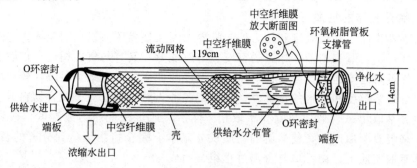

图 9-8 中空纤维式膜组件

原水既可与中空纤维平行，也可以成径向流动，因为滤液只能从一端引出，因此，在平行流动情况下，根据纤维中滤液的流动与原水同向还是逆向可以分为并流或逆流操作。

这种装置的主要优点是，单位体积中所含过滤面积大，操作压力较低（＜0.25MPa），动力较低，该膜不需支撑材料，使用寿命较长。缺点是制造技术复杂。操作时原料液需要预处理，易堵塞，清洗不易。

上述几种膜组件各有所长，但从单位体积的产液量来看，螺旋卷式和中空纤维式膜组件产液量最高，然而，应当指出的是，从装置的膜面清洗角度来讲，管式装置有其独特的优点。

六、超滤和反渗透的应用

超滤和反渗透操作原理及设备简单，压力低、技术要求不高，因此从研究转向应用发展很快。

目前，超滤主要用于油/水乳液的分离、电泳漆的回收、废水处理、食品加工，以及在生物工程中，将之用于酶及蛋白质的分离、浓缩，纯化血浆的分离、脱盐等方面。

反渗透技术的飞速发展，使其在海水脱盐领域占有领先地位。据 1994 年统计，美国市政饮用水处理中，反渗透水处理量约为 $3 \times 10^6 \mathrm{m}^3 \cdot \mathrm{d}^{-1}$。自 20 世纪 90 年代以来，全世界的反渗透水处理量以每年百分之十几的速度递增，反渗透不仅用于海水、苦咸水的淡化，制造纯水、超纯水和医疗卫生用水，而且，在工业废水净化，食品加工及生物工程中的单价盐、非游离酸的浓缩等方面也有很多实际应用。

在实际使用过程中，根据不同进料及产品要求，超滤既可采用分批操作，也可采用连续操作。反渗透使用的基本流程有：一级一段连续式、一级一段循环式、一级多段连续式、二级和多级多段式。目前除海水淡化需要 5.6～6.8MPa 的压力外，一般反渗透分离压力已降至 1～2.8MPa。

近年来，我国开发膜分离技术的研究注重于微滤、超滤和反渗透等技术的开发，并取得重大进展，已有数十家生产部门初具规模，产品用于各种领域，有些已在引进生产线中替代进口产品使用；富氧膜的研究开发取得了一定成效，氢气分离系统开发取得了重大成绩，并已推向工业化。

第二节 超临界流体萃取

超临界流体萃取（supercritical fluid extraction）是利用超临界流体作萃取剂，从固体或液体中萃取出某种高沸点或热敏性成分，以达到分离或提纯的目的。作为一种新的分离技术，超临界流体萃取应用领域十分广泛，特别是对分离和生产高经济价值的产品，如食品、医药和精细化工产品等有着广阔的应用前景。

一、超临界流体的性质

所谓超临界流体，是指温度和压力处于临界温度及临界压力以上的流体。它兼有液体和气体的两重性特点，既有与液体相当的密度、溶解能力，又有与气体相近的扩散系数和渗透能力。在临界点附近流体的这种特性对压力和温度的变化非常敏感，可以在较宽的范围内方便地调节组分的溶解度和溶剂的选择性，从而把各种天然物料、人工混合物料或者有机污染物的某些组分萃取出来，形成超临界萃取相。然后，通过改变压力或温度，或者采用吸附剂、吸收剂来吸收萃取产物，使溶解的物质成分基本上完全析出，达到分离的目的，因此，超临界流体萃取实质上是由萃取与分离过程组合而成。

1. 超临界流体的 p-V-T 性质

二氧化碳具有无毒、无臭、不燃和价廉易得的优点，因此，在超临界流体萃取中是最常用的萃取剂。二氧化碳临界温度为 31.06℃，临界压力为 7.38MPa，故萃取可以在略高于室温条件下进行。

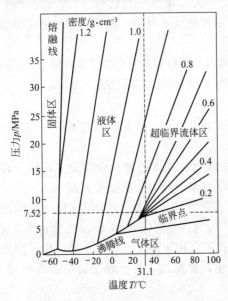

图 9-9 CO₂ 的 p-T-ρ 线图

图 9-9 为二氧化碳的 p-T-ρ 线图，通过该图可以讨论超临界流体的 p-V-T 性质。图中表示了与气体、液体、固体区相对应的超临界流体区，以及各种分离方法应用领域。图中的直线表示以二氧化碳密度为第三参数的 T-p 关系。ρ_{CO_2} 随 T 和 p 的增加而产生极大变化。如 $T=37℃$ 时，p 由 7.2MPa 上升到 10.3MPa 时，ρ_{CO_2} 由 0.21g·cm^{-3} 增大到 0.59g·cm^{-3}，即密度增加了 2.8 倍。当 $p=10.3$MPa，T 由 92℃下降到 37℃时，也可发生相应的密度变化。在临界区的附近，压力和温度的微小变化，将引起流体的密度大幅度地变化，而非挥发性溶质在超临界流体中的溶解度大致上和流体密度成正比。超临界流体正是利用了这个特性，形成了新的分离过程。

超临界二氧化碳（SC-CO₂）和一般液体溶剂相比，在传递性质方面具有很大优势。它具有与液体相近的密度，又有与气体相近的黏度，而且还具有比液体大近 100 倍的扩散系数。正因如此，SC-CO₂具有这些优异特性，因此，其萃取效率要比液-液萃取为优。二者的比较如表 9-3 所示。

SC-CO₂ 流体的特征在于，由于 SC-CO₂ 的密度 $\rho=f(T，p)$，改变 T 或 p 均可使 SC-CO₂的密度发生变化，而溶质的溶解度和所用超临界流体的密度密切相关，因此，增加了过程的控制变量，为 SC-CO₂ 的萃取过程提供了方便。

通常，待分离物质的沸点比 SC-CO₂ 高得多。萃取后形成的超临界液体相中既含有被分离的物质，又含有 CO₂，然而，只需降低压力，二者即可达到完全分离。亦即，分离物中残留溶剂量为零，故可避免采用高能耗的精馏操作。

2. 超临界流体的选择性

为使超临界流体萃取过程能够有效地分离或除去微量杂质，必须要求超临界流体萃取中溶剂要有良好的选择性。要提高溶剂的选择性，必须满足以下两点：①操作温度和超临界流体的临界温度接近；②超临界流体的化学性质和待分离溶质的化学性质相近，这是决定萃取效果好坏的基本原则。

表 9-3 SC-CO₂ 萃取与液-液萃取的比较

液-液萃取	SC-CO₂ 萃取
萃取剂加入待分离的混合物后,形成两个液相	挥发性很小的物质,也可被 SC-CO₂ 中溶解、萃取,从而形成超临界流体相
溶剂的萃取能力取决于温度和混合溶剂的组成,压力的影响不大	SC-CO₂ 的萃取能力主要与其密度有关,选择适当的压力和温度对其进行控制
常温、常压操作,经萃取后的液体混合物通常需用精馏方法将溶质和萃取剂分开。这对热敏性物质的处理不利,且萃取剂不能彻底去除	常温、高压下操作,$p = 5 \sim 30\text{MPa}$,$T < 60℃$,对热敏性物质的萃取有利,故在生物制药有效成分的提取中,性能独特,且无溶剂残留
不能在升温和减压下分离	萃取后的溶质间的分离,既可用等温下减压,也可用等压下升温的方法
溶质的传质条件较 SC-CO₂ 萃取差	SC-CO₂ 的优点,大大提高了溶质的传质能力
萃取相为液相,溶质的浓度可以相当大	一般情况下溶质在 SC-CO₂ 的流体相中浓度较小,超临界流体相组成接近于纯的 SC-CO₂

3．超临界流体的选择

在超临界流体萃取过程中,通常需要根据分离对象与目的不同,选择合适的萃取剂。作为萃取剂的超临界流体必须具备以下条件:

① 具有化学稳定性,对设备无腐蚀;

② 临界温度既不能太低,也不太高,最好在室温附近或操作温度附近;

③ 操作温度应低于被萃取溶质的分解温度或变质温度;

④ 临界压力不可太高,以节省压缩动力费用;

⑤ 选择性要好,容易获得高纯度制品;

⑥ 溶解度要高,以减少溶剂循环量;

⑦ 来源方便,价格低廉;

⑧ 对一些特殊场合,如医药和食品工业中使用的萃取剂还应要求无毒、无臭。

表 9-4 列出了一些萃取剂的超临界物性。

表 9-4 一些萃取剂的超临界物性

萃取剂	临界温度/℃	临界压力/MPa	临界密度/g·cm⁻³	萃取剂	临界温度/℃	临界压力/MPa	临界密度/g·cm⁻³
乙烷	32.3	4.88	0.203	二氧化碳	31.1	7.38	0.460
丙烷	96.9	4.26	0.220	二氧化硫	157.6	7.88	0.525
丁烷	152.0	3.80	0.228	水	374.3	22.11	0.326
戊烷	296.7	3.38	0.232	笑气	36.5	7.17	0.451
乙烯	9.9	5.12	0.227	氟里昂-13	28.8	3.90	0.578
氨	132.4	11.28	0.236				

二、超临界流体萃取过程

超临界流体萃取过程基本上是由萃取阶段与分离阶段所组成,如图 9-10 所示,其典型流程见图 9-11。

在萃取设备内,在特定的温度和压力下,使原料与超临界流体接触,达到气液间物料成分传递平衡,再调节温度和压力,使萃取物与超临界

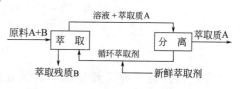

图 9-10 超临界流体萃取过程示意图

流体分离，完成超临界流体萃取过程。

就分离方法而言，基本上为图 9-11 所示的三种。

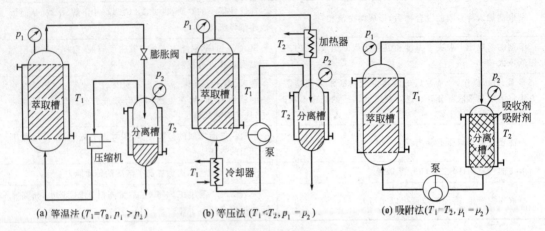

图 9-11　超临界流体萃取典型流程

(1) 等温法或称绝热法　它是依靠压力变化而进行萃取分离的方法。如图 9-11(a) 所示，在一定温度下，使超临界流体和溶质减压，经膨胀、分离，气体经压缩机加压后再返回萃取槽循环使用，而溶质从分离槽下部取出。

(2) 等压法　依靠温度变化而进行萃取分离的方法。如图 9-11(b) 所示，从萃取槽出来的流体经加热、升温，使气体和溶质分离，气体经压缩、冷却后返回萃取槽循环使用，萃取物则从分离槽下部取出。

(3) 吸附法　采用只吸附溶质，而不吸附萃取剂的吸附剂进行萃取分离的方法，如图 9-11(c) 所示，在萃取器中经萃取出来的溶质，在分离槽中被吸附剂吸附，气体出分离槽经压缩再返回萃取槽继续使用。

实际使用过程中，当萃取相中的溶质为需要精制的产品时，往往采用图 9-11(a)、图 9-11(b) 两种流程，如果萃取质为过程需要除去的有害成分，而在萃取槽中的萃余物为需要提纯的组分时，往往采用流程如图 9-11(c) 所示。

目前，超临界流体萃取多用 CO_2 为萃取剂，在采用上述三种典型流程时，其各自的优缺点见表 9-5。

表 9-5　SC-CO_2 萃取工艺流程比较

工艺流程	优　点	缺　点	应用实例
等温法	因温度无变化，故操作简单。可实现对高沸点、热敏性、易氧化物质接近常温萃取	压力大能耗、设备投资大	SC-CO_2 萃取啤酒花
等压法	做功机械能耗相对较小	对热敏性物质有影响	丙烷脱除杂质沥青
吸附法	操作过程始终处于超临界状态，节能效果明显	需特殊吸附剂	SC-CO_2 萃取咖啡因

三、国产超临界二氧化碳萃取装置生产工艺

我国生产的超临界二氧化碳萃取装置生产工艺如图 9-12 所示。

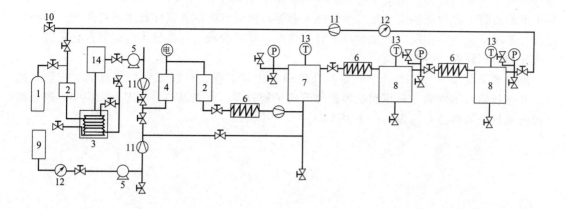

图 9-12 国产超临界 CO_2 萃取装置生产工艺

1—CO_2 钢瓶；2—过滤器；3—制冷机；4—混合器；5—加压泵；6—热交换器；7—萃取釜；

8—分离器；9—夹带剂罐；10—截止阀；11—单向阀；12—流量计；13—温控仪；14—液体 CO_2 贮罐

从 CO_2 钢瓶 1（或 CO_2 发生器）出来的 CO_2 气体，经过过滤器 2 净化后，由制冷机 3 冷凝为液体储存于贮罐 14 中。液体 CO_2 由加压泵 5 加压后送入混合器 4 中，经过第二级过滤器 2 过滤后被热交换器 6 加热到指定的温度成为超临界 CO_2（SC-CO_2）。SC-CO_2 进入萃取釜 7 内，并与事先装入的经过预处理的原料接触。溶入 SC-CO_2 的组分随超临界流体进入分离器 8，通过改变分离器中的温度和压力，使 CO_2 和待分离的物料分离。分离了物料的 CO_2 再经装有流量计 12 的管路返回过滤器 2，净化后通入制冷机 3 循环使用。

四、超临界流体萃取的应用

超临界流体萃取技术的发展，一开始就与工业应用紧密相联。在天然产物和食品加工工业方面已有广泛的应用。以超临界 CO_2 从咖啡豆中萃取分离咖啡因的工业规模装置最早在德国建成。经萃取后的咖啡因含量可从初始的 $0.7\%\sim3\%$，降到 0.02% 以下，而香味并无损失。还有用超临界 CO_2 提取啤酒花中的有效成分；从烟草中脱除尼古丁。使用超临界 CO_2 可以得到较高纯度的香精萃取物，其中香兰素含量可达 36%。该法先将香子兰豆在低温磨碎至 $0.2mm$（研磨过程中加入干冰，以防摩擦生热而造成香气或香味化合物的损失），然后，用水浸泡香子兰豆粉，再将其倒入萃取器中。超临界 CO_2（$T=306K$，$p=11MPa$，溶剂浓度为 $15g\ CO_2/g$ 干香子兰豆）连续 9h 从容器上部向下通入豆粉层，稠密的气相携带着萃取物从容器底部流出。该法得率约为每克干香子兰豆可获得 $0.106g$ 萃取物，而用乙醇萃取的相应得率仅为 $0.084\sim0.093g$ 萃取物。

此外，还可从木浆的氧化废液中萃取香兰素，还有对紫丁香、柠檬皮油、大豆油、黑胡椒等的超临界萃取，都已取得了成功。

在石油化工中，用超临界丙烷脱沥青得到的石油产品质量，比液-液萃取法得到的好得多，含钒和含碳量低。超临界条件下低挥发度物质分离，不仅可用于超临界色谱分析技术，而且还可用于分离操作。在煤的液化加工中，已开发了"临界溶剂脱灰过程"和"超临界气体萃取过程"。

超临界流体不仅是一种良好的分离介质，而且也是一种良好的反应介质。利用超临界流体的这些特性发展起来的超临界流体技术，不仅在化工领域而且在材料科学、环境科学、印染工业，以及生物技术领域中的应用研究日益增多，如超临界 CO_2 萃取氨基酸，从单细胞蛋白游离物中提取脂类，从微生物发酵的干物质中萃取 γ-亚麻酸，用超临界 CO_2 萃取发酵法生产的乙醇，各种抗生素的超临界流体干燥等，同时，超临界流体技术还可用于金属有机反应，多相催化和多相反应，超临界水氧化技术，材料合成，纤维素水解，酶催化反应，细胞破碎和超细颗粒制备等方面。

超临界萃取是一门综合性学科，涉及化学、化学工程、机械工程、热力学等方面，因此，开拓新的应用领域，积累超临界条件下的平衡数据，完善其热力学理论和模型，改进高压设备或机械等将是今后发展的主要方向。

第十章 干 燥

教学基本要求

1. 了解干燥过程的特征、干燥方法分类及应用；
2. 掌握湿空气的性质及湿度图的应用；
3. 理解物料中所含水分的性质及干燥机理；
4. 掌握恒定干燥条件下干燥速率与干燥时间的计算；
5. 了解干燥器的类型及选用原则。

第一节 概 述

在化学工业中，有些固体物料、半成品和成品含有湿分（水或其他溶剂），为便于贮藏使用或进一步加工的需要，必须除去其中的湿分，简称去湿。去湿的方法很多，如机械去湿法，即利用压榨、过滤和离心分离等机械方法去湿；物理化学去湿法，即用氯化钙、浓硫酸、硅胶等吸湿性物料为干燥剂除去湿分；热能去湿法，即借助热能使物料的湿分气化，并将产生的蒸气排除。这种以热能除去固体物料中湿分的操作称为固体干燥，简称干燥。

干燥过程的本质是使湿分从固相转移到气相，固相为被干燥的物料，气相为干燥介质。干燥过程得以进行的条件，必须使干燥物料表面上的蒸气压强超过干燥介质的蒸气分压强，这样才能使物料表面的湿分气化，而正是由于表面湿分的不断气化，物料内部的湿分才可以继续扩散到其表面，然后被干燥介质带走，以保持一定的气化湿分的推动力。如果压差为零，表示干燥介质和物料之间已无湿气传递，干燥即行停止。

一、干燥过程的目的和应用

干燥的目的是使物料便于加工、运输、贮藏和使用。对某些含水量要求严格的原料和产品。物料中水分含量的高低，对化学反应的进行和产品的质量有很大的影响。

干燥在化工生产中的应用很广泛，同时，在其他工农业部门也得到普遍应用，如农副产品的加工、建材、造纸、纺织、制革、塑料、油漆、煤炭及木材加工和食品等工业中，干燥都是必不可少的操作。

二、干燥过程的分类

按操作压力不同，干燥可分为常压干燥和真空干燥。真空干燥温度较低，适于对热敏性、易氧化或要求含湿分量极低的物料的干燥。

按操作方式，干燥可分为连续式和间歇式。连续式的优点是生产能力大，物料被连续地加入和排出，物料与干燥介质的接触方式可并流、逆流或其他方式，热效率高，产品均匀，劳动条件较好。间歇式的优点是基建费用较低，操作控制方便，物料成批放入干燥装置中，待达到一定的含湿要求后一次取出，故可以适应多品种物料的干燥，但干燥时间较长，生产能力较小。

按热能供给湿物料的方式，干燥可分为传导干燥、对流干燥、辐射干燥和介电加热干燥。

（1）传导干燥 湿物料与干燥设备的加热表面相互接触，热能通过传热壁面以传导方式加热湿物料，产生的湿气被周围的空气流带走或用真空泵排出。干燥设备的加热面是载热体，空气是载湿体。这种干燥的特点是热能利用程度高、湿分蒸发量大、干燥速度快，但温度高时物料易过热而变质。

（2）对流干燥　以对流方式把干燥介质如热空气或热烟道气的热能，传递给与其直接接触的湿物料，而其所产生的湿气又为干燥介质所带走，故热空气既是载热体，又是载湿体。其特点是干燥温度易于控制，物料不易过热而变质。物料处理量大，但热能利用程度较低。

（3）辐射干燥　热能以电磁波的形式由辐射器发射到达湿物料表面，经物料吸收后重新转变为热能，从而使湿分加热气化，并以空气带走湿气。其特点是安全、卫生、干燥速度快，耗电量较大，设备投入高。

（4）介电加热干燥　将湿物料置于高频电场内，由高频电场的交变作用加热物料。湿物料中的极性分子（如水分子）及离子产生偶极子转动和离子传导为主的能量转换效应，辐射能转化为热能，使湿分汽化。同时，以空气带走湿分，从而达到干燥的目的。这种干燥方式是一种非常规干燥技术。其加热过程不是由物料的外部向内部进行，而是内外同时加热。在一定深度层与表面之间，物料内部温度高干表面温度，从而使温度梯度和湿分扩散方向一致，以缩短干燥时间。其优点是：能量利用效率高，干燥速度快、干燥产品均匀、质量好、操作方便等。这类干燥设备有微波干燥器。

（5）冷冻干燥　在低温、抽真空条件下，将物料中的水分由固态直接升华为水汽，再经真空泵排出。该干燥方法主要用于生物制品、药品和食品等热敏性物料的脱水，以保持其中的有效成分不被破坏或氧化。

目前，在工业生产中应用最普遍的是对流干燥，通常使用的干燥介质是空气，被除去的湿分是水分。故本章以对流干燥为主要讨论内容。

三、对流干燥的特点及流程

图 10-1 所示的气流干燥流程为最典型的对流干燥器。

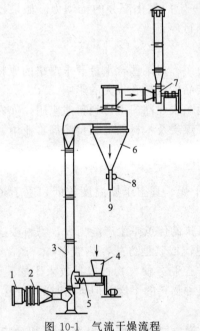

图 10-1　气流干燥流程

1—空气过滤器；2—加热器；3—干燥管；
4—加料斗；5—螺旋加料器；6—旋风分离器；
7—风机；8—锁气管；9—出料口

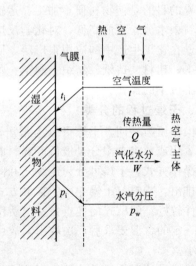

图 10-2　热空气和物料间的传热与传质

通过空气过滤器 1 的空气经加热器 2 加热，达到一定温度后送入干燥管 3；湿物料由加料斗 4 经螺旋加料器 5 后，也送入干燥管 3。由于热空气的高速运动，物料颗粒分散于气流之中，气-固两相间发生传热与传质，从而使物料在干燥管中得到干燥。已干燥的物料随气流带出，经旋风分离器 6 将气-固两相分离，固体产品通过锁气管（卸料阀）8 从出料口 9 放出，湿废气经风机 7 抽出排空。

在干燥管中，气体带来热量，并将水汽带走，以保证干燥过程顺利进行，因此，空气既是载热体又是载湿体，常称之为干燥介质。

对流干燥时，温度为 t 的热空气与表面温度为 t_i 的湿物料直接接触过程中，会向湿物料传递热量 Q，其传热推动力为 $\Delta t = t - t_i$。由于温差的存在，热空气以对流方式向湿物料传热，使水分汽化。物料表面的水汽分压 p_i 高于热空气流主体的水汽分压 p_w，使水汽的传质推动力为 $\Delta p = p_i - p_w$。物料表面的水汽 W 在此分压的作用下由物料表面向气流主体扩散，并被空气带走，故干燥过程中热、质传递同时存在，如图 10-2 所示。

必须指出，只要物料表面的水汽分压高于气体，即 Δp 存在，干燥即可进行。空气在进干燥器之前由预热器加热到一定温度，其目的在于加快水分汽化和提高物料干燥速度，从而提高装置的生产能力。

第二节　湿空气的性质和湿度图

一、湿空气的性质

湿空气是干空气和水汽的混合物，在对流干燥过程中，干燥介质——湿空气预热成为热空气后与湿物料进行热量和质量的交换，故作为干燥介质的热空气既是载热体，又是载湿体。在干燥过程中，湿空气的水汽含量、温度和焓都会发生变化，因此，在讨论干燥过程之前，应首先了解表示湿空气性质或状态的参数，如湿度、相对湿度、焓、干球温度、湿球温度、露点、绝热饱和温度及比容等的物理意义及其相互之间的关系。

1. 湿度

湿度是表明空气中水汽的含量，又称湿含量，即湿空气中每千克质量干空气所带有的水汽质量，以符号 H 表示，其单位是 $kg_水 \cdot kg_{干空气}^{-1}$。

$$H = \frac{\text{湿空气中水汽的质量}}{\text{湿空气中干空气的质量}} = \frac{m_w}{m_g} \tag{10-1a}$$

因物质的质量等于其摩尔质量乘以物质的量，故

$$H = \frac{M_w n_w}{M_g n_g} \tag{10-1b}$$

式中　M_w, M_g——水汽的摩尔质量和干空气的平均摩尔质量，$kg \cdot kmol^{-1}$；

　　　n_w, n_g——水汽和干空气的物质的量。

设湿空气的总压为 p，其中水汽的分压为 p_w，则干空气的分压为 $p_g = p - p_w$。由道尔顿分压定律可知，气体混合物中各组分的物质的量之比等于其分压之比，即

$$\frac{n_w}{n_g} = \frac{p_w}{p_g} = \frac{p_w}{p - p_w}$$

将之代入式(10-1b)，得

$$H = \frac{M_w}{M_g} \frac{p_w}{p - p_w} = 0.622 \frac{p_w}{p - p_w} \tag{10-2}$$

式(10-2) 表明，空气的湿度与湿空气的总压及其中的水汽分压有关，当总压一定时，则仅与水汽分压有关，即 $H=f(p_w)$。

若湿空气的水汽分压 p_w 达到同温度下水的饱和蒸汽压 p_s 时，湿空气的湿度即达到最大值，称为饱和湿度，以 H_s 表示

$$H_s=0.622\frac{p_s}{p-p_s} \tag{10-3}$$

由于水的饱和蒸汽压仅与温度有关，故 $H_s=f(p,t)$。

2. 相对湿度

在一定的温度及总压下，空气中水汽分压与同温度下水的饱和蒸汽压之比，定义为相对湿度，以 φ 表示

$$\varphi=\frac{p_w}{p_s}\times100\% \tag{10-4}$$

当相对湿度 $\varphi=100\%$ 时，说明湿空气中的水汽已达饱和，不能再吸湿，$p_w=p_s$，即湿空气中水汽分压的最高值。显然，φ 值愈低，湿空气离饱和愈远，表示湿空气吸收水汽的能力愈强。可见，利用相对湿度 φ 可以判断干燥过程进行的难易程度，这也是常用热空气作为干燥介质的原因。

据式(10-4)，得 $p_w=\varphi p_s$，代入式(10-2) 中，则

$$H=0.622\frac{\varphi p_s}{p-\varphi p_s} \tag{10-5}$$

由此可见，当总压一定时，空气的湿度 H 随着空气的相对湿度及温度而变，即 $H=f(\varphi,t)$。湿度 H 只能表示湿空气中水汽含量的绝对值，而相对湿度 φ 却能反映湿空气容纳水汽的能力。

3. 湿空气的焓

干燥过程中，热、质传递同时存在，即空气和湿物料之间不仅有水分的转移，同时还有热量的交换，因此，有必要了解空气的另一性质——焓。

湿空气的焓等于干空气的焓与其中所带水汽的焓之和。以 1kg 干空气作为基准，并以 0℃ （即 273K） 作为基准温度，则湿空气的焓为

$$I=I_g+HI_w \tag{10-6}$$
$$I_g=c_g(t-0)$$

式中　I——湿空气的焓，$kJ\cdot kg^{-1}_{干空气}$；

　　　I_g——干空气的焓，$kJ\cdot kg^{-1}_{干空气}$；

　　　I_w——水汽的焓，$kJ\cdot kg^{-1}_{水汽}$；

　　　c_g——干空气的比定压热容，$c_g=1.01kJ\cdot kg^{-1}\cdot K^{-1}$。

对于温度为 t、湿度为 H 的湿空气而言，焓还包括由 0℃ （基准温度）的水变为 0℃ 的水汽所需的潜热及湿空气由 0℃ 升温至 t 时所需的显热，即

$$I=c_gt+(r_0+c_wt)H$$
$$=(c_g+c_wH)t+r_0H$$
$$=c_Ht+r_0H$$

式中　c_H——湿空气的比定压热容，$kJ\cdot kg^{-1}\cdot K^{-1}$；

　　　c_w——水汽的比定压热容，$c_w=1.88kJ\cdot kg^{-1}\cdot K^{-1}$；

r_0——水在0℃时的汽化潜热，$r_0=2492\text{kJ}\cdot\text{kg}^{-1}$。

故

$$I=(1.01+1.88H)t+2492H \tag{10-7}$$

由式(10-7)可见，空气的温度愈高，湿度愈大，则焓值亦愈大。

4. 湿空气的比容（或比体积）v_H

在选择风机或计算流速需要知道气体的体积流量时，往往使用气体的比容。湿空气的比容v_H为单位质量干空气中具有的空气和水汽所占有的总体积，即

$$v_H=\frac{湿空气的体积}{1\text{kg 干空气}}$$

在t℃、0.1MPa时，湿空气的比容既包含有干空气的比容v_g，又包含有水汽的比容v_w。通常条件下，气体的比容可以按理想气体定律计算，故

$$v_g=\frac{22.4}{29}\times\frac{273+t}{273}=0.773\times\frac{273+t}{273} \tag{10-8}$$

$$v_w=\frac{22.4}{18}\times\frac{273+t}{273}=1.244\times\frac{273+t}{273} \tag{10-9}$$

则总压为pkPa，温度为t℃，湿度为$H\text{kg}\cdot\text{kg}^{-1}_{干空气}$的湿空气的比容$v_H$为

$$v_H=v_g+v_wH=(0.773+1.244H)\times\frac{273+t}{273}\times\frac{101.325}{p} \tag{10-10}$$

5. 露点

不饱和湿空气在总压p和湿度H不变的情况下进行冷却，当出现第一滴液滴时，湿空气达到饱和状态，此时的温度，称露点t_d。湿空气冷却到露点下的湿度为饱和湿度H_s，即$\varphi=1$。

由式(10-3)

$$H=H_s=0.622\times\frac{p_s}{p-p_s}$$

则

$$p_s=\frac{H_sp}{0.622+H_s}=\frac{Hp}{0.622+H} \tag{10-11}$$

由式(10-11)可知：

(1) 若已知总压p和湿度（等湿冷却$H_s=H$），可以求得t_s下的p_s，由p_s查水蒸气表求得对应的温度，即为t_d；

(2) 若已知总压p和t_d，亦可由t_s查表得p_s，然后，由上式求出湿度H（露点法测湿度的依据）。

露点也是表示湿空气性质的一个特征温度，但测定露点是一个不稳定过程，不如测定湿球温度方便，特别是在流动的空气中，更是如此。

6. 干球温度

在湿空气中，用普通温度计测得的温度称为干球温度，简称温度，以符号t表示。干球温度是湿空气的真实温度。

7. 湿球温度

将普通温度计下端感温球上裹一为水所完全润湿的纱布，这支温度计即为湿球温度计，如图10-3所示。它在空气中达到平衡或稳定的温度称为空气湿球温度t_w。

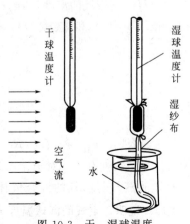

图10-3 干、湿球温度

设温度为 t，水汽分压为 p_w，湿度为 H 的大量不饱和空气以高速通过湿球温度计的湿纱布表面。若开始时，湿纱布的初温高于空气的露点，则湿纱布表面水汽分压比空气中水汽分压为高，水便会自湿纱布表面汽化，并通过气膜扩散至空气主体中去。汽化水分所需的潜热，首先取自湿纱布的显热，使湿纱布的温度下降，亦即，湿球温度计的指示值下降，从而使气流与湿纱布之间产生温度差引起热交换。湿纱布从空气中取得热量以供水分汽化之用。最后，当由空气传给湿纱布的显热等于水分汽化所需的潜热，则两者达到平衡。这时湿球温度计的指示值维持不变，这个稳定或平衡的温度称为空气的湿球温度 t_w。湿球温度不表示空气的真实温度，而是空气状态或性质有关的一种参数。对于某一定干球温度的湿空气，其相对湿度愈低，湿球温度值愈低。对于饱和湿空气而言，干球温度、湿球温度以及露点温度三者相等，即 $t = t_w = t_d$。

湿空气的温度 t 与湿球温度 t_w 以及湿度 H 之间的函数关系可做如下推导。

空气向湿纱布表面的传热速率（显热）为

$$\Phi = \alpha A (t - t_w) \tag{10-12}$$

式中　Φ——传热速率，W 或 J·s^{-1}；

　　　α——空气对湿纱布的对流传热膜系数，W·m^{-2}·K^{-1}；

　　　A——空气与湿纱布的接触面积，m^2；

　　t, t_w——空气的干球温度和湿球温度，℃。

与此同时，当达到湿球温度，即达到热平衡时，空气供给湿纱布的热量即为湿纱布中的水分汽化所需的热量（潜热）。设单位时间汽化的水分量为 W kg·s^{-1}，水在湿球温度时的汽化潜热为 r_w kJ·kg^{-1}，则

$$\Phi = \alpha A (t - t_w) = W r_w$$

或

$$\frac{W}{A} = \frac{\alpha}{r_w} (t - t_w) \tag{10-13}$$

t_w℃时，水汽向空气中的传质速率为

$$N = \frac{W}{A} = k_H (H_s - H) \tag{10-14}$$

式中　k_H——以湿度差为推动力的气相传质系数，kg·m^{-2}·s^{-1}；

　　　H_s——在 t_w℃时空气的饱和湿度，kg$_水$·kg$^{-1}_{干空气}$；

　　　H——空气的湿度，kg$_水$·kg$^{-1}_{干空气}$。

由式(10-13)和式(10-14)，得

$$\frac{\alpha}{r_w} (t - t_w) = k_H (H_s - H)$$

即

$$t_w = t - \frac{k_H r_w}{\alpha} (H_s - H) \tag{10-15}$$

实验表明，k_H 与 α 都与 Re 的 0.8 次幂成正比，故 k_H 与 α 之比值与空气的黏度和流速无关，只与物性有关。对于含水蒸气的湿空气，常取 $\alpha/k_H = 1.09$kJ·kg^{-1}·K^{-1}；对于有机液体的蒸气与空气的混合气体的 α/k_H 值则较大，一般在 $1.67 \sim 2.09$ 之间，所以，式(10-15)说明，空气的湿球温度 t_w 仅随空气的干球温度 t 和湿度 H 而变，$t_w = f(t, H)$；

反之，湿空气的 t、H 一定，则 t_w 必为定值。通常为准确测定湿球温度，空气的速度应大于 $5m \cdot s^{-1}$，以减少导热和热辐射的影响。

8. 绝热饱和温度

在如图 10-4 所示的绝热饱和器中，温度为 t、湿度为 H 的不饱和空气与足量的水在其中密切接触。水向空气中汽化所需的潜热，来自于空气中的显热，即空气湿度增加的同时，其温度则下降，但空气的焓值不变。这一过程称为空气的绝热降温增湿过程（等焓过程）。最后，当空气达到饱和状态，其温度不再下降，此时的平衡温度为该空气的绝热饱和温度，以符号 t_{as} 表示，其对应的饱和湿度为 H_{as}，此时水的温度也为 t_{as}。

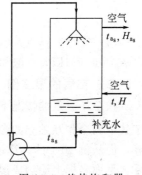

图 10-4　绝热饱和器

因在绝热饱和过程中，空气的焓值保持不变，当湿空气进入绝热饱和器时其焓为

$$I_1 = c_H t + r_{as} H \tag{10-16}$$

离开绝热饱和器时湿空气的焓为

$$I_2 = c_{Has} t_{as} + r_{as} H_{as} \tag{10-17}$$

因湿空气在绝热增温过程中是等焓过程，所以，$I_1 = I_2$。又因为 $c_H = 1.01 + 1.88H$，$c_{Has} = 1.01 + 1.88H_{as}$。其中 H 和 H_{as} 值与 I 相比均为一很小的数值，故可视 c_H、c_{Has} 不随湿度而变，即 $c_H \approx c_{Has}$。

联系式(10-16) 和式(10-17) 及其等焓关系，得

$$t_{as} = t - \frac{r_{as}}{c_H}(H_{as} - H) \tag{10-18}$$

式(10-18) 中 r_{as}/c_H 是在水温为 t_{as} 下的汽化潜热与湿空气的比定压热容之比。实验证明，在空气温度不太高，相对湿度不太低时，湿空气的 $\alpha/k_H \approx c_H$。故比较式(10-18) 和式(10-15) 可得 $t_{as} \approx t_w$，即可以认为绝热饱和温度和湿球温度数值相等。这给空气-水汽系统的干燥计算带来很大的方便。因为 t_w 容易测定，而 $t_w \approx t_{as}$，则可以根据空气的干球温度和绝热饱和温度，即可以从空气的湿度图中查得空气的湿度 H。

从以上讨论可知，表示空气性质的三个温度 t、t_w（或 t_{as}）及 t_d 的大小，对于不饱和湿空气而言，为

$$t > t_w > t_d$$

对于已达饱和的湿空气则有

$$t = t_w = t_d$$

【**例 10-1**】 已知湿空气的总压为 101.3kPa，相对湿度为 70%，干球温度 $t = 20℃$，试求：

(1) 水汽分压 p_w；(2) 湿度 H；(3) 焓 I；(4) 露点 t_d。

解： 由饱和水蒸气表查得，20℃时水的饱和蒸气压 $p_s = 2.33kPa$

(1) 水汽分压　　　　　$p_w = \varphi p_s = 0.7 \times 2.33 = 1.631kPa$

(2) 湿度

$$H = 0.622 \frac{\varphi p_s}{p - \varphi p_s}$$

$$= 0.622 \times \frac{0.7 \times 2.33}{101.3 - 0.7 \times 2.33}$$

$$= 0.0102(\text{kg}_{水} \cdot \text{kg}^{-1}_{干空气})$$

（3）焓

$$I = (1.01 + 1.88H)t + 2492H$$
$$= (1.01 + 1.88 \times 0.0102) \times 20 + 2492 \times 0.0102$$
$$= 46\text{kJ} \cdot \text{kg}^{-1}_{干空气}$$

（4）露点　　露点是空气在湿度或水汽分压不变的情况下，冷却达到饱和时的温度，故可由 $p_w = 1.631\text{kPa}$ 查饱和水蒸气表，得到对应的饱和温度 $t_s \approx 14.5℃$。

二、空气的湿度图

在总压一定的情况下，上述湿空气性质的各项参数（$t, t_w, t_d, H, p_w, \varphi, I$ 等），只要规定其中两个相互独立的参数，湿空气的状态即被确定。确定参数的方法可用前述公式进行计算，但从例 10-1 的计算过程表明，计算比较繁琐。工程上为方便起见，将诸参数之间的关系在平面坐标上绘制成湿度图。利用算图来查取各项数，简便迅速、应用广泛。根据坐标选择的参数不同，湿度图的形式也就不同。

下面介绍一种湿空气的焓湿图（I-H 图），以方便地进行过程的物料衡算和热量衡算。I-H 图中关联了空气与水系统的水汽分压、湿度、相对湿度、温度及焓等参数。

图 10-5 所示的焓湿图是根据总压为 101.3kPa 为基础标绘的斜角坐标系。其中横坐标表示湿度 H，纵坐标表示湿空气的焓值 I。为了避免图中许多条线挤在一起而不便读取数据，故两轴不成正交，其间夹角为 135°。为便于读取湿度 H 的数据，做正交于纵轴的辅助水平轴，轴上的数据为湿度的数值投影其上的。图上的任何一点都代表一定的温度 t 和湿度 H 的湿空气的状态。

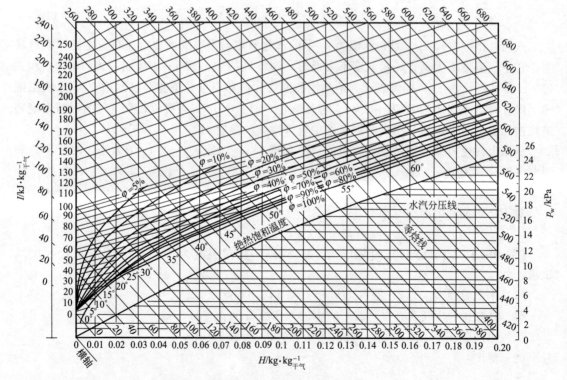

图 10-5　湿空气的焓湿图

现将图上标出的五种曲线分别表述如下：

（1）等湿度度线（等 H 线）　是一系列平行于纵轴的直线，每根直线上任何一点的 H

值均相等，其数据可从辅助水平轴上读出。

（2）等焓线（等 I 线）　是一系列平行于横轴（与纵轴成 $135°$ 的斜轴）的直线，每根直线上任何一点的焓值均相等。等焓过程是绝热增湿过程，故等 I 线也是绝热增湿过程线。

（3）等温线（等 t 线或等干球温度线）　将式(10-7)改写成 $I=(2492+1.88t)H+1.01t$ 后可以看出，当湿空气 t 一定时，其直线斜率为（$2492+1.88t$）；当温度升高时，则斜率逐渐增大，故等 t 线是一系列向上倾斜的直线。

（4）等相对湿度线（等 φ 线）　这是一系列标绘在 I-H 图上从坐标原点散发出来的曲线。根据式(10-5)

$$H=0.622\frac{\varphi p_s}{p-\varphi p_s}$$

可知，当 $p=101.3\text{kPa}$，$\varphi=f(H,p_s)$，亦即 $\varphi=f(H,t)$。对于某一定值的 φ，若已知一个温度 t，就能查到一个对应的饱和水蒸气压 p_s，再用式(10-5)算出对应的湿度 H，将许多（t，H）点连接起来，就成为某一 φ 值的等相对湿度线，如图 10-6 所示。

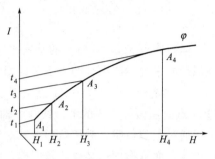

图 10-6　等 φ 线的确定

在图 10-5 中标绘出了 $\varphi=5\%\sim100\%$ 的若干等 φ 线。其中 $\varphi=100\%$ 的等 φ 线为饱和空气线，此线反映的状况表示空气完全被水汽所饱和。显然，只有位于饱和空气线上方的不饱和区域（$\varphi<100\%$）的空气才能作为干燥介质。由图可知，当 H 一定时，t 升高则 φ 下降，故吸水能力增大；而在饱和空气线以下为过饱和空气区，此区域内湿空气成雾状，它会使物料增湿，故干燥时应避免在此区域操作。

（5）水汽分压线　该线表示空气的湿度 H 与空气中水汽分压 p_w 之间的关系曲线。可按式(10-2)做出。将式(10-2)改写成

$$p_s=\frac{Hp}{0.622+H}$$

当总压 p 不变时，水汽分压仅随湿度 H 而变，而与温度和相对湿度无关，且 $H\ll0.622$，水汽分压 p_w 与 H 近似于呈直线关系。水汽分压 p_w 的数值标在右侧的纵轴上。

三、湿度图的用法

在 I-H 图中，饱和空气线（$\varphi=100\%$）以上的区域中，任何一点都可以用来确定湿空气的各项性质，此点表示湿空气所处的状态，因此，只要知道表示湿空气性质的各项参数中任意两个在图上有交点的参数，就可以定出状态点，并由此状态点在图上查得其他各项参数。

通常，湿空气状态点可按如下方法确定。

【例 10-2】 已知湿空气的干燥温度 t，湿球温度 t_w，求湿度 H。

解：（1）湿球温度在空气-水汽系统中即为绝热饱和温度 t_{as}，故可在图 10-7 上做湿球温度 t_w 的等温线与相对湿度 $\varphi=100\%$ 曲线交于 B 点；

（2）沿 B 点的等焓线上升与干球温度的等温线交于

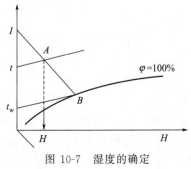

图 10-7　湿度的确定

A 点，A 点即为状态点；

（3）沿 A 点向下做垂线，对应于辅助水平轴上的数值，即为该状态点时的湿度 H。

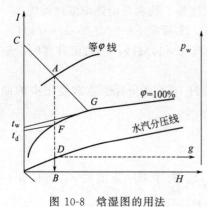

图 10-8　焓湿图的用法

【例 10-3】　图 10-8 中的 A 代表湿空气的状态点，试确定其所标识的湿度 H、焓 I、水汽分压 p_w、露点 t_d、湿球温度 t_w 等参数。

解：（1）湿度 H，由 A 点沿等湿度线向下做垂线与水平辅助线相交于 B 点，B 点所示之值即为湿度 H 值。

（2）焓 I 值，过 A 点做等焓线的平行线与纵轴相交于 C 点，C 点之值即为所对应的焓 I 值。

（3）水汽分压 p_w，由（1）的垂线交水汽分压线于 D 点，自 D 点向右侧纵轴做垂线，交点 E 对应的值即为水分压 p_w 值。

（4）露点 t_d，由（1）的垂线与饱和空气线（$\varphi = 100\%$）相交于 F 点，过 F 点向左做等温线的平行线与纵轴的交点之值即为露点 t_d。

（5）湿球温度 t_w，由 A 点做等焓线的平行线与饱和空气线（$\varphi = 100\%$）相交于 G 点，过 G 点向左做等温线的平行线与纵轴的交点，即为湿球温度 t_w 值（即绝热饱和温度 t_{as}）。

通过上例说明，利用焓湿图查取湿空气的各项参数，与利用数学公式计算相比，不仅简便迅速，而且物理意义也比较明确。

第三节　干燥过程的物料衡算和热量衡算

对流干燥过程是利用热空气除去湿物料中的水分，故通常是将常温下的空气通过预热器加热到一定的温度后再送入干燥器。在干燥器中，不饱和热空气与湿物料接触，使物料表面的水分汽化的同时，并将水汽带走。

在设计干燥器时，通常已知的量有：湿物料的处理量，湿物料最初及最终含水率。待求的量有：蒸发的水分量，干燥后的物料量，干燥介质空气的耗用量，干燥过程所需的热量等，故必须对干燥器做物料衡算和热量衡算。

一、物料衡算

1. 物料含水量的表示方法

物料含水量有两种表示方法，即

（1）湿基含水量 w——以湿物料为计算基准的含水量，单位为 $\mathrm{kg_{水}} \cdot \mathrm{kg_{湿料}^{-1}}$。

$$w = \frac{湿物料中水分的质量}{湿物料的总质量} \tag{10-19}$$

（2）干基含水量 X——以绝对干料（不含水分的物料）为计算基准的含水量，单位为 $\mathrm{kg_{水}} \cdot \mathrm{kg_{干料}^{-1}}$。

$$X = \frac{湿物料中水分的质量}{湿物料中绝对干料的质量} \tag{10-20}$$

工业生产中，常常用湿基含水量 w 表示物料的含水量，但是，在干燥过程中，湿物料的质量因失水而逐渐减少，所以，干燥中除去水分不能用干燥前后物料中的含水量之差表示。而绝对干料的质量在干燥过程中是不变的，因此，用干基含水量来进行计算比较方便。

两种含水量的换算关系如下

$$X = \frac{w}{1-w} \tag{10-21}$$

$$w = \frac{X}{1-X} \tag{10-22}$$

2. 物料衡算

（1）水分蒸发量　若进入连续干燥的湿物料质量流量为 $G_1 \mathrm{kg \cdot h^{-1}}$，离开干燥器的产品质量为 $G_2 \mathrm{kg \cdot h^{-1}}$。干燥前、后物料湿基含水量分别为 w_1，w_2；干基含水量分别为 X_1，X_2，空气的湿度分别为 H_1，H_2。进、出干燥器的干空气质量流量为 $L \mathrm{kg \cdot h^{-1}}$，水分蒸发量为 $W \mathrm{kg \cdot h^{-1}}$。在不计干燥过程的物料损失，干燥前后物料中绝对干料的质量不变的情况下，则

$$G_C = G_1(1-w_1) = G_2(1-w_2)$$

式中　G_C——湿物料中绝对干料的质量流量，$\mathrm{kg \cdot h^{-1}}$。

在干燥过程中，从湿物料中蒸发出来的水分被空气带走，故湿物料中水分的减少量等于空气中水分的增加量，即

$$G_C(X_1 - X_2) = L(H_2 - H_1)$$

则水分蒸发量为

$$W = L(H_2 - H_1) = G_C(X_1 - X_2) \tag{10-23}$$

（2）干空气消耗量　蒸发 W 的水分所消耗的绝干空气量为

$$L = \frac{W}{H_2 - H_1} \tag{10-24}$$

将上式两边同除以 W，得

$$l = \frac{L}{W} = \frac{1}{H_2 - H_1} \tag{10-25a}$$

l 为蒸发 1kg 水分所消耗的干空气量，称单位空气消耗量，单位为 $\mathrm{kg_{干空气} \cdot kg_{水}^{-1}}$。由于通过预热器前后空气的湿度不变，设 H_0 为进入预热器的空气的湿度，则 $H_0 = H_1$，故式（10-25a）可写成

$$l = \frac{L}{W} = \frac{1}{H_2 - H_0} \tag{10-25b}$$

由上式可知，空气的用量 l 只与空气的最初和最终湿度有关，而与干燥过程所经历的路径无关。

在干燥装置中，风机所需的风量可根据湿空气的体积流量 $q_v \mathrm{m^3 \cdot h^{-1}}$ 而定，联系式（10-10），湿空气的体积流量 q_v 以下式表示

$$q_v = L v_H = L \, (0.773 + 1.244H) \, \frac{273 + t}{273} \tag{10-26}$$

从式（10-25b）可以看出，H_0 愈大，l 亦愈大。由于湿度 H 是随空气的初温 t 和相对湿度 φ 而定，故在其他条件相同的情况下，l 将随 t 及 φ 的增大而增大，亦即，对同一干燥过程而言，空气的消耗量夏季要比冬季要多，因此，在选择风机时，应当按照全年的最大耗气量而定。

【例 10-4】　用一干燥器将某物料的含水量由 30％（湿基，下同）干燥至 4％，每小时处理湿物料 800kg。以初温 15℃，相对湿度 50％的空气为干燥介质。空气进干燥器前由预热器加热到 120℃，出干燥器时温度为 45℃，相对湿度 80％。试求：

(1) 水分蒸发量 W；

(2) 空气消耗量 L 及单位空气消耗量 l；

(3) 如鼓风机装在进口处，则风量 q_v 为多少。

解：(1) 水分蒸发量 W

已知 $G_1 = 800 \text{kg} \cdot \text{h}^{-1}$，$w_1 = 30\%$，$w_2 = 4\%$，则

$$G_C = G_1(1-w_1) = 800(1-0.30) = 560 \text{kg} \cdot \text{h}^{-1}$$

$$X_1 = \frac{w_1}{1-w_1} = \frac{0.30}{1-0.30} = 0.429$$

$$X_2 = \frac{w_2}{1-w_2} = \frac{0.04}{1-0.04} = 0.042$$

$$W = G_C(X_1 - X_2) = 560 \times (0.429 - 0.042) = 216.72 \text{kg}_{\text{水}} \cdot \text{h}^{-1}$$

(2) 空气消耗量 L 及单位空气消耗量 l 由焓湿图查得，温度 $t_1 = 15℃$，相对湿度 $\varphi = 50\%$ 的空气湿度 $H_0 = H_1 = 0.005 \text{kg}_{\text{水}} \cdot \text{kg}_{\text{绝干空气}}^{-1}$；$t_2 = 45℃$，$\varphi = 80\%$ 的空气湿度 $H_2 = 0.052 \text{kg}_{\text{水}} \cdot \text{kg}_{\text{绝干空气}}^{-1}$，因此

$$L = \frac{W}{H_2 - H_1} = \frac{W}{H_2 - H_0} = \frac{216.72}{0.052 - 0.005} = 4611 \text{kg}_{\text{绝干空气}} \cdot \text{h}^{-1}$$

$$l = \frac{1}{H_2 - H_0} = \frac{1}{0.052 - 0.005} = 21.28 \text{kg}_{\text{绝干空气}} \cdot \text{kg}_{\text{水}}^{-1}$$

(3) 计算 20℃、101.3kPa 时的风量 q_v

$$q_v = Lv_H = L(0.773 + 1.244H)\frac{273+t}{273}$$

$$= 4611 \times (0.773 + 1.244 \times 0.005) \times \frac{273+20}{273}$$

$$= 3856 \text{m}^3 \cdot \text{h}^{-1}$$

二、热量衡算

为方便干燥器的热量衡算，取汽化 1kg 水分为计算基准。如图 10-9 所示，冷空气（t_0，H_0）流经预热器加热，预热后空气的各项参数为 t_1，H_1（$H_1 = H_0$），热空气通过干燥器时，空气的湿度增加而温度下降，离开干燥器时为 t_2，H_2。物料在进、出干燥器时的温度分别为 $t_{m,1}$ 和 $t_{m,2}$。

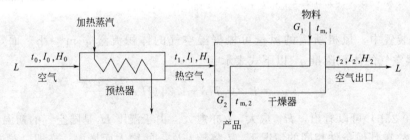

图 10-9 干燥器的热量衡算

(1) 输入热量 Q_0 空气经预热器从 t_0 加热到 t_1 所带入的热量为

$$Q_0 = L(1.01 + 1.88H_0)(t_1 - t_0) \tag{10-27}$$

式中 L——干空气量，$\text{kg}_{\text{干空气}} \cdot \text{h}^{-1}$。

若预热器及热空气管道的热损失为 Q'(kW)，则预热器传给空气的总热量为 Q_p

$$Q_p = Q_0 + Q' \tag{10-28}$$

对于蒸发每千克水分，预热器需供给的热量称为单位热量消耗量，以 Q'_p 表示。

$$Q'_p = \frac{Q_p}{W} \tag{10-29}$$

式中　W——水分蒸发量，$kg_{水} \cdot h^{-1}$。

（2）输出热量

① 蒸发水分所需热量 Q_1 为

$$Q_1 = W(I_2 - 4.187t_{m,1}) \tag{10-30}$$

式中　I_2——水汽离开干燥器时的焓，$kJ \cdot kg_{水汽}^{-1}$。

$$I_2 = 2492 + 1.88t_2$$

② 湿物料由 $t_{m,1}$ 升高到 $t_{m,2}$ 所需的热量 Q_2 为

$$Q_2 = G_C c_m(t_{m,2} - t_{m,1}) \tag{10-31}$$

式中　G_C——绝对干料量，$kg \cdot h^{-1}$；

　　　c_m——物料的比定压热容，$kJ \cdot kg^{-1} \cdot K^{-1}$，$c_m = c_s + c_w X_2 = c_s + 4.187X_2$；

　　　c_s——绝对干料的比定压热容，$kJ \cdot kg^{-1} \cdot K^{-1}$；

　　　X_2——干燥物料干基含水量，$kg_{水} \cdot kg_{绝对干料}^{-1}$；

　　　c_w——$Q_1 + Q_2 + Q_3$ 水的比定压热容，$4.187\ kJ \cdot kg^{-1} \cdot K^{-1}$。

③ 干燥器的热损失 Q_3。

④ 随废气带走的热量 Q_4。因 $W kg \cdot h^{-1}$ 水汽的热量已经计入 Q_1 中，故 Q_4 可按空气湿度为 H_0（或 H_1）计算。将 t_0，H_0 之空气升温至 t_2 所需之热量为

$$Q_4 = L(1.01 + 1.88H_0)(t_2 - t_0) \tag{10-32}$$

在定态干燥过程中，热量衡算式为

$$Q_0 = Q_1 + Q_2 + Q_3 + Q_4$$

或

$$Q_0 - Q_4 = Q_1 + Q_2 + Q_3$$

即

$$L(1.01 + 1.88H_0)(t_1 - t_2) = Q_1 + Q_2 + Q_3 \tag{10-33}$$

将

$$L = \frac{W}{H_2 - H_1} = \frac{W}{H_2 - H_0}$$

代入式(10-33)，经整理，得

$$\frac{t_1 - t_2}{H_2 - H_0} = \frac{Q_1 + Q_2 + Q_3}{W(1.01 + 1.88H_0)} \tag{10-34}$$

式(10-34)表明干燥过程中空气的湿度与温度的变化关系。

三、干燥器出口空气状态的确定

通常，在干燥操作过程中，空气的进口状态是已知的，而其出口状态则往往需根据工艺要求和规定的条件，通过计算才能得到。从图 10-10 所示的 I-H 图上，可以对空气在干燥器中的状态变化进行分析。

图中 A 点表示进入预热器的冷空气的状态点 (t_0, H_0)，经预热器加热（等湿升温）至 t_1，B 点即

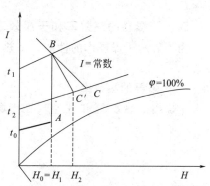

图 10-10　空气在干燥器中的状态变化

表示干燥器进口的空气状态。

当空气进入干燥器后，由于物料和空气间的热、质传递，以及附加热量和热量损失的影响，空气在干燥器中逐渐增湿降温，其状态的演变比较复杂。这将涉及湿空气究竟是沿等焓线变化，还是沿低于等焓线的轨迹变化。需要通过对干燥器进行热量衡算来确定。

1. 等焓干燥过程

蒸发水分所需的热量为

$$Q_1 = (2492+1.88t_2)W - 4.187t_{m,1}W$$
$$= L(H_2-H_0)(2492+1.88t_2) - 4.187t_{m,1}W$$

被干燥物料的温度 $t_{m,1} \rightarrow t_{m,2}$ 所需的热量为

$$Q_2 = G_C c_m(t_{m,2}-t_{m,1})$$

将 Q_1，Q_2 代入式(10-33) 中，经整理得

$$L[(1.01+1.88H_0)t_1+2492H_0]$$
$$= L[(1.01+1.88H_2)t_2+2492H_2] - 4.187t_{m,1}W + G_C c_m(t_{m,2}-t_{m,1}) + Q_3$$

因为 $H_0 = H_1$，而

$$I_1 = (1.01+1.88H_1)t_1 + 2492H_1$$
$$I_2 = (1.01+1.88H_2)t_2 + 2492H_2$$

则上式可写成

$$LI_1 = LI_2 - 4.187t_{m,1}W + G_C c_m(t_{m,2}-t_{m,1}) + Q_3 \tag{10-35}$$

由式(10-35) 可以看出，当干燥器的热损失很小，$Q_3 \approx 0$，若干燥器内不补充热量，空气中所放出的显热，全部用于蒸发湿物料中的水分，即 $4.187t_{m,1}W = G_C c_m(t_{m,2}-t_{m,1})$，或 $t_{m,1} = t_{m,2}$，则式(10-35) 为

$$I_1 = I_2$$

即干燥器中空气的各参数，是沿着等焓线变化，干燥过程是在绝热情况下进行。如果假定干燥器出口空气温度为 t_2，则由 $I-H$ 图 10-10 上沿通过 B 点的等焓线与 t_2 线相交，所得交点 C 即表示干燥器出口的空气状态，由 C 点即可查得所需的空气参数。这种干燥器通常称为理论干燥器。

2. 非等焓干燥过程

大多数干燥过程实际上都是在非绝热情况下进行的，此时，空气的状态不是沿着等焓线变化，干燥器出口的空气状态，可以根据假定的出口温度 t_2，由式(10-34) 求得 H_2。在图 10-10 上 C' 点即为非绝热干燥器出口的空气状态，干燥器中空气的状态是由 B 点沿 BC' 线改变至 C'。

四、干燥器的热效率和干燥效率

为了表示干燥操作的性能，即热利用程度的好坏，通常以干燥器的热效率和干燥效率予以表示。

1. 干燥器的热效率

干燥器的热效率 η_h 是空气在干燥器内放出的热量 Q_e 与空气在干燥过程中所获得的热量 Q_0 之比，即

$$\eta_h = \frac{Q_e}{Q_0} \times 100\%$$

由式(10-27) 知
$$Q_0 = L(1.01+1.88H_0)(t_1-t_0)$$

$$Q_e = Q_0 - Q_4$$

由式（10-32）知
$$Q_4 = L(1.01 + 1.88H_0)(t_2 - t_0)$$

则
$$Q_e = L(1.01 + 1.88H_0)(t_1 - t_2)$$

故
$$\eta_h = \frac{t_1 - t_2}{t_1 - t_0} \times 100\% \tag{10-36}$$

2. 干燥效率

通常，以蒸发水分所需的热量与空气在干燥器内放出的热量之比，称为干燥效率 η_d。它也是衡量干燥器的性能指标之一。

$$\eta_d = \frac{Q_1}{Q_e} \times 100\% = \frac{W(I_2 - 4.187t_{m,1})}{L(1.01 + 1.88H_0)(t_1 - t_2)} \times 100\% \tag{10-37}$$

由式（10-36）可知，当预热前空气的温度 t_0 和离开干燥器的气体温度 t_2 不变时，提高预热后的空气温度 t_1，显然可增加热效率 η_h。如果提高空气的预热温度 t_1，而降低 t_2，则由式（10-37）可知，干燥效率 η_d 可以提高。但是，应当注意到，t_1 过高，对一些物料特别是热敏性物料不利。同时，使 t_1 升得过高，则操作费用增大，且效率增加并不太显著，故应从经济角度加以权衡。当然，固定 t_0，t_1 不变，而降低废气出口温度 t_2，从以上两式反映，均能使 η_h 和 η_d 提高。然而，出口温度 t_2 往往取决于干燥产品的含水量，不能随意降低。通常，为保证空气在干燥器以后的分离设备不致析出水滴，使产品吸潮，避免造成管道堵塞和腐蚀设备，要求将 t_2 控制在比热空气进入干燥器时的绝热饱和温度高出20～25℃左右。

第四节　干燥速率和干燥时间

在干燥过程中，湿物料在热空气的作用下，其中的水分是由物料内部向表面迁移，再由其表面汽化而随空气带出的，因此，干燥过程中水分在空气与物料之间的平衡关系，干燥的速率及时间等，不仅取决于空气的性质和操作条件，而且还取决于物料与水分的结合状态。

一、物料与水分的结合状态

1. 结合水分和非结合水分

结合水分和非结合水分是根据物料中水分除去的难易程度而划分的。它只取决于物料本身的特性，而与空气的状态无关。

（1）结合水分　包括物料细胞壁内的水分、物料内可溶固体物溶液中的水分以及物料内毛细管中的水分等。由于这种水分与物料的结合较强，其蒸汽压低于同温度下纯水的饱和蒸汽压，因此，干燥过程中，水汽扩散到空气主体的推动力降低，除去这种水分就有一定困难。实际上含结合水分的是一类孔隙较小的吸水性物料，如木材、纸张、棉、毛织品等。

（2）非结合水分　包括存在于物料表面的吸附水分及孔隙中的水分，它主要以机械方式结合，与物料的结合强度较弱，其蒸汽压与同温度下纯水的饱和蒸汽压相等，因此，干燥过程中除去非结合水分比较容易。实际上含有非结合水分的是一类大孔隙非吸水性物料，如瓷土、沙子、碎矿石等。

2. 平衡水分和自由水分

平衡水分和自由水分是根据一定的干燥条件下，物料中水分用干燥方法除去的可能与否而划分的。

（1）平衡水分　一定温度和相对湿度的空气流过某一物料，在紧密接触的过程中，物料将排除水分（或吸收水分），直到物料表面所产生的水汽分压与空气中的水汽分压相等。此时，物料与空气中的水分达到平衡，传质推动力为零。这时物料中所含的水分称为该空气状态（t, φ）下的平衡水分或平衡含湿量 X^*，单位为 $kg_水 \cdot kg^{-1}_{绝对干料}$。

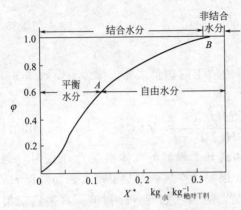

图 10-11　木材的含水表示法

在任何情况下，若空气的状态不发生变化，则相对于该条件（t, φ）下物料的平衡水分就是该物料可以干燥的极限。

图 10-11 是木材在 25℃时，空气的相对湿度 φ 与物料平衡水分 X^* 之间的关系曲线。由图可见，随着 φ 值的增大，物料中的平衡水分也逐渐增多。图中 A 点表示当空气的相对湿度 $\varphi=60\%$，温度为 25℃时，木材的平衡水分 $X^*=0.12 kg_水 \cdot kg^{-1}_{绝对干料}$，亦即木材在此空气状态下的干燥极限。

（2）自由水分　能用干燥方法除去的水分，即物料中所含的水分大于平衡水分的那一部分。在图 10-11 中表示为 A 点以右的部分。

物料的总水分等于平衡水分与自由水分之和。

若将图 10-11 中的平衡曲线延长与 $\varphi=1.0$ 轴相交于 B 点，则 B 点以左为结合水分，B 点以右为非结合水分。对于上述四种水分的划分，可以用含 $0.35 kg_水 \cdot kg^{-1}_{绝对干料}$ 的木材，在 25℃和 $\varphi=60\%$ 的空气中干燥为例，由图 10-11 查得，其中 $0.23 kg_水 \cdot kg^{-1}_{绝对干料}$ 是可以干燥而除去的自由水。剩下的 $0.12 kg_水 \cdot kg^{-1}_{绝对干料}$ 是不能用干燥方法除去的平衡水分。在可以除去的 $0.23 kg_水 \cdot kg^{-1}_{绝对干料}$ 中，有 $0.03 kg_水 \cdot kg^{-1}_{绝对干料}$ 是容易除去的非结合水，其余的 $0.20 kg_水 \cdot kg^{-1}_{绝对干料}$ 是较难除去的结合水分，$0.12 kg_水 \cdot kg^{-1}_{绝对干料}$ 的平衡水分也是结合水分，故全部结合水分为 $0.32 kg_水 \cdot kg^{-1}_{绝对干料}$。

二、干燥速率及其影响因素

工业生产中，一般将干燥分为恒定干燥和变动干燥。所谓恒定干燥是指在干燥过程中，干燥介质（热空气）的温度、湿度、流速以及与物料的接触方式均保持恒定。否则，称为变动干燥。生产中遇到的干燥情况变动不大时，均视为恒定干燥。在恒定干燥条件下，为确定干燥时间，必须决定物料的干燥速率。解决干燥速率问题，是计算干燥器的大小及干燥周期长短的先决条件。

1. 干燥速率

干燥速率为单位时间内在单位干燥面积上汽化的水分量 W，可表示为

$$U = \frac{dW}{A d\tau} = -\frac{G_C dX}{A d\tau} \tag{10-38}$$

式中　U——干燥速率，$kg_水 \cdot m^{-2} \cdot h^{-1}$；

　　　W——汽化水分量，kg；

　　　A——干燥面积（即物料与空气的接触面积），m^2；

　　　τ——干燥时间，h；

　　　G_C——湿物料中绝对干料质量，kg；

　　　X——湿物料干基含水量，$kg_水 \cdot kg^{-1}_{绝对干料}$。

式（10-38）中，负号表示物料含水量 X 随干燥时间的增加而减少。

2. 干燥曲线和干燥速率曲线

干燥曲线可以通过恒定干燥条件下的干燥实验测定而得到：将大量空气流过少量固体物料，在恒定干燥条件下，随着干燥时间的继续，水分不断汽化，湿物料质量不断减少，直到其质量不变为止，物料此时的含水量为平衡水分 X^*。记取各次物料含水量 X 与干燥时间 τ 的实验数据，将之绘制成 X-τ 的关系曲线即为干燥曲线，如图 10-12 所示。

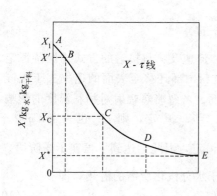

图 10-12　恒定干燥条件下某物料干燥曲线　　图 10-13　恒定干燥条件下的干燥速率曲线

继续上述试验，测出物料与空气的接触面积 A，然后将物料烘干，直至恒重，即得绝对干的质量 G_C。由图 10-12 的干燥曲线求出各点斜率 $\mathrm{d}X/\mathrm{d}\tau$，再利用式(10-38) 计算物料在不同含水量的干燥速率，由此可得到干燥速率 $U\left(U=-\dfrac{G_C \mathrm{d}X}{A \mathrm{d}\tau}\right)$ 与含水量 X 之间的关系曲线，即干燥速率曲线，如图 10-13 所示。

3. 物料干燥机理及影响因素分析

从图 10-13 可以看出，物料含水量从 X' 到 X_C 的范围内，物料的干燥速率从 B 至 C 保持恒定，并不随物料含水量而变化，此阶段称为恒速干燥阶段。从 A 至 B 为物料预热阶段，其时间很短，通常归并在恒速阶段内处理，当物料含水量低于 X_C，直至达到平衡水分 X^* 为止，此阶段如图中 CDE 线段所示。其干燥速率随着物料含水量的减少而降低，故称为降速干燥阶段。图中 C 点为恒速与降速阶段之分界点，称为临界点，该点之干燥速率仍等于恒速阶段的干燥速率 U_C，与该点对应的物料含水量 X_C 称为临界含水量。E 点含水量为操作条件下的平衡含水量 X^*，其所对应的干燥速率为零，即达到干燥的终点。

（1）恒速干燥阶段　此阶段（BC 段）内，干燥速率的大小是由物料表面水分汽化速率所决定，故称为表面汽化控制阶段。

（2）降速干燥阶段　由图 10-13 可知，当物料含水量降至临界点 C 处的含水量 X_C 以后，物料含水量的降低，必将引起干燥速率下降，此表示水分由物料内部向物料表面迁移的速率低于湿物料表面水分的汽化速率，则在物料表面出现干燥区域，表面温度逐渐上升。随着干燥的进行，干燥区域亦逐渐扩大。由于干燥速率的计算总是以总表面积 A 为依据的，虽然每单位润湿表面上的干燥速率仍未降低，但是，以 A 为基准的干燥速率却已下降，此即降速干燥阶段的第一部分——不饱和表面干燥（CD 段）。最后，物料表面的水分将完全汽化，水分的汽化平面由物料表面向内部迁移，随着物料内部水分含量的梯度不断下降，物料内部水分迁移的速率或干燥速率也不断降低，水分的汽化平面继续内移，直至物料的含水量降至与外界空气的相对湿度成平衡的平衡含水量 X^* 时，物料干燥即行停止（E 点）。

在降速阶段，物料的干燥速率主要由水分在物料内部的迁移速率所决定，故称为内部迁移控制阶段。

就影响干燥的因素而言，干燥介质空气的相对湿度 φ 愈低，其吸湿能力愈大，则愈有利于物料的干燥。当物料表面与空气之间的传热、传质与测定湿球温度的情况相同时，则式（10-12）和式（10-14）可改写为

$$\frac{\mathrm{d}Q'}{A\mathrm{d}\tau} = \alpha(t - t_\mathrm{w}) \tag{10-39}$$

$$\frac{\mathrm{d}W}{A\mathrm{d}\tau} = k_\mathrm{H}(H_\mathrm{s} - H) \tag{10-40}$$

在恒定干燥的情况下，空气的温度 t、湿度 H、流速及物料接触的方式均保持恒定，故随空气条件而定的 α 和 k_H 也为常数。只要水分由物料内部迁移至表面的速率大于或等于水分从表面汽化的速率，则物料表面就能保持完全湿润。若忽略热辐射对物料温度的影响，湿物料表面达到的稳定温度即为空气的湿球温度 t_w。当 t_w 一定，则 H_s 也一定，$\alpha(t - t_\mathrm{w})$ 和 $k_\mathrm{H}(H_\mathrm{s} - H)$ 之值也一定，即 $\frac{\mathrm{d}Q'}{A\mathrm{d}\tau}$ 和 $\frac{\mathrm{d}W}{A\mathrm{d}\tau}$ 均保持恒定，因此，达到了恒速干燥阶段。

在恒速干燥阶段中，空气传递给物料的热量等于水分汽化所需的潜热，即

$$\mathrm{d}Q' = r_\mathrm{w}\mathrm{d}W \tag{10-41}$$

式中　r_w——水在湿球温度时的汽化潜热，$\mathrm{kJ \cdot kg^{-1}}$

将以上各式代入式（10-39）和式（10-40）中，得

$$U_\mathrm{C} = \frac{\mathrm{d}W}{A\mathrm{d}\tau} = \frac{\mathrm{d}Q'}{r_\mathrm{w}A\mathrm{d}\tau} = k_\mathrm{H}(H_\mathrm{s} - H) = \frac{\alpha}{r_\mathrm{w}}(t - t_\mathrm{w}) \tag{10-42}$$

从式（10-42）可以看出，影响恒速干燥速率的因素有 α，k_H，$(t - t_\mathrm{w})$ 及 $(H_\mathrm{s} - H)$。由于 $\alpha \propto W^{0.8}$、$k_\mathrm{H} \propto W^{0.8}$，故提高空气流速可以增大 α 和 k_H；另外提高空气的温度 t 和降低其湿度 H，则能提高传热和传质推动力 $(t - t_\mathrm{w})$ 和 $(H_\mathrm{s} - H)$，从而提高干燥速率 U。

降速阶段，物料温度逐渐升高，故干燥后期必须注意不要使物料温度过高。

从物料本身来看，临界含水量 X_C 是个关键。由图 10-13 可知，X_C 愈小，则恒速阶段，即表面汽化控制阶段就愈长。若物料分散愈细，X_C 就愈低。而当 X_C 愈大，则降速干燥就会较早开始。通常，临界含水量可以通过实验测定。

三、恒定干燥条件下的干燥时间计算

在恒定干燥情况下，物料从最初含水量 X_1 干燥至最终含水量 X_2 所需的时间，可以根据在此情况下测定的干燥速率曲线（图 10-13）和式（10-38）求取。

$$U = -\frac{G_\mathrm{C}\mathrm{d}X}{A\mathrm{d}\tau}$$

将上式分离变量后积分，得

$$\int \mathrm{d}\tau = -\frac{G_\mathrm{C}}{A}\int \frac{\mathrm{d}X}{U}$$

根据干燥速率曲线上的数据，可将之分为恒速阶段与降速阶段，在边界条件下进行积分，求取各干燥阶段所需的时间。

1. 恒速干燥阶段的干燥时间 τ_1

由于此阶段（BC）干燥速率 $U =$ 常数，且等于临界点上的干燥速率 U_C，故

$$\int_0^{\tau_1} \mathrm{d}\tau = -\frac{G_\mathrm{C}}{U_\mathrm{C}A}\int_{X_1}^{X_2} \mathrm{d}X$$

$$\tau_1 = \frac{G_C}{U_C A}(X_1 - X_C) \qquad (10\text{-}43)$$

2. 降速干燥阶段的干燥时间 τ_2

在此阶段中，由于干燥速率随着物料中的自由含水量 $(X - X^*)$ 而变动，由实验过程中测得的干燥速率曲线可表示成如下函数形式

$$U = -\frac{G_C \mathrm{d}X}{A \mathrm{d}\tau} = f(X - X^*)$$

因此，降速干燥阶段所需的时间 τ_2 为

$$\tau_2 = -\frac{G_C}{A}\int_{X_C}^{X_2} \frac{\mathrm{d}X}{f(X-X^*)} = \frac{G_C}{A}\int_{X_2-X^*}^{X_C-X^*} \frac{\mathrm{d}(X-X^*)}{f(X-X^*)} \qquad (10\text{-}44)$$

解式(10-44)时，可应用图解积分法，如图 10-14 所示，令纵轴为 $1/f(X-X^*)$，横轴为 $(X-X^*)$，其积分限从 $(X_2 - X^*)$ 至 $(X_C - X^*)$，其曲线下所围的面积即为积分值。

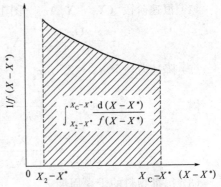

图 10-14　图解积分

在降速干燥阶段，干燥速率是随着干燥时间的增加而降低的，而从干燥速率曲线上看出，干燥速率是随物料中的含水量下降而减少。由于降速干燥阶段干燥速率曲线的复杂性，故通常采用简便的处理方法，即连接临界点 C 与平衡水分 E 点成一直线（图 10-13 中的虚线 CE），用以代替降速阶段的干燥速率曲线。必须指出，这种近似计算的依据，是假定在降速干燥阶段中的干速率与物料的自由含水量 $(X-X^*)$ 成正比，即

$$U = -\frac{G_C \mathrm{d}X}{A \mathrm{d}\tau} = k_X(X - X^*) \qquad (10\text{-}45)$$

式中　k_X——比例系数，即 CE 线的斜率，$\mathrm{kg \cdot m^{-2} \cdot h^{-1}}$。

将上式整理并积分，得

$$\int_0^{\tau_2} \mathrm{d}\tau = -\frac{G_C}{k_X A}\int_{X_C}^{X_2} \frac{\mathrm{d}X}{X - X^*}$$

$$\tau_2 = -\frac{G_C}{k_X A}\ln\frac{X_C - X^*}{X_2 - X^*} \qquad (10\text{-}46)$$

由图 10-13 知，CE 线的斜率为

$$k_X = \frac{U_C}{X_C - X^*}$$

则

$$\tau_2 = \frac{G_C (X_C - X^*)}{U_C A}\ln\frac{X_C - X^*}{X_2 - X^*} \qquad (10\text{-}47)$$

因此，物料干燥所需的时间 τ 为

$$\tau = \tau_1 + \tau_2$$

对于间歇干燥过程，还需要考虑装卸料所需的辅助操作时间 τ'，则每批物料干燥周期所需的时间为

$$\tau = \tau_1 + \tau_2 + \tau'$$

【**例 10-5**】　将一批含水量 w_1 为 27%（湿基，下同）的湿物料 200kg 置于间歇操作干燥

器中干燥。若要求终止干燥时 w_2 为 5%，干燥表面积为 $0.025\mathrm{m}^2 \cdot \mathrm{kg}^{-1}_{干物料}$，辅助操作时间为 1 小时，干燥速率曲线如图 10-13 所示。试确定该批物料的干燥周期。

解：绝对干物料量　$G_C = G_1(1-w_1) = 200 \times (1-0.27) = 146\mathrm{kg}$

物料干燥的总表面积　　　　$A = 0.025 \times 146 = 3.65\mathrm{m}^2$

干基含水量　　　$X_1 = \dfrac{w_1}{1-w_1} = \dfrac{0.27}{1-0.27} = 0.37\mathrm{kg}_水 \cdot \mathrm{kg}^{-1}_{干物料}$

$$X_2 = \dfrac{w_2}{1-w_2} = \dfrac{0.05}{1-0.05} = 0.053\mathrm{kg}_水 \cdot \mathrm{kg}^{-1}_{干物料}$$

从图 10-13 查得该物料的临界含水量 $X_C = 0.20\mathrm{kg}_水 \cdot \mathrm{kg}^{-1}_{干物料}$，平衡含水量 $X^* = 0.05$ $\mathrm{kg}_水 \cdot \mathrm{kg}^{-1}_{干物料}$。由于 $X_2 < X_C$，故干燥过程应包括恒速和降速两个阶段，各阶段所需的干燥时间计算如下。

(1) 恒速阶段（$X_1 \sim X_C$）τ_1　图 10-13 查得此阶段的干燥速率 $U_C = 1.5\mathrm{kg} \cdot \mathrm{m}^2 \cdot \mathrm{h}^{-1}$

$$\tau_1 = \frac{G_C}{U_C A}(X_1 - X_C) = \frac{146}{1.5 \times 3.65}(0.37-0.2) = 4.53\mathrm{h}$$

(2) 降速阶段（$X_C \sim X_2$）τ_2

因　　　　　$k_X = \dfrac{U_C}{X_C - X^*} = \dfrac{1.5}{0.20-0.05} = 10\mathrm{kg} \cdot \mathrm{m}^2 \cdot \mathrm{h}^{-1}$

$$\tau_2 = \frac{G_C(X_C - X^*)}{U_C A}\ln\frac{X_C - X^*}{X_2 - X^*} = \frac{146}{10 \times 3.65}\ln\frac{0.20-0.05}{0.053-0.05} = 15.65\mathrm{h}$$

(3) 每批物料的干燥周期 τ

$$\tau = \tau_1 + \tau_2 + \tau' = 4.53 + 15.65 + 1 = 21.18\mathrm{h}$$

第五节　干燥器及其选择

一、对干燥器的要求

在干燥操作过程中，由于被干燥物料的形状、性质各不相同，对干燥后产品的要求也相差很大，因此，对干燥器的要求除与其他设备的要求一样，即能保证产品质量、速率快、操作控制方便、劳动条件好以外，还特别强调如下三点。

(1) 对被干燥物料的形态和物性的适应性　物料的物化性质不同，对干燥器的要求亦不同。如无机盐类物料等能承受较高温度处理；而对于易氧化、受热变质的药品、食品、合成树脂等有机物料，则应避免高温；有些在干燥过程中会发生开裂、硬化、收缩等物理化学变化的物料，所选干燥器应能确保物料在其中干燥时不会发生这种变化。

(2) 设备的生产能力要高　设备的生产能力取决于物料达到规定干燥程度所需的时间。物料在降速阶段的干燥速率最慢，耗时多，而缩短此段时间可从两方面入手：一是减少物料的临界含水量，使更多的水分能够在恒速阶段除去；其二是提高降速阶段本身的速率，使物料尽可能地分散干燥，以达到上述目的。

(3) 能耗低　干燥器的热效率要高，使用的热能价格要低廉。如提高对流干燥热效率的主要途径是减少废气带走热量。干燥器的结构就应当是能够提供有利的气-固接触；在物料允许的温度下使用尽可能高的气流进口温度；或在干燥器内设置传热面。这些措施均可减少干燥介质的用量。

二、干燥器的分类

通常，干燥器以加热方式的不同而分为对流式、传导式、辐射式和介电加热式干燥器，如表 10-1 所示。

表 10-1　干燥器的分类

对流干燥器	传导干燥器	辐射干燥器	介电加热干燥器
厢式干燥器	盘架式真空干燥器		
气流干燥器	耙式真空干燥器		
转筒干燥器	滚筒干燥器	红外线干燥器	微波干燥器
流化床干燥器	间接加热滚筒干燥器		
喷雾干燥器	冷冻干燥器		

三、工业常用的对流干燥器

1. 厢式干燥器

厢式干燥器也称为盘架式干燥器，小型厢式干燥器称为烘箱，大型称为烘房，是一种常压间歇操作的典型干燥设备，如图 10-15 所示。它主要由一外壁绝热的干燥室和一组放在支架上的放料盘组成。干燥室的大小和放料盘的多少，由被干燥物料量及所需的干燥面积而定。

厢内空气流率一般控制在物料最细颗粒的自由降落速度以下，通常吹过盘面的平均速度为 $1.0 \sim 1.5 \, \mathrm{m \cdot s^{-1}}$，空气温度范围为 $40 \sim 100 \, ℃$，$70\% \sim 95\%$ 的空气循环使用。

厢式干燥器的优点是构造简单，设备投资少，适应性较强。缺点是装卸物料的劳动强度大，设备利用率低，耗热大且产品质量不均匀。它适用于小规模，多品种，要求干燥条件变动大及干燥时间长等场合的干燥，特别适用于作为实验室或中试的干燥装置。

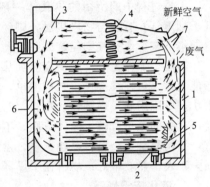

图 10-15　厢式干燥器

1—干燥室；2—小板车；3—送风机；
4,5,6—空气预热器；7—调节门

2. 气流干燥器

当粉粒状湿物料经离心脱水后可以在热气流中以悬浮状态自由流动时，常采用气流干燥器进行干燥。在这类干燥器中，气-固两相间的接触面积大，热、质传递速率快，干燥时间短。气流干燥器的主要部件如图 10-1 所示。

干燥过程中，空气由风机吸入，经翅片加热器预热至指定温度，然后进入干燥管底部。湿物料由加料器连续加入，在干燥管中被高速气流分散。干燥管内气-固并流流动，水分汽化。干物料随气流进入旋风分离器，与湿空气分离后被收集。

气流干燥器结构简单、造价低、活动部件少、易于制造和维修、操作稳定且便于控制。一般情况下，干燥非结合水时，热效率可达 60% 以上，但在干燥结合水时，热效率仅为 20% 左右。其主要缺点是：由于气流速度高，以及物料在输送过程中与壁面的碰撞及物料之间的相互摩擦，整个系统的流动阻力大，动力消耗多，对粉尘回收装置的要求高，且不适合干燥对晶体形状有一定要求的或是有毒的物料。

3. 转筒干燥器

转筒干燥器的主体是略带倾斜并能回转的圆筒体，见图 10-16。湿物料从左端上部加入，借助于圆筒的缓慢转动，在重力的作用下从较高一端向较低一端移动。在圆筒内壁上装有抄板，它不断地把物料抄起又洒下，使物料的热接触表面增大，以提高干燥速率。物料在移动过程中与通过筒内的热风或加热壁面进行有效地接触而被干燥，干燥后的产品从右端下部收集。

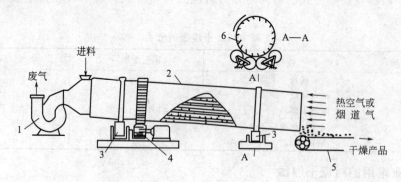

图 10-16　转筒干燥器
1—鼓风机；2—转筒；3—支撑装置；4—驱动齿轮；5—带式输送器；6—抄板

干燥过程中的所用的热载体一般为热空气、烟道气或水蒸气等。如果热载体（如热空气、烟道气）直接与物料接触，则经过干燥器后，通常用旋风除尘器将气体中夹带的细粒物料捕集下来，废空气则经旋风除尘器后放空。

转筒干燥器是一种既受高温加热又兼输送的设备。与其他干燥设备相比，其优点是：生产能力大，可连续操作；结构简单，操作方便；故障少，维修费用低；适用范围广，流体阻力小，可以用它干燥颗粒状物料，对于那些附着性大的物料也很有利；操作弹性大，生产上允许产品的流量有较大波动范围，不会影响产品的质量；清扫容易。缺点是：设备庞大、笨重，结构复杂，金属材料耗量多，占地面积大，传动部件需经常维修；安装、拆卸困难；热损失较大，热效率低；物料在干燥器内停留时间长，物粒颗粒之间的停留时间差异较大。

4. 流化床干燥器

流化床干燥器又称为沸腾床干燥器。这种干燥装置通常包括热风发生器、旋风分离器、引风机、加料及卸料器等。图 10-17 所示为一单层圆筒流化床干燥器。

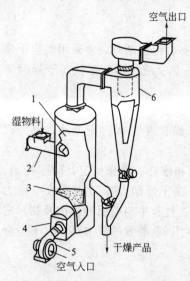

图 10-17　单层圆筒流化床干燥器
1—沸腾室；2—进料器；3—分布板；
4—加热器；5—风机；6—旋风分离器

流化床干燥器结构简单、造价低、操作维修方便。与气流干燥器相比，其气流阻力较低，物料磨损较轻，气-固分离容易，床层温度均匀，热效率较高（对非结合水和结合水分别为 $60\%\sim80\%$ 和 $30\%\sim50\%$）。另外，物料在干燥器中的停留时间可用出料口控制，因此，可以改变产品含水量。其主要问题是：操作控制要求高，而且因颗粒在床层中高度混合，可能引起物料的返混和短路，使其在干燥器中的停留时间不匀，部分物料未经完全干燥即离开干燥器，而另一部分物料则因停留时间过长而产生过度干燥现象。

流化床干燥器适用于处理粒径为 $30\mu m\sim6mm$ 间的粉粒状物料。当物料干燥过程存在降速阶段时，采用沸腾干燥较为有利。单层流化床干燥器仅应用易于干燥，处理量较大且对产品的要求不太高的场合。

5. 喷雾干燥器

图 10-18 为一喷雾干燥流程。其中，喷雾干燥器是将溶液、料浆或微粒的悬浮液，包括易于分解的物料及某些

食品（如牛奶）通过雾化器分散成雾沫细滴喷洒于温度为 120～300℃ 的热气流中。由于物料高度分散，故雾滴有很大的表面积和表面自由能，利用雾滴和热气流运动的速度差，可在几秒或十几秒内完成热、质传递过程，从而使物料得以干燥。这种干燥器干燥速度极快，即使气体温度很高，也不至于使物料过热。

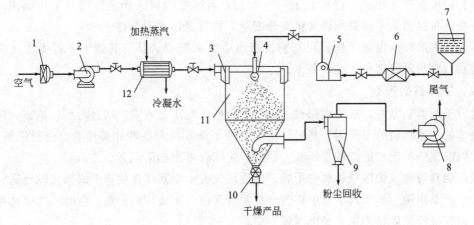

图 10-18　喷雾干燥流程

1—空气过滤器；2—送风机；3—热空气分布器；4—压力喷嘴；5—高压液泵；6—无菌过滤器；
7—贮液罐；8—抽风机；9—旋风分离器；10—星型卸料器；11—喷雾干燥室；12—加热器

喷雾干燥器的优点是：①只要干燥条件保持恒定，其产品特性即可保持恒定；②干燥速率快、时间短，尤其适用于热敏性物料（如奶粉、干蛋粉、血浆和颜料等）的干燥；③能处理用其他干燥方法难于进行干燥的低浓度溶液，可由料液直接获得干燥产品，故可省去蒸发、结晶、分离、粉碎等操作；④操作流程连续化，可全自动控制操作；⑤具有较大的灵活性，喷雾能力每小时几千克至 200 吨，方便可靠，产品质量好；⑥干燥过程无粉尘飞扬，劳动条件好。

其缺点是设备尺寸大，投资大、耗能高；操作弹性小；热效率一般只有 30％～40％。

目前干燥设备品种繁多，但是，广泛常用的仍是上面介绍的几种。随着粉体后处理工业的兴起，近年来开发了振动流化床干燥器，错流式多层圆盘振动干燥器，旋转闪蒸干燥器等多种新型干燥器。从高效节能要求考虑，错流式多层圆盘振动干燥器不仅具有高效节能的优点，而且特别适用于颗粒状物料的干燥。

多层圆盘振动干燥器是由数层普通振动流化床干燥器叠加而成，因此，其干燥器原理类似于振动流化床干燥器，即在流化床上施加激振力，使被干燥的物料在床层上处于半抛掷和抛掷状态，并借助于底部吹入的热风使物料处于流化状态。物料与热风充分接触，从而达到理想的干燥效果。该干燥器的两个振动电机互为反向排列，且倾斜放置，故产生的激振力可分解为向上分力和水平分力，两水平分力组成一力偶，使颗粒绕圆周运动。

操作过程中，热风从中管进入干燥器直到底盘，再从各层圆盘筛网中穿过，使筛网上的物料在热风激振力的双重作用下处于充分流化状态，最后气体从上盖排出。与此同时，湿物料从上盖入口处进入第一层干燥盘，在激振力水平分力作用下绕圆周运动，同时物料受到激振力垂直分力向上作用，使其易于在热风下处于流化状态，达到理想的干燥。物料绕圆周一圈后，落入第二层干燥盘，依此类推，从最后一个干燥盘出来，即得成品。

与其他同类设备相比，错流式多层圆盘振动干燥器具有如下特点：

物料干燥均匀，表面损伤小，干燥过程粉化率极低；物料的厚度、状态及停留时间均无级可调；振动促进流态化，空气用量小，减少了粉尘飞扬，改善了操作环境；振动使物料层松动，增大热风与物料的接触面积，节能效果好；多层圆盘可随意调整，充分利用余热，使热效率与同类振动床相比，提高了 20%～30%；可根据物料干燥条件选择干燥面积，操作灵活方便；各层圆盘进料处均设置错流分配器，物料受热更为合理。

错流式多层圆盘振动干燥器可与粉体挤出造粒机配套，具有其他干燥器无法比拟的优势，是颗粒状物料的理想干燥设备。

四、干燥器的选型

进行干燥器选型时，首先根据被干燥物料的性质和工艺要求，通过分析、论证，列出几种能处理被干燥物料的干燥器，然后，估计每种干燥器的设备费和操作费，进行经济核算、比较，以确定一种比较适宜的干燥器。通常，应综合考虑如下因素。

（1）物料特性 如散状物料的干燥，应选用气流干燥器或流化床干燥器比较合适。

（2）产品质量 如医药工业中许多产品要求无菌、避免高温分解，此时可考虑选用冷冻干燥，以保证产品质量为主，经济因素为辅。

（3）生产能力 若干燥大量浆状物料，则宜用喷雾干燥器，而当其处理量不大时，可采用滚筒式干燥器。

（4）节能降耗 为提高热能利用的经济性，可减少干燥介质的用量，或将部分废气加以循环使用，以降低废气带走的热量；若物料耐热性好，可提高干燥介质的进口温度，以减少其用量，缩短干燥时间；干燥时，采用气-固并流操作，可降低产品出口温度，以减少产品带走的热量。

（5）劳动条件 某些干燥器虽然经济适用，但劳动强度大，生产条件差，间歇操作。这样的干燥器就特别不适宜用来处理高温、有毒、粉尘多的物料。

（6）其他方面 如设备的制造、维修、操作及设备尺寸的大小等是否受到限制，也应当认真考虑。

表 10-2 列出干燥器选型的基本参照依据，以供初选时参考。

表 10-2　干燥器选型参考表

加热方式	干燥器	溶液 萃取液无机盐	浆状 碱洗涤剂	膏糊状 沉淀物滤饼	粒径<100目 颜料水泥	粒径>100目 结晶纤维	薄膜状 纸张布匹	片状 皮革薄板	特殊形状 木材陶瓷
对流	气流	5	3	3	4	1	5	5	5
	流化床	5	3	3	4	1	5	5	5
	喷雾	1	1	4	5	5	5	5	5
	转筒	5	5	3	1	1	5	5	5
	厢式	5	4	1	1	1	5	1	1
传导	耙式	4	1	1	1	1	5	5	5
	滚筒	1	1	4	4	5	多滚筒	5	5
	冷冻	2	2	2	2	2	5	5	5
辐射	红外线	2	2	2	2	2	1	1	2
介电	微波	2	2	2	2	1	2	2	2

注：表中数字分别表示：1—适合；2—经费许可条件下适合；3—特定条件下适合；4—适当条件时可应用；5—不适合。

小　结

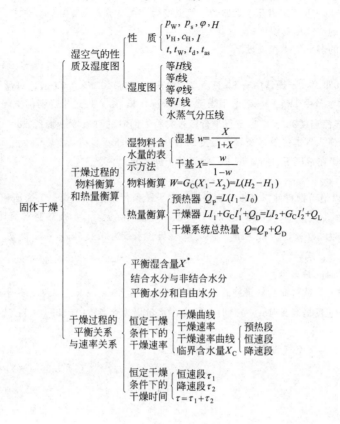

$$
固体干燥
\begin{cases}
湿空气的性质及湿度图
\begin{cases}
性\ 质
\begin{cases}
p_W, p_s, \varphi, H \\
v_H, c_H, I \\
t, t_W, t_d, t_{as}
\end{cases} \\
湿度图
\begin{cases}
等H线 \\
等t线 \\
等\varphi线 \\
等I线 \\
水蒸气分压线
\end{cases}
\end{cases} \\[2em]
干燥过程的物料衡算和热量衡算
\begin{cases}
湿物料含水量的表示方法
\begin{cases}
湿基\ w=\dfrac{X}{1+X} \\
干基\ X=\dfrac{w}{1-w}
\end{cases} \\
物料衡算\ W=G_C(X_1-X_2)=L(H_2-H_1) \\
热量衡算
\begin{cases}
预热器\ Q_P=L(I_1-I_0) \\
干燥器\ LI_1+G_CI_1'+Q_D=LI_2+G_CI_2'+Q_L \\
干燥系统总热量\ Q=Q_P+Q_D
\end{cases}
\end{cases} \\[2em]
干燥过程的平衡关系与速率关系
\begin{cases}
平衡湿含量X^* \\
结合水分与非结合水分 \\
平衡水分和自由水分 \\
恒定干燥条件下的干燥速率
\begin{cases}
干燥曲线 \\
干燥速率 \\
干燥速率曲线 \\
临界含水量X_C
\begin{cases}
预热段 \\
恒速段 \\
降速段
\end{cases}
\end{cases} \\
恒定干燥条件下的干燥时间
\begin{cases}
恒速段\tau_1 \\
降速段\tau_2 \\
\tau=\tau_1+\tau_2
\end{cases}
\end{cases}
\end{cases}
$$

习　题

1. 已知湿空气干球温度为 40℃，相对湿度为 60%，总压为 101.3kPa，试求：

(1) 湿度；(2) 焓；(3) 水汽分压；(4) 露点；(5) 湿空气的比定压热容和比体积。

$\big[$ (1) 0.0284 $kg_水 \cdot kg_{干空气}^{-1}$；(2) 113.3 $kJ \cdot kg^{-1}$；(3) 4.43kPa；(4) 30℃；(5) 1.06 $kJ \cdot kg^{-1} \cdot K^{-1}$, 0.929 $m^3 \cdot kg_{干空气}^{-1}$ $\big]$

2. 试用湿空气的焓-湿图填写下表空白。

$p = 101.325kPa$

干球温度/℃	湿球温度/℃	湿度/kg水·kg干空气⁻¹	相对湿度/%	焓/kJ·kg干空气⁻¹	水汽分压/kPa	露点/℃
60	35					
40						25
20			75			
		0.04		188		
30					4	

3. 将温度为 60℃，相对湿度为 20% 的空气以逆流方式在列管式热交换器中冷却到露点。冷却水温自 15℃ 升到 25℃，热交换器的传热面积为 15m²，传热系数 $K=46.5 W \cdot m^{-2} \cdot ℃^{-1}$。试求每小时冷却水用量及冷却的空气量（以干空气计）。

(1339 $kg \cdot h^{-1}$, 1676 $kg_{干空气} \cdot h^{-1}$)

4. 利用去湿设备将 100m³ 温度为 20℃、水汽分压为 6.7kPa 的空气中的部分水分除去。已知操作压力为 101.325kPa，设备出口处水汽分压为 1.33kPa。试求在这种条件下可除去的水分量为多少。

5. 空气温度为 60℃，压强为 99.3kPa，相对湿度为 10%，以每小时 1500m³ 的流量进入干燥器，干燥器内水分蒸发量为 25kg·h⁻¹。离开干燥器的空气温度为 35℃，压强 98.9kPa。试求：

(1) 离开干燥器的空气相对湿度；

(2) 离开干燥器的湿空气体积流量。

[(1) 78%；(2) 1429m³·h⁻¹]

6. 在一盘架式（厢式）干燥器中有 50 只浅盘，盘底面积为 (0.7×0.7)m²，每盘深度为 0.02m，盘内装有某湿物料，其含水量由 $1kg_水·kg_{干料}^{-1}$ 干燥至 $0.01kg_水·kg_{干料}^{-1}$，通过干燥器的空气平均温度为 350K，相对湿度 $\varphi=11\%$，气流速度 $2m·s^{-1}$，空气平行流过物料表面时的对流传热膜系数 $\alpha=0.0143(W)^{0.8}kW·m^{-2}·K^{-1}$。物料的临界含水量及平衡含水量分别为 $0.3kg_水·kg_{干料}^{-1}$ 和 $0kg_水·kg_{干料}^{-1}$，干燥后物料的密度为 $600kg·m^{-3}$，干燥在常压下进行，试求所需要的干燥时间。

(19h)

7. 将 1000kg（以绝干物料计）某板状物料在恒定干燥条件下进行干燥。干燥面积为 55m²，其初始含水量为 $0.15kg_水·kg_{绝干物料}^{-1}$，最终含水量为 $2.5×10^{-2}kg_水·kg_{绝干物料}^{-1}$，在热空气流速为 $0.8m·s^{-1}$ 情况下，其初始干燥速率为 $3.6×10^{-4}kg·m^{-2}·s^{-1}$，临界含水量为 $0.125kg_水·kg_{绝干物料}^{-1}$，平衡含水量为 $5×10^{-3}kg_水·kg_{绝干物料}^{-1}$。试求：

(1) 此物料干燥时间是多少？

(2) 在同样条件下，欲将此物料最终含水量降至 $1.5×10^{-2}kg_水·kg_{绝干物料}^{-1}$，其干燥时间为多少？

(3) 欲将热空气速度提高到 $4m·s^{-1}$ 时，最终含水量仍为 $2.5×10^{-2}kg_水·kg_{绝干物料}^{-1}$，其干燥时间为多少？

设：比例系数 k_X 与热空气流速的 0.8 次方成正比。

[(1) 3.36h；(2) 4.53h；(3) 0.926h]

第十一章　化学反应工程学——反应器基本原理

教学基本要求

1. 了解反应器基本类型以及建立宏观反应体系数学模型的思想方法；
2. 理解物料在反应器内的流动模型；
3. 掌握间歇搅拌釜和理想流动反应器中进行等温、等容、简单均相反应的转化率、反应时间、空间时间、停留时间与反应器体积的关系，以及反应器体积的计算；
4. 掌握用停留时间分布密度函数和停留时间分布函数确定反应器内物料的流况的方法，以及用方差定性判断反应器内物料的返混程度和反应器性能；
5. 了解气固相催化反应过程的机理，固定床催化反应器和流化床催化反应器的基本性能。

第一节　概　　述

一、化学反应工程学的基本任务和研究方法

化学反应工程作为化学工程学的一个重要学科分支，自 20 世纪 50 年代后期至今，经过了半个世纪的蓬勃发展，已经从理论上得到一定程度的完善，形成了一门系统的工程学科——化学反应工程学（chemical reaction engineering）。化学反应工程利用自然科学原理去考察、解释和处理工程实际问题，其目的是把化学实验室的研究成果可靠地移植到工业化生产，研究工业反应过程的宏观规律、建立数学模型，并就所确定的反应和预期的生产能力对反应器的型式、结构、尺寸及操作方式、操作条件进行选择或设计。化学反应工程的基本任务是：

① 通过深入地研究，掌握传递过程动力学和化学动力学的共同作用（宏观动力学）的基本规律，从而改进和强化现有的反应技术和设备；

② 指导和解决反应过程开发中的放大问题；

③ 开发新的技术和设备；

④ 综合考察技术和经济两个指标，实现化学反应器的最优设计和化学反应过程的最优化控制。

化学反应工程学的主要研究方法是：把所考察、分析、研究的问题，经过深入的实践和透彻的理论研究，在对化工过程本身的规律有深刻认识的基础上，用简单明确的数学语言（即数学模型）加以描述，同时提出需要解决的问题，通过数学方法或采用电子计算机求解，以获取定量答案。这种方法发展到 20 世纪 60 年代即为广泛使用的数学模拟法。这种方法起源于反应工程领域，反过来它的研究和发展又推动了化学反应工程学科的发展，使之成为近代化学工程研究中的一种重要方法。通常，在用数学模拟法解决复杂的化学反应工程问题时，都把这一复杂过程分解为化学过程与传递过程并分别加以研究。对于化学过程方面，则以化学反应为研究对象，提出化学反应过程的动力学模型；而在传递过程方面，则以不同的反应器为研究对象，提出传递过程的模型，最后研究如何将两种模型结合起来，并应用于解决工程实际问题。

数学模拟方法为解决化学反应工程问题提供了一条途径，其关键在于模型本身的近似等效性，也就是在模型化的技巧方面，既应使复杂过程得以简化，能使用数学方法给予描述，

又要使之与原型不过于失真。当然电子计算机的发展也是一个重要因素，它为模型化提供了有效的数值计算工具，因此，电子计算机的应用，数值计算方法和测试技术的迅速发展，使得化学反应工程学的研究如虎添翼；可持续发展、绿色化学、生态化等新概念的引入，进一步使得化学反应工程学的基础理论和实际应用出现巨大飞跃。

二、化学反应过程和化学反应器的分类

1. 化学反应过程的分类

化学反应工程是研究工业规模的化学反应的规律，亦即伴有物理过程的化学反应。为了研究其共性规律，有必要将化学反应过程加以分类。通常可按化学反应的特性、反应物料的相态和反应过程进行的条件进行分类。化学反应的特性包括反应的机理、反应的可逆性、反应分子数、反应级数和反应的热效应等；反应物料的相态包括均相和非均相反应；而反应进行的条件则包括温度、压力、操作方式及换热方式等。

在化学反应工程领域内，一般多按反应物料的相态进行分类，但从工程角度出发，往往也非常注重操作方式，因为它与反应器的型式、操作条件以及设计方法的确定都密切相关。表 11-1 列出了化学反应过程的基本分类。

表 11-1　化学反应过程的基本分类

分类特征	反　应　过　程
反应特征	简单的，复杂的(平行的、连串的等)
热力学特征	可逆的，不可逆的
相态	均相的(气、液)，非均相的(气-液、气-固、液-液、液-固、气-液-固)
时间特征	定态，非定态
控制步骤	化学反应控制，外部扩散控制，内部扩散控制，吸附或脱附控制

在研究工业生产的化学反应过程中，为了研究传递因素对化学反应的影响并确定其利弊，必须首先确定反应结果优劣的评价标准，其标准通常为以下两个主要因素，即反应速率和反应的选择性。然而，随着环境保护与可持续发展的要求越来越高，诸如原子经济性等新的评价标准则相继出现在人们眼前。

(1) 反应速率　通常反应速率是随具体情况而选用不同基准的。对于非均相反应，一般把两相间的相界面面积作为关联量，但也经常使用某一反应物的质量作为基准。在非均相催化反应中，则大多以催化剂的质量或体积为关联量。对于均相反应，一般以反应混合物的体积为基准。反应速率可定义为单位时间、单位反应体积中所生成（或消耗）的某组分的物质的量，即

$$r_i = \pm \frac{1}{V}\frac{\mathrm{d}n_i}{\mathrm{d}t} \tag{11-1}$$

式中　r_i——体系中 i 组分的反应速率；

　　　n_i——i 组分的物质的量；

　　　V——反应体积。

如果在反应过程中体积是恒定的，则上式可写成

$$r_i = \pm \frac{\mathrm{d}(n_i/V)}{\mathrm{d}t} = \pm \frac{\mathrm{d}c_i}{\mathrm{d}t} \tag{11-2}$$

式中　c_i——i 组分的浓度。

式(11-1)、式 (11-2) 中，正号表示某组分的生成速率，负号表示其消失速率。

对于具有下列化学计量关系的化学反应

$$a\mathrm{A} + b\mathrm{B} \longrightarrow e\mathrm{E} + f\mathrm{F} \tag{11-3}$$

可列出各组分的反应速率为

$$r_A = -\frac{1}{V}\frac{dn_A}{dt} = -\frac{dc_A}{dt}$$

$$r_B = -\frac{1}{V}\frac{dn_B}{dt} = -\frac{dc_B}{dt}$$

$$r_E = \frac{1}{V}\frac{dn_E}{dt} = \frac{dc_E}{dt}$$

$$r_F = \frac{1}{V}\frac{dn_F}{dt} = \frac{dc_F}{dt}$$

同一反应按不同组分计算得到的反应速率在数值上可能并不相等，但是，根据反应分子数的计量关系，各组分反应速率之间存在如下关系

$$-\frac{r_A}{a} = -\frac{r_B}{b} = \frac{r_E}{e} = \frac{r_F}{f}$$

在化工生产中，对于式(11-3)所示的单一反应，式(11-1)所表示的反应的速率方程式，通常可用如下幂函数的形式表示，并以此作为经验公式用于化工设计中。

$$r_A = = kc_A^\alpha c_B^\beta \tag{11-4}$$

式中，α，β 为反应的级数，反应的总级数为各浓度项的指数代数和，即 $\alpha + \beta$。对于基元反应，α，β 正好和反应式中计量系数 a，b 一致。而对于非基元反应，反应的级数则应通过实验确定。一般情况下，在一定的温度范围内级数保持不变，其绝对值不超过 3，并且可以是分数或者为负数。化学反应过程中，级数的大小反映该物料浓度对反应速率影响的程度，级数高，则该物料浓度的变化对反应速率的影响显著，级数为零，由该物料浓度的变化对反应速率无影响；假若级数为负值，则说明随该物料浓度的增加反而还会抑制反应的进行，即反应速率下降。

式(11-4)中，k 为反应速率常数，其数值的大小直接决定了反应速率的高低和反应进行的难易程度。速率常数与反应温度、溶剂和催化剂等有关，甚至随反应器的形状和性质而异。

根据阿伦尼乌斯（Arrhenius）方程，反应速率常数 k 与热力学温度 T 有下列关系

$$k = Ae^{-E/RT}$$

式中　A——指前因子或频率因子；

　　　E——活化能；

　　　R——气体常数。

k 的单位随反应级数不同而异，若 r_A 的单位为 $kmol \cdot m^{-3} \cdot s^{-1}$，$c_A$ 的单位为 $kmol \cdot m^{-3}$，则对一级反应 k 的单位为 s^{-1}，二级反应时为 $m^3 \cdot kmol^{-1} \cdot s^{-1}$。

（2）转化率　在化工生产过程中，反应速率直接影响到反应器的尺寸和催化剂的用量，从而关系到投资费用的多少。对于一个特定的反应器，速率往往体现为转化率，它表明反应的深度即反应物料转化的百分率。

$$转化率（x_A）= \frac{转化为目的产物和副产物的 A 的物质的量}{进入反应器的 A 的物质的量}$$

$$= \frac{反应消耗的 A 的物质的量}{反应物 A 的起始物质的量}$$

对于间歇系统，转化率可以用下式表示

$$x_A = \frac{n_{A,0} - n_A}{n_{A,0}} \tag{11-5}$$

式中 $n_{A,0}$——反应物 A 的起始物质的量，mol；

n_A——任意时刻 A 的物质的量，mol。

对于连续流动系统，转化率则以下式表示

$$x_A = \frac{F_{A,0} - F_A}{F_{A,0}} \tag{11-6}$$

式中 $F_{A,0}$——反应物 A 的起始流率，$mol \cdot s^{-1}$；

F_A——任意时刻 A 的流率，$mol \cdot s^{-1}$。

若反应在等温、恒容条件下进行，亦即在反应过程中物系体积保持不变，则由式(11-5)右端项分子分母同除以该物系体积，或式(11-6)右端项分子分母同除以体积流率，得

$$x_A = \frac{c_{A,0} - c_A}{c_{A,0}} \tag{11-7}$$

式中 $c_{A,0}$——反应物 A 的起始浓度，$mol \cdot m^{-3}$；

c_A——任意时刻 A 的浓度，$mol \cdot m^{-3}$。

一个化学反应，以不同的反应物为基准进行计算可以得到不同的转化率，因此，在计算时必须指明为某反应物的转化率。若未指明，则常为主要反应物或限量反应物（着眼反应物）的转化率。

（3）反应的选择性　该因素可用来表明反应的方向，亦即是说，反应过程中着眼反应物以多大的百分率转化为目的产物。

选择性的定义是生成的目的产物量与已转化的反应物量之比。假设反应物 A 经过化学反应生成目的产物 P，其化学计量系数分别为 a 和 p，则选择性为

$$s = \frac{a}{p} \frac{n_P}{n_{A,0} - n_A} \tag{11-8}$$

式中 n_P——生成的目的产物的物质的量，mol。

（4）收率　工业生产过程中，反应的转化率不一定能够达到百分之百，则会有部分未反应的物料将从反应器排出。对于这部分物料，可有如下处理方案：一种是经分离后返回系统的再循环流程；另一种方案则是不再利用。究竟采取哪一种方案则取决于分离回收费用、原料的价值以及对环境影响的程度。为了适应这两种不同的流程，另有一个用来说明反应原料利用率的综合指标，即所谓收率。

$$y = \frac{a}{p} \frac{n_P}{n_{A,0}} \tag{11-9}$$

在方案一中，收率等于选择性（由于分离和再循环过程中难免有物料损失，造成实际收率略低于理论收率）；而方案二中，收率等于反应过程的单程收率。

由于转化率是表明反应物中着眼组分的转化程度，选择性表示主、副反应的相对强弱，而收率则表示着眼组分转化为目的产物的相对生成量，因此，三者之间存在如下关系

$$y = x_A s \tag{11-10}$$

在化工生产中，为了计算反应物经过预处理、化学反应和后处理之后，所得目的产物的总收率，还常常采用质量收率表示，即

$$y_W = \frac{\text{所得目的产物的质量}}{\text{输入某反应物的质量}} \tag{11-11}$$

例如 100kg 苯胺（纯度 99%，分子量 93）经烘焙磺化和精制后得到 218kg 对氨基苯磺酸钠（纯度 ≥97%，分子量 231），则按苯胺计

$$对氨基苯磺酸钠的理论收率\ y = \frac{218 \times 97\%/231}{100 \times 99\%/93} \times 100\%$$

$$= 86\%$$

$$对氨基苯磺酸钠的质量收率\ y_w = \frac{218}{100} \times 100\% = 218\%$$

此外，工业上还以质量收率的倒数，即单位质量产品的原料消耗定额——单耗来表示原料的利用程度。在上例中，每生产一吨对氨基苯磺酸钠，则苯胺的单耗为 459kg（100/218=0.459t）。目前，工业生产中，产品的成本主要还是取决于这两个因素，因此，收率或单耗往往是评价反应结果优劣的最主要指标。

然而，按照收率定义式，反应过程中，1mol 原料 A 生成 1mol 产物 P，收率为 100%。但是，在转化过程中每生成 1mol 产物 P 的同时，也可能会生成 1mol 或更多的副产物 R（许多情况下，R 可能对环境有害），而每摩尔 R 的质量可能是产物 P 每摩尔的质量的数倍之多，可是产生的副产物（或废物）在收率这个评价指标中是体现不出来的。

(5) 原子利用率　伴随着资源、能源的日渐枯竭和环境质量的进一步恶化，制约人类经济和社会发展的重大问题已经凸现，作为环境污染大户的化学工业有必要对化学反应的评价提出新的要求。原子经济性的概念因此应运而生，即所谓高效的有机合成反应，应当最大限度地利用原料分子中的每一个原子，使之完全结合到目的产物的分子之中。反应不仅要有高度的选择性，而且必须具备较好的原子经济性。

原子经济性可以用原子利用率（atom utilization，AU）来衡量。其定义式为

$$AU(\%) = \frac{目的产物的物质的量}{化学计量方程式中反应物的物质的量} \times 100\%$$

目前，可以借助原子利用率 AU 来衡量所有反应物转化为最终产品的程度，如果某反应 AU=100%，则该反应即是理想的原子经济反应。

(6) E-因子　为衡量化工过程中废弃物的排放量，考虑其对环境所造成的影响，人们又提出了更加符合绿色化学化工要求的评价指标——E-因子（环境因子）和环境商。

E-因子定义为每生产出 1kg 产物所产生的废弃物的千克数，即

$$E\text{-}因子 = \frac{废弃物的质量}{目的产物的质量}$$

这种废弃物多是人们所不需要的，大多是在反应后处理工序（酸碱中和等）中产生的一些无机盐、重金属化合物及各种反应中间体。表 11-2 列出了不同化工行业生产过程中的 E-因子。

表 11-2　不同化工行业生产过程中的 E-因子

化工行业	年产量/t	E-因子	废物总量/t
石油炼制	$10^6 \sim 10^8$	约 0.1	约 10^6
大宗化工产品	$10^4 \sim 10^6$	1~5(个别小于 1)	约 10^5
精细化学品	$10^2 \sim 10^4$	5~50(个别大于 50)	约 10^4
制药	$10 \sim 10^3$	25~100	约 10^3

从表中可以看出，精细化学品（如染料）和制药工业的 E-因子较大，废物产生的机会和产生的量也就越大。说明产品越精细，工艺越复杂，使用的试剂和分离步骤越多越不利，因此，减少合成步骤，减少无机盐的形成，即可减少向环境排放废物。

(7) 环境商　环境商（environment quotient，EQ）EQ 是化工产品生产过程中产生废弃物量的多少、物化性质及其在环境中的毒性行为等的综合评价指标，用以衡量合成反应对

环境造成影响的程度。它是 E-因子与 Q 的乘积，即

$$EQ = E \times Q$$

Q 为根据废弃物在环境中的行为给出的对环境的不友好度。环境商值越大，废弃物对环境的污染就越严重，因此，可以按照 EQ 的大小来衡量或选择合理的生产工艺路线，评价不同的生产方法。

2. 化学反应器的分类

化学反应器是反应物料在其中进行化学反应，生成目的产物的设备，是化工生产装置的核心。研究反应器，只需从反应动力学特性和设备两方面入手，即可以抓住其本质。反应动力学特性依照反应物系的相态而异；设备特性是指传递过程的特性，它与设备的结构型式和尺寸大小有关。就工业反应器而言，其型式各种各样，故不可能对其加以系统地分类，然而，可以从种类繁多的反应器中找出它们所共有的特征，从不同的角度对反应器加以分类。

（1）按反应物料的相态分类　根据反应器内反应混合物的聚集状态，可以把反应器分为均相反应器和非均匀相反应器两大类，两类之中又可以分出若干种，如表 11-3 所示。

表 11-3　按物料相态分类的反应器种类

反 应 器 种 类		反应类型举例	适用设备的结构型式	反 应 特 性
均相	气相	燃烧、裂解等	管式	无相界面,反应速率只与温度或浓度有关
	液相	中和、酶化、水解等	釜式	
非均相	气-液相	氧化、氯化、加氢等	釜式、塔式	有相界面,实际反应速率与相界面大小及相间扩散速率有关
	液-液相	磺化、硝化、烷基化等	釜式、塔式	
	气-固相	燃烧、还原、固相催化等	固定床、流化床、移动床	
	液-固相	还原、离子交换等	釜式、塔式	
	固-固相	水泥制造等	回转筒式	
	气-液-固相	加氢裂解、加氢脱硫等	固定床、流化床	

从表 11-3 中可以看出，这种分类方法与化学反应特性是密切相关的，因此，对反应器的设计是有利的，因为同一相态的反应，其动力学规律相同，在分析和设计反应器时，可以采用同一类的反应动力学公式。

（2）按反应器的结构型式分类　依照这种分类方法，常见的工业反应器可以分为釜式、管式、塔式、固定床以及流化床反应器等。表 11-4 列出了几种主要反应器的适用相态及工业生产中的应用实例。

表 11-4　按反应器的结构型式分类

结 构 型 式	适 用 的 相 态	应 用 实 例
反应釜(包括多釜串联)	液相、气-液相、液-液相、液-固相	苯的硝化、氯乙烯聚合、高压聚乙烯、顺丁橡胶聚合以及制药、染料、油漆的生产等
管式	气相、液相	轻油裂解、甲基丁炔醇合成、高压聚乙烯等
鼓泡塔	气-液相、气-液-固(催化剂)相	变换气的碳化、苯的烷基化、二甲苯氧化、乙烯基乙炔合成等
固定床	气-固(催化或非催化)相	二氧化硫氧化、合成氨、乙炔法制氯乙烯、乙苯脱氢、半水煤气生产等
流化床	气-固(催化或非催化)相,特别是催化剂很快失活的反应	硫铁矿焙烧、萘氧化制苯酐、石油催化裂化、乙烯氧氯化制二氯乙烷、丙烯氨氧化制丙烯腈等
回转筒式	气-固相、固-固相	水泥制造等
喷嘴式	气相、高速反应的液相	氯化氢合成、天然气裂解制乙炔

这种分类对于研究反应器来讲是合适的，因为，同类结构的反应器中的物料具有共同的传递过程特性，尤其是流体流动和传热过程的特性，所以，反应器设计的物理模型如果近

似，就有可能采用同类数学模型加以描述。图 11-1 所示是一些常见反应器的结构型式。

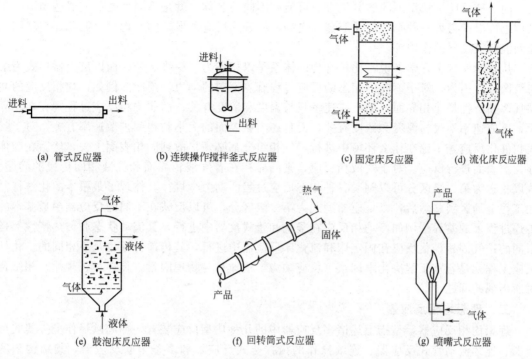

图 11-1　各种结构的反应器示意图

（3）**按操作方式分类**　按照操作方式，可以将反应器概括为三种基本类型，即间歇操作反应器、连续操作反应器和半连续（半间歇）操作反应器。

在间歇操作的反应器里，物料一次加入其中，控制一定的反应温度和搅拌速度，待反应达到所需的转化率后，将产物一次卸出。在反应期间反应器内、外没有物料上的流动，故属于封闭反应系统。通常这种反应装置被用于化工开发的初始阶段或小批量生产过程之中，如制药、染料、油漆、精细有机合成等。

在连续操作的反应器里，其特点是在定态操作条件下，进料、反应、出料均连续不断地进行。反应器内同一部位的操作参数（T，p，c 等）均不随时间而发生变化，因此，有利于控制产品质量，也便于过程的自控；节省劳力，适于大规模生产。在反应期间反应器内、外有物料上的流动，故属于开放反应系统。

半连续（半间歇）操作则是上述两种操作方式的组合，例如将一种物料分批加入反应器，而另一种物料连续进入或将某一产物连续引出反应器等多种形式。从反应器设计的观点来看，半连续（半间歇）操作是最难分析的一种过程，因为所处理的物料是一个处于非定态下的开放反应器系统，所以比其他各种反应器要复杂得多。

表 11-5 列出了按操作方式分类的反应器种类。

表 11-5　按操作方式分类的反应器种类

间歇反应器	间歇搅拌釜式反应器
连续流动反应器	连续搅拌釜式反应器 管式反应器
半连续（半间歇）反应器	a. 连续加入反应物 b. 间歇加入一种反应物；连续加入另一种反应物 c. 连续引出产物

上述三种分类方法对于反应器的分析和设计而言，都是有意义的，然而，需要指出的是，同一种反应器根据不同的分类方法可能有不同的名称；就是不同种的反应器适当地改变操作也可以变为另一种类型的反应器，例如，将管式反应器出口的产物部分循环，它就可以起到混合反应器的作用等。

从化学反应工程学来说，比较合理的体系是以相态为第一级区分，而以反应器型式为第二级区分。因为，对于不同的相态的反应过程有着不同的动力学规律。例如，均相反应的共同规律和特性是无相界面，而反应速率只与温度和浓度有关；而非均相反应过程则存在相界面，反应速率不仅与温度和浓度有关，而且还与相界面的大小和相间扩散速率有关。对于气固相催化反应，不论在什么环境中进行，气相组分都必须扩散到固相表面上去，然后在固体催化剂表面进行反应。对于气液相反应，则同样存在着气液相界面和气液相间传递的问题。故以相态为第一级区分可以阐明各种相态反应过程的动力学规律，体现了最根本的化学特性在工程上的区别。然后，以反应器型式为第二级区分，可以反映在不同的反应器中最基本的传递过程上的差异。例如，均相反应在釜式和管式反应器中进行，其流动状态和传热特性都是不同的；气固相催化反应在固定床和流化床反应器中进行，其传递特性也是不相同的。化学反应工程就是着重于解决化学因素（反应动力学规律）与物理因素（传递过程规律）相结合时所出现的问题。

三、理想均相反应器

理想均相反应器，是指上述诸多反应器中的几种典型反应装置，如间歇操作搅拌釜式反应器、连续流动管式反应器、连续操作的搅拌釜式反应器和多釜串联反应器，其结构如图11-2所示。

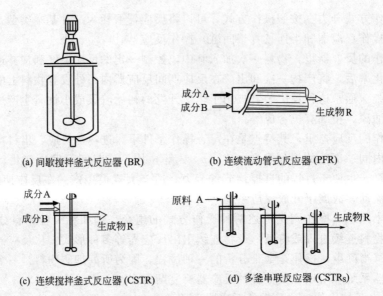

图 11-2　理想均相反应器结构示意图

这四种反应器之所以"典型"，主要是其形状"典型"——有釜式和管式；反应器中物料的流动状况"典型"——每一种反应器代表了一种流况；操作方法"典型"——有间歇操作、有连续操作，因此，深入了解其中物料的流动状况对化学反应的影响，将有助于对其他型式反应器性能的理解。由于实际反应器的流型通常较为复杂，所以，通过操作理想化将其简化而得到理想均相反应器，从而可以利用理想均相反应器的反应结果去预测实际反应器中反应结果的改善或者恶化的程度，以利于反应器的选型。此外，在某些情况下，实际反应器的操作状况可能十分接近某种理想反应器，这时可以利用理想反应器的结果，估算实际反应器的结果。

1. 理想间歇反应器

这种反应器理想化的条件是：假设反应器的搅拌良好，黏度较小的反应物料按一定配比一次加入反应器后，开动搅拌，以致于瞬间反应器内各处物料的组成和温度均一，即任一处的组成和温度都可用以表征整个反应器的状态，故称之为理想间歇反应器（ideal batch reactor，IBR）。通常，这种反应器配有夹套（或蛇管），可为反应系统提供或移出热量，控制反应温度，如图11-3所示。该反应器具有操作灵活，容易适应不同操作条件和产品品种的优点，但其缺点是装料、卸料等辅助操作要耗费一定时间，且产品质量不易稳定。

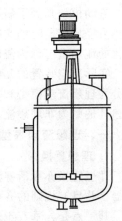

图 11-3　间歇反应器

2. 活塞流反应器

在等温操作的管式反应器中，反应物沿管长方向流动，其浓度随流动方向从一个截面到另一个截面而变化，反应时间是管长的函数。一般说来，理想管式反应器都在湍流区（$Re > 10^4$）操作，正因为物料高度湍动化地流动，可以想象，管内流体似有无数个厚度极薄的活塞一个接一个地依次流过反应器，即不同时刻进入反应器的物料之间不发生逆向混合（返混），物料的这种流动情况称为理想置换。这种理想化的、返混量为零的管式反应器称为活塞流反应器（plug flow reactor，PFR）。通常，长径比较大的管式反应器的流动情况十分接近活塞流反应器，如图11-2(b)。

在活塞流反应器中，由于返混量为零，那么从进入到离开反应器的每个"活塞"内部相当于一个小型间歇搅拌釜式反应器一样，因此，活塞流反应器中反应物的化学动力学规律与间歇反应器（batch reactor，BR）是一样的，故适用于间歇反应器的动力学方程同样也适用于活塞流反应器。

3. 全混流反应器

这种反应器的特点是：由于强烈搅拌的作用，物料进入反应器的瞬间即与反应器内的原有物料充分混合，反应器内物料的组成和温度处处相等，且等于反应器出口处物料的组成和温度。工业上，搅拌良好且物料黏度不大的连续搅拌釜式反应器（continuous stirred tank reactor，CSTR）可以近似看作是一种返混量为无限大的理想化的流动反应器——全混流反应器，如图11-2(c)所示。连续搅拌釜式反应器与全混流偏离的假定，通常比管式反应器与活塞流的偏离小得多。

4. 多级全混流反应器

由若干个全混流反应器串联操作即组成多级全混流反应器（continuous stirred tank reactor in series，CSTRs），如图11-2(d)所示。这种类型的反应器有以下特点。

① 反应不是在一个反应器内一次完成，而是在多个串联的全混流反应器内进行。由于串联反应釜中间无反应物加入也无产物引出，故各釜的入口浓度就是前一釜的出口浓度。

② 串联的各反应器内，物料的组成和温度均匀一致，但"级"与"级"之间是突然变化的。

③ 除最后一级反应器中的反应是在最终反应物浓度条件下进行外，其余各级反应物浓度均较之为高，且随着串联反应器数目的增多，其性能愈接近于活塞流反应器。

第二节 物料在反应器内的流动模型

流动模型是为了研究反应器内流体的实际流动型态，在不改变其性质的前提条件下，对流体流经反应器时的实际流动和混合状况的本质规律加以适当的理想化的描述。这种适当理想化的流动型态称为流动模型。

实际反应装置的几何等情况的不同，有可能影响到流动状况的不同。常用的流动模型可以分为理想流动模型和非理想流动模型，作为典型的两种流动极端状况是理想置换与理想混合。其他则为非理想流动模型，如扩散模型、多级理想混合模型。

一、理想流动模型

1. 理想置换

理想置换亦称活塞流、理想排挤或列流。反应物料按一定流率、定态操作条件下进入反应器，并且有规则的齐头并进，如同活塞在汽缸甲朝一个方向前进一样，如图 11-4（a）所示。其特点是：垂直于反应物料总的流动方向截面上，所有的物性皆是均匀的，亦即任一截面上各点的温度、浓度、压力、速度都分别相同，所以，活塞流最基本的特征是：流体所有粒子在反应器中的停留时间相同，且等于流体流过该反应器所需的时间。

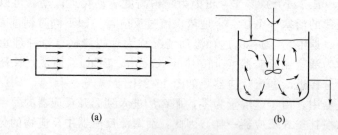

(a)　　　　　　　　　　(b)

图 11-4　两种理想化的流动模型

在管式反应器中，流体流动的型式基本上是活塞流，流体的组成和温度是沿管程或轴向递变的，转化率也是沿管程不断变化的，但在管程中的每一个点上流体的组成和温度在时间的进程中基本上是不变的。

2. 理想混合

如图 11-4（b）所示，反应物料以定态流率进入反应器后，刚进入反应器的新鲜物料粒子与存留在反应器中的粒子能在瞬间发生完全混合，因此，其基本特征为：在整个反应器中，各点的温度与浓度都是相同的，且等于反应器出口处的物料的温度和浓度，但其中粒子的停留时间参差不齐，有一个典型的分布，以后将予以介绍。

在连续操作的搅拌釜中，流动型式基本上是理想混合。在这样的反应器中，流体的组成和温度是均匀的，而且在时间的进程中也是基本上不变的。在任何型式的反应器中，流体在轴向混合的程度也就是其流动型式接近完全混合的程度。

工业生产中许多反应过程的物料流动型式，大多是介于上述两种理想流动之间，称为非理想流动，但是，在工程计算上，为了简化计算，通常把比较接近于某一种理想流型的过程就当作理想流型处理。例如，对于管式炉进行的石油裂解反应，以及固定床催化反应器中进行的气固催化反应，当裂解管长度很长，固定床中管长远大于管径时，一般都可当作理想置换模型处理；而搅拌十分强烈又均匀的连续搅拌釜式反应器，就十分接近理想混合反应器。只要被搅拌的液体不太稠，就很容易达到理想混合。

从上面的分析可以看出，对于间歇釜式反应器，用不着讨论流型与停留时间分布的问题。在间歇过程中，由于充分搅拌而使反应物料保持均匀混合，故反应区中各处的反应物与反应产物的温度和浓度都是相同的，且随时间而改变，所有的粒子在其中的停留时间也是相同的。流经活塞流反应器的流体质点，具有相同的停留时间，因而其化学动力学状况应与间歇反应器相同，但是在定态操作的连续反应系统中，反应物和反应产物的浓度和温度是随反应区的轴向长度而改变的，流经反应器的质点具有不同的停留时间。在这种反应器内，不同停留时间的粒子间的混合称为"逆向混合"，亦称"返混"。

"逆向混合"与一般所指的混合的含义是不同的。一般所指的混合，系指一切物料在空间内的混合，而逆向混合则专指不同停留时间的粒子混合。在这里的"逆向"，是指时间概念上的逆向，不是指空间上的逆向。显然在间歇反应器中由于物料的停留时间都是相同的，就不存在逆向混合。逆向混合是连续化所伴生的现象。两种连续理想反应器就是在其中逆向混合处于两种极端的状态：在理想混合反应器中，物料的停留时间有长有短，这些具有不同停留时间的物料由于搅拌作用，其逆向混合达到极大的程度，同时在反应器内物料在各处的浓度达到均一，且等于出口浓度；在理想置换反应器中，流体像活塞一样向前运动，不存在任何逆向混合。

一般说来，引起逆向混合的原因主要有如下几种。

（1）由于与物料流向相反的运动（如倒流等）所致，例如，搅拌所造成的涡流扩散等。

（2）由于垂直于流向的截面上流速分布不均匀所致，如管式反应器，层流时其速度呈抛物线形分布，同一截面上不同半径处物料的停留时间不同。它们之间的接触混合实际上就是不同停留时间的物料间的混合，也就是逆向混合。

（3）反应器内某些区域由于种种原因而形成的死角，也能导致逆向混合。

大多数情况下，釜式反应器中引起逆向混合的主要原因是搅拌形成的倒流与在釜内产生的某些死角；而在管式反应器中，当物料处于层流状态时，主要是不均匀的速度分布；在湍流状态时，则由于湍流脉动所引起的涡流扩散。管式反应器和釜式反应器相比较，通常情况下，管式反应器内逆向混合程度远较釜式反应器为小。

一般而言，逆向混合是个有害因素，它可使反应的速率降低。现以反应 A→B 的情况为例，图 11-5 表示在间歇反应器及连续反应器中反应物 A 的浓度随时间变化的情况。

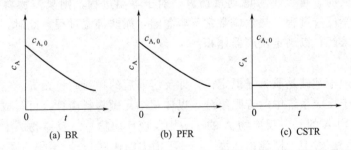

图 11-5　在间歇反应器及连续反应器中反应物浓度随时间变化的曲线

从连续反应器的曲线变化可以明显看出，逆向混合的存在使得反应物 A 的浓度变化曲线下降。逆向混合愈严重，浓度曲线变化得愈厉害。在理想混合反应器中，逆向混合程度最大，因而浓度曲线变化也最大。在理想置换反应器中，由于不存在逆向混合，故浓度曲线不发生变化，仍与间歇反应器的浓度曲线相同。与间歇反应器的浓度曲线相比，在连续搅拌釜式反应器中 A 的浓度曲线下降，这就意味着进行反应的推动力降低，反应速率降低。逆向混合愈严重，反应速率降低愈大。理想混合反应器的逆向混合最严重，其反应速率最低，则达到相同的最终转化率所需的反应器容积最大。相反，理想置换反应器与间歇反应器，都不存在着逆向混合，二者反应速率相同，且达最大值。以上说明了两种理想反应器性能之所以存在着很大的差别，连续搅拌釜式反应器有时比间歇反应器的转化率还低的原因，均在于连续搅拌釜式反应器内存在着不同程度的逆向混合。

当反应器内存在着逆向混合时，所有粒子在反应器内的停留时间呈现一种分布，称为停留时间分布。逆向混合愈严重，粒子间停留时间的差别也愈大，其结果是导致反应器空间内各参数的梯度降低，从而减低过程的速率。

通常返混可由停留时间分布的状态来表示，所以为研究实际设备中的返混现象，一般需要测定停留时间分布。关于停留时间分布的测定将在第四节中予以介绍。

二、非理想流动模型

一般说来，非理想流动模型是在前述两种理想流动模型的基础上经过适当的修正和组合而得到的。假如实际流况与理想流况偏离不大时，可以将实际流况看成是理想置换的基础上叠加一个轴向扩散过程的扩散模型，或者是设想成是通过多个串联的理想混合反应器的多级串联模型，以及其他种种组合模型等。轴向扩散流动模型是根据实际流况的返混程度，引入一轴向扩散系数 D_x；多级串联流动模型是根据实际流况引入一适当的串联级数 N。轴向扩散系数 D_x 和串联级数 N 都是模型的特征参数。由于这两种模型分别只含一个特征参数，故也称为单参数模型。

第三节　理想均相反应器计算

一、基本原理

反应器计算的主要任务是根据给定的生产任务，在一定条件下，计算反应器所需的体积，并以此作为确定反应器其他尺寸的主要依据。计算的方法主要是寻找生产规模化学反应的转化率与工艺条件的关系，其次是在计算转化率的基础上计算反应器的体积。

化学反应过程中，伴随着热量、质量及动量的传递，这些传递过程对反应速率有着直接影响，因此，在反应器计算中必须进行物料、热量及动量衡算。通常，当流体通过反应器前后的压力差不太大时，可以不考虑动量衡算。对于等温过程，则只需物料衡算式即可，但是，对于许多化学反应过程，热效应常常不容忽略，属非等温过程，此时，就需要对物料及热量衡算式联立求解，以确定反应器体积。

1. 物料衡算

物料衡算的理论基础是质量守恒定律，即反应前后的物料质量相等。它是反应器计算的基本方程式。对于反应系统中的着眼组分，以体积单元做物料衡算，可写成

$$\begin{pmatrix}反应物A的\\流入速度\\①\end{pmatrix}-\begin{pmatrix}反应物A的\\流出速度\\②\end{pmatrix}-\begin{pmatrix}因反应反应物\\A消失的速度\\③\end{pmatrix}-\begin{pmatrix}反应物A的\\累积速度\\④\end{pmatrix}=0 \qquad (11-12)$$

或简写成

$$(流入量)-(流出量)-(反应消失量)-(累积量)=0 \qquad (11-13)$$
$$\quad ① \qquad\quad ② \qquad\qquad ③ \qquad\qquad ④$$

式(11-12) 或式(11-13) 是普遍的物料衡算式，无论是间歇还是流动系统均可适用。在间歇反应器中，物料因分批加入和排出，故式中①、②项为零；对于定态操作的连续流动的反应器，由于不存在累积，故第④项为零；对于半连续操作的反应器和非定态操作的连续流动的反应器，则式中四项均需考虑。

2. 热量衡算

热量衡算的依据是能量守恒定律。由于化学反应速率与温度密切相关，而温度条件又取决于反应放出或吸收的热量以及换热条件，通过热量衡算可以确定反应器的温度条件和换热面积。

热量衡算的一般关系式表示如下

$$\begin{pmatrix} 随物料带 \\ 入的热量 \\ ① \end{pmatrix} - \begin{pmatrix} 随物料带 \\ 出的热量 \\ ② \end{pmatrix} - \begin{pmatrix} 反应系统与外 \\ 界交换的热量 \\ ③ \end{pmatrix} + \begin{pmatrix} 反应过程 \\ 的热效应 \\ ④ \end{pmatrix} - \begin{pmatrix} 累积的 \\ 热量 \\ ⑤ \end{pmatrix} = 0 \quad (11\text{-}14)$$

对于间歇操作系统，式(11-14)中的第①、②项为零；对于定态操作的连续流动反应器则第⑤项为零；对于半连续操作反应器和非定态操作的连续流动反应器则式中五项均不为零。

在进行物料与热量衡算时，活塞流反应器中，物料从入口到出口，其温度和组成随反应器的位置而变，故衡算范围只能以反应器微元反应体积为准。对于理想混合反应器，因反应器内各点物料的温度与组成完全一致，故物料衡算可以以整个反应器体积为准。

上述物料衡算式、热量衡算式以及反应动力学方程式是互相依存，紧密联系的。根据物料衡算、热量衡算可以得到反应器的基本设计方程式，再结合动力学方程即可计算反应器的体积，所以，反应器的设计计算实际上是物料衡算、热量衡量及动力学方程三者联立求解。这种计算过程非常复杂，为此可依照具体情况加以简化，如对等温操作的理想反应器，因为温度不随时间、空间而变化，所以，只需要考虑物料衡算与动力学方程式即可。

二、间歇反应器

由间歇反应器的操作特点可以知道，该反应器内物料的组成随反应时间不断改变，故属于非定态操作。

1. 确定反应时间

间歇反应器的设计计算，主要是求取达到规定的转化率物料在反应器内所需的反应时间。反应器内的物料在强烈搅拌的作用下，在任一瞬间器内各处的组成和温度均匀一致，因此，可以对整个反应器在微元时间 $\mathrm{d}t$ 间进行衡算。

$$-\begin{pmatrix} 因反应组分 \\ A\,消失的量 \end{pmatrix} = \begin{pmatrix} 反应物\,A \\ 的累积量 \end{pmatrix}$$

$$-(-r_A)V = \mathrm{d}n_A/\mathrm{d}t$$

由式(11-5)，得

$$-\mathrm{d}n_A/\mathrm{d}t = -\mathrm{d}n_{A,0}(1-x_A)/\mathrm{d}t = n_{A,0}\frac{\mathrm{d}x_A}{\mathrm{d}t}$$

$$-r_A V = n_{A,0}\frac{\mathrm{d}x_A}{\mathrm{d}t}$$

恒容时，则

$$-r_A = \frac{n_{A,0}}{V}\frac{\mathrm{d}x_A}{\mathrm{d}t} = c_{A,0}\frac{\mathrm{d}x_A}{\mathrm{d}t}$$

分离变量，经积分得

$$t = c_{A,0}\int_0^{x_A}\frac{\mathrm{d}x_A}{-r_A} \qquad (11\text{-}15)$$

上述各式中　V——反应混合物体积或反应器有效体积；

$\quad\quad\quad t$——反应时间；

$\quad\quad n_{A,0}$——反应物 A 的起始物质的量；

$\quad\quad\quad n_A$——任意时刻 A 的物质的量；

$\quad\quad c_{A,0}$——反应物 A 的起始浓度；

x_A——反应物 A 的转化率。

式(11-15) 即为间歇反应器基本设计方程式。从该式可以看出，达到规定转化率 x_A 所需的反应时间 t 只取决于 $c_{A,0}$ 及 r_A，而与反应体积无关，故在设计间歇反应器时，无论物料的处理量多少，只要 $c_{A,0}$，x_A 相同，则所需反应时间 t 均相同。由此可以说明，在间歇反应器放大时，只要保证大、小反应器的温度及混合条件相同，即可根据小试结果直接设计、放大反应装置。

根据式(11-7)

$$x_A = \frac{c_{A,0} - c_A}{c_{A,0}}$$

$$\mathrm{d}x_A = -\frac{\mathrm{d}c_A}{c_{A,0}}$$

代入式(11-15)，得

$$t = -\int_{c_{A,0}}^{c_A} \frac{\mathrm{d}c_A}{-r_A} \qquad (11\text{-}16)$$

表 11-6 列出利用动力学方程式直接积分求得达一定转化率所需的反应时间。

表 11-6　不同级数反应的反应物浓度和转化率计算式

反应级数	反应速率式	反应物浓度式	转化率式
零　级	$-r_A = k$	$t = (c_{A,0} - c_A)/k$	$t = c_{A,0}x_A/k$
		$c_A = c_{A,0} - kt$	$x_A = kt/c_{A,0}$
一　级	$-r_A = kc_A$	$t = \frac{1}{k}\ln\frac{c_{A,0}}{c_A}$	$t = \frac{1}{k}\ln\frac{1}{1-x_A}$
		$c_A = c_{A,0}\mathrm{e}^{-kt}$	$x_A = 1 - \mathrm{e}^{-kt}$
二　级	$-r_A = kc_A^2$	$t = \frac{1}{k}\left(\frac{1}{c_A} - \frac{1}{c_{A,0}}\right)$	$t = \frac{1}{kc_{A,0}}\frac{x_A}{1-x_A}$
		$c_A = \frac{c_{A,0}}{c_{A,0}kt+1}$	$x_A = \frac{c_{A,0}kt}{c_{A,0}kt+1}$

式(11-15) 和式(11-16) 也可以采用图解积分求解，如图 11-6 所示。

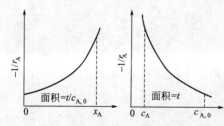

图 11-6　恒容情况下间歇反应器的图解计算

2. 计算反应器体积

间歇反应器的操作，每批物料除了反应时间 t 之外，还需要加料、升温、降温、出料、清洗等辅助操作时间 t'，因此，处理一定量的物料所需反应器占有的时间为反应时间和辅助时间之和，即一个生产操作周期所需的时间。由于反应器容积不是指釜式反应器的几何容积，而是指实际装料所占的有效容积，因为釜式反应器中的物料一般都不是装满的。假若每小时处理的物料的体积为 v_0，则所需反应器的有效容积为

$$V = v_0(t + t') \qquad (11\text{-}17)$$

考虑到装料系数 φ，反应器的实际体积为

$$V_R = \frac{V}{\varphi} \qquad (11\text{-}18)$$

φ 为装料系数，即反应器有效体积占总体积的分率，通常据经验而定。一般取值在 0.4～0.85 之间。采用什么数值，视反应情况而定，如在有搅拌情况下，漩涡不大，取 0.7；

若釜内反应有泡沫产生或有沸腾现象，则取 0.4～0.65；若反应很平静则取 0.75～0.85。

对一定的反应物料体积来说，若选用的反应器容积大，所需的反应器个数就少，但大设备搅拌效果差，物料在短时间内难以充分混合，造成物料的浓度和温度的不均匀，因而会降低转化率，达不到设计的要求。反之，选用反应器的容积小，则所需的反应器个数就多，相应的辅助设备便需增加，设备制造费必然因此而增大，而且生产费用也必然相应增加，所以，反应器容积与个数的确定，应从产品的质量、反应物性质、操作平稳、安全生产和经济成本等方面全面考虑。

当反应器容积确定后，还应当选定它的直径。如果选用的直径过大，则水平方向的搅拌混合将发生困难；如果选用的直径过小，则其高度必然增加，对垂直方向的搅拌亦不利。因此一般用高径比接近 1 的搅拌反应釜。

【例 11-1】 在 343K 时，等摩尔比的己二酸与己二醇以 H_2SO_4 为催化剂，在间歇操作搅拌釜式反应器中进行缩聚反应生产醇酸树脂。以己二酸为着眼组分的反应动力学公式 $-r_A = k c_A^2$，$c_{A,0} = 4 \times 10^{-3}$ kmol·L^{-1}，$k = 1.97$ L·$kmol^{-1}$·min^{-1}。

若每天处理 2400kg 己二酸，每批操作的辅助时间 $t' = 1h$，装料系数 $\varphi = 0.75$，要求转化率达 80%，试计算该反应器的体积。

解：（1）计算达到规定转化率所需的时间　因反应为二级反应，$c_{A,0} = c_{B,0}$，由表 11-6 知

$$t = \frac{1}{k c_{A,0}} \frac{x_A}{1 - x_A} = \frac{1}{1.97 L \cdot kmol^{-1} \cdot min^{-1} \times 4 \times 10^{-3} kmol \cdot L^{-1}} \times \frac{0.8}{1 - 0.8}$$

$$= 508min = 8.47h$$

（2）计算反应器所需的体积 V　每小时己二酸进料量 $F_{A,0}$，为

$$F_{A,0} = \frac{2400kg}{24h \times 146kg \cdot kmol^{-1}} = 0.685 kmol \cdot h^{-1}$$

式中 146kg·$kmol^{-1}$ 为己二酸分子量；24h 为每天生产时间，则每小时处理的己二酸体积 $v_{A,0}$ 为

$$v_{A,0} = \frac{F_{A,0}}{c_{A,0}} = \frac{0.685 kmol \cdot h^{-1}}{4 \times 10^{-3} kmol \cdot L^{-1}} = 171 L \cdot h^{-1}$$

故反应器的有效体积 V 为

$$V = v_{A,0}(t + t') = 171 L \cdot h^{-1}(8.47h + 1h) = 1619 L = 1.619 m^3$$

间歇搅拌釜式反应器的实际体积 V_R 为

$$V_R = \frac{V}{\varphi} = \frac{1.619 m^3}{0.75} = 2.159 m^3$$

三、活塞流反应器

从活塞流反应器的特性可知，其中反应物浓度 c_A，转化率 x_A，反应速率 $-r_A$ 沿流动方向发生变化，因此，必须取反应器中某一微元体积 dV 对着眼组分 A 进行物料衡算，如图 11-7 所示。

对于定态操作的活塞流反应器，式（11-13）可有

$$流入量＝流出量＋反应消失量＋累积量$$
$$F_A \quad (F_A + dF_A) \quad -r_A dV \quad\quad 0$$
$$F_A = (F_A + dF_A) + (-r_A dV)$$

由式（11-6）知

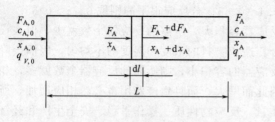

$$dF_A = d[F_{A,0}(1-x_A)] = -F_{A,0}\,dx_A$$

故 $$F_{A,0}\,dx_A = -r_A\,dV \tag{11-19}$$

对整个反应器而言，将式(11-19)积分可得

$$\int_0^V \frac{dV}{F_{A,0}} = \int_0^{x_A} \frac{dx_A}{-r_A}$$

$$\frac{V}{F_{A,0}} = \int_0^{x_A} \frac{dx_A}{-r_A}$$

图 11-7 活塞流反应器物料衡算示意图

在连续反应器的基本设计方程中，常应用空时这一参数，并规定

$$\tau = \frac{V}{q_{V,0}}$$

其定义是：在规定条件下，进入反应器的物料通过反应器所需要的时间。

因为入口进料体积流量 $q_{V,0} = F_{A,0}/c_{A,0}$，故上式可写成

$$\frac{V}{q_{V,0}c_{A,0}} = \int_0^{x_A} \frac{dx_A}{-r_A} \tag{11-20}$$

或 $$\tau = \frac{V}{q_{V,0}} = c_{A,0}\int_0^{x_A} \frac{dx_A}{-r_A} \tag{11-21}$$

1. 恒温恒容反应过程

对于恒温恒容系统，由式(11-7)

$$x_A = \frac{c_{A,0}-c_A}{c_{A,0}}$$

$$dx_A = -\frac{dc_A}{c_{A,0}}$$

则式(11-21)可写成

$$\tau = \frac{V}{q_{V,0}} = \int_{c_{A,0}}^{c_A} \frac{dc_A}{-r_A} \tag{11-22}$$

式(11-21)和式(11-22)为活塞流反应器的基本设计方程式，它关联了进料量、反应速率、转化率和反应器体积四个参数，因此，在给定任意三个参数情况下，均可方便地求得第四个参数，具体计算时，$-r_A$ 应用具体的动力学方程式，动力学方程简单，则可以直接代入以上诸式进行积分，否则可以采用如图 11-8 所示的图解积分法求解。

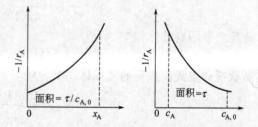

图 11-8 活塞流反应器图解计算示意图

比较式(11-21)、式(11-22)与式(11-15)、式(11-16)可以看出活塞流反应器与间歇搅拌釜式反应器的设计基本方程式完全相同，且图解形式也完全一样。

由此表明这两种反应器中进行同一化学反应，达到相同转化率时所需反应时间也完全相等。当反应体积相等时，其生产能力也相同，所以，在设计、放大活塞流反应器时，可以利用间歇搅拌釜式反应器的动力学数据进行计算。不同级数反应的反应物浓度和转化率计算式参看表 11-6。

值得注意的是，两种反应器的设计方程式虽然相同，但物料在其中的流动型态却完全不同。在间歇搅拌釜式反应器中，物料均匀混合属非定态过程；而活塞流反应器中，物料无返

混属定态过程，再者，活塞流反应器是连续操作，且不需要辅助时间，由此可知活塞流反应器的生产能力比间歇搅拌釜式反应器的要大，生产劳动强度要小。

【例 11-2】 将例 11-1 所述己二酸与己二醇的反应，放到活塞流反应器中进行，生产醇酸树脂，操作条件与产量均与前者相同，试计算活塞流反应器所需的体积。

解： 已知：$c_{A,0} = 4 \times 10^{-3} \text{kmol} \cdot \text{L}^{-1}$，$q_V = 171 \text{L} \cdot \text{h}^{-1}$，$k = 1.97 \text{L} \cdot \text{kmol}^{-1} \cdot \text{min}^{-1}$，$x_A = 80\%$

因是二级反应，故

$$\tau = \frac{1}{kc_{A,0}} \frac{x_A}{1-x_A} = \frac{1}{1.97 \text{L} \cdot \text{kmol}^{-1} \cdot \text{min}^{-1} \times 4 \times 10^{-3} \text{kmol} \cdot \text{L}^{-1}} \times \frac{0.8}{1-0.8}$$

$$= 508 \text{min} = 8.47 \text{h}$$

$$V = q_V \tau = 171 \text{L} \cdot \text{h}^{-1} \times 8.47 \text{h} = 1448 \text{L} = 1.448 \text{m}^3$$

从计算结果可以看出，活塞流反应器所需的体积正好等于间歇搅拌釜式反应器一个操作周期中，去掉辅助时间，计算得到的体积，因此，活塞流反应器的生产能力要比间歇搅拌釜式反应器的大。

2. 恒温变容反应过程

在恒温、恒压条件下，当活塞流反应器中发生的是反应前后体积发生变化的气相反应时，间歇搅拌釜式反应器与活塞流反应器之间如上所述的关系就不再成立，因为随着转化率的增加，物料体积发生变化，活塞流反应器中的物料的流速与位置变化有关。在此情况下，必须在动力学方程式中将体积变化因素考虑进去。体积变化参数有膨胀因子和膨胀率两种。

（1）膨胀因子 为了引进表征变容程度的膨胀因子 δ，假设有一气相反应，在反应时间为 τ 时，反应物 A 的转化率是 x_A，它们应有如下情况

$$aA \quad + \quad bB \quad \longrightarrow \quad rR \quad + \quad sS$$

$\tau = 0$ 时 $\quad n_{A,0} \qquad n_{B,0} \qquad\qquad 0 \qquad\qquad 0$

$\tau = \tau$ 时 $\quad n_{A,0}(1-x_A) \quad n_{B,0} - \dfrac{b}{a}n_{A,0}x_A \quad \dfrac{r}{a}n_{A,0}x_A \quad \dfrac{s}{a}n_{A,0}x_A$

在 $\tau = 0$ 时，反应体系物质的量的总数为

$$n_0 = n_{A,0} + n_{B,0}$$

在 $\tau = \tau$ 时，反应体系物质的量的总数（$n \neq n_0$）为

$$n = n_{A,0}(1-x_A) + \left(n_{B,0} - \frac{b}{a}n_{A,0}x_A\right) + \frac{r}{a}n_{A,0}x_A + \frac{s}{a}n_{A,0}x_A$$

$$= n_{A,0} + n_{B,0} + \left(\frac{r}{a} + \frac{s}{a} - \frac{b}{a} - 1\right)n_{A,0}x_A$$

$$= n_0 + \frac{r+s-b-a}{a}n_{A,0}x_A$$

令

$$\delta_A = \frac{r+s-b-a}{a}$$

即

$$\delta_A = \frac{\text{产物计量数之和} - \text{反应物计量数之和}}{\text{着眼反应物 A 的计量数}}$$

则

$$n = n_0 + \delta_A n_{A,0} x_A$$

式中 δ_A 称为该气相反应的膨胀因子（或体积变化系数），其物理意义是：当反应组分 A 每转化 1mol 时，引起物系总量（以摩尔计）增加或减少的值。此值与进料中是否有惰性物质无关。上式是反应前后物系物质的量的变化的一般关系式。如果 $\delta_A = 0$，物系即为恒容过程；$\delta_A > 0$，为体积增加的过程；$\delta_A < 0$ 则相反。

若反应物 A 的起始摩尔分数 $y_{A,0}=\dfrac{n_{A,0}}{n_0}$，则

在反应结束时，着眼组分 A 的摩尔分数 y_A 为

$$y_A=\frac{n_A}{n}=\frac{n_{A,0}(1-x_A)}{n_0+\delta_A n_{A,0}x_A}=\frac{y_{A,0}(1-x_A)}{1+\delta_A y_{A,0}x_A}$$

结合恒温恒压条件，并应用理想气体状态方程和分压定律，还可以有

$$p_A=\frac{p_{A,0}(1-x_A)}{1+\delta_A y_{A,0}x_A}$$

$$c_A=\frac{c_{A,0}(1-x_A)}{1+\delta_A y_{A,0}x_A}$$

式中　$p_{A,0}$——反应物 A 的起始分压，kPa。

将上述 $y_A\sim x_A$、$p_A\sim x_A$ 和 $c_A\sim x_A$ 关系代入反应速率方程式，再利用式（11-21）即可计算出恒温变容过程，为达到一定转化率所需的活塞流反应器体积。

【例 11-3】 $C_2H_2Cl_4$ 在活塞流反应器中发生如下气相催化反应

$$C_2H_2Cl_4 \longrightarrow C_2HCl_3+HCl$$
$$\quad A \qquad\qquad R \quad\ S$$

已知：在 400℃ 反应时，其反应速率常数 $k=6.95\times10^{-3}\,\text{s}^{-1}$。若原料处理量为 $0.6\text{L}\cdot\text{s}^{-1}$，$x_A=35\%$，求该反应器体积。

解：
$$-r_A=kc_A=6.95\times10^{-3}c_A$$
$$\delta_A=\frac{2-1}{1}=1,\quad y_{A,0}=1$$
$$-r_A=6.95\times10^{-3}c_{A,0}(1-x_A)/(1+\delta_A y_{A,0}x_A)$$
$$=6.95\times10^{-3}c_{A,0}(1-x_A)/(1+x_A)$$

由式（11-21），得

$$\tau=c_{A,0}\int_0^{x_A}\frac{\text{d}x_A}{-r_A}=c_{A,0}\int_0^{x_A}\frac{\text{d}x_A}{6.95\times10^{-3}\dfrac{c_{A,0}(1-x_A)}{1+x_A}}$$

$$=\frac{1}{6.95\times10^{-3}}\int_0^{0.35}\frac{1+x_A}{1-x_A}\text{d}x_A$$

解之得　$\tau=73.6\text{s}$

$$V=q_V\tau=0.6\text{L}\cdot\text{s}^{-1}\times73.6\text{s}=44.16\text{L}$$

（2）膨胀率　对于变容的活塞流反应器，如果物系体积随转化率变化呈线性关系，即

$$V=q_{V,0}(1+\varepsilon_A x_A)\tag{11-23}$$

式中，ε_A 是以组分 A 为基准的膨胀率，其物理意义为当反应物 A 全部转化后，系统体积的变化分数，即

$$\varepsilon_A=\frac{V_{x_A=1}-V_{x_A=0}}{V_{x_A=0}}\tag{11-24}$$

考虑膨胀率 ε_A 后，由式（11-5），可得如下关系

$$c_A=\frac{n_A}{V}=\frac{n_{A,0}(1-x_A)}{q_{V,0}(1+\varepsilon_A x_A)}=c_{A,0}\left(\frac{1-x_A}{1+\varepsilon_A x_A}\right)$$

对于一级反应，$-r_A=kc_A$，由式（11-21）得

$$\tau = c_{A,0} \int_0^{x_A} \frac{dx_A}{-r_A} = c_{A,0} \int_0^{x_A} \frac{dx_A}{k c_{A,0}\left(\dfrac{1-x_A}{1+\varepsilon_A x_A}\right)}$$

故
$$\tau = \frac{1}{k}\left[-(1+\varepsilon_A)\ln(1-x_A) - \varepsilon_A x_A\right] \tag{11-25}$$

对于二级反应，如 $A + B \longrightarrow P$，$(c_{A,0} = c_{B,0})$；$2A \longrightarrow R$

$$\tau = c_{A,0} \int_0^{x_A} \frac{dx_A}{-r_A} = c_{A,0} \int_0^{x_A} \frac{dx_A}{k c_{A,0}{}^2\left(\dfrac{1-x_A}{1+\varepsilon_A x_A}\right)^2}$$

故

$$\tau = \frac{1}{k c_{A,0}}\left[2\varepsilon_A(1+\varepsilon_A)\ln(1-x_A) + \varepsilon_A^2 x_A + (1+\varepsilon_A)^2 \frac{x_A}{1-x_A}\right] \tag{11-26}$$

当膨胀率 $\varepsilon_A = 0$，则上式又可以还原为恒容活塞流反应器的设计方程式。

【例 11-4】 在 506.5kPa，488K，某均相气体反应在活塞流反应器中，按 $A \longrightarrow 3R$ 方式进行，已知该条件下的速率方程式为

$$-r_A = 10^{-2} c_A^{0.5} \, mol \cdot L^{-1} \cdot s^{-1}$$

当进料为 50% 的惰气，$c_{A,0} = 6.25 \times 10^{-2} \, mol \cdot L^{-1}$ 时，求 A 的转化率达 80% 所需的时间。

解： 由式(11-21)

$$\tau = \frac{V}{q_{V,0}} = c_{A,0} \int_0^{x_A} \frac{dx_A}{-r_A}$$

对于变容系统

$$c_A = c_{A,0}\left(\frac{1-x_A}{1+\varepsilon_A x_A}\right)$$

原料气原为二体积，完全反应后变成四体积，故

$$\varepsilon_A = \frac{4-2}{2} = 1$$

已知，$-r_A = 10^{-2} c_A^{0.5}$ 故

$$\tau = c_{A,0} \int_0^{x_A} \frac{dx_A}{10^{-2} c_A^{0.5}\left(\dfrac{1-x_A}{1+x_A}\right)^{0.5}} = 10^2 c_{A,0}^{0.5} \int_0^{0.8} \left(\frac{1+x_A}{1-x_A}\right)^{0.5} dx_A \tag{a}$$

式(a) 中的积分值可以采用图解积分或数值积分方法求取。

(1) 图解积分 首先计算不同的转化率 x_A 时与其相应的 $\left(\dfrac{1-x_A}{1+x_A}\right)^{0.5}$ 数值，见下表。

x_A	$\dfrac{1+x_A}{1-x_A}$	$\left(\dfrac{1+x_A}{1-x_A}\right)^{0.5}$	x_A	$\dfrac{1+x_A}{1-x_A}$	$\left(\dfrac{1+x_A}{1-x_A}\right)^{0.5}$
0	1.00	1.00	0.6	4.00	2.00
0.2	1.50	1.225	0.8	9.00	3.00
0.4	2.33	1.526			

以 x_A 为横坐标，以 $\left(\dfrac{1+x_A}{1-x_A}\right)^{0.5}$ 为纵坐标，根据上表数据描绘曲线（见图），计算曲线

下所围面积，即得

$$A = \int_0^{0.8} \left(\frac{1+x_A}{1-x_A}\right)^{0.5} dx_A = 1.7 \times 0.8 = 1.36$$

将 $A = 1.36$ 代入式（a）中，得

$$\tau = 10^2 c_{A,0}^{0.5} A = 10^2 \times (6.25 \times 10^{-2})^{0.5} \times 1.36 = 34\text{s}$$

（2）数值积分　根据辛普森（Simpson）法（又称三点求积法或抛物线法）

$$\int_{x_0}^{x_n} f(x) dx \approx A = \frac{h}{3}[y_0 + y_n + 4(y_1 + y_3 + \cdots + y_{n-1}) + 2(y_2 + y_4 + \cdots + y_{n-2})]$$

$$\int_0^{0.8} \left(\frac{1+x_A}{1-x_A}\right)^{0.5} dx_A \approx A = \frac{0.2}{3}[1 + 3 + 4(1.225 + 2) + 2(1.526)] = 1.33$$

将辛普森法积分结果代入式（a），得

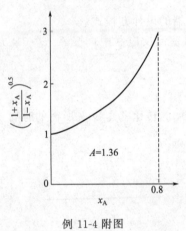

例 11-4 附图

$$\begin{aligned}
\tau &= 10^2 c_{A,0}^{0.5} A \\
&= 10^2 \times (6.25 \times 10^{-2})^{0.5} \times 1.33 \\
&= 33.25\text{s}
\end{aligned}$$

这里需要指出的是，在活塞流反应器的基本设计方程中，并没有停留时间这个参数，但用了空时 $\tau = V/q_{V,0} = c_{A,0}V/F_{A,0}$。对于恒容体系而言，$\tau$ 也就是物料在反应器中的平均停留时间 $\bar{t}$；对于变容体系而言，因为 τ 是反应器体积与进料条件下物料的体积流量之比，并没有反映出反应过程的容积变化，所以，空时并不等于平均停留时间，即 $\tau \neq \bar{t}$。

空时的倒数称为空间速率，简称空速，以符号 SV 表示

$$SV = \frac{q_{V,0}}{V} = \frac{1}{\tau} = \frac{F_{A,0}}{c_{A,0}V}$$

其定义是：在规定条件下，单位时间内进入反应器的物料体积相当于几个反应的容积，或为单位时间内通过单位反应器容积的物料体积。

对于不是活塞流的连续操作反应器，不管同时进入反应器的物料粒子停留时间是否相同，均根据反应器中的物料体积流量和反应器容积计算停留时间 $\bar{t}$

$$\bar{t} = \frac{\text{反应器的容积}}{\text{反应器中物料的体积流量}} = \frac{V}{q_V}$$

在连续操作的反应器中，对于恒容过程，物料的平均停留时间也可以看作是空时，即 $\bar{t} = \tau$。

四、全混流反应器

对于全混流反应器，物料在充分搅拌作用下混合均匀，整个反应器的状况完全一样，故可以对整个反应器做物料衡算，如图 11-9 所示。在定态操作条件下，由式（11-13）可得物料衡算关系式为

$$\begin{array}{cccc}
\text{流入量} & = \text{流出量} & + \text{反应消失量} & + \text{累积量} \\
q_V c_{A,0} & q_V c_A & -r_A V & 0
\end{array}$$

故

$$q_V c_{A,0} = q_V c_A + (-r_A)V$$

经整理后，得

$$\overline{t} = \frac{V}{q_V} = \frac{c_{A,0} - c_A}{-r_A} = \frac{c_{A,0} \overline{x}_A}{-r_A} \tag{11-27}$$

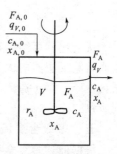

图 11-9　全混流反应器物料衡算示意图

式(11-27)为全混流反应器基本设计方程式。

该式为物料衡算的结果，作为一代数式，唯一的条件是理想混合，因为只有在理想混合时，反应器出口浓度才与器内物料浓度相等，所以，只要知道任何反应的动力学方程，即可据式(11-27)求出该反应在全混流反应器中的转化率和停留时间的关系，见表 11-7。

由于在全混流反应器中，物料的流况与活塞流反应器中完全不同，物料的全混流反应器中的停留时间从 $0 \rightarrow \infty$ 都有可能，存在一个停留时间分布，故需采用平均停留时间 $\overline{t}$；而全混流反应器中进行化学反应的转化率也只能是一个平均转化率 $\overline{x}_A$。

表 11-7　不同级数的反应的反应物浓度和转化率计算式

反应级数	反应速率式	反应物浓度式	转化率式
0	$-r_A = k$	$c_A = c_{A,0} - k\overline{t}$	$\overline{t} = c_{A,0} \overline{x}_A / k$
			$\overline{x}_A = k\overline{t} / c_{A,0}$
1	$-r_A = kc_A$	$c_A = \dfrac{c_{A,0}}{k\overline{t} + 1}$	$\overline{t} = \dfrac{1}{k} \times \dfrac{\overline{x}_A}{1 - \overline{x}_A}$
			$\overline{x}_A = \dfrac{k\overline{t}}{k\overline{t} + 1}$
2	$-r_A = kc_A^2$ $-r_A = kc_A c_B$ $(c_{A,0} = c_{B,0})$	$c_A = \dfrac{-1 + (1 + 4k\overline{t}c_{A,0})^{0.5}}{2k\overline{t}}$	$\overline{t} = \dfrac{1}{kc_{A,0}} \times \dfrac{\overline{x}_A}{(1 - \overline{x}_A)^2}$
			$\overline{x}_A = 1 - \dfrac{-1 + (1 + 4k\overline{t}c_{A,0})^{0.5}}{2k\overline{t}c_{A,0}}$

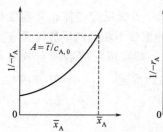

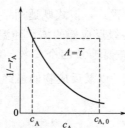

图 11-10　全混流反应器图解计算示意图

图 11-10 为式(11-27)的图解计算示意图。

由图可知，对于同一反应，在相同条件下，达到相同转化率或出口浓度时，所需的全混流反应器有效容积（或停留时间）要比理想间歇反应器或活塞流反应器的有效容积大得多，所增加的值与曲线上方的面积成比例。

【例 11-5】　在全混流反应器中用己二酸和己二醇反应生产醇酸树脂，其操作条件与例 11-2 相同，试计算全混流反应器所需的体积。

解：已知：$c_{A,0} = 4 \times 10^{-3}$ kmol·L^{-1}，$q_V = 171$ L·h^{-1}

$$k = 1.97 \text{L·kmol}^{-1} \cdot \text{min}^{-1}, \quad \overline{x}_A = 80\%$$

因是二级反应，根据式(11-27)，从表 11-7 可知

$$\overline{t} = \frac{1}{kc_{A,0}} \times \frac{\overline{x}_A}{(1 - \overline{x}_A)^2} = \frac{1}{1.97 \text{L·kmol}^{-1} \cdot \text{min}^{-1} \times 4 \times 10^{-3} \text{kmol·L}^{-1}} \times \frac{0.8}{(1 - 0.8)^2}$$

$$= 2538 \text{min} = 42.3 \text{h}$$

$$V = q_V \overline{t} = 171 \text{L·h}^{-1} \times 42.3 \text{h} = 7233 \text{L} = 7.233 \text{m}^3$$

对于本反应使用的釜式反应器而言，其装料系数 $\varphi = 0.75$，则

$$V_R = \frac{V}{\varphi} = \frac{7.233}{0.75} = 9.644 \text{m}^3$$

从上述计算结果进一步看出，在相同条件下，全混流反应器所需的体积要比活塞流反应器或间歇反应器的大得多，因此，可以说连续操作虽然有利于大规模的生产，但并不意味着强化生产，至于造成不同型式反应器之间体积差异的主要原因，则是反应器内的返混程度不同所致。

五、多级全混流反应器

根据前述多级全混流反应器的特点，其串联的每个反应器都有理想混合反应器的性能，因此，在计算这种类型的反应器时，主要是利用全混流反应器基本设计方程于每一级（或釜）串联的反应器。图 11-11 给出多级全混流反应器串联的示意图。

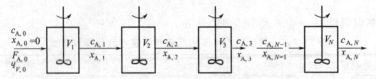

图 11-11　多级全混流反应器操作示意图

现取串联反应器中的第 i 级反应器中的组分 A 做物料衡算，得

流入量＝流出量＋反应消失量

$$q_V c_{A,i-1} = q_V c_{A,i} + (-r_{A,i}) V_i$$

以上关系是假设定态、恒容条件下得出的，$\dfrac{V_i}{q_V} = \tau_i$，故得

$$\tau_i = \frac{V_i}{q_V} = \frac{c_{A,i-1} - c_{A,i}}{-r_{A,i}} = \frac{c_{A,0}(\bar{x}_{A,i} - \bar{x}_{A,i-1})}{-r_{A,i}} \tag{11-28}$$

式(11-28) 为多级全混流反应器的基本设计方程式，该式既适用于各级反应器体积和温度相同的串联反应器，又可以用于串联反应器中各级反应器的体积和温度不相同的反应体系。

在多级全混流反应器的设计中，计算时需要涉及四个参数，即每级反应器的有效容积 V_i，串联反应器的级数 N，最终转化率 $\bar{x}_{A,N}$，以及反应物的最终浓度 $c_{A,N}$。计算方法可以通过代数法或图解法进行。

1. 代数法

假设各级反应器体积分别为 V_1，V_2，…，V_n，其中的温度和反应速率常数已知。在选定第一级的入口浓度和体积流率后，欲求得最后一级的出口转化率，须利用式(11-28) 从第一级算起，得到 $c_{A,1}$ 或 $\bar{x}_{A,1}$，将之作为第二级的输入参数，再算出 $c_{A,2}$ 或 $\bar{x}_{A,2}$，这样按照全混流反应器的计算方法逐级计算下去，直到要求的转化率为止。

以一级反应为例

$$A \xrightarrow{k} R \qquad\qquad -r_{A,i} = k_i c_{A,i}$$

由式(11-28)，可求得第一级反应器出口物料中 A 的浓度 $c_{A,1}$，即

$$c_{A,1} = \frac{c_{A,0}}{1 + k_1 \bar{t}_1}$$

同理，可得第二级反应器出口浓度 $c_{A,2}$ 为

$$c_{A,2} = \frac{c_{A,1}}{1 + k_2 \bar{t}_2} = \frac{c_{A,0}}{(1 + k_1 \bar{t}_1)(1 + k_2 \bar{t}_2)}$$

依此类推，对于最终级反应器则有

$$c_{A,N} = \frac{c_{A,0}}{(1+k_1\bar{t}_1)(1+k_2\bar{t}_2)\cdots(1+k_N\bar{t}_N)}$$

$$= \frac{c_{A,0}}{\prod_{i=1}^{N}(1+k_i\bar{t}_i)} \tag{11-29}$$

如果各级反应器体积和温度均相等，即

$$\bar{t}_1 = \bar{t}_2 = \cdots = \bar{t}_N = \bar{t}; \qquad k_1 = k_2 = \cdots = k_N = k$$

于是，式(11-29) 可写成

$$c_{A,N} = \frac{c_{A,0}}{(1+k\bar{t})^N} \tag{11-30}$$

根据转化率定义，将 $c_{A,N} = c_{A,0}(1-x_{A,N})$ 代入上式，得

$$x_{A,N} = 1 - \frac{1}{(1+k\bar{t})^N} \tag{11-31}$$

对于二级反应

$$A+B \xrightarrow{k} R$$

若 $c_{A,0} = c_{B,0}$，且各级反应器的体积和温度均相等，则

$$-r_{A,i} = kc_{A,i}^2$$

代入式(11-28)，得

$$\bar{t} = \frac{c_{A,i-1} - c_{A,i}}{kc_{A,i}^2}$$

故

$$k\bar{t}c_{A,i}^2 + c_{A,i} - c_{A,i-1} = 0$$

则第一级反应器出口浓度

$$c_{A,1} = \frac{-1 + \sqrt{1+4k\bar{t}c_{A,0}}}{2k\bar{t}} \tag{11-32a}$$

同理，对第二级反应器可得

$$c_{A,2} = \frac{-1 + \sqrt{1+4k\bar{t}\dfrac{-1+\sqrt{1+4k\bar{t}c_{A,0}}}{2k\bar{t}}}}{2k\bar{t}} \tag{11-32b}$$

从上式可以看出，如果有 N 个全混流反应器串联（$N>3$），对于 $c_{A,N}$ 而言，将包含有 N 个嵌套的二次根式，计算起来颇为繁杂，那么遇到这类问题，特别是动力学数据仅是表格或曲线表示形式时，采用图解法就比较方便。

【例 11-6】 将己二酸与己二醇的反应放在两釜串联反应器中生产醇酸树脂，如果在第一釜中己二酸的转化率为 60%，第二釜中达到最终转化率 80%，则当反应条件与例 11-2 相同时，计算两釜串联反应器的总体积。

解：由式(11-28) 可得

$$c_{A,0}(\bar{x}_{A,i} - \bar{x}_{A,i-1}) - (-r_{A,i})\bar{t}_i = 0 \tag{a}$$

已知：$c_{A,0} = 4 \times 10^{-3} \mathrm{kmol \cdot L^{-1}}$，$q_V = 171 \mathrm{L \cdot h^{-1}}$，

$k = 1.97 \mathrm{L \cdot kmol^{-1} \cdot min^{-1}}$，$\varphi = 0.75$

对于第一釜，$\bar{x}_{A,1}=0.6$，由式（a）得

$$c_{A,0}\bar{x}_{A,1}-k\bar{t}_1 c_{A,0}^2(1-\bar{x}_{A,1})^2=0$$

$$\bar{t}_1=\frac{1}{kc_{A,0}}\frac{\bar{x}_{A,1}}{(1-\bar{x}_{A,1})^2}$$

$$=\frac{1}{1.97\text{L}\cdot\text{kmol}^{-1}\cdot\text{min}^{-1}\times 60\text{min}\cdot\text{h}^{-1}\times 4\times 10^{-3}\text{kmol}\cdot\text{L}^{-1}}\times\frac{0.6}{(1-0.6)^2}=7.93\text{h}$$

$$V_1=q_V\bar{t}_1=171\text{L}\cdot\text{h}^{-1}\times 7.93\text{h}=1356\text{L}=1.356\text{m}^3$$

对于第二釜，$\bar{x}_{A,2}=0.8$，故由式（a）得

$$\bar{t}_2=\frac{1}{kc_{A,0}}\frac{\bar{x}_{A,2}-\bar{x}_{A,1}}{(1-\bar{x}_{A,2})^2}$$

$$=\frac{1}{1.97\text{L}\cdot\text{kmol}^{-1}\cdot\text{min}^{-1}\times 60\text{min}\cdot\text{h}^{-1}\times 4\times 10^{-3}\text{kmol}\cdot\text{L}^{-1}}\times\frac{0.8-0.6}{(1-0.8)^2}=10.58\text{h}$$

$$V_2=q_V\tau_2=171\text{L}\cdot\text{h}^{-1}\times 10.58\text{h}=1809\text{L}=1.809\text{m}^3$$

所以反应器的有效总体积为

$$V=V_1+V_2=1.356\text{m}^3+1.809\text{m}^3=3.165\text{m}^3$$

$$V_R=\frac{V}{\varphi}=\frac{3.165}{0.75}\text{m}^3=4.22\text{m}^3$$

至此，将例 11-1，例 11-2、例 11-5、例 11-6 计算的结果列于表 11-8 之中。

表 11-8　理想均相反应器体积比较

反应器的类型	反应器总体积/m³		反应器相对体积	
	$x_A=0.8$	$x_A=0.9$	$x_A=0.8$	$x_A=0.9$
间歇反应器	2.159		1.491	
活塞流反应器	1.448	3.256	1.000	1.000
全混流反应器	9.644	43.411	6.660	13.333
两釜串联	4.220		2.914	

通过表 11-8 比较可以看出，为完成规定转化率下的生产任务，所需反应器总体积由小到大的排列顺序为：活塞流反应器、间歇釜式反应器、两釜串联反应器、全混流反应器。此外，最终转化率愈大，所需反应器体积愈大，而且随着转化率的提高，全混流反应器所需体积的增加幅度要比活塞流反应器大得多。如 $x_A=0.8$ 时，全混流反应器的体积是活塞流反应器体积的 6.66 倍；而当 $x_A=0.9$ 时，则两者之比达到了 13 倍之多。可见要求达到的转化率愈高，使用全混流反应器所需设备费用愈高。

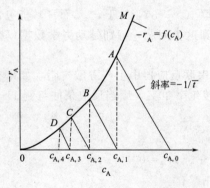

图 11-12　多级全混流反应器的图解计算

2. 图解法

采用代数法计算精确度较高，对各种类型的反应器均可适用，然而，当缺乏动力学方程式而只有表格数据或曲线来表示的动力学数据时，即可采用图解法。

如果串联反应器各级体积相同时，可将式（11-28）改写成

$$-r_{A,i}=-\frac{1}{t}c_{A,i}+\frac{c_{A,i-1}}{t}\qquad(11\text{-}33)$$

式（11-33）说明，当第 i 釜进口浓度 $c_{A,i-1}$ 已

知，则其出口浓度 $c_{A,i}$ 和 $r_{A,i}$ 间为直线关系，如图 11-12 所示。直线斜率为 $-1/\bar{t}$，截距为 $c_{A,i-1}/\bar{t}$。当 $r_{A,i}=0$ 时，$c_{A,i}=c_{A,i-1}$，则 $c_{A,i-1}$ 为横轴的截距，亦即第 i 级进口的浓度、反应物出口浓度既要满足式(11-33)，又要满足动力学方程式，即

$$-\mathrm{d}c_{A,i}/\mathrm{d}\bar{t}=kc_{A,i}^{n} \tag{b}$$

$$-\mathrm{d}c_{A,i}/\mathrm{d}\bar{t}=-\frac{1}{\bar{t}}c_{A,i}+\frac{c_{A,i-1}}{\bar{t}} \tag{c}$$

做图时可以第一级开始，由 $c_{A,0}(r_{A,1}=0)$ 做斜率为 $-1/\bar{t}$ 的直线（称物料衡算线或反应釜操作线）与由式(b)所做的曲线 OM 相交，交点的横坐标第一级的出口浓度 $c_{A,1}$，再从点 $c_{A,1}$ 做斜率为 $-1/\bar{t}$ 与曲线 OM 相交，交点即对应于第二级反应器的反应速率和出口浓度 $c_{A,2}$。依此类推，直到获得给定的最终出口浓度为止，则所做直线的数目即为反应器级数 N（见图 11-12）。

值得注意的是，图解法只适用于反应速率可用单一组分来表达的情况，故对于平行反应、连串反应等是不适用的，因为只有 $-r_A=kc_A^n$ 才可以在二维坐标上表示为 $-r_A$ 与 c_A 的关系。

第四节　反应器型式和操作方法的评比与选择

化工生产中，对于给定的化学反应，究竟选择哪一类型的反应器和操作方法为好，在工艺上主要从两个方面加以考虑：一是达到给定生产能力所需的反应器体积要小；二是用同量的原料，所得目的产物要多，即选择性要好、收率要大。一般而言，对于简单反应，由于没有副反应发生，故在选择反应器型式和操作方法时，主要考虑反应器的生产能力。对于复杂反应，因过程中有副反应产生，故在选择反应器型式和操作方法时，除了考虑反应器体积的大小外，选择性和收率则显得更为重要。

一、反应器生产能力的比较

如前所述，己二酸与己二醇反应生产醇酸树脂时，当采用不同的反应器进行反应，所需反应器的体积均不相同，见表 11-9。

表 11-9　不同型式反应器的体积比较（$x_A=0.8$）

反应器型式	反应器体积 V_R/m^3	反应器的相对体积
间歇反应器（BR）	2.16	1.49
活塞流反应器（PFR）	1.45	1.00
全混流反应器（CSTR）	9.64	6.65
二釜串联	4.23	2.92
四釜串联	3.12	2.15

从表 11-9 可以看出，在相同操作条件下，进行同一化学反应，以活塞流反应器所需体积最小，全混流反应器所需体积最大。随着全混流反应器串联个数的增多，所需反应体积愈接近活塞流反应器的。此外，据表 11-9 也可知，最终转化率愈大，所需反应器体积亦愈大。

为定量说明一个化学反应在相同操作条件下，进行同一化学反应，采用 PFR 和 CSTR 所需反应器体积的差异，常采用 PFR 所需体积 $V_{R,P}$ 与 CSTR 所需体积 $V_{R,C}$ 之比，即容积效率（或有效利用系数）η 表示

$$\eta = \frac{V_{R,P}}{V_{R,C}} = \frac{q_{V,0}\tau_P}{q_{V,0}\tau_C} = \frac{\tau_P}{\tau_C} \tag{11-34}$$

对零级反应有

$$\eta = \frac{\tau_P}{\tau_C} = \frac{c_{A,0}x_A/k}{c_{A,0}x_A/k} = 1$$

对一级反应有

$$\eta = \frac{\tau_P}{\tau_C} = \frac{\dfrac{1}{k}\ln\dfrac{1}{1-x_A}}{\dfrac{x_A}{k\ (1-x_A)}} = \frac{1-x_A}{x_A}\ln\frac{1}{1-x_A}$$

对二级反应有

$$\eta = \frac{\tau_P}{\tau_C} = \frac{\dfrac{1}{kc_{A,0}}\times\dfrac{x_A}{1-x_A}}{\dfrac{1}{kc_{A,0}}\times\dfrac{x_A}{(1-x_A)^2}} = 1-x_A$$

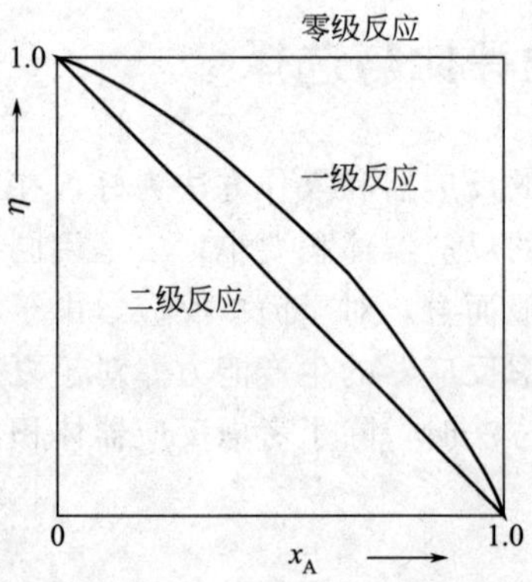

图 11-13　单釜容积效率

图 11-13 显示了上述各式的 η，x_A 和反应级数的关系。

① 对零级反应，$\eta = 1$。$V_{R,P} = V_{R,C}$，反应器型式对反应速率没有影响。因零级反应的反应速率只是温度的函数，与浓度无关，即不取决于转化率。

② 除零级反应外，其他正级数反应的容积效率都小于 1。x_A 愈大，η 愈小。亦即，转化率大时，$V_{R,C}$ 比 $V_{R,P}$ 要大得多。

③ 当转化率一定，反应级数愈高，η 愈小，即反应级数高的反应，如用 CSTR，则需要更大的体积。

④ 当转化率小时，反应级数愈高的反应，η 值还是比较大的，因此，若转化率小时，用 CSTR 的体积仅比 PFR 稍大一些。

关于多釜串联反应器的釜数对总反应器体积的影响，可做类似比较，如一级反应，几个等体积串联釜的容积效率为

$$\eta = \frac{\tau_P}{\tau_C} = \frac{\dfrac{\ln\dfrac{1}{1-x_A}}{k}}{\dfrac{N\left[\left(\dfrac{1}{1-x_A}\right)^{\frac{1}{N}}-1\right]}{k}}$$

$$= \ln\frac{\dfrac{1}{1-x_A}}{N\left[\left(\dfrac{1}{1-x_A}\right)^{\frac{1}{N}}-1\right]}$$

若串联反应釜个数 $N \to \infty$，则反应器趋于 PFR，$\tau_P = \dfrac{1}{k}\ln\dfrac{1}{1-x_A}$，则 $\eta = 1$。

以上关系如图 11-14 所示。由图可知，单釜的容积效率最低，此时增加串联釜数效果显著，但以后继续增加，则效果甚微，故除少数例外，串联釜个数一般不超过 5 个。

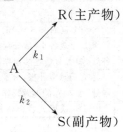

图 11-14　等容多釜串联
反应器的容积效率

二、反应产物收率的比较

复杂反应的种类很多，平行反应和连串反应既是其代表，又是组成更复杂反应的基本反应。反应所得产物也有多种，其间存在一个分布问题。对目的产物而言，就是收率。化工生产中常用收率表示原料的有效利用程度，而在理论探讨时，往往用选择性来表示。以下仅就一定温度下反应物的浓度大小等因素，讨论如何提高上述两类反应产物的收率。

1. 平行反应

在一个反应物有可能发生平行反应，生成各种不同产物的情况下，会使目的产物的收率有所下降。而当平行反应中主产物和副产物的反应级数不同时，往往可以适当地选择反应器的类型和反应条件来促使主反应占优势。

如反应物 A 可能发生如下平行反应

$$A \begin{array}{c} \xrightarrow{k_1} R（主产物） \\[2em] \xrightarrow{k_2} S（副产物） \end{array}$$

主、副反应的速率方程分别为

$$r_R = \frac{dc_R}{dt} = k_1 c_A^{a_1} \qquad r_S = \frac{dc_S}{dt} = k_2 c_A^{a_2}$$

为了解反应物中主产物（或目的产物）的相对含量，可用以上速率方程相除，得

$$\frac{r_R}{r_S} = \frac{k_1 c_A^{a_1}}{k_2 c_A^{a_2}} = \left(\frac{k_1}{k_2}\right) c_A^{a_1 - a_2} \tag{11-35}$$

在一定反应条件下，k_1, k_2 和反应级数 a_1, a_2 均为常数，只有 c_A 可变。欲提高目的产物的收率，应使式(11-35) 比值增大，亦即 $c_A^{a_1 - a_2}$ 值要大。

前已述及，在 PFR 和 BR 中进行反应时，反应物 A 的浓度 c_A 值要比 CSTR 中的大。c_A 值大，对反应级数高的反应有利；反应物浓度小，对反应级数低的反应有利。

要使 $c_A^{a_1 - a_2}$ 值大，可按不同情况选用不同型式的反应器或采取其他措施。

当 $a_1 > a_2$ 时，即主反应级数大于副反应级数，c_A 值愈大，$c_A^{a_1 - a_2}$ 就愈大，则 r_R/r_S 比值亦愈大，R 的收率就高。此时采用 PFR，BR 或多釜串联反应器有利。

当 $a_1 < a_2$ 时，c_A 值愈大，$c_A^{a_1 - a_2}$ 就愈大，R 的收率就高。这时采用 CSTR 比较适当。

为了提高 R 的收率，除采用不同型式的反应器外，还可以用下列途径保持较大的 c_A：
①采用较小的单程转化率；②以较高的浓度进料；③对气相反应，可增加系统的压强。

要保持较小的 c_A 则用下列措施：
①采用较大的单程转化率；②将部分反应后的物料循环使用，以降低进料中的反应物浓

度；③加入惰性稀释剂；④对气相反应可以采用减压操作。

当 $a_1=a_2$，$r_R/r_S=k_1/k_2=$const.，反应物浓度对 R 的收率无影响，故反应器的型式也不影响 R 的收率。在此情况下，只有改变温度或采用催化剂来改变 k_1,k_2 来提高 R 的收率。

对于如下类型的平行反应，亦可按上述类似的方法进行分析。

$$A+B \xrightarrow{k_1} R（主产物）$$

$$A+B \xrightarrow{k_2} S（副产物）$$

则

$$r_R=\frac{dc_R}{dt}=k_1 c_A^{a_1} c_B^{b_1} \qquad r_S=\frac{dc_S}{dt}=k_2 c_A^{a_2} c_B^{b_2}$$

$$\frac{r_R}{r_S}=\frac{dc_R}{dc_S}=\frac{k_1 c_A^{a_1} c_B^{b_1}}{k_2 c_A^{a_2} c_B^{b_2}}=\left(\frac{k_1}{k_2}\right)c_A^{a_1-a_2} c_B^{b_1-b_2} \tag{11-36}$$

要提高 R 的收率，应使式(11-36)右边项尽可能大，对此可根据各反应级数的高低拟定适宜的操作方法，如表 11-10 所示。

总之，对于平行反应，在一定温度下，浓度是控制产物分布的关键。反应物浓度大，有利于平行反应中反应级数高的反应；浓度小的有利于级数低的反应；级数相同的反应，浓度不影响产物的分布，亦即不影响收率。

表 11-10　反应特性与适宜的操作方式

反应级数的大小	对浓度的要求	适宜的反应器型式和操作方法
$a_1>a_2,b_1>b_2$	c_A,c_B 均高	A 和 B 同时加入到 BR、PFR 或多釜串联反应器
$a_1>a_2,b_1<b_2$	c_A 高，c_B 低	将 B 分成各小股，分别加入多釜串联的各反应器中；或沿反应管长度的各处，加入 B 的连续操作；或陆续加入 B 到反应釜的半连续操作
$a_1<a_2,b_1>b_2$	c_A 低，c_B 高	将 A 分成各小股，分别加入多釜串联的各反应器中；或沿反应管长度的各处，加入 A 的连续操作；或陆续加入 A 到反应釜的半连续操作
$a_1<a_2,b_1<b_2$	c_A,c_B 均低	CSTR，或将 A 和 B 慢慢滴入 BR，或使用稀释剂使 c_A 和 c_B 均降低

2. 连串反应

连串反应是指某一反应物 A 生成目的产物 R 之后，又进一步反应生成副产物 S 的反应。假定在等温条件、PFR 中进行如下一级反应为例

$$A \xrightarrow{k_1} R \xrightarrow{k_2} S$$

各反应式的速率方程为

$$r_R=\frac{dc_R}{d\tau}=k_1 c_A-k_2 c_R \qquad r_S=\frac{dc_S}{d\tau}=k_2 c_R$$

$$\frac{r_R}{r_S}=\frac{dc_R}{dc_S}=\frac{k_1 c_A-k_2 c_R}{k_2 c_R} \tag{11-37}$$

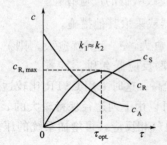 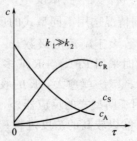 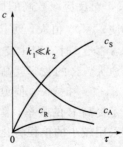

图 11-15　连串反应中各组分浓度随时间的变化关系

若以浓度对时间作图，可得到如图 11-15 所示的浓度分布曲线。

图中反应物 A 的浓度随反应时间的增加呈指数递减（$c_A = c_{A,0} e^{-k\tau}$）；S 的浓度随反应时间的延长而递增；R 的浓度有一个最大值，相应地有一个最适宜的反应时间。超过这个时间，由于 R 的浓度增大对副产物 S 生成有利，使得 R 的选择性减小，因此，为获得较多的目的产物 R，一方面需要控制反应时间，另一方面应从反应器的型式和操作方法上采取不利于 S 生成的措施，以提高 R 的选择性。

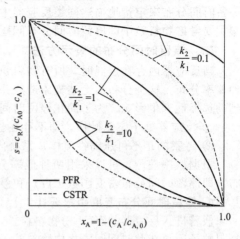

图 11-16 是目的产物 R 的选择性 s 与转化率 x_A 的变化曲线。从图上可以看出：

① 在任意转化率时，$s_{PFR} > s_{CSTR}$，这是因为在 CSTR 中，反应开始是 R 的浓度要比 PFR 中的要高，对于 S 的生成有利；

图 11-16　在 PFR 和 CSTR 中进行连串反应的选择性对比

② 在 $(k_2/k_1) \gg 1$ 时，为避免产生过多的副产物 S，应设法降低反应器中反应物 A 的单程转化率，并从经济的角度加以权衡，将产品 R 中未反应的 A 经分离后再循环进入反应器；

③ 在 $(k_2/k_1) \ll 1$ 时，则可用较高的转化率，此时选择性降低不多，而分离任务不大，循环量可大大减少。

第五节　非理想流动

上节介绍了两种理想流动反应器，即返混量为零的活塞流反应器和返混量为无穷大的全混流反应器，而连续生产的实际反应器的返混程度总是介于这两种极限情况之间，造成了实际反应器特性对理想类型的偏离。由于返混的存在，同一时刻进入反应器的物料粒子不能同

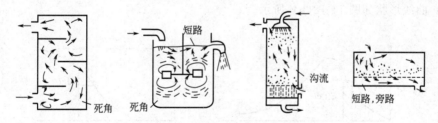

图 11-17　实际反应器中的流动情况

时离开反应器，所以，出口物料各粒子的停留时间便各不相同，有长、有短，形成了停留时间分布问题。

一、实际反应器对理想类型的偏离

实际反应器特性对理想类型偏离的原因是多方面的。在管式反应器中可能存在流速分布和径向的浓度、温度差别，湍流时由于流速波动而会出现轴向扩散；在填充管中会出现不均匀流动，如沟流，而在反应器的其他部位流动则可能出现死区；在连续搅拌釜式反应器中也会出现不完全混合区，由此而产生非均相性，尤其是物料是高黏度介质时更是如此。不适当的进、出口流的设置还会导致一部分进料流在与反应器内物料混合之前就走了短路，离开了反应器，如图 11-17 所示。所有这些，即返混是导致物料粒子在反应器内停留时间不一的重

要因素。返混不能用函数形式来表达，但是停留时间分布却可以定量地进行测定，所以可用停留时间分布来定量地描述同类反应器中的返混程度。目前，在反应器的设计和放大过程中必须要考虑物料粒子的停留时间分布问题。

二、停留时间分布的表示方法

当反应器内存在返混时，所有物料粒子（或微元）在反应器内的停留时间不一，呈现一种概率分布。这种分布由上述现象造成并对反应器的生产能力和进行复杂反应过程时所能达到的选择性产生影响。为了简化停留时间分布的讨论，可做如下简化假定：

① 反应器处于定态操作，即不存在长时间的流动状况变化；

② 考察的是不可压缩性流体，系统内若进行化学反应则反应混合物体积不变。

根据概率理论，可以采用两种概率分布来定量地描述物料在流动系统中的停留时间分布，即停留时间分布密度函数 $E(t)$ 和停留时间分布函数 $F(t)$。

1. 停留时间分布密度函数 E（t）

假若进入反应器的有 N 份物料粒子，停留时间介于 $t \rightarrow t + dt$ 间，出口流中只有 dN 份物料粒子，故在此时间间隔之内物料粒子所占的分数为

$$\frac{dN}{N} = E(t)dt \tag{11-38}$$

图 11-18(a) 的 $E(t)$-t 图形表示停留时间分布密度函数 $E(t)$ 曲线，其中阴影部分的面积就是停留时间介于 $t \rightarrow t + dt$ 之间的物料粒子的分数。

$E(t)$-t 图形中 $E(t)$ 曲线下所围的全部面积，系指在 $t = 0$ 时于瞬间 dt 进入设备的物料粒子最终全部从设备流出时的情况，即它必然具有归一化的性质

$$\int_0^\infty \frac{dN}{N} = \int_0^\infty E(t)dt = 1 \tag{11-39}$$

因为 $E(t)dt$ 表示分数，故 $E(t)$ 的量纲为"时间$^{-1}$"。

2. 停留时间分布函数 F（t）

假若在时间 $0 \rightarrow t$ 之间进入反应器的物料粒子中，具有停留时间从 $0 \rightarrow t$ 间的物料粒子的流出量占进料总量的分数，称为停留时间分布函数，以 $F(t)$ 表示。其数学表达式为

$$F(t) = \int_0^t E(t)dt \tag{11-40}$$

$F(t)$ 曲线形状如图 11-18(b) 所示。

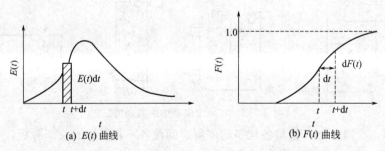

图 11-18　常见的 $E(t)$ 和 $F(t)$ 曲线

$E(t)$ 与 $F(t)$ 这两个分布函数显然有下列关系

$$\frac{dF(t)}{dt} = E(t) \tag{11-41}$$

此式表明 $E(t)$ 函数在任何停留时间 t 的值也就是 $F(t)$ 曲线上对应点的斜率。

三、停留时间分布的实验测定

为了能够使用 $E(t)$ 和 $F(t)$ 函数对给定反应系统进行分析，需要根据实验来确定这些函数。实验时，必须在反应器入口处用一部分示踪物质做标记。对示踪物的要求是不能对反

应器中的物料的物理、化学性质产生影响。为了不使系统的流体力学状况发生变化，注入示踪物的速度应与该处流体具有的速度一致。示踪物大多选那些在低浓度下仍能够简便而又精确分析出来的物质。通常使用有色物质、电导性物质、热导性物质以及放射性物质等，测定时可采用比色，测电导、热导以及 γ 射线的发射和吸收方法等。

实验测定停留时间分布时需在反应器入口处示踪物质强制加入一个信号（"刺激"），在其出口处测定由系统引起的入口信号的变化（"响应"），这样利用刺激-响应技术，系统的传递函数就被测定了。

停留时间分布的测定方法，通常采用脉冲示踪法和阶跃示踪法。

1. 脉冲示踪法

在测试系统定态流动条件下，自系统入口处在一个尽可能短的时间内（$t \rightarrow t + dt$）把少量示踪物注入进口流中，此时 $t = 0$，随即检测它在出口物料中浓度随时间的变化情况。由于示踪物的量很少，其加入不会影响到原物料的流况，故它在反应器内的情况，可以代表器内物料的流况。换言之，示踪物的停留时间分布，也就是物料的停留时间分布。

若注入示踪物总量为 M_0(mol)，进料的体积流量为 q_V(L·s^{-1})，反应器出口物料中示踪物的浓度为 $c(t)$(mol·L^{-1})，时间 t(s) 是从示踪物注入的瞬间开始计时的。由于示踪物从反应器流出的量随时间而变化，因此，若要计算在某一段时间内示踪物的流出量，必须采用积分的方法，即 $\int_{t_1}^{t_2} q_V c(t) dt$。同时，可以想象，一次注入的示踪物总量，只能在很长的时间才能完全流出反应器，故

$$M_0 = \int_0^\infty q_V c(t) dt \tag{11-42a}$$

上式也可写成

$$\int_0^\infty \frac{q_V c(t)}{M_0} dt = 1 \tag{11-42b}$$

将式(11-42b) 与式(11-39) 比较，可得

$$E(t) = \frac{q_V}{M_0} c(t) \tag{11-43}$$

以 $\dfrac{q_V}{M_0} c(t)$ 对 t 作用，即可得到 $E(t)$ 曲线，如图 11-19 所示。

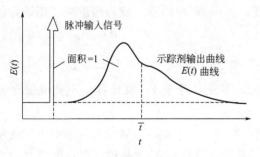
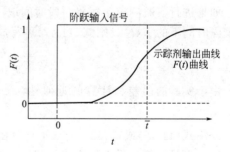

图 11-19　脉冲信号响应曲线　　　　　图 11-20　阶跃信号响应曲线

2. 阶跃示踪法

在测试系统定态流动条件下，将反应器中流动的物料从某一时刻起，切换为另一种某些性质上与原物料有所不同，而对流动无影响的另一种含示踪物浓度为 c_0 的物料，使进料中的示踪物浓度有一个阶梯式的突变。同上法一样，从切换的瞬时开始计时，并不断分析在出口流中示踪物在不同时刻 t 时所对应的浓度 $c(t)$，直到 $c(t) = c_0$ 为止。出口流中示踪物任

意时刻的分数为 $c(t)/c_0$，故以 $c(t)/c_0$ 对 t 作用即可得到 $F(t)$ 曲线，如图 11-20 所示。

上述两种方法的检测点均在反应器的出口处，所测示踪物料恰好流经了整个反应器，所以 $E(t)$ 函数又称物料粒子出口年龄分布密度，或寿命分布密度；而 $F(t)$ 函数又称出口年龄分布函数或寿命分布函数。

四、停留时间分布的数字特征

在概率论与数理统计中，把描述随机变量某种特征的量称为随机变量的数字特征。

反应器中物料的非理想流动状况可以用物料粒子的停留时间分布来描述。为了表征实际流况与理想置换或理想混合偏离的程度，可以采用随机变量的数字特征予以表达。随机变量的数字特征最重要的有两个，即数学期望和方差。

为了便于对大小不同的反应器进行比较，将分布函数与平均停留时间联系起来比较有利。为此可以引入一个与平均停留时间有关的量纲为 1 的时间

$$\theta = t/\bar{t} \tag{11-44}$$

对于平均停留时间分布密度函数和分布函数，可得如下关系

$$E(\theta) = \bar{t}\,E(t) \tag{11-45}$$

$$F(\theta) = F(t) \tag{11-46}$$

因为 $\bar{t} = V/q_V$，故 $E(\theta)$ 是在 $E(t)$ 的基础上扩大了 V/q_V 倍，当然其归一化性质仍然存在

$$\int_0^\infty E(\theta)\,\mathrm{d}\theta = 1$$

1. 数学期望

停留时间是个随机变量，表示其分布特征的数学期望就是平均停留时间 $\bar{t}$。

$$\bar{t} = \frac{\displaystyle\int_0^\infty t E(t)\,\mathrm{d}t}{\displaystyle\int_0^\infty E(t)\,\mathrm{d}t} = \int_0^\infty t E(t)\,\mathrm{d}t = \int_0^1 t\,\mathrm{d}F(t) \tag{11-47}$$

$\bar{t}$ 为随机变量的分布中心，在几何图形上，它就是 $E(t)$ 曲线下的面积的重心在横轴上的投影。平均停留时间的物理意义是系统按活塞流流动时的停留时间。

如果进行实验测定，每隔一段时间取一次样，所得 $E(t)$ 函数一般为离散型，亦即为各个间隔时间下的 $E(t)$，则式(11-47)可写成

$$\bar{t} = \frac{\sum t E(t)\Delta t}{\sum E(t)\Delta t} = \frac{\sum t\Delta F(t)}{\sum \Delta F(t)} \tag{11-48}$$

由于实验的误差和计算的近似性，$\sum E(t)\Delta t$ 不正好等于 1，故计算中不能随便令分母为 1。

采用式(11-47)或式(11-48)求平均停留时间，与用 $\bar{t} = V/q_V = \tau$ 式比较，前者不仅使用范围广，而且所得结果也较准确，特别是当反应器的有效体积 V 不易确定时，更宜利用式(11-47)和式(11-48)计算求取 $\bar{t}$。

以 θ 为时标的平均停留时间为

$$\int_0^\infty \theta E(\theta)\,\mathrm{d}(\theta) = \int_0^\infty \frac{t}{\bar{t}} \cdot \bar{t}E(t)\,\frac{1}{\bar{t}}\,\mathrm{d}t$$

$$= \frac{1}{\bar{t}}\int_0^\infty t E(t)\,\mathrm{d}t = \frac{1}{\bar{t}}\,\bar{t} = 1$$

即当 $t = \bar{t}$ 时，$\theta = 1$。

2. 方差

数学期望表示随机变量的预期平均值，它是随机变量的重要数字特征之一，但是，在许多实际问题中，除了要知道随机变量的数学期望外，往往还需要进一步了解随机变量与数学期望之间的偏差情况。如前所述，在测量中由于偶然因素的影响，产生的误差是一个随机变量。通常，除了要知道 $\bar{t}$ 外，为了比较两种测量方法的精确性，必须研究随机变量与数学期望的离散程度。在概率与数理统计中，很自然地会采用方差。因此，衡量物料停留时间分布的离散程度（简称散度）即表征物料粒子各停留时间与平均停留时间的偏离程度，就以方差表示，其定义如下

$$\sigma_t^2 = \frac{\int_0^\infty (t - \bar{t})^2 E(t) \, \mathrm{d}t}{\int_0^\infty E(t) \, \mathrm{d}t} \tag{11-49}$$

于是有

$$\sigma_t^2 = \int_0^\infty (t - \bar{t})^2 E(t) \, \mathrm{d}t = \int_0^\infty t^2 E(t) \, \mathrm{d}t - \bar{t}^2 \tag{11-50}$$

对于非等时间间隔取样的实验数据，可将式（11-46）改写成

$$\sigma_t^2 = \frac{\sum t^2 E(t) \Delta t}{\sum E(t) \Delta t} - \bar{t}^2 = \frac{\sum t^2 \Delta F(t)}{\sum \Delta F(t)} - \bar{t}^2 \tag{11-51}$$

图 11-21 表示具有 σ_t^2 值的停留时间分布密度 $E(t)$ 曲线。

从图 11-21 可以看出，曲线 A 的 σ_t^2 比较大，说明物料的停留时间分布比较分散；曲线 B 的 σ_t^2 比较小，说明物料的停留时间分布比较集中；而曲线 C 的 $\sigma_t^2 = 0$，表示物料的停留时间都相同。

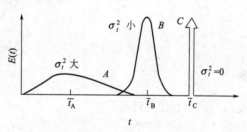

图 11-21　不同 σ_t^2 的 $E(t)$ 图

若以量纲为 1 的对比时间 θ 作自变量，则此时方差为量纲为 1 的方差 σ^2。

$$\sigma^2 = \frac{\sigma_t^2}{\bar{t}^2} \tag{11-52}$$

以 σ^2 的大小来量度停留时间分布离散程度更为方便。当

$$\sigma^2 = 0 \qquad 为理想置换型$$
$$\sigma^2 = 1 \qquad 为理想混合型$$
$$0 < \sigma^2 < 1 \qquad 为非理想流动型$$

五、理想反应器中的停留时间分布

1. 理想置换反应器

理想置换反应器中物料的流动如同气缸中的活塞一样向前推进，这种状态意味着物料粒子的停留时间完全相等，$\tau = V / q_{V,0}$。这种反应器相当于一个延时器的作用，即对入口处的脉冲函数，出口处获得的是推迟了 τ 的同样脉冲函数，丝毫不改变输入信号的形状，其 $E(t)$ 和 $F(t)$ 曲线形状如图 11-22 所示。

故当

$$t \neq \tau \qquad E(t) = 0$$

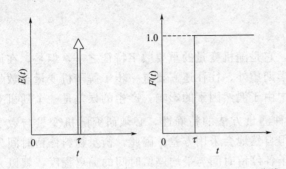

$$t = \tau \qquad E(t) = \infty$$
$$t < \tau \qquad F(t) = 0$$
$$t \geqslant \tau \qquad F(t) = 1$$

方差为 $\qquad \sigma_t^2 = 0, \ \sigma^2 = 0$

2. 理想混合反应器

若以脉冲法在理想混合反应器中输入示踪物量 M_0，则在反应器内瞬间 $(t=0)$ 出现的最大平均浓度 $c_0 = M_0/V$。

图 11-22 理想流动管式反应器的 $E(t)$ 和 $F(t)$ 曲线

浓度-时间曲线可以由物料衡算通过积分而得到（时间间隔为 $t \rightarrow t + dt$）

$$dc(t) = -\frac{q_V c(t) dt}{V} = -\frac{1}{t} c(t) dt$$

$$\int_{c_0}^{c(t)} \frac{dc(t)}{c(t)} = -\frac{1}{t} \int_0^t dt$$

$$c(t) = c_0 e^{-t/\bar{t}}$$

根据式(11-43) $E(t) = \dfrac{q_V}{M_0} c(t)$，很容易找到理想混合反应器的停留时间分布密度

$$E(t) = \frac{q_V}{M_0} c(t) = \frac{q_V}{M_0} c_0 e^{-t/\bar{t}}$$

$$= \frac{q_V}{M_0} \cdot \frac{M_0}{V} \cdot e^{-t/\bar{t}} = \frac{q_V}{V} e^{-t/\bar{t}}$$

则 $$E(t) = \frac{1}{\bar{t}} e^{-t/\bar{t}} \tag{11-53}$$

故 由式(11-40) 可得

$$F(t) = 1 - e^{-t/\bar{t}} \tag{11-54}$$

图 11-23 为理想混合反应器内物料的 $E(t)$ 和 $F(t)$ 曲线。

由图 11-23 可以看出，在理想混合反应器中，物料粒子的停留时间很分散，但在反应器内停留时间非常长的粒子也不是很多。与理想置换反应器中物料停留时间都为 τ 不同，理想混合反应器中的物料粒子在 $t = \bar{t}$ 时，得 $F(t) = 0.632$，即有 63.2% 的物料在器内的停留时间小于平均

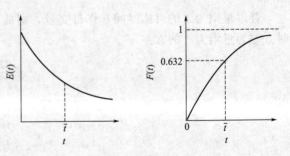

图 11-23 理想混合反应器的 $E(t)$ 和 $F(t)$

停留时间，这些粒子可能有的没有来得及反应就离开了反应器，故在其他条件相同时，相同容积的理想混合反应所能达到的最终转化率，必然要比理想置换反应器的小。

由式(11-50)和式(11-53)可得方差 σ_t^2。

$$\sigma_t^2 = \bar{t}^2 \tag{11-55}$$

则以量纲为 1 的时间为时标的方差 σ^2 为

$$\sigma^2 = \sigma_t^2 / \bar{t}^2 = 1 \tag{11-56}$$

上式说明在理想混合反应器中物料停留时间分布的离散程度最大。

【例 11-7】 物料以 $0.8\text{m}^3 \cdot \text{min}^{-1}$ 的流量通过一容积为 12m^3 的反应器。为确定反应器内物料的返混程度，今以脉冲法注入一示踪物，并在出口处测得示踪物浓度如下：

t/min	0	5	10	15	20	25	30	35
$c(t)/\text{g} \cdot \text{m}^{-3}$	0	3	5	5	4	2	1	0

试根据表中数据求 $\bar{t}$，σ_t^2 和 σ^2。

解： 设物料体积流量为 q_V，则流入系统的示踪物总量 M_0 为

$$M_0 = q_V \Delta t \sum c(t) = 0.8 \times 5(3+5+5+4+2+1) = 80\text{g}$$

根据式(11-43)可求得不同时间的 $E(t)$，如 $t=10\text{min}$ 时

$$E(t) = \frac{q_V}{M_0} c(t) = \frac{0.8\text{m}^3 \cdot \text{min}^{-1}}{80\text{g}} \times 5\text{g} \cdot \text{m}^{-3} = 0.05\text{min}^{-1}$$

t	0	5	10	15	20	25	30	35
$c(t)$	0	3	5	5	4	2	1	0
$E(t)$	0	0.03	0.05	0.05	0.04	0.02	0.01	0

由表中数据可计算得到

$$\sum tE(t) = 3, \qquad \sum E(t) = 0.2\text{min}^{-1}, \qquad \sum t^2 E(t) = 54.5\text{min}$$

由式(11-48)

$$\bar{t} = \frac{\sum tE(t)}{\sum E(t)} = \frac{3}{0.2\text{min}^{-1}} = 15\text{min}$$

由式(11-51)

$$\sigma_t^2 = \frac{\sum t^2 E(t)\Delta t}{\sum E(t)\Delta t} - \bar{t}^2 = \frac{54.5\text{min}}{0.2\text{min}^{-1}} - (15\text{min})^2 = 47.5\text{min}^2$$

由式(11-52)

$$\sigma^2 = \sigma_t^2 / \bar{t}^2 = 47.5\text{min}^2 / (15\text{min})^2 = 0.211$$

计算结果表明反应器内有一定程度的返混。

六、非理想反应器中的停留时间分布

1. 多级理想混合模型

作为一种描述非理想流动的常用模型，它是由实际反应器中的返混程度等效的 N 个等体积 V 的全混流反应器串联构成。此模型假定每级内达到理想混合、级际无返混，定态条件下物料流量为 q_V，前一级的输出函数同时就是下一级的输入函数。

现以两釜串联为例，以脉冲法瞬时输入示踪物 M_0 后，在 $t=0$ 时，第一釜的示踪物浓度为 $c_1(t) = M_0/V$，经过 t 秒后，两釜示踪物浓度分别为 $c_1(t)$ 和 $c_2(t)$。设反应器中平均停留时间相等，即 $\bar{t}_1 = \bar{t}_2 = \bar{t}_i$。示踪物浓度随时间变化可通过如下物料衡算得到。

对于第一釜（前边已推导）

$$c_1(t) = c_0 \text{e}^{-t/\bar{t}_i}$$

式中 $\bar{t}_i = V/q_V$，为物料在每一级中的平均停留时间。

对于第二釜，在 $t \to t + \text{d}t$ 时间间隔做物料衡算，得

进入釜的示踪物量－离开釜的示踪物量＝釜内示踪物改变量

$$q_V c_1(t)\text{d}t - q_V c_2(t)\text{d}t = V[c_2(t) + \text{d}c_2(t)] - Vc_2(t)$$

$$\text{d}c_2(t) = \frac{q_V}{V} c_1(t)\text{d}t - \frac{q_V}{V} c_2(t)\text{d}t$$

$$\frac{\mathrm{d}c_2(t)}{\mathrm{d}t}=\frac{1}{\bar{t}_i}c_1(t)-\frac{1}{\bar{t}_i}c_2(t)$$

$$\frac{\mathrm{d}c_2(t)}{\mathrm{d}t}+\frac{1}{\bar{t}_i}c_2(t)=\frac{1}{\bar{t}_i}c_0\mathrm{e}^{-t/\bar{t}_i}$$

令 $y=c_2(t)$，$x=t/\bar{t}_i$，则上式可写成

$$\frac{\mathrm{d}y}{\bar{t}_i\mathrm{d}x}+\frac{1}{\bar{t}_i}y=\frac{1}{\bar{t}_i}c_0\mathrm{e}^{-x}$$

$$\frac{\mathrm{d}y}{\mathrm{d}x}+y=c_0\mathrm{e}^{-x}$$

即

$$\mathrm{e}^x\frac{\mathrm{d}y}{\mathrm{d}x}+y\mathrm{e}^x=c_0$$

$$\frac{\mathrm{d}}{\mathrm{d}x}(y\mathrm{e}^x)=c_0$$

$$y\mathrm{e}^x=c_0x+C$$

当 $x=0$，$y=0$，代入上式得 $C=0$

$$y=c_0x\mathrm{e}^{-x}$$

故

$$c_2(t)=c_0\frac{t}{\bar{t}_i}\mathrm{e}^{-t/\bar{t}_i}$$

同理，对于三釜串联可得如下关系

$$c_3(t)=\frac{1}{2}c_0\left(\frac{t}{\bar{t}_i}\right)^2\mathrm{e}^{-t/\bar{t}_i}$$

对于四釜串联可得

$$c_4(t)=\frac{1}{2}\frac{1}{3}c_0\left(\frac{t}{\bar{t}_i}\right)^3\mathrm{e}^{-t/\bar{t}_i}$$

对于 N 釜串联则可得

$$c_N(t)=\frac{1}{(N-1)!}c_0\left(\frac{t}{\bar{t}_i}\right)^{N-1}\mathrm{e}^{-t/\bar{t}_i} \tag{11-57}$$

根据式(11-43)可知，物料在 N 釜串联反应器的停留时间分布密度为

$$E(t)=\frac{q_V}{M_0}c_N(t)$$

$$=\frac{q_V}{M_0}c_0\frac{1}{(N-1)!}\left(\frac{t}{\bar{t}_i}\right)^{N-1}\mathrm{e}^{-t/\bar{t}_i}$$

$$=\frac{q_V}{M_0}\frac{M_0}{V}\frac{1}{(N-1)!}\left(\frac{t}{\bar{t}_i}\right)^{N-1}\mathrm{e}^{-t/\bar{t}_i}$$

$$E(t)=\frac{1}{(N-1)!}\frac{1}{\bar{t}_i}\left(\frac{t}{\bar{t}_i}\right)^{N-1}\mathrm{e}^{-t/\bar{t}_i} \tag{11-58}$$

用 $\bar{t}=N\bar{t}_i$ 作为总平均停留时间，将式(11-45)代入上式，并结合式(11-44)，得

$$E(\theta)=\frac{N}{(N-1)!}(N\theta)^{N-1}\mathrm{e}^{-N\theta} \tag{11-59}$$

按照单级全混流反应器相同的推导方法，可以得到第 N 级的停留时间分布函数

$$F(t) = 1 - e^{-Nt/\bar{t}} \left[1 + \left(\frac{Nt}{\bar{t}}\right) + \frac{1}{2!}\left(\frac{Nt}{\bar{t}}\right)^2 + \right.$$

$$\left. \frac{1}{3!}\left(\frac{Nt}{\bar{t}}\right)^3 + \cdots + \frac{1}{(N-1)!}\left(\frac{Nt}{\bar{t}}\right)^{N-1} \right] \tag{11-60}$$

若以量纲为 1 的时间 θ 表示，则

$$F(\theta) = \frac{c_N(t)}{c_0} = 1 - e^{-N\theta}\left[1 + N\theta + \frac{(N\theta)^2}{2!} + \frac{(N\theta)^3}{3!} + \cdots + \frac{(N\theta)^{N-1}}{(N-1)!} \right] \tag{11-61}$$

将式(11-59)和式(11-61)绘制成如图 11-24 所示曲线。

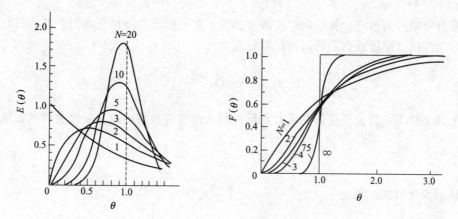

图 11-24　多级理想混合模型的 $E(\theta)$ 和 $F(\theta)$ 图形

由图 11-24 可以看出，随着串联级数 N 的增加，峰形愈窄，分布愈趋于集中。当 $N \to \infty$ 时，$F(\theta) = 1$，此时为活塞流。这是因为在多级理想混合反应器中，在前一级停留时间很短的物料粒子在以后各级中有可能会延长一些停留时间，这样，就会使系统中所有物料粒子的停留时间均衡，改变了停留时间不均匀的现象，促使停留时间分布趋于集中。由此可见，多级理想混合模型中的级数 N 是表征系统返混程度的一个定量指标，用以说明一个实际反应器的返混程度相当于 N 级等容串联的理想混合反应器中的返混程度，所以，N 是一个虚拟级数，称为模型参数。

多级理想混合模型中，随机变量 θ 的方差可由下式求得

$$\sigma^2 = \frac{\int_0^\infty (\theta-1)^2 E(\theta)\mathrm{d}\theta}{\int_0^\infty E(\theta)\mathrm{d}\theta} = \int_0^\infty [\theta^2 E(\theta)\mathrm{d}\theta] - 1$$

$$= \int_0^\infty \frac{\theta^2 N(N\theta)^{N-1}}{(N-1)!} e^{-N\theta}\mathrm{d}\theta - 1 = \frac{1}{N}$$

结合式(11-52)，故有

$$\sigma^2 = \sigma_t^2 / \bar{t}^2 = 1/N \tag{11-62}$$

多级理想混合模型可以用来描述偏离活塞流不太大的非理想流动反应器，如多釜串联反应器，分层的塔式反应器。

【例 11-8】　若将例 11-7 反应器中的物料流动型态用多级理想混合模型处理，则该模型的模型参数 N 为多少？

解：已知例 11-7 中已算得 $\sigma^2 = 0.211$，故

$$N = 1/\sigma^2 = 1/0.211 = 4.74$$

计算结果表明该 12m³ 的反应器中物料的返混程度等效于 4.74 级串联的理想混合反应器中的返混程度。

2. 分散模型

所谓分散模型，又称分散活塞流模型，它以具有活塞流及在管道横截面中理想混合的理想流动管式反应器为基础，在此模型上叠加一个流动方向相反的轴向扩散项而建立的。这种模型适用于返混程度不大，且无旁路、短路或死角的流动系统，如管式、塔式及其他非均相体系。

根据分散模型的假定，其轴向存在浓度梯度，故可以将它概括为类似于菲克(Fick)定律的公式，这样由分散过程引起的有效扩散速度为

$$R_{A,L} = -D_x \frac{dc_A}{dl} \tag{11-63}$$

在上述条件下，管式反应器对示踪物脉冲输入的应答函数可以从一般物料衡算得到

$$\frac{\partial c_A}{\partial t} = D_x \frac{\partial^2 c_A}{\partial l^2} - u \frac{\partial c_A}{\partial l} \tag{11-64}$$

以量纲为 1 形式，利用

$$\theta = t/\bar{t}, \quad z = l/L$$

经参数归并得

$$\frac{\partial c_A}{\partial \theta} = \left(\frac{D_x}{uL}\right)\frac{\partial^2 c_A}{\partial z^2} - \frac{\partial c_A}{\partial z} = \left(\frac{1}{Pe}\right)\frac{\partial^2 c_A}{\partial z^2} - \frac{\partial c_A}{\partial z} \tag{11-65}$$

式中　Pe——佩克莱（Peclet）数，表征了反应器中的对流与分散的速度比值，$Pe = uL/D_x$；

D_x——轴向扩散系数，即模型参数；

u——反应器中物料流动的速度，$m \cdot s^{-1}$；

L——管式反应器进、出口之间的距离，m；

c_A——示踪物浓度，$mol \cdot L^{-1}$。

如果在反应器进口输入一个脉冲浓度讯号，利用式(11-65) 可以计算出反应器出口处的浓度分布。当反应器内物料密度不变，并消除反应器端部分散过程的影响，在返混不大时可得出方差为

$$\sigma_t^2 = \frac{2\bar{t}^2}{Pe} \tag{11-66}$$

$$\sigma^2 = \frac{2}{Pe} \tag{11-67}$$

作为停留时间的极限情况，当忽略分散时，$D_x/uL \to 0$ 或 $Pe \to 0$，则反应器特性即过渡到活塞流反应器的特性；如果混合强烈，轴向浓度分布消失，$D_x/uL \to \infty$ 或 $Pe \to 0$，反应器的特性就和理想混合反应器一样。

七、停留时间分布曲线的应用

测定停留时间分布曲线的目的在于实际应用。应用中往往并不是设法去寻找一个复杂的

模型去描述非理想流动，而是考虑如何避免非理想流动，在反应器的结构等方面加以改进，以期使之接近理想流动状况，因此，根据测定的停留时间分布曲线形状可以定性地判断一个反应器内物料的流动状况，从而制定对策；也可以通过求取数学期望和方差，以作为返混的量度，进而求取模型参数；对某些反应，则可以直接运用 $E(t)$ 函数进行定量计算。

1. 判断物料在反应器里的流动状况

从反应器的设计和放大角度来看，总是希望反应器里的流动状况接近于活塞流或者是全混流，这样在设计、放大时比较简便，且把握也更大一些。通过测定的停留时间分布曲线来推断所研究对象究竟是理想置换、理想混合，还是某种非理想流动，可以根据图 11-21～图 11-23 加以比较、分析，然后根据技术要求的不同，采取相应的改进措施。例如，测得的曲线形状接近于理想混合型的非理想流动，但从技术开发要求看，希望它更接近于理想置换，那么就采取相应的措施，如改用细长型的反应器；或在大直径的塔内加设筛板或各式挡板；甚至充以填料减少其返混；或将单釜改成多釜串联等。

图 11-25 是活塞流及偏离活塞流的 $E(t)$ 曲线图形。

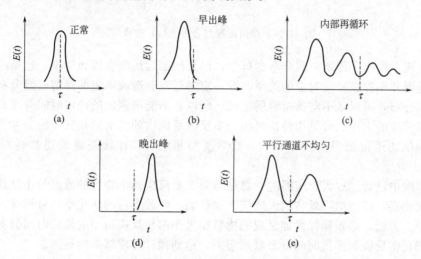

图 11-25　活塞流及偏离活塞流的 $E(t)$ 曲线图形

通过图 11-25 可做如下分析：

（a）为正常情况，其曲线位置与峰形都和预期的相符；

（b）曲线形状正常，但出峰太早，说明器内有沟流和短路现象，导致实际平均停留时间小于预期值；

（c）曲线出现几个递降峰形，说明器内的物料有循环流动；

（d）曲线峰形落后于预期值，即物料实际平均停留时间大于预期值，说明可能是计量误差，或是示踪物在器内发生反应或是被吸附在器壁上而减少所致；

（e）曲线形状说明器内存在有两股平行的流体。

对于偏离理想混合的曲线（图 11-26），也可以从中看出类似以上的问题。图 11-26(e)的情况可能是由于仪表滞后而造成的时间推迟所致。

2. 计算化学反应的转化率

在连续流动反应器中的流体除了活塞流外，其他一切流动状况都会使得物料粒子在反应器内产生一定程度的返混，而工业反应器往往又多属这些情况。由于返混而导致的物料粒子在器内不同的停留时间分布会显著影响到反应器内进行的化学反应的转化率和选择性，因此，考虑如何定量确定返混的影响就显得甚为重要。

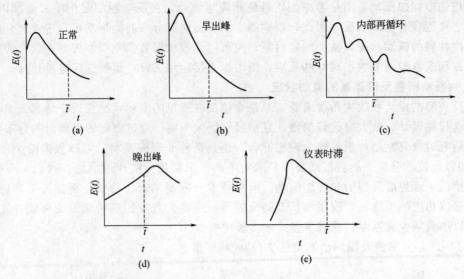

图 11-26 偏离理想混合的 $E(t)$ 曲线图

尽管由返混提出了停留时间分布的概念，但是问题远远没有得到解决。这是因为停留时间分布与返混并不存在一一对应的关系。即一定的返混会造成确定的停留时间分布，但相同的停留时间分布，可以是不同的返混所造成，所以，不能把测定的停留时间分布直接用于定量描述返混程度的大小。可见用停留时间分布反映系统内的流况只是其中的一种手段，它必须与反映和描述返混的另一种手段——数学模型相结合，才能正确描述物料在系统内的返混。

生产实践中设计、放大反应器时，总是希望工业反应器中物料的流况与小试或者中试水平的相同或相近，以力图降低"放大效应"的影响，使放大后的转化率尽量维持在模型的或小试的水平。为此，必须确保参加反应的物料在大小两种反应器中的停留时间分布相同，因而有必要把化学反应和停留时间分布联系起来，达到预计反应结果的目的。

如果反应器内进行的是一级反应，其转化率与起始浓度无关，一个分子参与反应的概率仅仅是它在反应器内停留时间的函数，而与该分子同其他分子相遇的概率无关。亦即，在反应器出口流中，停留时间介于 $t \to t+dt$ 的那部分物料的转化率 $x(t)$ 仅仅是 t 的函数。它可以单纯地由化学动力学方程所决定。由此可知，出口流中停留时间介于 $t \to t+dt$ 的那部分物料对总转化率 $\bar{x}_A$ 的贡献为

$$\bar{x}_A = \frac{\sum x(t)\Delta N}{N} = \sum x(t)\frac{\Delta N}{N}$$

若停留时间间隔取得足够小，则

$$\bar{x}_A = \int_0^\infty x(t)\,\frac{dN}{N}$$

结合式(11-38)，故有

$$\bar{x}_A = \int_0^\infty x(t)E(t)dt \tag{11-68}$$

一级反应的动力学方程式为

$$-dc_A/dt = kc_A$$

积分得到

$$c_A = c_{A,0}\,e^{-kt}$$

代入式(11-7)，得

$$x_A = 1 - e^{-kt} = x(t) \qquad (11\text{-}69)$$

对于理想混合反应器，由式(11-53) 知

$$E(t) = \frac{1}{\bar{t}} e^{-t/\bar{t}}$$

故在理想混合反应器内进行不可逆一级化学反应的 $\bar{x}_A \sim \bar{t}$ 关系为

$$\bar{x}_A = \int_0^\infty x(t) E(t) \mathrm{d}t$$

$$= \int_0^\infty (1 - e^{-kt}) \left(\frac{1}{\bar{t}} e^{-t/\bar{t}} \right) \mathrm{d}t$$

$$= \frac{k\,\bar{t}}{k\,\bar{t} + 1} \qquad (11\text{-}70a)$$

若该一级反应在多釜串联反应器中进行，利用分布函数直接积分即可得到 N 釜串联的平均转化率为

$$\bar{x}_A = \int_0^\infty x(t) E(t) \mathrm{d}t$$

$$= \int_0^\infty (1 - e^{-kt}) \left[\frac{1}{N-1} \frac{1}{\bar{t}} \left(\frac{t}{\bar{t}} \right)^{N-1} e^{-t/\bar{t}} \right] \mathrm{d}t$$

$$= 1 - \left(\frac{1}{1 + k\,\bar{t}} \right)^N \qquad (11\text{-}70b)$$

对于非一级反应，情况比较复杂，此时，单个分子在反应器中参与反应的概率不仅与停留时间有关，而且还与该分子和其他分子相遇的概率有关，这时，$E(t)$ 若指的是分子的停留时间分布，除了一级反应外，不能直接用式(11-68) 计算转化率，因此，要预计反应结果，还需对流体的混合状态做进一步了解，此处不再赘述。

第六节　气-固相催化反应器

气固催化反应器内进行的是非均相反应。这种非均相反应是指在固体催化剂存在下进行的气相反应。在这种反应系统中，反应之前存在一个或多个反应物向另一个相或相界面传递的过程，而化学反应在固体表面进行。

实施一项气固非均相催化反应，有可能采用非多孔或多孔催化剂。对于前者，化学反应、反应物组分是由气相主体至催化剂表面的扩散、又由产物扩散返回至气相主体的过程，即气体和催化剂之间的传质过程，彼此呈前后连续关系。如 NO 氧化成 NO_2（铂丝催化剂），因其活性极高，反应速度极快，故只需要少量的表面。在大多数反应情况下，催化剂多是多孔性物质，还含有催化剂孔内的传质过程。如果在扩散过程中反应组分碰撞到有催化作用的孔壁上面，则可在这里发生反应。每个分子在孔内总有可能使扩散过程继续进行，并在碰到壁面上时起反应。这种反应组分的传递需要以气相主体和催化剂表面的浓度差为推动力，而浓度差的大小取决于催化剂颗粒周围气体的流速、物性和化学反应速率。与此类似，还有温度差的影响，因此，气固非均相催化反应的实际反应速率除了与温度、浓度有关外，

还与催化剂的活性表面、流体流动的特征和分子扩散速率等有关，所以，相对于均相反应过程而言，气固相催化反应要复杂得多。同时，反应器的结构与操作过程的主要问题是传热和催化剂的装卸，在这一点上讲，它又有别于前述的均相反应器。

由于在催化反应过程中，催化剂一方面能在不改变化学平衡的前提下加快化学反应的速率，同时又能有选择地加速某一反应，而不加速另一些不期望的反应，选择性能好。在热力学允许的条件下，催化剂提供的各种反应途径大大增加了原料的利用价值，所以，催化反应在化学工业中应用相当普遍（约占整个化学工业反应的90%以上），而气固催化反应器又是化学工业中广泛采用的反应器之一。

一、气-固催化反应过程

一般说来，气体在催化剂存在下进行气固非均相催化反应可以设想为由以下几个步骤组成：

① 反应物分子从气相主体扩散到催化剂的外表面（外扩散过程）；

② 反应物分子进一步朝催化剂的微孔内扩散进去（内扩散过程）；

③ 反应物分子在催化剂的内表面上被吸附（吸附过程）；

④ 吸附的反应物分子在催化剂表面上发生反应，转化为产物（表面反应过程）；

⑤ 反应生成的产物从催化剂表面上脱附下来（脱附过程）；

⑥ 脱附下来的产物分子从催化剂微孔内向外扩散到催化剂的外表面（内扩散过程）；

⑦ 产物分子从催化剂外表面处（气固相界面）扩散到气相主体被带走（外扩散过程）。

在多孔催化剂上发生的气固非均相反应的全过程是依次按上述七个步骤完成的。如果其中某一步骤的阻力相对于其他各步要大得多，或者说其速度特别慢，以至于整个反应的总速度就取决于这一步，那么该步骤即为控制步骤。

一般认为外扩散控制过程（①和⑦过程）可以采用菲克（Fick）定律描述，该控制过程的速度与流体的物性及其在催化床层中的流速有很大关系。②、③和④过程都与催化剂的表面直接有关，故吸附控制、表面反应控制和脱附控制称为动力学控制过程。由于脱附是吸附过程的逆过程，则⑤、⑥过程的基本规律与②、③过程是一样的。

二、气-固催化反应动力学

在气固催化反应中，反应速率与均相反应一样也是反应温度和反应物浓度的函数，但是，在这种非均相反应中，反应的控制过程不同，其动力学方程也不相同。

以反应 $A+B \longrightarrow R+S$ 在催化剂表面上进行反应为例，当所有反应物均能被催化剂表面上的活性中心 σ 所吸附，则设想过程机理如下：

$$A+\sigma \rightleftharpoons A\sigma \qquad\qquad A \text{ 的吸附}$$
$$B+\sigma \rightleftharpoons B\sigma \qquad\qquad B \text{ 的吸附}$$
$$A\sigma+B\sigma \rightleftharpoons R\sigma+S\sigma \qquad\qquad 表面反应$$
$$R\sigma \rightleftharpoons R+\sigma \qquad\qquad R \text{ 的脱附}$$
$$S\sigma \rightleftharpoons S+\sigma \qquad\qquad S \text{ 的脱附}$$

对于不同的控制步骤，根据朗缪尔-欣谢伍德（Langmuir-Hinshelwood，简称 L-H）机理可进行如下分析。

1. 表面反应控制

对于表面反应控制过程

$$A\sigma+B\sigma \underset{k_2}{\overset{k_1}{\rightleftharpoons}} R\sigma+S\sigma$$

由于吸附和脱附速率要比之快得多，故在此情况下可以认为吸附和脱附达到了平衡。上式为控制步骤，由此可以导出反应速率。

$$-r_A = \frac{k(p_A p_B - p_R p_S / K)}{(1 + K_A p_A + K_B p_B + K_R p_R + K_S p_S)^2} \tag{11-71}$$

式中　　　　　k——表观反应速率常数，$k = k_1 K_A K_B$；

K_A，K_B，K_R，K_S——组分 A，B，R，S 的吸附平衡常数；

　　　　　K——表观平衡常数，且 $K = k_1 K_A K_B / k_2 K_R K_S$；

　p_A，p_B，p_R，p_S——组分 A，B，R，S 的分压。

　　如果相对于吸附或脱附而言，表面反应的速率非常快，则此时吸附或脱附就成为整个反应过程的控制步骤。

　　2. 吸附控制

　　上例中，若组分 A 的吸附是控制步骤，即

$$A + \sigma \underset{k_2}{\overset{k_1}{\rightleftharpoons}} A\sigma$$

则可导得

$$-r_A = \frac{k(p_A - p_R p_S / p_B K)}{1 + K_{RS} \dfrac{p_R p_S}{p_B} + K_B p_B + K_R p_R + K_S p_S} \tag{11-72}$$

　　3. 脱附控制

　　仍以前例，组分 R 的脱附是控制步骤，即

$$R\sigma \underset{k_2}{\overset{k_1}{\rightleftharpoons}} R + \sigma$$

则可导得

$$-r_A = \frac{k[(p_A p_B / p_S) - p_R / K]}{1 + K_A p_A + K_B p_B + K_{AB} p_A p_B / p_S} \tag{11-73}$$

　　通过上述对 $L\text{-}H$ 模型的推导，可以将气固反应动力学方程概括为下述形式

$$反应速率 = \frac{(动力学参数) \times (推动力)}{(阻力参数)^n} \tag{11-74}$$

式中的动力学参数项包括反应速率常数；推动力项包括组分的气相分压及反应和吸附平衡常数。由于平衡常数可采用达到平衡态时的平衡压力表示，故操作压力与平衡压力的差距也就形成了推动力；阻力参数项是各组分吸附项之和，一般可表示为 $(1 + \sum k_i p_i)^n$ 的形式。n 一般为 1 或 2，表示活性吸附点的数目为 1 个或 2 个。如果某一组分的吸附项与其他各项相比要弱得多，则该项在阻力参数中可以忽略不计。如果各个组分均为弱吸附，则阻力参数近似为 1，此时，非均相反应动力学方程的形式便和一般均相反应动力学方程相同。

　　4. 外扩散过程的影响及改善措施

　　在气固催化反应中，如果是控制在等温和催化剂内部扩散阻力被消除的情况下，则该反应只包含外扩散和表面反应两个过程。当表面反应速率远远大于内部传质速率时，那么过程就为外扩散控制。此时，催化剂外表面反应物浓度与流体主体浓度会出现明显差异，外扩散过程影响反应转化率及反应速率。这可用实验方法，在一定的温度和通过催化剂床层的气体质量流量条件下，测定流量 q_m 与转化率 x_A 的关系以及反应速率常数 k 随 q_m 的变化加以说

明，如图 11-27 和图 11-28 所示。

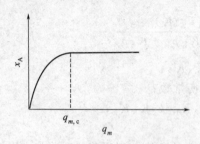

图 11-27　气体质量流量与转化率的关系曲线　　图 11-28　气体质量流量与反应速率常数的关系曲线

在气体质量流量增大时，实质上是增加了气体的流速，使两相界面上的层流底层变薄，扩散阻力减少，而扩散系数增大。图 11-27 中的曲线表明在 $q_m < q_{m,c}$ 范围内，反应转化率 x_A 随 q_m 增大而增大，说明在这一范围之内气固催化反应受外扩散过程的影响；当 q_m 继续增大到 $q_{m,c}$ 及其以上时，x_A 不再改变，说明当质量流量超过上述范围后，气固催化反应过程已不再受外扩散过程的影响。图 11-28 所示的反应速率常数 k 随质量流量 q_m 的变化曲线的情况也正和上图分析的情况一样，因此，在进行气固催化反应动力学研究和实施工业化生产过程中，若能在高于 $q_{m,c}$ 的质量流量条件下操作，便能消除外扩散的影响，从而提高设备的生产强度。

5. 内扩散过程的影响及改善措施

在等温和催化剂外部传质过程的影响完全消除的情况下，考察多孔固体催化剂颗粒的内部扩散过程对气固催化反应过程的影响，要比上述外扩散过程的影响更为复杂。因为作为多孔物质的催化剂，内部的扩散现象很复杂。除扩散路径的长短极不规则外，孔的大小不同时，气体分子的扩散机理也有所不同。孔径较大时，分子的扩散阻力是由分子间的碰撞所致，称为分子扩散或容积扩散；但当催化剂颗粒孔径小于 0.1μm（分子的自由程）时，分子与孔壁的碰撞机会超过了分子间的相互碰撞，从而使前者成了扩散阻力的主要因素。内扩散对气固催化反应过程影响的程度，常以催化剂内表面利用率的大小来衡量。内表面利用率愈小，内扩散影响愈严重。为表征内扩散的影响，引入一重要参数，即量纲为 1 的内扩散模数 Φ。Φ 值愈大，即催化剂粒径愈大，反应速率愈快或扩散愈慢，此时粒内的浓度梯度愈大。当试样一定时，Φ 值仅是催化剂粒径的函数。通常，在 $\Phi < 1$ 时，内扩散影响可以忽略不计。因此，改变催化剂粒径进行实验，是检验内扩散效应的有效办法。在保持温度、反应物浓度和原料加料速率不变的情况下，测定催化剂颗粒不同粒径 d_p 下着眼组分的转化率 x_A，结果如图 11-29 所示。由该图可以看出，开始，随着催化剂粒径的减小，转化率随之增大，说明内扩散影响存在，当粒径减小到 $d_{p,d}$ 时，转化率不再改变，说明此时内扩散影响已经消除，所以，实际反应过程中，选择的催化剂粒径应小于 $d_{p,d}$。此外，在实验测定过程中，消除外扩散的影响，最好能保证反应器内的物料处于理想流动状况（全混流或活塞流），否则会影响到测试结果的正确性。

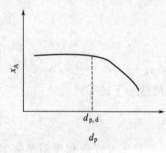

图 11-29　催化剂粒径与转化率关系曲线

三、固定床催化反应器简介

凡是流体通过静止不动的固体催化剂或固体反应物所形成的床层而进行反应的装置称为固定床反应器。工业上以气相反应物通过固体催化剂床层的气固相固定床催化反应器最为重要，其工业实施主要由反应器中的温度变化的方式所决定。这类反应器主要有三种类型，即绝热式固定床反应器、多段绝热式固定床反应器和列管式固定床反应器。

1. 绝热式固定床反应器

绝热式固定床反应器可以分为轴向和径向两种。轴向绝热式固定床反应器的结构非常简单，如图 11-30（a）所示。

从图 11-30（a）可以看出，这是一个没有传热装置，只装有固体催化剂的容器。预热到一定温度的反应物料自上而下通过床层进行反应，反应产物从容器下端输出。这种反应器的优点是结构简单、造价低、空间利用率高、催化剂装卸容易。然而，在这种反应器中，反应物料和催化剂的温度是变化的。对于放热反应，温度变化是从进口到出口逐渐升高。对于吸热反应则正好相反，而且反应过程的热效应愈大，进、出口的温差也愈大，所以，这种反应器只适用于过程热效应不大，反应产物比较稳定，对反应温度变化不太敏感，反应气体混

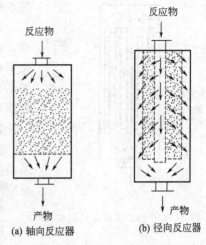

(a) 轴向反应器　　　　(b) 径向反应器

图 11-30　绝热式固定床反应器

合物含有大量惰性气体（例如水蒸气或氮气），一次通过床层转化率不太高的过程。此外，床层催化剂不宜太厚，否则会造成进、出口物料温差太大，因此，这种反应器只适用于停留时间较短的反应过程。

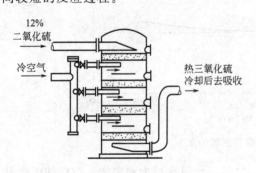

图 11-31　多段绝热式固定床反应器

径向绝热式固定床反应器，如图 11-30（b）所示。该反应器较前者复杂一些，催化剂是装载于两个同心圆筒构成的环隙中，反应物料沿径向通过床层，可采用离心式或向心式流动。这种反应器的优点是反应物料流过的距离较短，流道截面积较大，床层阻力较小。径向绝热式固定床反应器适用于要求气流通道截面积大的反应过程，但若床层较薄时，则反应器直径将过于庞大，由此给气流的均匀分布也造成一定困难。

2. 多段绝热式固定床反应器

当反应过程的热效应较大时，为了改善反应的温度条件，并提高转化率，常常采用多段绝热式固定床反应器，如图 11-31 所示。

多段绝热式固定床反应器由多个绝热床所组成。为了调整反应温度，可以根据过程的特点，选择合适的载体或冷却剂。对于放热反应，可进行原料气的预热（CO 变换反应）；对于吸热反应，还可采用外部管式加热装置。图 11-31 是 SO_2 转化为 SO_3 所用的多段绝热反应器，段与段之间引入空气进行冷激。对于这类可逆放热反应，利用段间换热即可形成温度由高到低的变化顺序，以利于提高转化率。

3. 列管式固定床反应器

最简单的列管式固定床反应器类似于单程列管式换热器，如图 11-32 所示。催化剂放在列管内（或管间），载热体流经管间（或管内）进行加热或冷却。这种反应器管子数目可能多达万根以上，管径通常为 25～50mm。管径太细，气体通过催化剂时阻力增大，管束管子根数会大大增加，从而增加了设备费用。若管径太粗，则管内催化剂的轴向温度梯度会加大。为

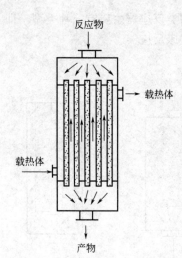

图 11-32　列管式固定床反应器

减少流动压降，催化剂粒径不宜太小，一般约为 5mm，各管催化剂务必填充均匀，力求各管阻力相等，以达到反应效果基本相同。

列管式固定床反应器主要用于热效应大、对温度比较敏感、要求转化率高、选择性好、粒状催化剂使用寿命要长、又不必经常更换催化剂的反应过程，但其缺点是：结构复杂、加工制造不方便，由于大型设备管子数目多达几万根，故造价较高。

四、流化床反应器简介

流化床反应器是利用气体或液体自下而上通过固体颗粒层而使固体颗粒处于悬浮运动状态，并进行气固相或液固相反应的反应装置。

1. 固体流态化

所谓固体流态化，就是固体粒子像流体一样进行流动的现象。当流体自流化床反应器下部向上流过固体颗粒床层时，若流速 u 很低，固体颗粒处于静止状态，床层压降 Δp 与流速 u 在图 11-33 所示的对数坐标图上近似成正比（虚线 AB）。

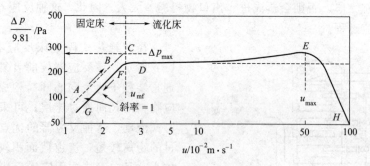

图 11-33　床层压降与流速的关系

随着流速的增大，直到压降达到最大 $\Delta p_{\max}$ 之前，此时床层为固定床，对应的流动状态见图 11-34(a)。当流速增大到 B 点以后，床层的固体颗粒开始松动，床层空隙率由固定床空隙率变化到临界床层空隙率 ε_{mf}，床层体积逐渐增大，而当流速达到某一限值，床层刚刚能被流体托动时，床内粒子就开始流化起来了，这时的流体空床线速度称为初始（临界）流化速度 u_{mf}。由于床层膨胀，压降 Δp 增加缓慢（见图 11-33 中的 BC 线段），C 点为临界流化点。流化阶段流速增大，但床层压降基本保持不变（见图 11-33 中的 DE 线段），此时，床层已进入流态化状态 [图 11-34(b)]。用液体作流化介质时，二者密度相差不大，故 u_{mf} 一般很小，流速进一步提高时，床层膨胀均匀且波动很小，粒子在床内的分布也比较均匀，故称作散式流态化 [图 11-34(c)]；用气体作流化介质时，只有细颗粒床，才有明显的膨胀，待气速达到起始鼓泡速度 u_{mf} 后才出现气泡，而对较粗颗粒系统，则一旦气速超过 u_{mf} 后，就出现气泡，这些通称鼓泡床。气速愈高，气泡在上升过程中不断聚集长大、破裂，床层界面扰动频繁，波动剧烈。此时流化形态称为聚式流态化 [图 11-34(d)]。

在流化床中，床面以下的部分称密相床，床面以上的部分因也有一些粒子被抛掷和夹带上去，故称稀相床。密相床中形如水沸，故又称沸腾床。对于小直径流化床(床高与床径比较大)时，气泡在上升过程中可能聚并增大甚至达到占据整个床层截面的地步，将固体粒子

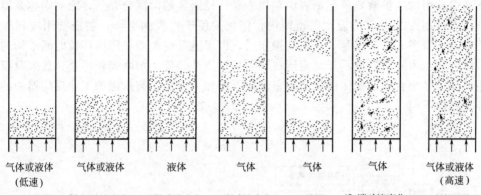

图 11-34　固体流化状态示意图

| (a) 固定床 | (b) 初始流态化 | (c) 散式流态化 | (d) 聚式流态化 | (e) 腾涌 | (f) 湍动流态化 | (g) 稀相流态化 |

一节节地往上柱塞式地推动，直到某一位置而崩落为止，这种现象称节涌（或腾涌）流态化 [图 11-34(e)]；对于大直径流化床，当流速增大时，则会形成湍动流态化 [图 11-34(f)]。

当流速超过图 11-33 上的 E 点，即流体向上的流速大于颗粒沉降的速度，固体颗粒与流体间的力平衡被破坏，床层上界面消失，则悬浮于流体中的固体颗粒被流体一起带出流化床反应器，床层呈稀相流化状态，也称气力输送 [图 11-34(g)]。这时，E 点所对应的流速为最大流化速度 u_{max}。亦称带出速度 u_t。

若逐渐降低床层内流体的流速 u，床层高度将随之下降，到达 C 点时，床层停止流态化。继续降低速度，压力降则沿着 FG 实线下降。

2. 流化床的结构和应用

流化床基本结构如图 11-35 所示，通常为一直立的圆筒形容器，内设气体分布板、热交换器、催化剂回收装置等。细颗粒状固体物料装填在容器内。

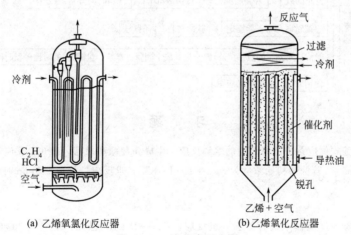

(a) 乙烯氧氯化反应器　　(b) 乙烯氧化反应器

图 11-35　流化床反应器

流化床反应器在气固反应中应用最广泛，此外也用于非均相气体催化反应如丙烯腈、二氯乙烷和邻苯二甲酸酐的生产。在非催化的气固反应方面的应用如石灰石、氢氧化铝的煅烧以及含硫矿石（如黄铁矿、闪锌矿）的焙烧等。

液固流化床在电化学过程中得到了应用，并且在把酶和细胞固定在惰性载体上的生物工程技术方面也得到了大规模的应用。

流化床反应器的主要优点是：采用小颗粒（$d_p \approx 10 \sim 80 \mu m$）催化剂，有利于反应气体在催化剂微孔中的内扩散，催化剂表面利用率高；径向及轴向混合强烈，因而固体及温度分布均匀，可控制在 $1\sim3℃$ 的温度差范围内；催化剂便于再生和更换；制造费用较列管式固定床反应器低得多。其缺点是：当连续操作时，由于返混现象而使固体停留时间不均匀，对某些反应的转化率和选择性不如固定床；容器易被侵蚀和催化剂磨损较严重；放大及模拟困难，主要原因是小直径、低床层的实验室反应器中和大直径、高床层的工业反应器中的气泡行为往往截然不同。

小　结

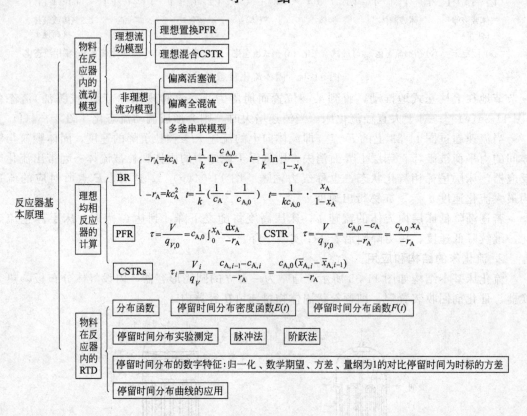

习　题

1. 在间歇搅拌釜式反应器中进行蔗糖的水解反应，生成葡萄糖和果糖。已知：反应动力学方程 $-r_A = kc_A$，$k = 0.0193min^{-1}$。若蔗糖初始浓度为 $c_{A,0} = 1mol \cdot L^{-1}$，求反应进行到 119min 时，蔗糖的浓度为多少 $mol \cdot L^{-1}$？

$$[0.1mol \cdot L^{-1}]$$

2. 在间歇搅拌釜式反应器中进行等温一级反应，$A \longrightarrow R+S$，已知：反应达 30s 时，A 的转化率为 90%，试求转化率达 99% 时还需要多少时间？

$$[30s]$$

3. 在活塞流反应器中进行醋酐水解反应，已知：反应器长 3m，直径 0.01m，在反应器出口测得不同体积流量时的转化率如下：

原料体积流量/mL·s^{-1}	0.33	0.66	1.17	1.67	2.67
转化率 x_A	0.853	0.600	0.433	0.325	0.200

试求该拟一级反应的速率常数。

4. 在活塞流反应器中，乙烷热裂解制乙烯，反应式为

$$C_2H_6 \longrightarrow C_2H_4 + H_2$$
$$\text{A} \qquad \text{R} \qquad \text{S}$$

反应在 0.14MPa，1173K 下通入水蒸气进行裂解，水蒸气与乙烷的摩尔比为 0.5∶1，乙烷进料为每小时 20t，其转化率为 60%。假设该反应为一级不可逆反应，并忽略其他副反应，试计算所需的反应体积。已知：反应速率常数为 $k = 1.535 \times 10^4 \exp(-69140/RT) \, s^{-1}$。

$$[1.68 m^3]$$

5. 在全混流反应器中进行醋酐水解反应，进入反应器的醋酐浓度 $c_{A,0} = 0.3 \, kmol \cdot m^{-3}$，要求转化率 $\bar{x}_A = 70\%$（以进料为基准），进料体积流量 $q_V = 0.02 \, m^3 \cdot min^{-1}$，如果加入大量的水，则水解反应可视为一级反应，$r_A = kc_A$，$k = 0.38 \, min^{-1}$，试求：

（1）如果采用全混流反应器，达到上述转化率时，反应体积为多少？

（2）如果将上述反应过程放在活塞流反应器中进行，则反应体积又为多少？

$$[（1）123L；（2）63.4L]$$

6. 将醋酐水解反应置于四釜串联反应器中，若各反应釜的参数如下：

釜 数	1	2	3	4
T/K	283	288	298	313
k/min^{-1}	0.0567	0.0806	0.158	0.380

每釜有效体积为 800L，醋酐进料浓度 $c_{A,0} = 0.3 \, kmol \cdot m^{-3}$，$q_V = 100L \cdot min^{-1}$。试求：

（1）各反应釜出口浓度；

（2）若反应恒定在 298K，且最终出口浓度控制在 0.015kmol·m^{-3}，则该反应相当于在几釜反应器中进行？

$$[（1）0.206, 0.125, 0.055, 0.014 kmol \cdot m^{-3}；（2）3.67]$$

7. 在 $A + B \xrightarrow{k_c} R + S$ 的液相反应中，已知：$r_A = kc_A^2$，$k_c = 2L \cdot mol^{-1} \cdot s^{-1}$，$c_{A,0} = 1 mol \cdot L^{-1}$，若将该反应放在两个等容串联的全混流反应器中进行，试求总平均时间为 2s 时的转化率为多少？

$$[69\%]$$

8. 在反应体积为 2.5m^3 的理想间歇反应器（IBR）中，维持反应温度为 348K 进行如下液相反应

$$A + B \longrightarrow P$$

实验测得反应速率方程式为 $-r_A = kc_A c_B \, kmol \cdot L^{-1} \cdot s^{-1}$，$k = 2.78 \times 10^{-3} \, L \cdot mol^{-1} \cdot s^{-1}$。当反应物 A，B 的初始浓度 $c_{A,0} = c_{B,0} = 4 mol \cdot L^{-1}$，而转化率 $x_A = 80\%$ 时，该 IBR 平均每分钟可处理 0.684kmol 的反应物 A。

若将反应置于一个管径为 125mm 的 PFR 中进行，反应温度不变，且处理量和要求转化率相同，试求所需 PFR 的长度为多少？

$$[83.6 m]$$

9. 923K 等温条件下，于 PFR 中进行丁烯氧化脱氢生产丁二烯的反应

$$C_4H_8 \longrightarrow C_4H_6 + H_2$$

反应速率方程为：$-r_A = kp_A \, kmol \cdot m^{-3} \cdot h^{-1}$。原料气为丁烯和水蒸气的混合物，其物质的量比为 0.5，操作压力为 0.1MPa，反应温度为 923K 时，$k = 106.48 \, kmol \cdot m^{-3} \cdot h^{-1} \cdot MPa^{-1}$。试求当丁烯转化率达 90% 时，空时应为多少秒？

$$[13.2 s]$$

10. 某物料以 0.2m^3 · min^{-1} 的流量通过 $V = 1m^3$ 的反应器，若以脉冲法测定物料在反应器内的停留时间分布状况，一次注入示踪剂 2g，在示踪剂注入瞬间即不断地分析出口处示踪剂的浓度，测得结果如下：

t/min	0.1	0.2	1.0	2.0	5.0	10.0	20.0	30.0
$c(t)/g \cdot m^{-3}$	1.960	1.930	1.642	1.344	0.736	0.268	0.034	0.004

试绘出 $E(t)$ 和 $F(t)$ 曲线图,说明该反应器近似地接近于哪一种流动模型,并计算物料粒子在反应器内的平均停留时间 $\bar{t}$。假设示踪剂注入 30min 后,其浓度忽略不计。

$$[\sigma^2 = 0.93, \quad \bar{t} = 5.23\text{min}]$$

11. 用阶跃法测得某反应器中示踪剂浓度随时间变化关系如下:

t/s	0	15	25	35	45	55	65	75	95	105
$c(t)/\text{kg} \cdot \text{m}^{-3}$	0	0.5	1.0	2.0	4.0	5.5	6.5	7.0	7.7	7.7

试求:

(1) 停留时间分布函数 $F(t)$;

(2) 平均停留时间 $\bar{t}$;

(3) 方差 σ_t^2 和 σ^2 及模型参数 N。

$$[\,(1)\ t = 55\text{s} \text{ 时}, \ F(t) = 0.714; \ (2)\ \bar{t} = 51.49\text{s}; \ (3)\ 413\text{s}^2, \ 0.155, \ 6.45\,]$$

12. 有一反应器用于某一级反应,今对该反应器进行脉冲实验,瞬时注入示踪剂,并计时,在出口处测得示踪剂浓度如下:

t/s	0	20	30	40	50	60	70	80
$c(t)/\text{g} \cdot \text{m}^{-3}$	0	3	5	5	4	2	1	0

物料流量 $q_V = 0.1\text{m}^3 \cdot \text{s}^{-1}$。若该反应在 CSTR 中进行,在同样 $\bar{t}$ 下,得 $\bar{x}_A = 0.82$,试求在上述实际反应器中所能得到的 $\bar{x}_A$。

$$[99\%]$$

13. 求证,反应速率常数为 k_c 的一级反应在两釜串联的反应器中的平均转化率为

$$\bar{x}_A = 1 - \left(\frac{1}{1 + k\,\bar{t}}\right)^2$$

已知:两釜串联反应器的平均停留时间分布密度函数为

$$E(t) = \frac{1}{\bar{t}} \left(\frac{t}{\bar{t}}\right) \text{e}^{-t/\bar{t}}$$

其中,$\bar{t}$ 为物料在每一釜中的平均停留时间。

14. 温度 423K,一级反应 A → R 在 PFR 中进行,反应活化能为 83.74kJ·mol^{-1},需反应器体积为 V_P。若改用 CSTR,其体积为 V_T。试推导 V_P 与 V_T 的关系。若转化率为 60%,欲使 $V_P = V_T$,则两种反应器内的反应速率常数 k_T 应为 k_P 的多少倍?若 CSTR 也在等温下操作,则反应温度是多少?

$$[1.64 \text{ 倍}, 432\text{K}]$$

15. 在固定床催化反应器内进行如下合成反应

$$\text{C}_2\text{H}_2 + \text{HCl} \underset{\text{HgCl}_2}{\overset{433\text{K}}{\rightleftharpoons}} \text{CH}_2=\text{CHCl}$$

已知该反应动力学方程为:$-r_A = k c_{\text{C}_2\text{H}_2}^{0.5} c_{\text{HCl}}^{0.5}$,若 $c_{\text{C}_2\text{H}_2} = c_{\text{HCl}}$,则

$$-r_A = k c_{\text{C}_2\text{H}_2}$$

433K 时,$k = 0.0965\text{s}^{-1}$,空隙率 $\varepsilon = 0.4$。试求:当每小时处理 2845m^3 混合原料气,C_2H_2 的转化率达 67% 时,催化床层体积为多少?

[说明] ①物料在反应器内的流动模型为活塞流;②该气-固催化反应前后分子数发生变化。

$$[18.2\text{m}^3]$$

附　　录

一、物理量的单位、量纲与换算

1. 常用物理量的单位与量纲

物理量	绝对单位制			重力单位制	
	cgs 单位	SI 单位	量纲式	工程单位	量纲式
长度	cm	m	L	m	L
质量	g	kg	M	$kgf \cdot s^2 \cdot m^{-1}$	$L^{-1}FT^{-2}$
力	$g \cdot cm \cdot s^{-2} = dyn$	$kg \cdot m \cdot s^{-2} = N$	LMT^{-2}	kgf	F
时间	s	s	T	s	T
速度	$cm \cdot s^{-1}$	$m \cdot s^{-1}$	LT^{-1}	$m \cdot s^{-1}$	LT^{-1}
加速度	$cm \cdot s^{-2}$	$m \cdot s^{-2}$	LT^{-2}	$m \cdot s^{-2}$	LT^{-2}
压力	$dyn \cdot cm^{-2} = bar$	$N \cdot m^{-2} = Pa$	$L^{-1}MT^{-2}$	$kgf \cdot m^2$	$L^{-2}F$
密度	$g \cdot cm^{-3}$	$kg \cdot m^{-3}$	$L^{-3}M$	$kgf \cdot s^2 \cdot m^{-4}$	$L^{-4}FT^2$
黏度	$dyn \cdot s \cdot cm^{-2} = P$	$N \cdot s \cdot m^{-2} = Pa \cdot s$	$L^{-1}MT^{-1}$	$kgf \cdot s \cdot m^{-2}$	$L^{-2}FT$
温度	℃	K	θ	℃	Θ
能量或功	$dyn \cdot cm = erg$	$N \cdot m = J$	L^2MT^{-2}	$kgf \cdot m$	LF
热量	cal	J	L^2MT^{-2}	kcal	LF
比热容	$cal \cdot g^{-1} \cdot ℃^{-1}$	$J \cdot kg^{-1} \cdot K^{-1}$	$L^2T^{-2}\theta^{-1}$	$kcal \cdot kgf^{-1} \cdot ℃^{-1}$	$L\Theta^{-1}$
功率	$erg \cdot s^{-1}$	$J \cdot s^{-1} = W$	L^2MT^{-3}	$kgf \cdot m \cdot s^{-1}$	LFT^{-1}
热导率	$cal \cdot cm^{-1} \cdot s^{-1} \cdot ℃^{-1}$	$W \cdot m^{-1} \cdot K^{-1}$	$LMT^{-3}\theta^{-1}$	$kcal \cdot m^{-1} \cdot s^{-1} \cdot ℃^{-1}$	$FT^{-1}\Theta^{-1}$
传热系数	$cal \cdot cm^{-2} \cdot s^{-1} \cdot ℃^{-1}$	$W \cdot m^{-2} \cdot K^{-1}$	$MT^{-3}\theta^{-1}$	$kcal \cdot m^{-2} \cdot s^{-1} \cdot ℃^{-1}$	$FL^{-1}T^{-1}\Theta^{-1}$
扩散系数	$cm^2 \cdot s^{-1}$	$m^2 \cdot s^{-1}$	L^2T^{-1}	m^2/s^{-1}	L^2T^{-1}

2. 单位换算表

物理量	名　称	单位称号	换　算　关　系
力	牛顿	N	$1N = 1kg \cdot m \cdot s^{-2} = 10^5 dyn$
			$1dyn = 1g \cdot cm \cdot s^{-2}$
力	公斤(力)	kgf	$1kgf = 9.81N$
质量	千克(质)	kg	$1kg = \dfrac{1}{9.81}kgf$
长度	米	m	$1m = 100cm = 1000mm$
	厘米	cm	
	毫米	mm	
	英寸	in	$1in = 25.4mm$
	微米	μ	$1\mu = 10^{-6}m = 10^{-3}mm$
	埃	Å	$1埃(Å) = 10^{-10}m$
面积	米^2	m^2	$1m^2 = 10^4 cm^2 = 10^6 mm^2$
	厘米^2	cm^2	$1m^2 = 1550in^2$
	毫米^2	mm^2	
体积	米^3	m^3	$1m^3 = 10^6 cm^3 = 10^3 L$
	厘米^3	cm^3	
	升	L	$1L = 1000mL$
压强	帕斯卡	Pa	$1Pa = 1N \cdot m^{-2}$
	托	torr	$1torr = 1mmHg$
	物理大气压	atm	$1atm = 1.013 \times 10^5 Pa = 1.033kgf/cm^2$
			$= 10330kgf/m^2 = 10.33mH_2O$

物理量	名　称	单位称号	换　算　关　系
压强	工程大气压	at	$1at=9.81\times10^4Pa=9.81\times10^4N\cdot m^{-2}=1kgf\cdot cm^{-2}$
			$=10^4kgf\cdot m^{-2}=735.6mmHg=10mH_2O=0.9681atm$
	巴	bar	$1bar=10^5N\cdot m^{-2}=10200kgf\cdot m^{-2}=0.9868atm$
			$=1.02at=750mmHg$
热功能	焦耳	J	$1J=1N\cdot m$
	千卡	kcal	$1kcal=4.187kJ=427kgf\cdot m$
	千瓦·小时	kW·h	$1kW\cdot h=4.187kJ=427kgf\cdot m=3.6\times10^6J=860kcal$
			$=1.341$ 马力·小时
功率	瓦特	W	$1W=1J\cdot s^{-1}$
	千瓦	kW	$1kW=1000W=102kgf\cdot m\cdot s^{-1}$
黏度	泊	P	$1P=1g\cdot cm^{-1}\cdot s^{-1}=1dyn\cdot s\cdot cm^{-2}=100cP=0.0102kgf\cdot s\cdot m^{-2}$
	厘泊	cP	$1cP=1.02\times10^{-4}kgf\cdot s\cdot m^{-2}$
			$=0.001N\cdot s\cdot m^{-2}=0.01dyn\cdot s^2\cdot cm^{-2}$
			$1kgf\cdot S\cdot m^{-2}=9810cP=9.81N\cdot s\cdot m^{-2}$
运动黏度或扩散系数	斯托克斯	st	$1st=1cm^2\cdot s^{-1}$
			$1cm^2\cdot s^{-1}=10^{-4}m^{-2}\cdot s^{-1}$
表面张力		σ	$1dyn\cdot cm^{-1}=0.001N\cdot m^{-1}=1.02\times10^{-4}kgf\cdot m^{-1}$
			$1N\cdot m^{-1}=10^3dyn\cdot cm^{-1}$
比热容		c_p	$1cal\cdot kgf^{-1}\cdot ℃^{-1}=4187J\cdot kg^{-1}\cdot K^{-1}$
			$1kJ\cdot kg^{-1}\cdot K^{-1}=0.2389kcal\cdot kg^{-1}\cdot ℃^{-1}$
热导率		λ	$1kcal\cdot cm^{-1}\cdot s^{-1}\cdot ℃^{-1}=0.1kcal\cdot m^{-1}\cdot s^{-1}\cdot ℃^{-1}$
			$=418.7W\cdot m^{-1}\cdot K^{-1}=360kcal\cdot m^{-1}\cdot h^{-1}\cdot ℃^{-1}$
传热系数		K	$1kcal\cdot m^{-2}\cdot h^{-1}\cdot ℃^{-1}=1.163W\cdot m^{-2}\cdot K^{-1}$
			$=2.778\times10^{-5}cal/cm^{-2}\cdot s^{-1}\cdot ℃^{-1}$
气体常数		R	$R=1.987kcal\cdot kmol^{-1}\cdot K^{-1}=8.31kJ/kmol^{-1}\cdot K^{-1}$
			$=0.082atm\cdot m^3\cdot kmol^{-1}\cdot K^{-1}=848kgf\cdot m\cdot kmol^{-1}\cdot K^{-1}$

二、水的重要物理性质

温度 /℃	外压 /100kPa	密度 /kg·m^{-3}	焓 /kJ·kg^{-1}	比热容 /kJ·kg^{-1}·K^{-1}	热导率 /W·m^{-1}·K^{-1}	黏度 /mPa·s	运动黏度 /10^{-5}m^2·s^{-1}	体积膨胀系数 /10^{-3}℃$^{-1}$	表面张力 /mN·m^{-1}
0	1.013	999.9	0	4.212	0.551	1.789	0.1789	-0.063	75.6
10	1.013	999.7	42.04	4.191	0.575	1.305	0.1306	+0.070	74.1
20	1.013	998.2	83.9	4.183	0.599	1.005	0.1006	0.182	72.7
30	1.013	995.7	125.8	4.174	0.618	0.801	0.0805	0.321	71.2
40	1.013	992.2	167.5	4.174	0.634	0.653	0.0659	0.387	69.6
50	1.013	988.1	209.3	4.174	0.648	0.549	0.0556	0.449	67.7
60	1.013	983.2	251.1	4.178	0.659	0.470	0.0478	0.511	66.2
70	1.013	977.8	293.0	4.187	0.668	0.406	0.0415	0.570	64.3
80	1.013	971.8	334.9	4.195	0.675	0.355	0.0365	0.632	62.6
90	1.013	965.3	377.0	4.208	0.680	0.315	0.0326	0.695	60.7
100	1.013	958.4	419.1	4.220	0.683	0.283	0.0295	0.752	58.8
110	1.433	951.0	461.3	4.233	0.685	0.259	0.0272	0.808	56.9
120	1.986	943.1	503.7	4.250	0.686	0.237	0.0252	0.864	54.8
130	2.702	934.8	546.4	4.266	0.686	0.218	0.0233	0.919	52.8
140	3.624	926.1	589.1	4.287	0.685	0.201	0.0217	0.972	50.7
150	4.761	917.0	632.2	4.312	0.684	0.186	0.0203	1.03	48.6
160	6.481	907.4	675.3	4.346	0.683	0.173	0.0191	1.07	46.6
170	7.924	897.3	719.3	4.386	0.679	0.163	0.0181	1.13	45.3
180	10.03	886.9	763.3	4.417	0.675	0.153	0.0173	1.19	42.3

温度 /℃	外压 /100kPa	密度 /kg·m^{-3}	焓 /kJ·kg^{-1}	比热容 /kJ·kg^{-1}·K^{-1}	热导率 /W·m^{-1}·K^{-1}	黏度 /mPa·s	运动黏度 /10^{-5}m^2·s^{-1}	体积膨胀系数 /10^{-3}·℃$^{-1}$	表面张力 /mN·m^{-1}
190	12.55	876.0	807.6	4.459	0.670	0.144	0.0165	1.26	40.0
200	15.54	863.0	852.4	4.505	0.663	0.136	0.0158	1.33	37.7
210	19.07	852.8	897.6	4.555	0.655	0.130	0.0153	1.41	35.4
220	23.20	840.3	943.7	4.614	0.645	0.124	0.0148	1.48	33.1
230	27.98	827.3	990.2	4.681	0.637	0.120	0.0145	1.59	31.0
240	33.47	813.6	1038	4.756	0.628	0.115	0.0141	1.68	28.5
250	39.77	799.0	1086	4.844	0.618	0.110	0.0137	1.81	26.2
260	46.93	784.0	1135	4.949	0.604	0.106	0.0135	1.97	23.8
270	55.03	767.9	1185	5.070	0.590	0.102	0.0133	2.16	21.5
280	64.16	750.7	1237	5.229	0.575	0.098	0.0131	2.37	19.1
290	74.42	732.3	1290	5.485	0.558	0.094	0.0129	2.62	16.9
300	85.81	712.5	1345	5.730	0.540	0.091	0.0128	2.92	14.4
310	98.76	691.1	1402	6.071	0.523	0.088	0.0128	3.29	12.1
320	113.0	667.1	1462	6.573	0.506	0.085	0.0128	3.82	9.81
330	128.7	640.2	1526	7.24	0.484	0.081	0.0127	4.33	7.67
340	146.1	610.1	1595	8.16	0.47	0.077	0.0127	5.34	5.67
350	165.3	574.4	1671	9.50	0.43	0.073	0.0126	6.68	3.81
360	189.6	528.0	1761	13.98	0.40	0.067	0.0126	10.9	2.02
370	210.4	450.5	1892	40.32	0.34	0.057	0.0126	26.4	4.71

三、水在不同温度下的黏度（0～100℃）

温度 /℃	黏度 /mPa·s	温度 /℃	黏度 /mPa·s	温度 /℃	黏度 /mPa·s	温度 /℃	黏度 /mPa·s
0	1.7921	25	0.8973	51	0.5404	77	0.3702
1	1.7313	26	0.8737	52	0.5315	78	0.3655
2	1.6728	27	0.8545	53	0.5229	79	0.3610
3	1.6191	28	0.8360	54	0.5146	80	0.3565
4	1.5674	29	0.8180	55	0.5064	81	0.3521
5	1.5188	30	0.8007	56	0.4985	82	0.3478
6	1.4728	31	0.7840	57	0.4907	83	0.3436
7	1.4284	32	0.7679	58	0.4832	84	0.3395
8	1.3860	33	0.7523	59	0.4759	85	0.3355
9	1.3462	34	0.7371	60	0.4688	86	0.3315
10	1.3077	35	0.7225	61	0.4618	87	0.3276
11	1.2713	36	0.7085	62	0.4550	88	0.3239
12	1.2363	37	0.6947	63	0.4483	89	0.3202
13	1.2028	38	0.6814	64	0.4418	90	0.3165
14	1.1709	39	0.6685	65	0.4355	91	0.3130
15	1.1403	40	0.6560	66	0.4293	92	0.3095
16	1.1111	41	0.6439	67	0.4233	93	0.3060
17	1.0828	42	0.6321	68	0.4174	94	0.3027
18	1.0559	43	0.6207	69	0.4117	95	0.2994
19	1.0299	44	0.6097	70	0.4061	96	0.2962
20	1.0050	45	0.5988	71	0.4006	97	0.2930
20.2	1.0000	46	0.5883	72	0.3952	98	0.2899
21	0.9810	47	0.5782	73	0.3900	99	0.2868
22	0.9579	48	0.5683	74	0.3849	100	0.2838
23	0.9359	49	0.5588	75	0.3799		
24	0.9142	50	0.5494	76	0.3750		

四、饱和水蒸气性质（以温度为准）

温度/℃	绝对压力/kPa	蒸汽的密度/kg·m⁻³	焓 液体 kJ·kg⁻¹	焓 液体 kcal·kg⁻¹	焓 蒸汽 kJ·kg⁻¹	焓 蒸汽 kcal·kg⁻¹	汽化热 kJ·kg⁻¹	汽化热 kcal·kg⁻¹
0	0.6082	0.00484	0	0	2491.1	595	2491.1	595
5	0.8730	0.00680	20.94	5.0	2500.8	597.3	2479.80	592.3
10	1.2262	0.00940	41.87	10.0	2510.4	599.6	2468.53	589.6
15	1.7068	0.01283	62.80	15.0	2520.5	602.0	2457.7	587.0
20	2.3346	0.01719	83.74	20.0	2530.1	604.3	2446.3	584.3
25	3.1684	0.02304	104.67	25.0	2539.7	606.0	2435.0	581.6
30	4.2474	0.03036	125.60	30.0	2549.3	608.9	2423.7	578.9
35	5.6207	0.03960	146.54	35.0	2559.0	611.2	2412.4	576.2
40	7.3766	0.05114	167.47	40.0	2568.6	613.5	2401.1	573.5
45	9.5837	0.06543	188.41	45.0	2577.8	615.7	2389.4	570.7
50	12.340	0.0830	209.34	50.0	2587.4	618.0	2378.1	568.0
55	15.743	0.1043	230.27	55.0	2596.7	620.2	2366.4	565.2
60	19.923	0.1301	251.21	60.0	2606.3	622.5	2355.1	562.0
65	25.014	0.1611	272.14	65.0	2615.5	624.7	2343.4	559.7
70	31.164	0.1979	293.08	70.0	2624.3	626.8	2331.2	556.8
75	38.551	0.2416	314.01	75.0	2633.5	629.0	2319.5	554.0
80	47.379	0.2929	334.94	80.0	2642.3	631.1	2307.8	551.2
85	57.875	0.3531	355.88	85.0	2651.1	633.2	2295.2	548.2
90	70.136	0.4229	376.81	90.0	2659.9	635.3	2283.1	545.3
95	84.556	0.5039	397.75	95.0	2668.7	637.4	2270.9	524.4
100	101.33	0.5970	418.68	100.0	2677.0	639.4	2258.4	539.4
105	120.85	0.7036	440.03	105.1	2685.0	641.3	2245.4	536.3
110	143.31	0.8254	460.97	110.1	2693.4	643.3	2232.0	533.1
115	169.11	0.9635	482.32	115.2	2701.3	645.2	2219.0	530.0
120	198.64	1.1199	503.67	120.3	2708.9	647.0	2205.2	526.7
125	232.19	1.296	525.02	125.4	2716.4	648.8	2191.8	523.5
130	270.25	1.494	546.38	130.5	2723.9	650.6	2177.6	520.1
135	313.11	1.715	567.73	135.6	2731.0	652.3	2163.3	516.7
140	361.47	1.962	589.08	140.7	2737.7	653.9	2148.7	513.2
145	415.72	2.238	610.85	145.9	2744.4	655.5	2134.0	509.7
150	476.24	2.543	632.21	151.0	2750.7	657.0	2118.5	506.0
160	618.28	3.252	675.75	161.4	2762.9	659.9	2087.1	498.5
170	792.59	4.113	719.29	171.8	2773.3	662.4	2054.0	490.6
180	1003.5	5.145	763.25	182.3	2782.5	664.6	2019.3	482.3
190	1255.6	6.378	807.64	192.9	2790.1	666.6	1982.4	473.5
200	1554.77	7.840	852.01	203.5	2795.5	667.7	1943.5	464.2
210	1917.72	9.567	897.23	214.3	2799.3	668.6	1902.5	454.4
220	2320.88	11.60	942.45	225.1	2801.0	669.0	1858.5	443.9
230	2798.59	13.98	988.50	236.1	2800.1	668.8	1811.6	432.7
240	3347.91	16.76	1034.56	247.1	2796.8	668.0	1761.8	420.8
250	3977.67	20.01	1081.45	258.3	2790.1	664.0	1708.6	408.1
260	4693.75	23.82	1128.76	269.6	2780.9	664.2	1651.7	394.5
270	5503.99	28.27	1176.91	281.1	2768.3	661.2	1591.4	380.1
280	6417.24	33.47	1225.48	292.7	2752.0	657.3	1526.5	364.6
290	7443.29	39.60	1274.46	304.4	2732.3	652.6	1457.4	348.1
300	8592.94	46.93	1325.54	316.6	2708.0	646.8	1382.5	330.2
310	9877.96	55.59	1378.71	329.3	2680.0	640.1	1301.3	310.8
320	11300.3	65.95	1436.07	343.0	2648.2	632.5	1212.1	289.5
330	12879.6	78.53	1446.78	357.5	2610.5	623.5	1116.2	266.6
340	14615.8	93.98	1562.93	373.3	2568.6	613.5	1005.7	240.2
350	16538.5	113.2	1636.20	390.8	2516.7	601.1	880.5	210.3
360	18667.1	139.6	1729.15	413.0	2442.6	583.4	713.0	170.3
370	21040.9	171.0	1888.25	451.0	2301.9	549.8	411.1	98.2
374	22070.9	322.6	2098.0	501.1	2098.0	501.1	0	0

五、饱和水蒸气的性质（以压强为准）

绝对压强/kPa	温度/℃	蒸汽的密度/kg·m⁻³	焓/kJ·kg⁻¹ 液体	焓/kJ·kg⁻¹ 蒸汽	汽化热/kJ·kg⁻¹
1.0	6.3	0.00773	26.48	2503.1	2476.8
1.5	12.5	0.01133	52.26	2515.3	2463.0
2.0	17.0	0.01486	71.21	2524.2	2452.9
2.5	20.9	0.01836	87.45	2531.8	2444.3
3.0	23.5	0.02179	98.38	2536.8	2438.4
3.5	26.1	0.02523	109.30	2541.8	2432.5
4.0	28.7	0.02867	120.23	2546.8	2426.6
4.5	30.8	0.03205	129.00	2550.9	2421.9
5.0	32.4	0.03537	135.69	2554.0	2418.3
6.0	35.6	0.04200	149.06	2560.1	2411.0
7.0	38.8	0.04864	162.44	2566.3	2403.8
8.0	41.3	0.05514	172.73	2571.0	2398.2
9.0	43.3	0.06156	181.16	2574.8	2393.6
10.0	45.3	0.06798	189.59	2578.5	2388.9
15.0	53.5	0.09956	224.03	2594.0	2370.0
20.0	60.1	0.13068	251.51	2606.4	2354.9
30.0	66.5	0.19093	288.77	2622.4	2333.7
40.0	75.0	0.24975	315.93	2634.1	2312.2
50.0	81.2	0.30799	339.80	2644.3	2304.5
60.0	85.6	0.36514	358.21	2652.1	2393.9
70.0	89.9	0.42229	376.61	2659.8	2283.2
80.0	93.2	0.47807	390.08	2665.3	2275.3
90.0	96.4	0.53384	403.49	2670.8	2267.4
100.0	99.6	0.58961	416.90	2676.3	2259.5
120.0	104.5	0.69868	437.51	2684.3	2246.8
140.0	109.2	0.80758	457.67	2692.1	2234.4
160.0	113.0	0.82981	473.88	2698.1	2224.2
180.0	116.6	1.0209	489.32	2703.7	2214.3
200.0	120.2	1.1273	493.71	2709.2	2204.6
250.0	127.2	1.3904	534.39	2719.7	2185.4
300.0	133.3	1.6501	560.38	2728.5	2168.1
350.0	138.8	1.9074	583.76	2736.1	2152.3
400.0	143.4	2.1618	603.61	2742.1	2138.5
450.0	147.7	2.4152	622.42	2747.8	2125.4
500.0	151.7	2.6673	639.59	2752.8	2113.2
600.0	158.7	3.1686	670.22	2761.4	2091.1
700	164.7	3.6657	696.27	2767.8	2071.5
800	170.4	4.1614	720.96	2773.7	2052.7
900	175.1	4.6525	741.82	2778.1	2036.2
1×10³	179.9	5.1432	762.68	2782.5	2019.7
1.1×10³	180.2	5.6339	780.34	2785.5	2005.1
1.2×10³	187.8	6.1241	797.92	2788.5	1990.6
1.3×10³	191.5	6.6141	814.25	2790.9	1976.7
1.4×10³	194.8	7.1038	829.06	2792.4	1963.7
1.5×10³	198.2	7.5935	843.86	2794.5	1950.7
1.6×10³	201.3	8.0814	857.77	2796.0	1938.2
1.7×10³	204.1	8.5674	870.58	2797.1	1926.5
1.8×10³	206.9	9.0533	883.39	2798.1	1914.8

绝对压强/kPa	温度/℃	蒸汽的密度/kg·m^{-3}	焓/kJ·kg^{-1}		汽化热/kJ·kg^{-1}
			液体	蒸汽	
1.9×10³	209.8	9.5392	896.21	2799.2	1903.0
2×10³	212.2	10.0338	907.32	2799.7	1892.4
3×10³	233.7	15.0075	1005.4	2798.9	1793.5
4×10³	250.3	20.0969	1082.9	2789.8	1706.8
5×10³	263.8	25.3663	1146.9	2776.2	1629.2
6×10³	275.4	30.8494	1203.2	2759.5	1556.3
7×10³	285.7	36.5744	1253.2	2740.8	1487.6
8×10³	294.8	42.5768	1299.2	2720.5	1403.7
9×10³	303.2	48.8945	1343.5	2699.1	1356.6
10×10³	310.9	55.5407	1384.0	2677.1	1293.1
12×10³	324.5	70.3075	1463.4	2631.2	1167.7
14×10³	336.5	87.3020	1567.9	2583.2	1043.4
16×10³	347.2	107.8010	1615.8	2531.1	915.4
18×10³	356.9	134.4813	1699.8	2466.0	766.1
20×10³	365.6	176.5961	1817.8	2364.2	544.9

六、管子规格

1. 水煤气输送钢管（摘自 GB/T 3091—93，GB/T 3092—93）

公称直径/mm(in)	外径/mm	普通管壁厚/mm	加厚管壁厚/mm	公称直径/mm(in)	外径/mm	普通管壁厚/mm	加厚管壁厚/mm
6(1/8)	10.0	2.00	2.50	40($1\frac{1}{2}$)	48.0	3.50	4.25
8(1/4)	13.5	2.25	2.75	50(2)	60.0	3.50	4.50
10(3/8)	17.0	2.25	2.75	65($2\frac{1}{4}$)	75.5	3.75	4.50
15(1/2)	21.3	2.75	3.25	80(3)	88.5	4.00	4.75
20(3/4)	26.8	2.75	3.50	100(4)	114.0	4.00	5.00
25(1)	33.5	3.25	4.00	125(5)	140.0	4.00	5.50
32($1\frac{1}{4}$)	42.3	3.25	4.00	150(6)	165.0	4.50	5.50

2. 无缝钢管

（1）冷拔无缝钢管（摘自 GB 8163—88）

外径/mm	壁厚度/mm	外径/mm	壁厚度/mm	外径/mm	壁厚度/mm
6	0.25～2.0	20	0.25～6.0	40	0.40～9.0
7	0.25～2.5	22	0.40～6.0	42	1.0～9.0
8	0.25～2.5	25	0.40～7.0	44.5	1.0～9.0
9	0.25～2.8	27	0.40～7.0	45	1.0～10
10	0.25～3.5	28	0.40～7.0	48	1.0～10
11	0.25～3.5	29	0.40～7.5	50	1.0～12
12	0.25～4.0	30	0.40～8.0	51	1.0～12
14	0.25～4.0	32	0.40～8.0	53	1.0～12
16	0.25～5.0	34	0.40～8.0	54	1.0～12
18	0.25～5.0	36	0.40～8.0	56	1.0～12
19	0.25～6.0	38	0.40～9.0		

注：壁厚度有 0.25mm，0.30mm，0.40mm，0.50mm，0.60mm，0.80mm，1.0mm，1.2mm，1.4mm，1.5mm，1.6mm，1.8mm，2.0mm，2.2mm，2.5mm，2.8mm，3.0mm，3.2mm，3.5mm，4.0mm，4.5mm，5.0mm，5.5mm，6.0mm，6.5mm，7.0mm，7.5mm，8.0mm，8.5mm，9.0mm，9.5mm，10mm，11mm，12mm。

（2）热轧无缝钢管（摘自 GB 8163—87）

外径/mm	壁厚度/mm	外径/mm	壁厚度/mm	外径/mm	壁厚度/mm
32	2.5～8.0	63.5	3.0～14	102	3.5～22
38	2.5～8.0	68	3.0～16	108	4.0～28
42	2.5～10	70	3.0～16	114	4.0～28
45	2.5～10	73	3.0～19	121	4.0～28
50	2.5～10	76	3.0～19	127	4.0～30
54	3.0～11	83	3.5～19	133	4.0～32
57	3.0～13	89	3.5～22	140	4.5～36
60	3.0～14	95	3.5～22	146	4.5～36

注：壁厚度有 2.5mm，3mm，3.5mm，4mm，4.5mm，5mm，5.5mm，6mm，6.5mm，7mm，7.5mm，8mm，8.5mm，9mm，9.5mm，10mm，11mm，12mm，13mm，14mm，15mm，16mm，17mm，18mm，19mm，20mm，22mm，25mm，28mm，30mm，32mm，36mm。

七、泵规格

1. IS 型离心泵性能参数（摘录）

型　号	流量/q_v		扬程 H_e/m	转速 n/rpm	功率/kW		效率/%	汽蚀余量/m
	$m^3 \cdot h^{-1}$	$L \cdot s^{-1}$			轴功率	电机功率		
IS50-32-125	7.5	2.08	22		0.96		47	2.0
	12.5	3.47	20	2900	1.13	2.2	60	2.0
	15	4.17	18.5		1.26		60	2.5
IS50-32-125a	11.2	3.1	16	2900	0.84	1.1	58	2.0
IS50-32-160	7.5	2.08	34.3		1.59		44	2.0
	12.5	3.47	32	2900	2.02	3	54	2.0
	15	4.17	9.6		2.16		56	2.5
IS50-32-160a	11.7	3.3	28	2900	1.71	2.2	53	2.0
IS50-32-160b	10.8	3	24	2900	1.41	2.2	50	2.0
IS50-32-200	7.5	2.08	52.5		2.82		38	2.0
	12.5	3.47	50	2900	3.54	5.5	48	2.0
	15	4.17	48		3.95		51	2.5
IS50-32-200a	11.7	3.3	44	2900	3.16	4	45	2.0
IS50-32-200b	10.8	3	38	2900	2.60	3	43	2.0
IS50-32-250	7.5	2.08	82		5.87		28.538	2.0
	12.5	3.47	80	2900	7.16	11	41	2.0
	15	4.17	78.5		7.83			2.5
IS50-32-250a	11.7	3.3	70	2900	6.47	7.5	35	2.0
IS50-32-250b	10.8	3	60	2900	5.51	7.5	32	2.0
IS65-50-125	15	4.17	21.8		1.54		58	2.0
	25	6.94	2018.5	2900	1.97	3	69	2.5
	30	8.33			2.22		68	3.0
IS65-50-125a	22.4	6.2	16	2900	1.47	2.2	66	2.0
IS65-50-160	15	4.17	35		2.65		54	2.0
	25	6.94	32	2900	3.35	5.5	65	2.0
	30	8.33	30		3.71		66	2.5
IS65-50-160a	23.4	6.5	28	2900	2.83	4	63	2.0
IS65-50-160b	21.7	6	24	2900	2.35	4	60	2.0
IS65-40-200	15	4.17	53		4.42		49	2.0
	25	6.94	50	2900	5.67	7.5	60	2.0
	30	8.33	47		6.29		61	2.5
IS65-40-200a	23.4	6.5	44	2900	4.92	5.5	57	2.0
IS65-40-200b	21.8	6.1	38	2900	4.13	5.5	55	2.0
IS65-40-250	15	4.17	82		9.05		37	2.0
	25	6.94	80	2900	10.89	15	50	2.0
	30	8.33	78		12.02		53	2.5
IS65-40-250a	23.4	6.5	70	2900	9.10	11	49	2.0
IS65-40-250b	21.7	6	60	2900	7.51	11	47	2.0

2. F型耐腐蚀泵性能

泵型号	流量 /m³·h⁻¹	扬程/m	效率/%	功率/kW 轴	功率/kW 电机	允许吸上真空度/m	叶轮直径 /mm
25F-16	3.60	16.0	41	0.38	0.8	6	130
25F-16A	3.27	12.5	41	0.27	0.8	6	118
25F-25	3.60	25.0	27	0.908	1.5	6	146
25F-25A	3.27	20	27	0.696	1.1	6	133
25F-41	3.60	41	20	2.01	3.0	6	186
25F-41A	3.28	34	20	1.53	2.0	6	169
40F-16	7.2	15.7	50	0.615	0.8	6.5	117
40F-16A	6.55	12.0	50	0.429	0.8	6.5	106
40F-26	7.2	25.5	44	1.14	2.2	6	148
40F-26A	6.55	20.5	44	0.83	1.1	6	135
40F-40	7.2	40.0	35	2.24	3.0	6	184
40F-40A	6.55	33.4	35	1.71	2.2	6	168
40F-65	7.2	65	24	5.3	7.5	6	236
40F-65A	6.72	56	24	4.15	5.5	6	224
40F-65B	6.4	49	23	3.72	5.5	6	203
50F-25	14.4	24.5	53.5	1.8	3.0	6	145
50F-25A	13.4	20.5	50	1.47	2.2	6	132
50F-40	14.4	40	46	3.41	5.5	6	190
50F-40A	13.1	32.5	46	2.54	4.0	6	178
50F-63	14.4	63	35	7.05	10	5.5	220
50F-63A	13.5	55	33.5	6.05	10	5.5	208
50F-63B	12.6	48	35	5.71	7.5	5.5	205
50F-103	14.4	103	25	15.7	22	6	280
50F-103A	13.4	88	25	12.9	17	6	262
50F-103B	12.7	78	25	10.8	13	6	247
65F-16	28.8	15.7	71	1.74	4.0	6	122
65F-16A	26.2	12	69	1.24	2.2	6	112
65F-25	28.8	25	63	3.11	5.5	5.5	148
65F-25A	26.2	21.5	61	2.52	4.0	5.5	135
65F-40	28.8	40	60	5.23	7.5	6	182
65F-40A	26.3	32	58	3.95	5.5	6	166

注：转数均为2960r·min⁻¹。

3. SH型泵性能

泵型号	流量 /m³·h⁻¹	扬程 /m	转数/ r·min⁻¹	功率/kW 轴	功率/kW 电机	效率 /%	允许吸上真空度/m	叶轮直径 /mm
6SH-6	126	84		40		72		
	162	78	2900	46.5	55	74	5	251
	198	70		52.4		72		
6SH-6A	111.6	67		30		68		
	144	62	2900	33.8	40	72	5	223
	180	55		33.5		70		
6SH-9	130	52		25		73.9		
	170	47.6	2900	27.6	40	79.8	5	200
	220	35.0		31.3		67		
6SH-9A	111.6	43.8		18.5		72		
	144	40	2900	20.9	30	75	5	186
	180	35		24.5		70		
8SH-6	180	100		68		72		
	234	93.5	2900	79.5	100	75	4.5	282
	288	82.5		86.4		75		

4. Y型油泵性能

型　号	流量 /m³·h⁻¹	扬程 /m	效率 %	功率/kW 轴	功率/kW 电机	允许汽蚀余量/m	泵壳许用压强 /kPa	结构
50Y-60	12.5	60	35	5.95	11	2.3	1570/2551	单级悬臂
50X-60A	11.2	49		4.27	8		1570/2551	单级悬臂
50Y-60B	9.9	38		2.93	5.5		1570/2551	单级悬臂
50Y-60×2	12.5	120	35	11.7	15	2.3	2158/3139	双级悬臂
50Y-60×2A	11.7	105		9.55	15		2158/3139	双级悬臂
50Y-60×2B	10.8	90		7.65	11		2158/3139	双级悬臂
50Y-60×2C	9.9	75		5.9	8		2158/3139	双级悬臂
65Y-60	25	60	55	7.5	11	2.6	1570/2551	单级悬臂
65Y-60A	22.5	49		5.5	8		1570/2551	单级悬臂
65Y-60B	19.8	38		3.75	5.5		1570/2551	单级悬臂
65Y-100	25	100	40	17.0	32	2.6	1570/2551	单级悬臂
65Y-100A	23	85		13.3	20		1570/2551	单级悬臂
65Y-100B	21	70		10.0	15		1570/2551	单级悬臂
65Y-100×2	25	200	40	34	55	2.6	2943/3924	两级悬臂
65Y-100×2A	23.3	175		27.8	40		2943/3924	两级悬臂
65Y-100×2B	21.6	150		22	32		2943/3924	两级悬臂
65Y-100×2C	19.8	125		16.8	20		2943/3924	两级悬臂

注：1. 转数均为2590r·min⁻¹。

2. 泵壳许用压强项中分子表示第1类材料相应的许用压强数，分母表示第2、3类材料相应的许用压强数。

八、物质的热导率

1. 某些固体材料的热导率

名　称		密度 ρ /kg·m⁻³	热导率 λ /W·m⁻¹·K⁻¹	名　称	密度 ρ /kg·m⁻³	热导率 λ /W·m⁻¹·K⁻¹
金属	钢	7850	45.4	酚醛	1250～1300	0.128～0.256
	不锈钢	7900	17.4	脲醛	1400～1500	0.302
	铸铁	7220	62.8	聚氯乙烯	1380～1400	0.16
	铜	8800	383.8	聚苯乙烯	1050～1070	0.08
	青铜	8000	64.0	低压聚乙烯	940	0.29
	黄铜	8600	85.5	高压聚乙烯	920	0.26
	铝	2670	203.5	有机玻璃	1180～1190	0.14～0.20
	镍	9000	58.2	玻璃	2500	0.70～0.81
	铅	11400	34.9			

其中塑料类：酚醛、脲醛、聚氯乙烯、聚苯乙烯、低压聚乙烯、高压聚乙烯、有机玻璃、玻璃

2. 某些常用绝热材料的热导率

类　别	名　称	密度 ρ/kg·m⁻³	热导率 λ /W·m⁻¹·K⁻¹	适用温度 t/℃
玻璃棉制品	沥青玻璃棉毡	50～85	0.035～0.052	250
	酚醛玻璃棉毡	50～80	0.038～0.047	300
	酚醛玻璃棉板、管	60～150	0.035～0.058	250
	淀粉玻璃棉管	70～90	0.038～0.041	350
	超细玻璃棉毡	15～18	0.033～0.035	−150～+450
矿渣棉制品	矿渣棉（长纤维）	70～120	0.041～0.049	750
	矿渣棉（普通）	110～130	0.043～0.052	750
	沥青矿渣棉毡	100～120	0.041～0.052	250
	矿渣棉半硬质板、管	200～300	0.052～0.058	300
蛭石制品	膨胀蛭石	80～280	0.052～0.070	1000～1150
	水泥蛭石板、管	430～500	0.089～0.140	700～900
	沥青蛭石板、管	350～400	0.081～0.105	−20～+90
泡沫塑料	聚苯乙烯泡沫塑料	16～220	0.025～0.067	−160～+75
	聚氯乙烯泡沫塑料	33～220	0.043～0.047	−200～+80
	聚氨基甲酸酯泡沫塑料	20～45	0.030～0.042	−40～+140
	脲甲醛泡沫塑料	13～20	0.014～0.030	−190～+500

类 别	名 称	密度 ρ/kg·m^{-3}	热导率 λ /W·m^{-1}·K^{-1}	适用温度 t/℃
软木制品	软木砖	150～260	0.052～0.093	-50～+120
	软木管	150～300	0.045～0.081	-50～+120
多孔混凝土	水泥泡沫混凝土 400$^\#$ 或 450$^\#$（硅酸盐水泥）	400～450	400$^\#$水泥 0.091 450$^\#$水泥 0.10	250
	粉煤灰泡沫混凝土	300～700	0.05	500
石棉制品	石棉绒	35～230	0.055～0.077	＜700
	硅藻土石棉灰	280～380	109℃时 0.085 314℃时 0.114	900
	碳酸镁石棉灰	240～490	0.077～0.086	450～600
	石棉碳酸镁板、管	360～450	0.080～0.105(50℃)	300～450
	石棉绳	590～730	0.070～0.209	500
硅藻土制品	硅藻土绝热砖	500～650	67℃时 0.096 160℃时 0.109 334℃时 0.114	＜900～1000
	硅藻土绝热板、管	450～550	130℃时 0.077 262℃时 0.093	＜900～1000

九、列管式换热器总传热系数 K 的范围

1. 用作换热器

高 温 流 体		低 温 流 体		总传热系数/W·m^{-2}·℃$^{-1}$	备 注
水溶液		水溶液		1400～2840	
有机物	黏度＜0.5×10^{-3}Pa·s①	有机物	黏度＜0.5×10^{-3}Pa·s	220～430	
	黏度(0.5～1)10^{-3}Pa·s②		黏度(0.5～1)×10^{-3}Pa·s	115～340	
	黏度＞1×10^{-3}Pa·s③		黏度＞1×10^{-3}Pa·s	60～220	
	黏度＜1×10^{-3}Pa·s②		黏度＜0.5×10^{-3}Pa·s	175～340	
	黏度＜0.5×10^{-3}Pa·s①		黏度＞1×10^{-3}Pa·s	60～220	
有机溶剂		有机溶剂		115～400	
有机溶剂		轻油		115～400	
重油		重油		45～280	
SO$_3$ 气体		SO$_2$ 气体		6～8	
气体	常压	气体	常压	12～35	强制对流
	0.6～1.2MPa		0.6～1.2MPa	35～70	强制对流
	20～30MPa		20～30MPa	170～460	强制对流
	20～30MPa		常压(管外)	23～58	强制对流

① 为苯、甲苯、乙醇、丙酮、丁酮、汽油、轻煤油、石脑油等有机物。
② 为煤油、热柴油、热吸收油、原油馏分等有机物。
③ 为冷柴油、燃料油、原油、焦油、沥青等有机物。

2. 用作加热器

高温流体	低温流体		总传热系数/W·m^{-2}·℃$^{-1}$	备 注
水蒸气	水		1150～4000	污垢系数 0.18m^2·℃·kW^{-1}
	甲醇或氨		1150～4000	污垢系数 0.18m^2·℃·kW^{-1}
	水溶液	黏度＜0.002Pa·s	1150～4000	
		黏度＞0.002Pa·s	570～2800	污垢系数 0.18m^2·℃·kW^{-1}
	有机物	黏度＜0.5×10^{-3}Pa·s①	570～1150	
		黏度(0.5～1)×10^{-3}Pa·s②	280～570	
		黏度＞1×10^{-3}Pa·s③	34～340	
	气体		28～280	
	水		2270～4500	流速 1.2～1.5m·s^{-1}
	空气		50	流速 3m·s^{-1}
水	水		400～1150	
热水	碳氢化合物		230～500	管外为水
熔融盐	油		290～450	
导热油蒸气	重油		45～350	
导热油蒸气	气体		23～230	

①，②，③同上表。

3. 用作冷却器

高温流体		低温流体	总传热系数/W·m^{-2}·℃$^{-1}$	备　注
水		水	1400～2840	污垢系数 0.52m^2·℃·kW^{-1}
甲醇或氨		水	1400～2840	
有机物	黏度＜0.5×10^{-3}Pa·s[①]	水	430～860	
	黏度＜0.5×10^{-3}Pa·s[①]	冷冻盐水	220～570	
	黏度(0.5～1)×10^{-3}Pa·s[②]	水	280～710	
	黏度＞1×10^{-3}Pa·s[③]	水	28～430	
气体		水	12～280	
水		冷冻盐水	570～1200	
四氯化碳		氯化钙溶液	76	管内流速 0.0052～0.011m·s^{-1}
20%～40%硫酸		水	465～1050	
20%盐酸		水	580～1160	水温 60～30℃
有机溶剂		盐水	175～510	水温 110～25℃

①，②，③同上表。

4. 用作冷凝器

高温流体		低温流体	总传热系数/W·m^{-2}·℃$^{-1}$	备　注
有机物蒸气	大气压下	盐水	570～1140	
	大气压下含大量不凝性气体	盐水	115～450	
	减压下含少量不凝性气体	盐水	280～570	
	减压下含大量不凝性气体	水	60～280	
低沸点碳氢化合物(大气压下)		水	450～1140	
高沸点碳氢化合物(减压下)		水	60～175	
汽油蒸气		水	520	水流速 1.5m·s^{-1}
汽油蒸气		原油	115～175	原油流速 0.6m·s^{-1}
煤油蒸气		水	290	水流速 1m·s^{-1}
水蒸气(加压下)		水	1900～4260	
水蒸气(减压下)		水	1700～3400	
氨蒸气		水	870～2330	水流速 1～1.5m·s^{-1}
甲醇(管内)		水	640	直立式
四氯化碳(管内)		水	360	直立式
糠醛(管外,有不凝性气体)		水	125～220	直立式
水蒸气(管外)		水	610	卧式

十、某些气体溶于水时的亨利系数

气体	t/℃								
	0	10	20	30	40	50	60	80	100
	$E/10^9$Pa								
H_2	6.04	6.44	6.92	7.39	7.61	7.75	7.73	7.65	7.55
N_2	5.36	6.77	8.15	9.36	10.54	11.45	12.16	12.77	12.77
空气	4.38	5.56	6.73	7.81	8.82	9.59	10.23	10.84	10.84
CO	3.57	4.48	5.43	6.28	7.05	7.71	8.32	9.56	8.57
O_2	2.58	3.31	4.06	4.81	5.42	5.96	6.37	6.96	7.10
CH_4	2.27	3.01	3.81	4.55	5.27	5.85	6.34	6.91	7.10
NO	1.71	1.96	2.68	3.14	3.57	3.95	4.24	4.54	4.60
C_2H_6	1.28	1.57	2.67	3.47	4.29	5.07	5.73	6.70	7.01
C_2H_4	0.56	0.78	1.03	1.29	—	—	—	—	—
	$E/10^7$Pa								
N_2O	—	14.29	20.06	26.24	—	—	—	—	—
CO_2	7.38	10.54	14.39	18.85	23.61	28.68	—	—	—
C_2H_2	7.30	9.73	12.26	14.79	—	—	—	—	—
Cl_2	2.72	3.99	5.37	6.69	8.01	9.02	9.73	—	—
H_2S	2.72	3.72	4.89	6.17	7.55	8.96	10.44	13.68	15.00
Br_2	0.22	0.37	0.60	0.92	1.35	1.94	2.54	4.09	—
SO_2	0.17	0.25	0.36	0.49	0.56	0.87	1.12	1.70	—
	$E/10^3$Pa								
HCl	2.46	2.62	2.79	2.94	3.03	3.06	2.99	—	—
NH_3	2.08	2.40	2.77	3.21	—	—	—	—	—

十一、物质的扩散系数

1. 一些物质在氢、二氧化碳、空气中的扩散系数（0℃，101.325kPa）单位：$cm^2 \cdot s^{-1}$

物质名称	H_2	CO_2	空气	物质名称	H_2	CO_2	空气
H_2		0.550	0.611	NH_3			0.198
O_2	0.697	0.139	0.178	Br_2	0.563	0.0363	0.086
N_2	0.674		0.202	I_2			0.097
CO	0.651	0.137	0.202	HCN			0.133
CO_2	0.550		0.138	H_2S			0.151
SO_2	0.479		0.103	CH_4	0.625	0.153	0.223
CS_2	0.3689	0.063	0.0892	C_2H_4	0.505	0.096	0.152
H_2O	0.7516	0.1387	0.220	C_6H_6	0.294	0.0527	0.0751
空气	0.611	0.138		甲醇	0.5001	0.0880	0.1325
HCl			0.156	乙醇	0.378	0.0685	0.1016
SO_3			0.102	乙醚	0.296	0.0552	0.0775
Cl_2			0.108				

2. 一些物质在水溶液中的扩散系数

溶质	浓度 /$mol \cdot L^{-1}$	温度 /℃	扩散系数 $D \times 10^5$ /$cm^2 \cdot s^{-1}$	溶质	浓度 /$mol \cdot L^{-1}$	温度 /℃	扩散系数 $D \times 10^5$ /$cm^2 \cdot s^{-1}$
HCl	9	0	2.7	HCl	0.5	10	2.1
	7	0	2.4		2.5	15	2.9
	4	0	2.1		3.2	19	4.5
	3	0	2.0		1.0	19	3.0
	2	0	1.8		0.3	19	2.7
	0.4	0	1.6		0.1	19	2.5
	0.6	5	2.4		0	20	2.8
	1.3	5	1.9	CO_2	0	10	1.46
	0.4	5	1.8		0	15	1.60
	9	10	3.3		0	18	1.71 ± 0.03
	6.5	10	3.0		0	20	1.77
	2.5	10	2.5	NH_3	0.686	4	1.22
	0.8	10	2.2		3.5	5	1.24
NH_3	0.7	5	1.24	H_2S	0	20	1.63
	1.0	8	1.36	CH_4	0	20	2.06
	饱和	8	1.08	N_2	0	20	1.90
	饱和	10	1.14	O_2	0	20	2.08
	1.0	15	1.77	SO_2	0	20	1.47
	饱和	15	1.26	Cl_2	0.138	10	0.91
		20	2.04		0.128	13	0.98
C_2H_2	0	20	1.80		0.11	18.3	1.21
Br_2	0	20	1.29		0.104	20	1.22
CO	0	20	1.90		0.099	22.4	1.32
C_2H_4	0	20	1.59		0.092	25	1.42
H_2	0	20	5.94		0.083	30	1.62
HCN	0	20	1.66		0.07	35	1.8

十二、某些二元物系气液平衡组成

1. 苯-甲苯（101.3kPa）

温度/℃	苯摩尔分数		温度/℃	苯摩尔分数	
	液相	气相		液相	气相
110.6	0.0	0.0	89.4	0.592	0.789
106.1	0.088	0.212	86.8	0.700	0.853
102.2	0.200	0.370	84.4	0.803	0.914
98.6	0.300	0.500	82.3	0.903	0.957
95.2	0.397	0.618	81.2	0.950	0.979
92.1	0.489	0.710	80.2	1.00	1.00

2. 乙醇-水 （101.3kPa）

温度/℃	乙醇摩尔分数		温度/℃	乙醇摩尔分数	
	液相	气相		液相	气相
100	0.0	0.0	81.5	0.3273	0.5826
95.5	0.0190	0.1700	80.7	0.3965	0.6122
89.0	0.0721	0.3891	79.8	0.5079	0.6564
86.7	0.0966	0.4375	79.7	0.5198	0.6599
85.3	0.1238	0.4704	79.3	0.5732	0.6841
84.1	0.1661	0.5089	78.74	0.6763	0.7385
82.7	0.2337	0.5445	78.41	0.7472	0.7815
82.3	0.2608	0.5580	78.15	0.8943	0.8943

3. 甲醇-水 （101.3kPa）

温度/℃	甲醇摩尔分数		温度/℃	甲醇摩尔分数	
	液相	气相		液相	气相
100	0.0	0.0	75.3	0.40	0.729
96.4	0.02	0.134	73.1	0.50	0.779
93.5	0.04	0.230	71.2	0.60	0.825
91.2	0.06	0.304	69.3	0.70	0.870
89.3	0.08	0.365	67.6	0.80	0.915
87.7	0.10	0.418	66.0	0.90	0.958
84.4	0.15	0.517	65.0	0.95	0.979
81.7	0.20	0.579	64.5	1.00	1.00
78.0	0.30	0.665			

十三、干空气的物理性质 （$p = 101.325\text{kPa}$）

温度 $T/℃$	密度 $\rho/\text{kg} \cdot \text{m}^{-3}$	比定压热容 $c_p/\text{kJ} \cdot \text{kg}^{-1} \cdot \text{K}^{-1}$	热导率 $\lambda \times 10^2/\text{W} \cdot \text{m}^{-1} \cdot \text{K}^{-1}$	黏度 $\mu \times 10^5/\text{Pa} \cdot \text{s}$	普朗特数 Pr
−50	1.584	1.013	2.035	1.46	0.728
−40	1.515	1.013	2.117	1.52	0.728
−30	1.453	1.013	2.198	1.57	0.723
−20	1.395	1.009	2.279	1.62	0.716
−10	1.342	1.009	2.360	1.67	0.712
0	1.293	1.009	2.442	1.72	0.707
10	1.247	1.009	2.512	1.77	0.705
20	1.205	1.013	2.593	1.81	0.703
30	1.165	1.013	2.675	1.86	0.701
40	1.128	1.013	2.756	1.91	0.699
50	1.093	1.017	2.826	1.6	0.698
60	1.060	1.017	2.896	2.01	0.696
70	1.029	1.017	2.966	2.06	0.694
80	1.000	1.022	3.047	2.11	0.692
90	0.972	1.022	3.128	2.15	0.690
100	0.946	1.022	3.210	2.19	0.688
200	0.746	1.034	3.931	2.60	0.680
300	0.615	1.047	4.605	2.97	0.674
400	0.524	1.068	5.210	3.31	0.678
500	0.456	1.072	5.745	3.62	0.987
600	0.404	1.089	6.222	3.91	0.699
700	0.362	1.102	6.700	4.18	0.706
800	0.329	1.114	7.176	4.43	0.713
900	0.301	1.127	7.630	4.67	0.717
1000	0.277	1.139	8.071	4.90	0.719

参考文献

1　祝慈寿著. 中国现代工业史，重庆：重庆出版社，1990

2　中国经济年鉴编辑委员会编. 中国经济年鉴（1991）. 北京：经济管理出版社，1991

3　世界化学工业年鉴编辑部编. 世界化学工业年鉴（1989）. 北京：化学工业部科技情报研究所出版，1989

4　化工名词审定委员会. 化学工程名词（1995）. 北京：科学出版社，1995

5　中华人民共和国国家标准. 量和单位（GB 3100～GB 3102—93）. 北京：中国标准出版社，1994

6　谭天恩等编著. 化工原理. 第三版. 北京：化学工业出版社，2006

7　陈敏恒等编. 化工原理. 第三版. 北京：化学工业出版社，2006

8　White Frank M. Fluid Mechanics. 1986, 2nd-ed, McGraw-Hill. 陈建宏译，台湾：晓园出版社，世界图书公司北京分公司重印，1992

9　大连理工大学化工原理教研室编. 化工原理. 大连：大连理工大学出版社，2002

10　McCabe W L, Smith J C. Unit Operation of Chemical Engineering. 3rd Edition, McGraw-Hill, Kogakusha Ltd., 1976

11　Bird R B. Transport phenomena. 2e, John Wiley & Sons, 2001

12　Molokanov Y K, Korablina T P, Mazurina N I, et al. An approximation method for calculating the basic parameters of multicomponent fractionation. International Chemical Engineering. 1972，（12）：209

13　Eduljee H E. Equations replace Gilliland Plot. Hydrocarbon Processing. 1975，54（9）：120

14　蒋维钧等编. 化工原理. 第二版. 北京：清华大学出版社，2003

15　王志魁编. 化工原理. 第三版. 北京：化学工业出版社，2005

16　北京大学化学系《化学工程基础》编写组. 化学工程基础. 第二版. 北京：高等教育出版社，1983

17　王定锦编. 化学工程基础. 北京：高等教育出版社，1992

18　[美] J. P. 霍尔曼著. 传热学. 马庆芳等译. 北京：人民教育出版社，1980

19　[美] F. P. 因克罗普拉等著. 传热基础. 陆大有等译. 北京：宇航出版社，1987

20　[美] T. K. 修伍德等著. 传质学. 时钧等译. 北京：化学工业出版社，1988

21　王学松编著. 膜分离技术及其应用. 北京：科学出版社，1994

22　日本膜学会编. 膜分离过程设计法. 王志魁译. 北京：科学技术文献出版社，1988

23　[德] R. 劳顿巴赫等编著. 膜分离方法——超滤和反渗透. 黄怡华，董汝秀译. 北京：化学工业出版社，1991

24　韩布兴编著. 超临界流体科学与技术. 北京：中国石化出版社，2005

25　李德华编著. 绿色化学化工导论. 北京：科学出版社，2005

26　袁乃驹等编著. 化学反应工程基础. 北京：清华大学出版社，1988

27　Fogler H S. Elements of Chemical Reaction Engineering. 3rd ed. 李术元，朱建华译. 北京：化学工业出版社，2005

28　袁渭康等编著. 化学反应工程分析. 上海：华东理工大学出版社，1995

29　朱炳辰主编. 化学反应工程. 第三版. 北京：化学工业出版社，2004

30　李绍芬主编. 反应工程. 第二版. 北京：化学工业出版社，2000

31　罗康碧等编著. 反应工程原理. 北京：科学出版社，2005

32　王安杰等编著. 化学反应工程学. 北京：化学工业出版社，2005